高等学校新能源系列本科规划教材

生物质燃烧和热转换

Biomass Combustion and Heat Conversion

彭好义　李昌珠　蒋绍坚　编

U0300551

化学工业出版社

·北京·

内 容 提 要

《生物质燃烧和热转换》概述了生物质和生物质能基本概念、生物质资源及特点以及生物质能利用现状、意义、政策和发展导向，分析了生物质燃料的化学与物理特性，阐述了生物质燃烧的基本理论，比较系统地介绍了生物质直接燃烧发电、生物质压缩成型、生物质气化及生物质热解等多种热转换技术的原理、工艺、设备及其应用。

《生物质燃烧和热转换》可供新能源和可再生能源领域的高等院校师生、研究人员和工程技术人员参考阅读。

图书在版编目（CIP）数据

生物质燃烧和热转换/彭好义，李昌珠，蒋绍坚编．—北京：化学工业出版社，2020.8（2024.1 重印）
高等学校新能源系列本科规划教材
ISBN 978-7-122-36810-2

Ⅰ.①生… Ⅱ.①彭…②李…③蒋… Ⅲ.①生物燃料-燃烧技术-能量转换-高等学校-教材 Ⅳ.①TK63

中国版本图书馆 CIP 数据核字（2020）第 079153 号

责任编辑：陶艳玲
责任校对：王 静　　　　　　　　　　装帧设计：史利平

出版发行：化学工业出版社（北京市东城区青年湖南街 13 号　邮政编码 100011）
印　　装：北京虎彩文化传播有限公司
787mm×1092mm　1/16　印张 18½　字数 460 千字　2024 年 1 月北京第 1 版第 3 次印刷

购书咨询：010-64518888　　　　　　售后服务：010-64518899
网　　址：http://www.cip.com.cn
凡购买本书，如有缺损质量问题，本社销售中心负责调换。

定　价：59.00 元

前言

　　随着煤、石油、天然气等化石能源的不断消耗，能源危机问题接踵而来，使得人们愈来愈重视可再生清洁能源的开发利用。生物质能作为一种以碳水化合物为基体的可再生能源，具有资源丰富、可储存、可运输和环境友好等特点，在传统化石能源的替代方面将发挥重要作用。

　　目前，生物质燃烧发电综合效益较好，技术较为成熟，发展速度十分迅猛，生物质直接燃烧发电厂和城市生活垃圾焚烧发电厂如雨后春笋般遍布大江南北，总装机容量快速扩张。生物质成型、气化和热解技术，与生物质燃烧技术一样，都属于生物质热转化的范畴，具有相同的热学科基础。生物质通过这些热转化技术的处理，可以提高生物质能的品位和价值。

　　本书概述了生物质和生物质能基本概念、生物质资源及特点以及生物质能利用现状、意义、政策和发展导向，分析了生物质燃料的化学与物理特性，阐述了生物质燃烧的基本理论，比较系统地介绍了生物质直接燃烧发电、生物质压缩成型、生物质气化及生物质热解等多种热转换技术的原理、工艺、设备及其应用，侧重于构建起基本原理-系统结构-设计方法-应用实例的完整知识链。

　　本书的编写得到了中南大学和湖南省林业科学院的大力支持，在此表示感谢！

　　由于编者水平所限，书中难免存在不足之处，敬请广大读者批评指正。

编者
2020 年 5 月

目录

第1章

生物质能及生物质能利用概论

1.1 生物质与生物质能概念

1.1.1 生物质与生物质能的定义

生物质（biomass）是指利用大气、水、土地等通过光合作用而产生的各种有机体，即一切有生命的、可以生长的有机物质通称为生物质。它包括植物、动物和微生物。广义概念的生物质包括所有的植物、微生物以及以植物、微生物为食物的动物及其生产的废弃物。有代表性的生物质如农作物、农作物废弃物、木材、木材废弃物和动物粪便。狭义概念的生物质主要是指农林业生产过程中除粮食、果实以外的秸秆、树木等木质纤维素、农产品加工业下脚料、农林废弃物及畜牧业生产过程中的禽畜粪便和废弃物等物质。

生物质能（biomass energy）就是太阳能以化学能形式储存在生物质中的能量形式，即以生物质为载体的能量。它直接或间接地来源于绿色植物的光合作用，可转化为常规的固态、液态及气态燃料。生物质能是人类利用最早的能源物质之一，取之不尽、用之不竭，是一种可再生能源，同时也是唯一一种可再生的碳源。同时，在可再生能源中，生物质能是唯一能够连续生产、规模可控、形态可改变、可储存、可运输的全能性能源。随着能源高质化利用技术的发展，生物质能的功能将不断扩大和提升。

1.1.2 光合作用与生物质能

生物质能是由绿色植物的光合作用产生的，通过光合作用将太阳能转变为化学能储存起来。

绿色植物的光合作用在叶和茎上进行。叶绿素细胞上有许多叶绿体，叶绿体上分布着许多叶绿素分子。它吸收光能后就相互传递并引发一系列化学反应，即发生光化分解，生成氢气和氧气；发生光合磷酸化反应，生成三磷酸腺苷；发生二氧化碳同化反应，生成碳水化合物。植物的种类很多，光合作用的方式存在差异，光合作用的效率也高低不同。按植物光合作用中碳同化过程来区分，可把植物分为三碳（C_3）植物和四碳（C_4）植物。

大多数植物同化二氧化碳的途径都一样，即二氧化碳进入叶子以后，先与三磷酸腺苷生成一种叫磷酸甘油酸的中间化合物，然后再经过几次反应生成碳水化合物。由于磷酸甘油酸是一种具有 3 个碳原子的化合物，所有凡属于这一类的，都叫做三碳（C_3）植物。

有一些植物起源于热带地区，它们的碳同化过程，在开头还要先生成一个比较稳定的叫做草酰乙酸的中间化合物。这个中间化合物，经过一些变化后，再放出二氧化碳，然后再像三碳植物一样,通过磷酸甘油酸而发生一系列同化反应,生成碳水化合物。在整个过程中,由于先生成的中间化合物是有 4 个碳原子的草酰乙酸,所有这一类植物就叫做四碳（C$_4$）植物。高粱、玉米、甘蔗等都是四碳植物。

四碳植物由于比三碳植物多了一个二氧化碳吸收和放出的过程,所以四碳植物比三碳植物具有更高的二氧化碳吸收能力,从而使得光合作用效果更好。四碳植物是高光效植物,其农作物产量一般要比三碳植物高。

1.2 生物质分类和资源量估算

1.2.1 生物质分类

生物质资源种类繁多,分布广泛,存量巨大,目前还没有统一的分类方法。从能源角度评价生物质资源时,可以把生物质大致分为两类:生产资源型和残余资源型（图 1-1）。

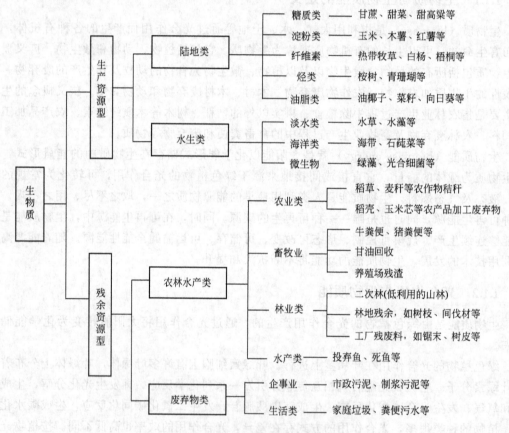

图 1-1 生物质资源的分类

目前可供能源开发利用的生物质资源主要有各类农业生物质资源、林业生物质资源、工业有机废弃物、生活有机垃圾、禽畜粪便等。

(1) 农业生物质资源

农业生物质资源是指在农业生产过程中,收获了农作物后剩余的农作物秸秆（如玉米秸秆、油菜秸秆、高粱秸秆、麦秸、稻草、豆秸和棉秆等）,以及一些农产品加工后剩余的皮、壳（如稻壳和花生壳等），还包括能源植物。

农作物秸秆是主要的生物质资源之一，具有数量大、种类多、分布广的特点，受地理、气候、季节、农业生产情况等诸多因素的影响。近年来，随着秸秆产量增加、农村能源结构改变和各类替代原料的应用，加上农作物秸秆资源分布不集中、体积能量密度低、收集运输成本高，以及综合利用经济性较差、产业化程度较低等原因，农作物秸秆出现了地区性、季节性和结构性的过剩，大量农作物秸秆资源未被有效利用，浪费严重。

能源植物是指以直接用于提供能源为目的的植物。我国的能源植物主要包括三大类：第一类是高淀粉或高糖分的能源植物，如淀粉类能源植物主要有木薯、玉米、甘薯等，糖类能源植物主要有甘蔗、甜高粱、甜菜等；第二类是提供薪柴的薪炭林/灌木林树种，以及纤维素类能源植物，如速生林和芒草等；第三类是油料植物，如油菜、向日葵、棕榈、花生等，提取的油脂可用来生产生物柴油。

（2）林业生物质资源

林业生物质资源是指森林生长和林业生产过程提供的生物质资源，包括薪炭林、在森林抚育和间阀作业中的零散木材、残留的树枝、树叶和木屑等；木材采运和加工过程中的枝丫、木屑、梢头、板皮和截头等；林业副产品的废弃物，如果壳和果核等。

（3）工业有机废弃物

工业有机废弃物分为工业固体有机废弃物和工业有机废液两类。其中，工业固体有机废弃物主要来自木材加工厂、造纸厂、糖厂和食品加工厂等，包括木屑、树皮、蔗渣、谷壳等；工业有机废液主要来自酒精、酿酒、制糖、食品、制药、造纸及屠宰等行业生产过程中排出的有机废液等。

（4）生活有机垃圾

生活有机垃圾主要是由城镇居民的日常生活垃圾、商业和服务业垃圾等固体有机废弃物组成。其组成成分比较复杂，受当地居民平均生活水平、能源消费结构、城镇建设、自然条件、传统习惯以及季节变化等因素的影响。

（5）畜禽粪便

畜禽粪便是畜禽排泄物的总称，它是其他形态生物质（主要是粮食、作物秸秆和牧草等）的转化形式，包括畜禽排出的粪便、尿及其与垫草的混合物。畜禽主要包括猪、牛、羊和鸡等，其资源量与畜牧业生产有关。除在牧区有少量的直接燃烧外，畜禽粪便主要是作为沼气的发酵原料。

1.2.2　生物质资源估算方法

生物质资源很分散，随自然条件、生产情况的变化而变化，很难准确地统计出来，目前采用估算方法来粗略地统计其资源量。

1.2.2.1　农作物资源

农作物秸秆资源量是以农作物产品的产量进行推算的，并且得先宏观地确定草谷比。草谷比即为农作物秸秆的发生量与作物产量之比，表1-1给出了常见农作物的经验草谷比。农作物秸秆资源量用式(1-1)估算。

$$S_n = \sum_{i=1}^{n} S_i d_i \tag{1-1}$$

式中，S_n 为秸秆资源量，万吨；i 为 1，2，3，…，n，资源品种编号；S_i 为第 i 种作物的产量，万吨；d_i 为第 i 种作物的草谷比，kg/kg，见表 1-1。

表 1-1 常见农作物的草谷比 单位：kg/kg

作物种类	稻谷	小麦	玉米	豆类	薯类	花生	油料
草谷比	0.623	1.366	2.0	1.5	0.5	2.0	2.0
作物种类	高粱	棉花	杂粮	麻类	糖类	其他	
草谷比	1.0	3.0	1.0	1.0	0.1	1.0	

注：草谷比作为作物生物学性状指标之一，与作物的种类、产地、季节、产量等因素相关；表中只是经验数据，在应用中需根据实际情况进行评估。

1.2.2.2 薪柴资源

薪柴的来源有三种情况：a. 森林采伐和木材加工的剩余物，可用作燃料量按原木产量的 1/3 估算；b. 薪炭林、用材林、防护林、灌木林、疏林的收取或育林剪枝，按林地面积统计放柴量；c. 四旁林（田旁、路旁、村旁、河旁的林木）的剪枝，按树木株数统计产柴量。表 1-2 为不同地区和不同林地的取柴系数和产柴率，假设有一片较大的地域范围，里面有几个区域，各种林木在不同的区域拥有不同的情况，统计这片地域范围的薪柴资源量，可用式（1-2）估算：

$$S_x = \left[\frac{1}{1000} \sum_{i=1}^{n} \sum_{j=1}^{m} (F_{ij}B_{ij}Q_{ij} + T_{ij}X_{ij}Y_{ij}) \right] + \frac{1}{3}W \qquad (1-2)$$

式中，S_x 为统计地域范围的薪柴资源量，万吨；i 为 1，2，3，…，n，地域内有 n 个区域；j 为 1，2，3，…，m，i 区域内有薪炭林、防护林……m 种林地；F_{ij} 为在 i 地域内 m 种林地各占不同的面积，万公顷；B_{ij} 为某种林地的产柴率（每公顷一年产柴量），kg/hm²；Q_{ij} 为该种林地可取薪柴面积系数（取柴系数）；T_{ij} 为在 i 区域内 m 种四旁林产柴率（每株一年产柴量），kg/株；X_{ij} 为第 i 区第 j 种四旁树株数，万株；Y_{ij} 为第 i 区第 j 种四旁树取柴系数；W 为地域范围内年产原木量，万吨；1/3 为从原木到加工成材剩余物的比例。

表 1-2 不同地区和不同林地的取柴系数和产柴率

林种	南方地区		平原地区		北方地区	
	取柴系数	产柴率 /(kg/hm²)	取柴系数	产柴率 /(kg/hm²)	取柴系数	产柴率 /(kg/hm²)
薪炭林	1.0	7500	1.0	7500	1.0	3750
用材林	0.5	750	0.7	750	0.2	600
防护林	0.2	375	0.5	375	0.2	375
灌木林	0.5	750	0.7	750	0.3	750
疏林	0.5	1200	0.7	1200	0.3	1200
四旁树	1.0	2kg/株	1.0	2kg/株	1.0	2kg/株

1.2.2.3 人畜粪便资源

人畜粪便资源量是以人口数、畜禽存栏数、年平均排泄量为基础进行估算，在计算儿童、幼畜的粪便资源量时，要乘以成幼系数，表 1-3 是人、畜禽每年粪便排泄量中干物质成分及成幼系数。统计公式如式（1-3）所示。

$$C = \frac{1}{1000} \left(\sum_{i=1}^{n} P_i A_i + \sum_{i=1}^{n} R_i A_i B_i \right) \qquad (1-3)$$

式中，C 为人畜粪便资源量，万吨；i 为 1，2，3，…，n，人、猪、牛……类别数；P_i 为 i 种生产资源的成人、成畜数量，以万为计数单位；A_i 为 i 种生产资源的成人、成畜年排泄粪便量，kg/a；R_i 为 i 种生产资源的儿童、幼畜数量，以万为计数单位；B_i 为 i 种生产资源的儿童、幼畜的成幼系数。

表 1-3 人、畜禽每年粪便排泄量中干物质成分及成幼系数

项目	人	牛	羊	猪	马	水牛	鸡、兔
干物质量/(kg/a)	33	1100	180	220	550	1460	37
成幼系数	0.9	0.7	0.8	0.8	0.7	0.7	0.9

1.2.2.4 草资源

草资源量受气候、地表状态、放牧情况、收割方式等诸多因素的影响，变化较大。要统计一片地域范围年产草量，可将此地域范围分成几种草地类型，如湿地、岭坡、山间等分类统计后再叠加，可用式（1-4）进行估算：

$$D = \sum_{i=1}^{n} G_i H_i \tag{1-4}$$

式中，D 为草资源量，万吨；i 为 1，2，3，…，n，范围内有几种草地类型；G_i 为 i 种类型草地面积，万公顷；H_i 为 i 种类型草地当年每公顷面积平均产草量，t/hm²。

1.2.3 生物质资源量

根据美国康奈尔大学估算，全球陆地和海洋所有生态系统中，每年干有机质的净产量约为 1400 亿～1800 亿吨；森林、草原和耕地由植物光合作用而产生的有机碳数量，平均为 158t/km²，即全球陆地每年能生产有机碳可达 161 亿吨之多。

我国生物质能资源广泛，根据《生物质能发展"十三五"规划》的统计，2015 年我国作为能源利用的农作物秸秆及农产品加工剩余物、林业剩余物和能源作物、生活垃圾与有机废弃物等生物质资源总量约 4.6 亿吨标准煤；其中已利用资源量折合标准煤 3500 万吨，剩余可利用资源量折合标准煤 4.25 亿吨。

以我国农作物秸秆为例，2015 年包括玉米、水稻、小麦、棉花、油料作物秸秆在内的农作物秸秆可收集资源量约 6.9 亿吨，其中作为肥料、饲料、食用菌基料以及造纸等用途共计约 3.5 亿吨，可供能源化利用的秸秆资源量约 3.4 亿吨。另外，稻谷壳、甘蔗渣等农产品加工剩余物约 1.2 亿吨，可供能源化利用的约 6000 万吨。我国农作物秸秆资源主要集中在粮食主产区。农作物秸秆的可获得量主要与粮食等农作物的产量有关，农作物的产量增加，秸秆量也会相应增加。近年来，我国粮食产量逐年平稳增长，农作物秸秆产量也呈现出上升趋势。

林业剩余物和能源植物方面，全国有林地面积 3.04 亿公顷（1hm² = 10000m²），可供能源化利用的主要是薪炭林、林业"三剩物"、木材加工剩余物等约 3.5 亿吨。适合人工种植的能源作物（植物）有 30 多种，包括油棕、小桐子、光皮树、文冠果、黄连木、乌桕、甜高粱等，资源潜力可满足年产 5000 万吨生物液体燃料的原料需求。

据测算，我国有各种荒地约 2.88 亿公顷，其中宜农荒地 1 亿公顷，荒草地 0.49 亿公顷，盐碱地 0.1 亿公顷，沼泽地 0.04 亿公顷，宜林荒地 1.25 亿公顷。这些荒地中约 2 亿公顷可用于能源作物的种植。

2015 年我国主要畜禽粪便资源理论产生总量是 24.6 亿吨，其中粪资源量是 17.3 亿吨，尿资源量是 7.3 亿吨。根据畜牧业发展规划，预计全国畜禽粪便量到 2020 年将达到 25 亿吨，届时可收集利用畜禽粪便资源量相对于 1.8 亿吨标准煤。据统计，全国畜禽粪便的理论沼气生产量在 650 亿立方米以上。

我国的城市化水平在不断提高，城市数量和城市规模都在不断扩大。与此同时，我国城镇生活垃圾的产生量不断增加，年增长率在 10% 左右。城镇生活垃圾中有机物含量接近 1/3，甚至更高，其热值通常在 4.18MJ/kg（1000kcal/kg）以上，是可能源化利用的生物质资源。据 2015 年全国环境统计公报，全国生活垃圾处理量为 2.48 亿吨，其中采用填埋方式处置的共 1.78 亿吨，采用堆肥方式处置的共 0.04 亿吨，采用焚烧方式处置的共 0.66 亿吨。我国生活垃圾到 2023 年预计将达到 4 亿吨。目前，我国城市生活垃圾仍以填埋为主，在"减量化、资源化和无害化"和一些优惠政策的支持下，垃圾焚烧发电正在迅速发展。到 2020 年 3 月，我国生活垃圾焚烧处理率提升至 35.3%。

在我国，还有大量的工业有机废弃物。据测算，到 2020 年，我国由农副产品及食品加工业、纺织业、木材加工业和造纸业等产生的工业有机固体废弃物将达到 1 亿吨以上。这些有机废弃物的热值在 3500～6000kJ/kg，按平均值 4500kJ/kg 计，约相当于 1500 万吨以上的标准煤。另外，我国每年还产生总量十分巨大的有机废水。据 2015 年全国环境统计公报，全国废水排放总量 735.3 亿吨，其中工业废水排放量 199.5 亿吨，城镇生活污水排放量 535.2 亿吨。近年来，污水排放量约以 2.6% 递增。以工业污水为例，取每立方米工业污水可产沼气量平均值为 $5m^3$，则可产沼气量潜力将接近 1000 亿立方米，相当于 0.7 亿吨标准煤。

1.3 生物质能的特点

生物质能是一种清洁的可再生能源，它的使用既可以确保人类社会的可持续发展，又可以大大降低环境污染。生物质能的使用不会造成二氧化碳这种温室气体在地球大气中总量的增加。生物质的广泛分布性和易获得性不但决定了它的价格不易大幅波动，还使得它的供应不会面临大的危机。概括地说，生物质的优越性主要体现在以下几个方面。

（1）资源丰富，产量极大

生物质分布十分广泛，遍布于世界陆地和水域的千万植物之中，犹如一个巨大的太阳能化工厂，不断地将太阳能转化为化学能，并以有机物的形式储存于植物内部，从而构成储量极其丰富的生物质能。目前，生物质能是世界上第四大能源，而生物质作为能源利用的还不到其总量的 4%，但给人们提供的能量却占世界总能耗的 14%。

（2）可再生性

生物质是植物通过光合作用合成的，植物的光合作用是燃烧反应的逆过程，而燃烧反应是人类获取和使用能源的主要方式，若两个过程能相互匹配形成完整循环，生物质能源将取之不尽，用之不竭。生物质属可再生资源，生物质能通过植物的光合作用可以再生。只要有阳光照射，绿色植物的光合作用就不会停止，生物质能就永远不会枯竭。

（3）对环境污染小

与矿物能源相比，生物质在燃烧过程中，对环境污染小。生物质作为燃料时，由于它在生长时所需的 CO_2 量与排放量相当，因此对大气的 CO_2 净排放量近似为零，可有效地减轻温室效应。生物质含硫和含氮量均较低，灰分份额也很小，燃烧后 SO_2、NO_x 和灰尘排放量比化石燃料要小得多。生物质燃烧后的残渣一般只占原料的 $1\%\sim2\%$，并且可以做肥料，不会污染环境。

（4）多样性

生物质的来源具有多样性。地球上已知生物达 25 万多种，生物的多样性决定了生物质来源的多样性，任何一种生物都有可能为人类提供一种或多种生物质。我国地大物博，南北跨度大，从暖温带到寒带的气候特点决定了具有生物多样性，使得生物质的来源广泛，品种多样，为生物质的多样化及多维度利用创造了条件。同时，生物质资源开发利用转化途径具有多样性，这就决定了生物质资源使用性能上的多样性。特别是，生物质作为能源使用时，其转换利用的途径多种多样，既可以转换产生气体燃料，如沼气、气化燃气等，进一步还可制取合成气和氢气等；又可以转换产生液体燃料，如燃料乙醇、生物柴油、生物油等，还可以转换产生热值高、活性好的固体燃料，如生物炭。

（5）可储存、可运输

在可再生能源中，生物质是唯一可储存、可运输的能源，这给其加工转换和连续使用带来便利。

此外，生物质能源还具有其他很多优势。首先，生物质相对于煤来说，具有挥发分高、容易着火燃烧、燃烧后灰分少的特点，但生物质中碱金属和氯元素含量相对较高，燃烧过程中生物质的灰熔点较低，易存在结渣的问题，同时还容易出现碱金属腐蚀和氯腐蚀等。其次，从质量密度的角度来看，与煤、石油等矿物能源相比，生物质能是能量密度较低的低品位能源。再者，生物质资源的分散性及能量密度低的特性，给原料的收集和运输带来一定的困难，增加了收集和运输的成本。由于生物质资源种类的多样性及原料来源的季节性，需要设置较大的储料场和混料场；生物质的水分往往较高，在转换利用前需要干燥等预处理；生物质易自燃，易受风、雨、雪、火等外界因素的影响；生物质的保存也是目前亟待解决的问题。

1.4 生物质能转换技术与利用现状

1.4.1 生物质能转换技术

通常把生物质能通过一定的方法和手段转变成燃料物质的技术称为生物质能转换技术。生物质能转换技术总的可分为直接燃烧技术、热化学转换技术、生物转换技术和其他转换技术 4 种主要类型，生物质能转换技术类型如图 1-2 所示。

1.4.1.1 直接燃烧技术

生物质直接燃烧技术是最普通的生物质能转换技术。所谓直接燃烧，就是燃料中的可燃成分和氧化剂（一般是空气中的氧气）发生氧化反应的化学反应过程，在反应过程中强烈释放热量，并使燃烧产物温度升高。直接燃烧的过程可以表示为：

$$有机物质 + O_2 \xrightarrow{\text{直接燃烧}} CO_2 + H_2O + 热量$$

可见，此过程实际上是光合作用的逆过程。在燃烧过程中，燃料将储存的化学能转变为热能释放出来。除碳的氧化外，在此过程中还有硫、磷等微量元素的氧化。

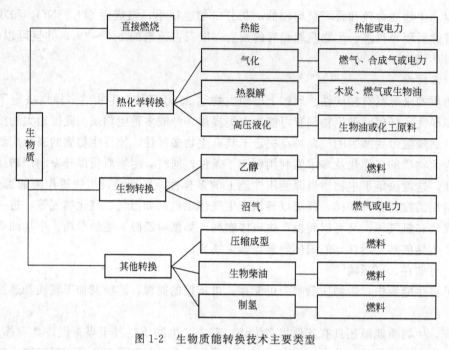

图 1-2　生物质能转换技术主要类型

直接燃烧的主要目的是取得热量，而燃烧过程产生热量的多少，除因有机物质种类不同而不同外，还与氧气（空气）的供给量有关，即是否使有机物质达到完全氧化。

可以进行直接燃烧的设备很多，有普通的炉灶，也有各种锅炉、焚烧窑，还有复杂的内燃机（如燃用植物油）等。

1.4.1.2　热化学转换技术

生物质热化学转换技术是指在加热条件下，用热化学手段将生物质能转换成燃料物质的技术。常用的方法有气化法、热裂解法及高压液化法。

气化是指将固体或液体燃料转换为气体燃料的热化学过程。生物质气化就是利用空气中的氧气或含氧物质作气化剂，将固体燃料中的碳氧化生成可燃气体的过程。

生物质热裂解是指生物质在完全没有氧或缺氧条件下热裂解，最终生成生物油、木炭和可燃气体的过程，三种产物的比例取决于热裂解工艺和反应条件。一般地说，低温慢速热裂解（小于 $500℃$）产物以木炭为主；高温闪速热裂解（$700\sim1100℃$）产物以可燃气体为主；中温快速热裂解（$500\sim650℃$）产物以生物油为主。如果反应条件合适，可获得原生物质 $80\%\sim85\%$ 的能量，生物油产率可达 70%（质量分数）以上。

生物质高压液化是在较高压力下的热化学转化过程，温度一般低于快速热裂解。该法始于 20 世纪 60 年代，当时美国的 Appell 等人将木片、木屑放入 Na_2CO_3 溶液中，用 CO 加压至 28MPa，使原料在 350℃ 下反应，结果得到 $40\%\sim50\%$ 的液体产物，这就是著名的 PERC 法。近年来，人们不断尝试采用 H_2 加压，使用溶剂（如四氢奈、醇、酮等）及催化剂（如 Co-Mo、Ni-Mo 系加氢催化剂）等手段，使液体产率大幅度提高，甚至可以达 80% 以上，液体产物的高位热值可达 $25\sim30MJ/kg$，明显高于快速热裂解液化。

1.4.1.3　生物转换技术

生物转换技术是用微生物发酵方法将生物质转变成燃料物质的技术，其通式为：

$$有机物质 \xrightarrow[\text{厌氧微生物发酵}]{\text{微生物发酵}} \begin{array}{l} 液体燃料 \\ 气体燃料 \end{array} + CO_2$$

通常产生的液体燃料为乙醇，气体燃料为沼气。

产生乙醇的有机物原料有两类，糖类原料如甘蔗、甜菜、甜高粱等作物的汁液以及制糖工业的废糖蜜等，可直接发酵成含乙醇的发酵醪液，再经蒸馏便得高浓度的乙醇；淀粉类原料如玉米、甘薯、马铃薯、木薯等，则须先经过蒸煮、糖化，然后再发酵、蒸馏产生乙醇。乙醇可作为燃料及作为添加剂生产车用乙醇汽油，亦可制成饮料。

沼气是生物质在严格厌氧条件下经发酵微生物的作用而形成的气体燃料。可用于产生沼气的生物质非常广泛，包括各种秸秆、水生植物、人畜粪便、各种有机废水、污泥、餐厨垃圾等。沼气可直接使用，或将 CO_2 除去，得到纯度较高的甲烷产品。

1.4.1.4　其他转换技术

生物质压缩成型是指将各类生物质废弃物，如锯末、稻壳、秸秆等，在一定压力作用下（加热或不加热），使原来松散、细碎、无定形的生物质原料压缩成密度较大的棒状、粒状、块状等各种成型燃料。

生物柴油是指以油料作物、野生油料植物和工程微藻等水生植物油脂，以及动物油脂、餐饮油等为原料油通过酯交换工艺制成的脂肪酸甲酯或脂肪酸乙酯燃料，这种燃料可供内燃机使用。

生物质制氢，包括微生物转换技术制氢和热化学转换技术制氢，其中，微生物转换制氢包括光解微生物产氢和厌氧发酵菌有机物产氢。

另外，近年来发展的生物质能利用新技术还包括生物质气化合成液体燃料技术、生物质直接脱氧液化制汽柴油技术、生物质气化燃料电池发电技术、微生物燃料电池技术、生物质水相催化重整制氢及化学品技术、合成气乙醇发酵技术等，这些技术大多仍处于实验阶段，在生产工艺、设备以及经济性等方面，距离实用化和商业化尚较远，但发展前景十分诱人。

1.4.2　生物质能利用现状

自从 1981 年 8 月在肯尼亚的内罗华召开联合国新能源和可再生能源会议以来，许多国家对能源、环境和生态问题越来越重视，生物质能的开发利用研究已成为世界性的热门研究课题。许多国家都制订了相应的开发研究计划，如日本的阳光计划、印度的绿色能源工程、美国的能源农场和巴西的酒精能源计划等，各国纷纷投入大量的人力和资金从事生物质能的研究开发。生物质能利用研究开发工作，国外尤其是发达国家的科研人员做了大量的工作，在热化学转换技术、生物化学转换技术、生产生物油技术以及直接燃烧技术等方面都取得了突破性的进展，其中一些成果和设备已商品化并发挥了巨大的经济效益。据《中国生物质能源行业分析报告》数据显示，当前世界能源消耗中，生物质能源仅占世界总能源耗的 14% 左右，还有很大的提升空间。

1.4.2.1　国外生物质能利用现状

不仅欧、美、日等发达国家重视生物质能的开发利用，印度、巴西及东南亚的一些发展中国家也高度重视生物能的开发利用。

① 美国　美国生物质能源的开发利用主要包括生物质发电、生物柴油和燃料乙醇。美国在生物质发电、垃圾发电、生物质制取液体燃料方面都处于世界的前沿。2015 年，美国

的生物质能总装机容量已达 1590 万千瓦；2015 年，美国有 87 座垃圾焚烧电厂，装机总容量达 230 万千瓦。美国在开发大型生物质气化发电技术方面处于世界前列，已开展了 6MW 中热值 IGCC 项目的开发研究。美国 STM 公司研制出的 STM4-120 燃气发动机被美国能源部评价为世界上最先进的斯特林发动机，可与沼气技术或生物质气化技术相结合，构成 50kW 左右的村级生物质能发电系统。美国普林斯顿大学研制了以生物质燃气为原料、发电功率为 200kW 的小型燃料电池/燃气轮机发电系统。在生物液体燃料方面，美国是世界上燃料乙醇的主要生产国，其生物柴油的发展也十分迅速。2018 年，燃料乙醇产量约 4800 万吨；以大豆、油菜籽等油料作物为原料生产生物柴油的能力超过 3600 万吨。美国通过立法、财政补贴、税收减免等措施大力推动燃料乙醇的推广使用。为促进生物柴油的发展，在 1998 年就制定了相应的生物柴油标准，严格规范生物柴油的生产和使用，并相继通过一系列的政令和法案，采取税收减免和财政补贴等措施，支持国内生物柴油的生产和消费，使得生物柴油产业迅速发展起来。美国的生物质能源已占能源供给量的 4%，超过水电，成为美国最大的可再生能量来源。

② 德国　德国既是能源消费大国，又是能源紧缺的国家，大部分能源依赖进口。为了减少对国外能源的依赖，减少矿物燃料对环境污染的压力，德国政府一直致力于生物质能源的开发利用。2009 年 4 月，德国出台了《德国生物质能行动计划》。德国在生物质固体颗粒燃料技术、直燃发电利用和利用生物质制取液体和气体燃料替代汽油和柴油等领域业绩显著，在生物质热电联产应用方面也很普遍。2015 年，德国沼气年产量超过 200 亿立方米。2018 年德国的生物质能在一次能源消费构成中占比 7.4%，生物质能发电在全国电力供应占比中超过 8%。预计到 2020 年德国的沼气发电总装机容量达到 950 万千瓦。欧盟是世界上最大的生物柴油产区，而德国是欧盟中最大的生物柴油生产国，生物柴油在德国已获得广泛使用。2017 年，德国出口生物柴油超过 160 万吨。

③ 日本　由于其能源资源极其贫乏，日本高度重视可再生能源的开发利用，特别是在生物质能利用方面。日本的生物质能利用量已占其全国一次能源供应量的 8%。日本在生物质发电方面居于世界领先地位。日本垃圾处理技术先进，垃圾焚烧发电利用率高，垃圾焚烧发电处理量占生活垃圾无害化清运量的 70% 以上。2016 年底，日本生物质能发电装机容量达 310 万千瓦。日本在能源发展战略中明确了生物燃料替代石油的目标。日本大力开发以纤维素为原料的生物质乙醇生产技术，生物乙醇燃料的应用比较普及。

④ 欧洲其他国家　英国政府通过制定一系列相关政策和采取多种举措，大量发展生物质能源产业。2019 年英国生物质能源装机容量达到 790 万千瓦，占总装机容量的 16.7%，年发电量占总电量的 11.3%。瑞典在生物质热电联产方面走在世界前列，早在 1991 年就建成了世界上第一座生物质气化燃气轮机/发电机-汽轮机/发电机联合发电厂，净发电 6MW，净供热 9MW，系统总效率达 80% 以上。瑞典在生物质气化发电和流化床燃烧发电方面技术成熟，特别是用催化裂解法处理生物质气化燃气中的焦油水平处于世界领先地位。生物质在瑞典供热市场占有主导地位，2016 年瑞典消费成型燃料 240 万吨，人均消费量约 207kg，居世界第一。生物质发电占瑞典电力生产的 7%～9%。2009 年，生物质能已超过石油成为瑞典第一位的能源来源，占瑞典能源消费总量的 32%。瑞典计划到 2020 年在交通领域全部采用生物能源，率先步入后石油时代。丹麦在生物质直燃发电方面成绩显著，世界上第一座秸秆直燃发电站就建在丹麦。丹麦的 BWE 公司率先研究开发了秸秆直燃发电技术，迄今在这一领域仍是世界最高水平的保持者。在 BWE 公司技术的支持下，1988 年丹麦建设了第一座

秸秆生物质发电厂，从此生物质燃烧发电技术在丹麦得到了广泛应用。2014 年，丹麦已建立了 130 家秸秆发电厂，使生物质成为了丹麦重要的能源。近 10 年来，丹麦新建设的热电联产项目都是以生物质为燃料，同时，还将过去许多燃煤供热厂改为燃烧生物质的热电联产项目。芬兰的林木生物质能源承担了全国供暖需求的 50％和 520 万居民能源消耗的 20％。法国政府对生物质能源研发非常重视。近年来，先后开发以麦秆、芒草和木材等农林废弃物为主要原料的第二代生物燃料，采用生物纤维素转化为生物燃料的模式，主要有纤维素乙醇技术、合成生物燃油技术、生物氢技术、生物二甲醚技术等众多发展方向，其中，纤维素乙醇和合成生物燃油是最为重要的第二代生物燃料产品。法国计划到 2020 年可再生能源消耗量占能源消耗总量比例由 2005 年的 10.3％提高到 23％。

⑤ 巴西　巴西是当今世界上利用生物质生产乙醇且规模化开发生物质能最好的国家之一，是全球第一大生物乙醇生产国和出口国。全球最大的生物质能源项目普罗阿克尔于 1975 年在巴西建立。从 1976 年起，普罗阿克尔项目投资 113 亿美元，以生物乙醇替代了 270 亿美元的进口汽油。巴西不仅是目前世界上唯一不使用纯汽油作汽车燃料的国家，而且也是世界上最早通过立法手段强制推广乙醇汽油的国家。巴西所有汽油中都强制加入了 25％的乙醇。2005 年巴西燃料乙醇消费量替代了当年汽油消费量的 45％。燃料乙醇已成为巴西的支柱产业，对保证巴西能源安全、促进经济发展和增加就业做出了重要贡献。巴西还不断加快生物柴油的发展。巴西的生物柴油主要以蓖麻油为原料。从 2010 年起巴西所有普通柴油中生物柴油的比例达到 5％，提前三年进入 B5 时代。

⑥ 印度　印度年产薪柴 2.84×10^7 t 左右，工业废弃物和农业副产物年产 2.46×10^8 t。在发展中国家中，印度的生物质能开发利用搞得比较好，主要体现在沼气、生物质压缩成型和气化技术等方面。印度的小型生物质气化发电系统技术比较成熟，已推广应用了数百台。2006 年，印度正式成立了新能源与可再生能源部（MNRE），全面负责印度新能源和可再生能源领域的所有事物，包括相关政策的制定和执行、新能源研发项目的组织和协调、新能源的国际交流合作等。

1.4.2.2　中国生物质能利用现状

中国政府及有关部门对生物质能源的利用极为重视，科学技术部已连续在 5 个国家五年计划中将生物质能技术的研究与应用列为重点研究项目。目前中国已经涌现出一大批优秀的科研成果和成功的应用范例，如户用沼气池、生物质气化发电和集中供气、生物质压块燃料、生物质液体燃料等，取得了可观的社会效益和经济效益。近 30 年来，通过生物质资源的开发、能量转化技术研发和小规模产业化工程示范，中国的生物质能产业已形成了一定的规模。中国的沼气技术和燃料乙醇技术比较成熟，具有了商业化规模利用的水平；生物质气化发电技术已处于国际先进水平，具体介绍如下。

（1）固体生物质燃料

固体生物质燃料分为生物质直接燃烧或压缩成型燃料及生物质与煤耦合燃烧为原料的燃料。生物质燃烧是传统的能源转换形式，截至 2004 年底，中国农村地区已累计推广省柴炉灶 1.89 亿户，普及率达到 70％以上。省柴灶比普通炉灶的热效率提高 1 倍以上，极大地缓解了农村能源短缺的局面。生物质固体成型燃料具有能量密度大和燃烧效率高、强度大、储运和使用方便、对环境友好等优点。中国从 20 世纪 80 年代开始引进螺旋推进式秸秆成型机，研究生物质压缩成型技术；经过多年的开发研究，中国生物质固体成型燃料技术已经取得了阶段性成果，研发了螺旋挤压式、活塞冲压式、模辊碾压式 3 种固体成型燃料生产设备，促进了生物质固体成型产业的发展。截至 2015 年，我国生物质成型燃料年利用量约 800 万吨，主要用于城镇供暖和工业供热等领域。根据中国生物质能发展"十三五"规划，2020 年我国成型燃料消费量将达到 3000 万吨，使生物质成型燃料成为普遍使用的一种优质燃料。

（2）气体生物质燃料

气体生物质燃料包括沼气、生物质气化制气等。沼气技术是中国发展最早和应用最广的生物质能利用技术，中国的沼气技术基本上已经实现了商业化，并在农村得到了普遍推广，取得了很好的社会效益和经济效益。到 2005 年底，全国沼气利用量达到 80 亿立方米，户用沼气池发展到 1807 万户，大中型沼气工程建成 3556 处，城市污水净化沼气池 49300 处。截至 2009 年底，全国农村沼气用户已达到 3050 万户，年生产沼气约 122 亿立方米，约生产沼肥（沼渣、沼液）3.85 亿吨，使用沼气相当于替代 1850 万吨标准煤，减少排放二氧化碳 4500 多万吨。根据中国生物质能发展"十三五"规划，到 2020 年初步形成一定规模的绿色低碳生物天然气产业，年产量达到 80 亿立方米，建设 160 个生物天然气示范县和循环农业示范县。

在生物质气化技术开发方面，中国生物质气化技术研究始于 20 世纪 80 年代初期，至今已开展了生物质能转换技术以及装置的研究和开发，形成了生物质气化集中供气、燃气锅炉供热、内燃机发电等技术，把农林废弃物、工业废弃物等生物质能转换为高效能的燃气、电能或蒸汽，提高生物质能源的利用效率。中国在 20 世纪 60 年代就开发了 60kW 的谷壳气化发电系统，目前 160~200kW 的生物质气化发电设备已在中国推广应用。近些年兆瓦级的中型生物质气化发电系统已研究开发出来并投入运行，最大的系统达到了 6MW。

（3）液体生物质燃料

液体生物质燃料是指通过生物质资源生产的燃料乙醇和生物柴油，可以替代由石油制取的汽油和柴油。中国从 2002 年开始了燃料乙醇试点工作，到 2005 年中国的燃料乙醇年产量已超过 100 万吨，成为继巴西、美国之后的世界第三大燃料乙醇生产国。为保证粮食安全，中国近期转而开发非粮食原料乙醇生产技术，如以木薯为代表的非食用薯类、甜高粱、木质纤维素等为原料生产乙醇。2005 年，广西的木薯乙醇年产量就达到了 30 万吨。2008 年，中国的甜高粱乙醇已达到年产 5000t 的生产规模。2012 年中国建成了年产 3000t 纤维素乙醇的中试装置。目前以秸秆等废弃物为原料的第二代燃料乙醇生产工艺在国内已经具备产业化示范条件，是未来中国燃料乙醇的主要发展方向。2016 年，全国已有 11 个省（区）试点推广 E10 乙醇汽油，燃料乙醇产能为 271 万吨/年，产业规模居世界第三，燃料乙醇消费量为 260 万吨/年，乙醇汽油消费量已占同期全国汽油消费总量的 1/5。根据中国生物质能发展"十三五"规划，2020 年我国燃料乙醇年利用量将达到 1570 万吨，将在全国范围内推广使用车用乙醇汽油。

生物柴油是指以油脂类原料，如废弃的动植物油脂、非食用草/木本油料等生产的交通运输用清洁可再生液体燃料，具有十六烷值低、无毒、低硫、可降解、无芳烃等特点，可直接替代或与化石柴油调和使用，有效改善低硫柴油润滑性，有利于降低柴油发动机尾气颗粒物、一氧化碳、碳氢化合物、硫化物等污染物排放。中国生物柴油技术的研究和开发起步较晚，但发展速度很快，一部分科研成果已达到国际先进水平。据统计，至 2015 年，全国生物柴油生产厂家有 50 多家，最大规模达 30 万吨，总产能已经超过 350 万吨，但由于受到原料供应的限制，生产装置开工率不足，实际产量仅 33.6 万吨。根据我国生物质能发展"十三五"规划，2020年我国生物柴油产量将达到200万吨。

（4）生物质发电

中国的生物质发电起步较晚。2005年以前，以农林废弃物为原料的规模化并网发电项目在中国几乎是空白。2006年《中华人民共和国可再生能源法》正式实施以后，生物质发电优惠上网电价等有关配套政策相继出台，有力促进了中国的生物质发电行业的快速壮大。2006～2013年，中国生物质及垃圾发电装机容量逐年增加，由2006年的4.8GW增加至2012年的9.8GW，年均复合增长率达9.33%，步入快速发展期。

截至2015年底，中国生物质发电并网装机总容量为1031万千瓦，其中，农林生物质直燃发电并网装机容量约530万千瓦，垃圾焚烧发电并网装机容量约为468万千瓦，两者占比在97%以上，还有少量沼气发电、污泥发电和生物质气化发电项目。至2019年，中国生物质发电装机容量达到2254万千瓦。中国的生物发电总装机容量已超过美国，位居世界第一位。

目前，中国生物质发电行业正在步入一个由无序发展到有序发展、由爆发式增长到稳健型增长、由提速期向成熟期过渡的一个阶段。在这个阶段，无序的市场逐步被梳理，有序的市场逐步被建立，行业规则将日益完善。

1.5 生物质能开发利用的意义

生物质能的开发利用，意义重大，可以从以下几个方面来阐述。

（1）有利于缓解当前能源危机，推进可持续发展

能源是维持和发展社会经济、人类生活及物质文明的最基本因素，人们的各种生产活动和日常生活都离不开能源。随着人口的增加和工商业文明程度的提高，人类对能源的消耗量急剧增长，不可再生的化石能源消耗量越来越大，传统的煤炭、石油、天然气等化石能源将开采殆尽，能源危机问题接踵而来。

中国作为世界上最大的发展中国家和第二大经济体，能源消耗量在2010年就居世界第一。据统计，2016年，中国一次能源消费量就达到了43.6亿吨标准煤。随着中国经济的高速发展和人民生活水平的不断提高，中国的能源消费量还将继续增长，预计到2050年将达到60亿吨标准煤。然而，中国的煤炭、石油、天然气等传统化石能源资源量相对贫乏，特别是人均资源量就显得更少，分别为世界平均水平的70%、5%和8%。目前中国石油对外依赖度已达到65%，天然气对外依赖度已超过35%，中国的能源供需矛盾日趋激化，能源安全保障问题正面临着严峻的挑战。

面对能源供给的压力，世界各国都在积极寻找化石能源的替代能源，使得可再生能源越来越受到重视。生物质能的开发利用已成为世界热门课题之一，得到了各国政府的高度重视，生物质能作为一个新兴的产业在全世界迅速崛起，生物质能的开发利用，将是新的能源革命中的主力军。

中国适时提出了能源革命发展战略，大力发展包括生物质能在内的可再生能源。目前中国生物质能年利用量仅占一次能源消费量的2%左右，生物质资源浪费现象十分突出，且利用效率也较低。据统计，中国农村地区大约有60%左右的农作物秸秆和薪柴被焚烧或者腐烂。因此，以科学的方法高效率地利用生物质，将成为推进可持续发展的重要举措，对优化中国能源消费结构、缓解能源供需矛盾、提高国家能源供应安全等具有十分重要的作用。

（2）有利于减排温室气体，改善生态环境

传统的化石能源的大量使用，不仅造成了能源危机，而且破坏了生态环境，温室效应、酸雨等正成为人类社会可持续发展面临的重大挑战。

生物质能的利用，是二氧化碳零排放产业。生物质能生产和消耗过程中的全部生命物质和能量均可以进入地球生态圈循环系统，连释放的二氧化碳也可以重新被植物吸收，是真正意义上的"零碳"和"永续"。因此，开发利用生物质能来代替化石能源，可以有效地降低温室气体的排放。

生物质能属于清洁能源，以生物质能源代替化石燃料，还可以减少化石燃料的 SO_x、NO_x 等污染物。例如，每利用 1000t 秸秆来替代煤炭，在减少 $1400t CO_2$ 排放的同时，还可以减少 4t SO_2 和 10t 烟尘的排放。

生物质能的生产过程也是有机废弃物和有机污染物源的无害化和资源化的过程，兼有环保和资源循环利用的过程。农林及其加工业的有机剩余物、畜禽粪便、城市有机垃圾、废水废渣和废气，未利用时是污染物，严重污染环境，而这些废弃物都可以在生物质产品生产过程中实现无害化处理和资源化利用，实现变废为宝，从而改善城市和农村的卫生环境。例如，以农作物秸秆为原料，用来发电或转换为燃气等，可解决秸秆在田头就地焚烧而带来的大面积烟雾污染和森林火灾问题；采用厌氧技术处理有机垃圾，不仅可以获得清洁能源，而且达到低费用治理污染的目的。

另外，通过生物质能的开发利用，可以有效地解决农村能源问题，改善生态环境。如中国部分农村地区仍使用柴草作燃料，使用方法仍是传统炉灶的直接燃烧，热效率不到 10%，生物质能的利用水平很低；由于能源短缺而过度砍伐森林，从而导致森林植被破坏、水土流失和生态环境的破坏。

（3）有利于解困"三农"问题，促进新农村建设

开发利用生物质能有利于解困"三农问题"，对中国农村更具有特殊的意义。根据《中华人民共和国 2016 年国民经济和社会发展统计公报》，2016 年年末全国大陆农村户籍人口约 5.9 亿人，超过 40% 的人口仍生活在农村。农村能源存在利用手段落后、转换效率较低和能源供应量相对不足、供给的社会化程度低、供应结构不合理等问题。随着经济的发展和生活水平的提高，农村对于优质燃料的需求日益迫切。传统的能源利用方式已难以满足农村现代化的需求，生物质能优质化转换利用势在必行。

开发生物质能利用技术，发展生物质能源产业，是建设新农村的实际需要。生物质原料相对分散，转换和加工工厂以中小型为主，适宜建在农村小城镇等离原料较近的地方。将农林废弃物转化为优质能源并形成产业化利用，可大量消纳农林废弃物，不仅可以消除这些废弃物不当处置带来的环境影响，而且可以变废为宝，解决农村能源供应短缺的问题，同时还可增加农民收入，减少能源消费支出。生物质原料的分散性，决定其在生产过程中，需要大量的收集和储运工作人员。一个产业的兴起，必将吸引大量的科研、管理人才投身其中，同时其他与生物质能产业配套的服务性行业也将提供大量的工作岗位，这为农民创造更多的就业岗位。同时利用农村地区的荒地荒山等种植木薯、速生林等能源作物或能源植物，发展新型的绿色能源产业，还可创造农业经济新的增长点。因此大力发展生物质能产业将加快农民实现能源现代化进程，满足对电、油、气等优质能源的迫切需求，同时促进农村新兴产业的发展，实现农民增收、农业增效，为新农村建设和农村经济可持续发展做出贡献。

总而言之，生物质能源的开发利用，对于缓解经济发展中的能源压力、延缓化石能源危

机的到来、改善地球生态环境、促进农村经济发展等，均具有十分重要的意义。国际社会应加强合作，认真分析和研究生物质能开发利用的现状和存在的问题，协调各国政府、企业和科研机构等各方力量，加大对生物质能源发展的支持力度，真正建立生物质能开发利用的支撑保护体系，促进生物质能产业的健康快速发展，造福各国人民。

1.6 我国生物质能利用政策与发展导向

1.6.1 生物质能利用相关政策

基于生物质能对传统化石能源具有可替代性和环境友好性，为了推进我国的能源安全与发展，壮大生物质能源产业，我国相继出台了一系列的相关政策。这里仅选取部分重要政策。

《中华人民共和国可再生能源法》于 2005 年 2 月 28 日通过，2006 年 1 月 1 日起施行，2019 年进行了修订。它为我国可再生能源的开发利用提供了法律框架，标志着我国生物质能的发展进入新的发展阶段。该法律中明确规定国家鼓励清洁、高效地开发利用生物质燃料，鼓励发展能源作物。该法律分别从产业指导、技术支持及可再生能源的推广和应用方面做了规定，国家将包括生物质能在内的可再生能源开发利用的科学技术研究和产业化发展列为科技及高技术产业发展的优先领域，并给予资金扶持。该法构建了 5 项重要的制度，即总量目标制度、强制上网制度、分类电价制度、费用分摊制度和专项资金制度。

2006 年 1 月国家发改委印发的《可再生能源发电有关管理规定》，对可再生能源发电的行政管理体制、项目管理和发电上网等做了进一步明确的规范。

2006 年 1 月国家发改委印发的《可再生能源发电价格和费用分摊管理试行办法》，对法律规定的上网电价和费用分摊制度，作了相对比较具体的规定；该办法中规定各地生物质发电价格标准由各省市 2005 年脱硫燃煤机组标杆上网电价加补贴电价组成，补贴电价标准为0.25 元/千瓦时，补贴时限为 15 年（自投产之日计算）。2006 年，财政部将可再生能源发展专项资金列入预算，并制定了《可再生能源专项资金管理办法》。

2007 年 3 月国家发改委发布了《可再生能源产业指导目录》，在第三部分中，对生物质能源开发利用中的生物质发电、生物燃料生产、生物质燃料开发中的设备制造和零部件制造、原料基地建设等项目，从技术指标要求到发展状况进行了简要说明。

2007 年 9 月，国家发改委颁布了《可再生能源中长期发展规划》，提出了从 2007 年到2020 年我国可再生能源发展的指导思想和原则、发展趋势、发展目标、主要任务和保障措施，为我国包括生物质能源在内的可再生能源的发展和项目建设提供了指导。

2008 年 1 月国家税务总局出台的《中华人民共和国企业所得税法》规定，生物质发电因资源综合利用可享受收入减计 10% 的所得税优惠。2008 年 10 月国家财政部发布了《秸秆能源化利用补助资金管理暂行办法》，对中央财政所安排的支持秸秆能源化利用的补助资金使用加以规范。2008 年 12 月国家财政部、国家税务总局发布的《关于自由综合利用及其他产品增值税政策的通知》中规定，秸秆生物质直燃发电享受即征即退政策。

2009 年 1 月实施的《中华人民共和国循环经济促进法》第三十四条规定，国家鼓励和支持农业生产者和相关企业采用先进或者适用技术，对农作物秸秆、畜禽粪便、农产品加工业副产品、废农用薄膜等进行综合利用，开发利用沼气等生物质能源。

2010 年 7 月国家发改委发布《关于完善农林生物质发电价格政策的通知》，明确农林生物质发电项目统一执行标杆上网电价 0.75 元/千瓦时。2010 年 8 国家发展改革委发布了《关于生物质发电项目建设管理的通知》，明确生物质发电厂应布置在粮食主产区秸秆丰富的地区，且每个县或 100 公里半径范围内不得重复布置生物质发电厂；一般安装 2 台机组，装机容量不超过 3 万千瓦。

2013 年 7 月，国家发改委印发的《分布式发电管理暂行办法》中规定，对于分布式发电，电网企业应根据其接入方式、电量使用范围，提供高效的并网服务。生物质能与风能、太阳能、海洋能、地热能等发电形式共同成为分布式发电的重要组成部分。

2014 年 6 月，国家能源局和环境保护部下发《关于开展生物质成型燃料锅炉供热示范项目建设的通知》，规划要求新建 120 个生物质成型燃料锅炉供热示范项目。

2017 年 11 月，国家能源局、环保部联合印发了《关于开展燃煤耦合生物质发电技改试点工作的通知》。文件指出，组织燃煤耦合生物质发电技改试点项目建设，旨在发挥世界最大清洁高效煤电体系的技术领先优势，依托现役煤电高效发电系统和污染物集中治理设施，构筑城乡生态环保平台，兜底消纳农林废弃残余物、生活垃圾以及污水处理厂、水体污泥等生物质资源，破解秸秆田间直焚、污泥垃圾围城等社会治理难题，促进电力行业特别是煤电的低碳清洁发展。

2017 年 10 月，国家能源局印发的《关于可再生能源发展"十三五"规划实施指导意见》中明确，我国将加强和规范生物质发电管理，从严控制农林生物质只发电不供热项目，大力推进农林生物质热电联产，将农林生物质热电联产作为县域重要的清洁供热方式，直接替代县域内燃煤锅炉及散煤利用。

2017 年 12 月，国家发改委、国家能源局联合印发《关于促进生物质能供热发展的指导意见》。该指导意见中明确，到 2020 年，我国生物质热电联产装机容量目标超过 1200 万千瓦，生物质成型燃料年利用量约 3000 万吨，生物质燃气（生物天然气、生物质气化等）年利用量约 100 亿立方米，生物质能供热合计折合供暖面积约 10 亿平方米，年直接替代燃煤约 3000 万吨。国家可再生能源电价附加补贴资金将优先支持生物质热电联产项目。

除了法律法规和政策文件外，国家还每 5 年制订一次生物质能发展规划。2016 年 10 月出台的《生物质能发展"十三五"规划》，阐述了"十三五"时期我国生物质能产业发展的指导思想、基本原则、发展目标、发展布局和建设重点，提出了保障措施，是"十三五"时期我国生物质能产业发展的基本依据。

为了支持和规范生物质能开发利用及生物质产业的发展，近年来陆续出台了一系列有关生物质的国家、地方或行业标准，如 GB/T 28731—2012《固体生物质燃料工业分析方法》、GB/T 30727—2014《固体生物质燃料发热量测定方法》、NB/T 34026—2015《生物质颗粒燃料燃烧器》、NY/T 2909—2016《生物质固体成型燃料质量分级》、DB 13/T 1175—2010《生物质成型燃料》等。

1.6.2　生物质能开发利用导向

尽管我国在生物质能开发利用方面取得了一定的成绩，生物质能产业也正处于蓬勃发展之中，但是仍在技术水平、市场竞争力、标准规范和政策支持等多方面存在一些问题，制约和阻碍着生物质能的高效利用和产业发展。

我国生物质资源极其丰富，但分布较分散且不均衡，生物质资源收集、运输和储存困难，因此要深入调查和评估生物质资源整体情况，合理规划生物质能开发利用的规模，应在有效收集半径内开发利用生物质资源，同时从多个方面进行综合考虑，积极实施区域化管理经营，发展多产物联产，在利用生物质能的同时生产部分附加值较高的产品。

发展生物质供热、供气和热/电/气联产等分布式利用模式，是我国生物质能发展的主要方向，但从产业发展现状看，目前制约分布式生物质能产业发展的最主要瓶颈是可靠性和经济性。我国应加大力度支持国内研究机构和企业进行关键技术研究和创新，在引进国外先进技术的基础上，加强消化吸收和再创造，通过系统集成与工程示范，有效提高技术的可靠性和实用性；鼓励生物质能利用的商业模式创新，并通过商业化示范，形成具有市场价值的商业模式，提高生物质能的市场竞争力；同时加强宣传和引导，强化政府主导力量，完善技术和产业服务体系，并制定相应的激励政策并提高政策执行力，进一步推动生物质能产业的健康快速发展。

开发利用生物质能，应始终本着不"与粮争地、与人争粮"的基本原则，必须根据我国资源条件和社会经济发展需要，按照科学发展观的要求，统筹经济、社会和自然的和谐发展，要努力做到：a. 优先利用各种废弃生物质资源，促进资源综合利用和环境保护；b. 积极稳妥发展能源农业和能源林业，扩大生物质能资源基础；c. 合理开发边际土地资源，不占用耕地，不破坏森林、草地和自然生态环境。

思考和练习

1. 什么是生物质和生物质能？
2. 简述生物质的分类。
3. 如何估算生物质资源量？
4. 我国的生物质资源如何？
5. 分析生物质能的优缺点。
6. 生物质能的转换技术主要有哪些？
7. 生物质能的利用现状如何？
8. 为什么要大力提倡和支持开发生物质能？
9. 我国生物质能开发利用的政策如何？
10. 分析生物质的开发利用的前景，如何开发利用好生物质能？

第2章

生物质燃料特性与燃烧基础

2.1 生物质燃料化学与物理特性

2.1.1 生物质燃料化学组成

生物质作为有机燃料，是多种复杂的高分子有机化合物组成的复合体，其化学组成主要有纤维素（Cellulose）、半纤维素（Semi-cellulose）、木质素（Lignin）和提取物（Extractives）等，这些高分子物质在不同的生物质、同一生物质的不同部位分布不同，甚至有很大差异。因此，了解生物质的化学组成及各成分的性质是研究和开发生物质热化学转化技术和工艺的基础理论依据。

生物质的化学组成可大致分为主要成分（Major components）和少量成分（Minor components）两种。

主要成分是由纤维素、半纤维素和木质素构成，存在于细胞壁中。少量成分则是指可以用水、水蒸气或有机溶剂提取出来的物质，也称"提取物"，这类物质在生物质中的含量较少，大部分存在于细胞腔和胞间层中，所以也称非细胞壁提取物。提取物的组分和含量随生物质的种类和提取条件而改变。属于提取物的物质很多，其中重要的有天然树脂、鞣质、香精油、色素、木脂素及少量生物碱、果胶、淀粉、蛋白质等。生物质中除了绝大多数为有机物质外，尚有极少量无机的矿物元素成分，如钙（Ca）、钾（K）、镁（Mg）、铁（Fe）等，它们在生物质热化学转换后，通常以氧化物的形态存在于灰分中。

不同生物质的典型化学组成见表 2-1。

表 2-1 不同生物质的化学组成　　　　　　　　　　　　　　　　单位：%

类型	纤维素	半纤维素	木质素	提取物	灰分
软木	42.1	26.0	29.3	2.2	0.4
硬木	39.5	35.1	21.7	3.4	0.3
松树皮	34.0	16.0	34.0	14.0	2.0
小麦秸	39.0	28.0	16.0	10.5	6.5
稻壳	30.2	24.5	11.9	17.3	16.1
甘蔗渣	38.6	39.5	20.0	0.3	1.6

2.1.1.1 纤维素

纤维素是由葡萄糖组成的大分子多糖，有 8000～10000 个葡萄糖残基通过 β-1、4-糖苷键连接而成，化学通式为 $(C_6H_{10}O_5)_n$，其中 n 为聚合度。纤维素的化学组成为含碳

44.44％、含氢 6.17％、含氧 49.39％。纤维素的
结构式如图 2-1 所示。由于纤维素大分子的两个
末端基性质不同，整个大分子具有极性并呈现出
方向性。

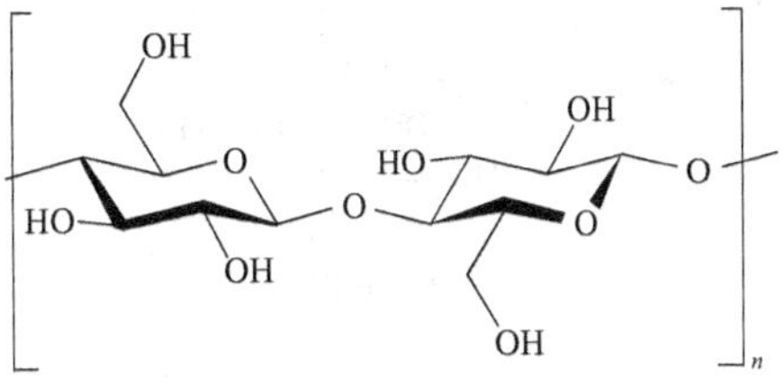

纤维素大分子的葡萄糖基上带有多个羟基，
彼此之间由于分子引力和氢键的作用，使分子链
之间聚集成束，这种束状结构称为超分子结构。

图 2-1 纤维素结构式

国际上有两种纤维素超分子结构学说：一种是两相结构理论，另一种是无定形结构理论，其
中两相结构理论应用较广。两相结构理论认为纤维素的超分子结构由结晶区和无定形区构
成。据 X 射线研究，纤维素大分子的聚集，一部分的分子链彼此间以氢键结合，排列规则，
彼此间间距小，结合紧密，呈现清晰的 X 射线衍射，这部分称为结晶区；另一部分的分子
链间虽有一定程度的氢键结合，但从空间数量上还没有达到在 X 射线图谱上反映出来的程
度，因此分子链排列的规则性较差，不整齐，较松弛，但并不是完全无序的排列，这部分称
为无定形区。纤维素的聚集状态，即所谓的纤维素超分子结构，就是形成一种由结晶区和无
定形区交错结合的体系。结晶区与无定形区之间并没有明显的突变界限，而是逐步过渡的。
纤维素超分子结构中存在的结晶区与无定形区两相直接影响着纤维素的化学反应性能、化学
反应的均一性以及产品的使用性能。

纤维素的结构特性决定了纤维素不溶于水和一般有机溶剂，但溶于浓盐酸和浓硫酸。纤
维素缺乏热可塑性，这对其加工成型极为不利，因此常对其进行化学改性。

纤维素是自然界中分布最广、含量最多的一种多糖，占植物界碳含量的 50％以上。纤
维素是植物细胞壁的主要成分。一般木材中，纤维素含量为 40％～50％；棉花是自然界中
纤维素含量最高的植物，含量达到 90％～98％。

提纯的纤维素本身是白色的，密度为 1.5～1.56g/cm³，比热容为 1.34～1.38kJ/(kg·℃)，
燃烧热值 18MJ/kg 左右。

纤维素在酸、碱或盐的水溶液中，会发生润胀，使得分子间的内聚力减弱，固体变得松
软，体积变大，可利用这一性质对纤维素进行碱性降解或酸性水解，以获得小分子的碳水化
合物。纤维素在通常的热分解（隔绝空气加热到 275～450℃）条件下，除生成多种气态、
液态产物外，还可得到固体炭。

2.1.1.2 半纤维素

半纤维素不是均一聚糖，而是由几种不同类型的单糖构成的异质多聚体，这些聚糖混合
物将植物细胞壁中的纤维素和木质素紧密地相互贯穿在一起。半纤维素的分子量相对较小，
聚合度一般为 150～200。构成半纤维素的糖基主要有 D-木糖、D-甘露糖、D-葡萄糖、D-半
乳糖、L-阿拉伯糖、4-氧甲基-D-葡萄糖醛酸及少量 L-鼠李糖、L-岩藻糖等。部分结构式如
图 2-2 所示。

半纤维素中碳的含量介于纤维素和木质素之间，但物理性质和化学性质有差异。半纤维
素多糖易溶于水，而且支链较多，在水中的溶解度高。半纤维素在不同生物质中的聚合物结
构及含量也是不同的，如阔叶材半纤维素主要由聚木糖和少量聚葡萄糖、聚甘露糖组成，而
针叶材半纤维素则由半乳糖、葡萄糖、聚甘露糖和相当多的聚木糖类组成。半纤维素的水解
产物随半纤维素的来源不同而不同。半纤维素的抗酸和抗碱能力都比纤维素弱。纤维素和半
纤维素分子链中都含有游离羟基，具有亲水性，但是由于半纤维素不能形成结晶区，水分子

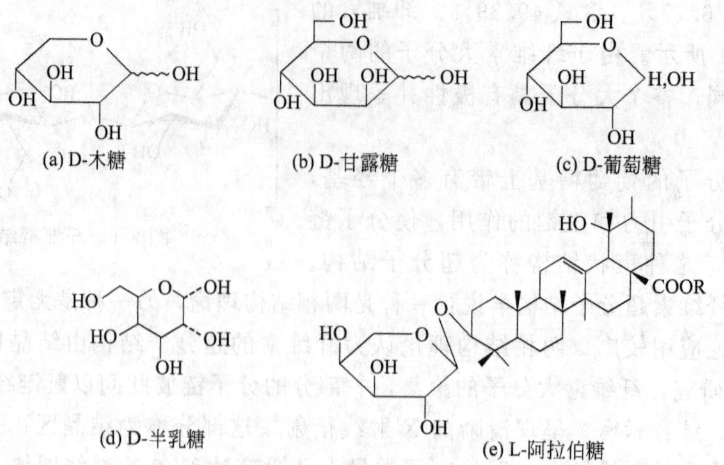

(a) D-木糖　　　　　　(b) D-甘露糖　　　　　　(c) D-葡萄糖

(d) D-半乳糖　　　　　(e) L-阿拉伯糖

图 2-2　半纤维素部分结构式

更容易进入，因此半纤维素的吸水性和润胀度均比纤维素高。

2.1.1.3　木质素

在植物界中，木质素是仅次于纤维素的一种最丰富且重要的大分子有机聚合物，存在于植物细胞壁中。木质素在纤维之间相当于黏结剂，与纤维素、半纤维素一起构成植物的主要结构。木质素大分子是由相同的或相类似的结构单元重复无规则地连接而成的具有网状结构的无定形的芳香族聚合物，因此不能像纤维素或蛋白质等有规则的天然聚合物一样用化学式来表示。一般认为愈创木基结构、紫丁香基结构、对羟苯基结构是木质素最主要的三种基本结构，三种结构单元中都含有羟基，只是甲氧基含量不同而已，其化学结构式如图 2-3 所示。

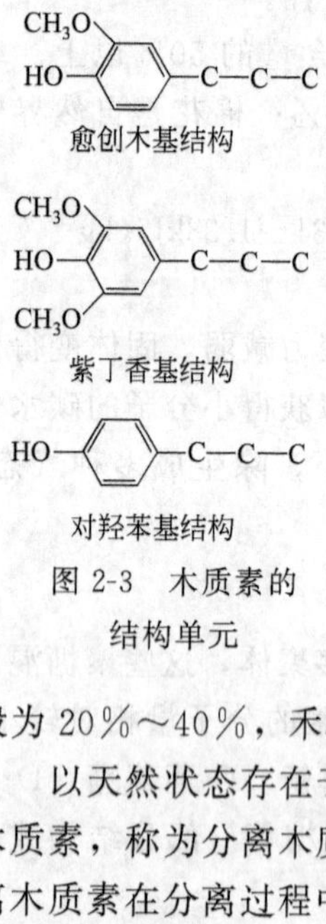

愈创木基结构

紫丁香基结构

对羟苯基结构

图 2-3　木质素的结构单元

不同植物的木质素的组成和结构不完全一样。在针叶材、阔叶材和禾本科草类木质素中，三种结构单元的比例不同。针叶材木质素的结构单元主要是愈创木酚，阔叶材木质素主要是愈创木酚和紫丁香酚，而禾本科草类木质素是由愈创木酚、紫丁香酚和对丙苯酚构成。基本结构单元间的连接均以酚醚键为主，生物质的热化学反应以及木质素碎片化反应主要发生在这类键上，因此，它与木质素化学反应关系密切。

各种植物的木质素含量存在差异。木本类植物的木质素含量一般为 20%～40%，禾本科植物的木质素含量一般为 14%～25%。

以天然状态存在于植物体中的木质素称为原本木质素；用各种方法从植物中分离出来的木质素，称为分离木质素或木质素制备物。原本木质素不仅结构非常复杂而且相当活泼；分离木质素在分离过程中已经发生不同程度的结构变化，因此不能与原本木质素混为一谈。

原本木质素为白色或接近白色，但一切分离木质素均有颜色，颜色的深浅取决于分离条件，如酸木质素为褐色，碱木质素为深褐色。常温下，原本木质素的主要部分不溶于任何有机溶剂。碱木质素可溶于稀碱性或中性的极性溶剂中，木质素磺酸盐可溶于水。木质素没有熔点，但有软化点，当温度升高到 70～110℃时，黏合力增加。

木质素中碳元素的含量较高，故燃烧热值比较高，如干燥无灰基的云杉盐酸木质素的燃烧热值为 110MJ/kg，硫酸木质素的燃烧热值为 109.6MJ/kg。木质素隔绝空气高温热解可以得到木炭、焦油、木醋酸和气体产物。木质素的热稳定性较高，木质素的热分解温度是350～450℃，比纤维素的热分解温度高。

2.1.2 生物质燃料的工业分析与元素分析

由生物质的化学组成可以看出，生物质作为天然的有机燃料，是化学组成极为复杂的高分子物质，至今仍不十分清楚其结构和性质，因此目前分析测定其化学结构还是困难的。但是在工程技术中，可根据不同的使用目的，用不同的方法研究了解生物质燃料的组成和特性，为生物质热化学转化提供基本数据，例如可用作燃烧计算的原始数据、估算燃料热值、粗略划分燃料种类等，还是十分有用的，并且往往是足够的。

生物质热化学工程技术中的应用分析，主要有工业分析和元素分析。工业分析是用工业分析法得出燃料的规范性组成，该组成可给出固体燃料中可燃成分和不可燃成分的含量。可燃成分的工业分析组成为挥发分和固定碳，不可燃成分为水分和灰分。可燃成分和不可燃成分都是以质量分数来表示的，其总和是100%。元素分析组成是用元素分析法得出组成生物质的各种元素，主要是可燃成分的有机元素如碳、氢、氧、氮和硫等含量，各元素含量加上水分和灰分，其总量为100%。

生物质的工业分析组成和元素分析组成可用图 2-4 说明。

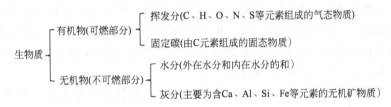

图 2-4 生物质的工业分析组成和元素分析组成

2.1.2.1 生物质工业分析

燃料工业分析的任务是测定燃料中水分（M）、挥发分（V）、灰分（A）、固定碳（FC）四种成分，其中固定碳的数据是差减得到的。

（1）水分

生物质中含有一定量的水分。生物质的水分含量多少与种类、外界环境等诸多因素有关。生物质中的水分可分为外在水分、内在水分和化合结晶水三类。外在水分一般是附着于生物质颗粒表面及吸附于毛细孔（直径在 $1\mu m$ 以上）内。将生物质存放于自然环境中，其外在水分就会不断蒸发，当外在水分蒸汽压力和自然环境中的水蒸气分压相等时，外在水分蒸发停止，失去的这部分水分即为外在水分，又名风干水分；除去外在水分的生物质为风干基。内在水分是指以物理化学结合方式存在于生物质内部毛细管（直径小于 $1\mu m$）中的水分。由于生物质内在水分的蒸汽压力小于同温度下空气的水蒸气分压，因此通过自然风干很难将内在水分清除。将生物质在 $105℃\pm2℃$ 的温度下进行烘干，此时失去的水分质量即为生物质内在水分质量。故内在水分又名烘干水分，除去内在水分的生物质为干燥基。生物质外在水分和内在水分可通过自然风干或是在一定温度下加热干燥而析出，统称为游离水分。

化合结晶水是与生物质中的矿物质相结合的水分，在生物质中含量很少，在 105℃温度条件下不能除去，只有在温度超过 200℃才能分解析出，如 $CaSO_4 \cdot 2H_2O$、$Al_2O_3 \cdot 2SiO_2 \cdot 2H_2O$ 等分子中的水分均为化合结晶水。化合结晶水一般不计入生物质的水分含量中，而是将其与挥发物一起计入挥发分中。

生物质的水分含量高，对生物质的热化学转换影响大。通常，新采获的生物质中含有大量水分，可高达 $40\%\sim60\%$；当长期自然风干后可降至 15%。

通常将水分作为生物质中的杂质，其存在使生物质中可燃物质（挥发分和固定碳）含量相对降低，从而降低生物质的热值。生物质中水分含量增高，增加运输费用，同时在输送过程中容易造成料仓或喂料器架桥、堵塞。含水多的生物质不易破碎，容易黏附在设备上，增加粉碎时的能耗。生物质中水分含量大还会影响生物质的燃烧，使得生物质着火比较困难，影响燃烧速度，降低炉内温度，使机械和化学不完全燃烧的热损失增加。当生物质水分超过 45% 时，燃烧就非常困难。在燃烧过程中，水分因蒸发和过热要消耗大量的汽化热。生物质中的水分蒸发后会增大烟气体积，不仅造成排烟热损失增加，而且会增大排烟风机功耗。同时，水蒸气在高温下可以与碳发生还原反应，与 CO 发生置换反应；生物质的水分含量也会对生物质压缩成型、气化和热解转换等产生较大的影响。

（2）挥发分

挥发分是干燥的生物质燃料与空气隔绝在一定的温度条件下（$900\,℃\pm10\,℃$）加热一定的时间（7min）后，由生物质中有机物分解出来的液体（此时为蒸气状态）和气体产物的总和。挥发分不是生物质中固有的有机物质形态，而是特定条件下的产物，所以说挥发分含量的多少，是指燃料所析出的挥发分的量，而不是指这些挥发分在燃料中的含量，因此称挥发分产率较为确切，一般简称为挥发分。挥发分在数量上并不包括燃料中游离水分蒸发的水蒸气，但包括燃料中结晶水分解后蒸发的水蒸气。挥发分主要成分有 H_2、CH_4、CO 等可燃气体和少量的 O_2、N_2、CO_2 等不可燃气体。

生物质挥发分远高于煤的挥发分。挥发分的多少与燃料有机质组成和性质有密切关系，它是反映燃料性质的一个重要因素。一般挥发分含量高的燃料易于着火，燃烧稳定但火焰温度较低。挥发分的含量多少对于燃烧器的设计也有着重要影响，对于高挥发分的燃料，必须有足够的空间保证挥发分的完全燃烧。

（3）灰分

生物质的灰分是指将生物质中所有可燃物质在一定温度下（$550\,℃\pm10\,℃$）完全燃烧以及其中的矿物质在空气中经过一系列的分解、化合等复杂反应后所剩余的残渣。生物质的灰分来自矿物质，但它的组成或质量与生物质中的矿物质不完全相同，它是矿物质在一定条件下的产物。灰分是生物质中的不可燃杂质，可分为外部杂质和内部杂质。外部杂质是在采获、运输和储存过程中混入的矿石、沙和泥土等。内部杂质主要是指生物质本身所包含的一些矿物质成分，如硅铝酸盐、二氧化硅和其他金属氧化物等。

生物质的灰分含量越高，可燃成分相对减少，热值相对降低，燃烧温度也会降低，如稻草的灰分高达 13.86%，而豆秸仅有 3.13%，故两者燃烧情况就会有很大的差别。生物质燃烧时，其表面上的可燃物质燃尽后形成的灰分外壳，隔绝了氧化介质（空气）与内层可燃物质的接触，使生物质难以燃烧完全，造成炉温下降和燃烧不稳定。固体状态的灰粒沉积在受热面上造成积灰，熔融状态的灰粒粘附受热面造成结渣，这些将影响受热面的传热，同时还给设备的维护与操作带来困难。生物质的灰因含 K 量较高，可用作肥料还田。

（4）固定碳

热解析出挥发分之后，剩下的不挥发物称为焦渣，焦渣减去灰分后即为固定碳。不同生物质的固定碳含量不同。在工业分析中，固定碳的百分含量可由 100% 减去已测定出的水分、挥发分和灰分的百分含量得到。生物质的固定碳含量相对较少。

2.1.2.2　燃料的基准及不同基成分的换算

由于燃料中的水分和灰分常常受到季节、运输和储存等外界条件的影响，燃料中的可燃成分的百分含量常受外界条件的变化而改变。例如，水分含量增大时，其他成分含量则相应减少；反之，则增加。不管燃料中水分及灰分含量如何变化，其可燃成分与不可燃成分的总和仍为 100%。有时为了某种使用目的或研究的需要，在计算燃料成分的百分含量时，可将某些成分（如水分和灰分）不计算在内，这样，在不同成分组合下计算出来的燃料成分的百分含量就有较大的差别。

根据燃料所处的状态或者按需要而规定的成分组合称为基准。为了使燃料分析结果具有可比性，进行燃料分类以及转化设备设计和其他应用的需要，就必须将燃料按一定的基准来表示。如果所采用的基准不同，同一种燃料即使取样时条件相同，在同样实验条件下同一种成分的含量所得的结果也不同，甚至差别很大。所以说，燃料的工业分析和元素分析值都必须标明所采用的基准，否则无意义。根据实际需要，燃料的工业分析和元素分析通常使用以下四种基准。

（1）收到基（As received basis）

以收到状态的燃料为基准，即包括水分和灰分在内所有燃料组成的总和作为计算基准，称为收到基，又叫应用基，以下角标 ar 表示。按收到基组成表示的燃料反映了燃料在实际应用时的成分组成。燃料的收到基工业分析组成表示为：

$$M_{ar} + V_{ar} + FC_{ar} + A_{ar} = 100\%　　　　　　　(2-1)$$

式中，M_{ar} 为收到基水分含量，%；V_{ar} 为收到基挥发分含量，%；FC_{ar} 为收到基固定碳含量，%；A_{ar} 为收到基灰分含量，%。

（2）空气干燥基（Air dry basis）

以实验室条件下（20℃，相对湿度 60%）自然风干的燃料试样为基准，即燃料试样与实验室空气湿度达到平衡时的燃料作为计算基准，称为空气干燥基，又称分析基，以下角标 ad 表示。显然，空气干燥基组成是排除了固体燃料中的外在水分、留在燃料中的内在水分。燃料的空气干燥基工业分析组成表示为：

$$M_{ad} + V_{ad} + FC_{ad} + A_{ad} = 100\%　　　　　　　(2-2)$$

式中，M_{ad} 为空气干燥基水分含量，%；V_{ad} 为空气干燥基挥发分含量，%；FC_{ad} 为空气干燥基固定碳含量，%；A_{ad} 为空气干燥基灰分含量，%。

（3）干燥基（Dry basis）

以在烘箱中（102～105℃）烘干后失去全部游离水分（外在水分和内在水分）的燃料试样为计算基准，称为干燥基，以下角标 d 表示。由于燃料的组成中已不包括水分在内，所有燃料中即使有水分变动，干燥基组成仍不受影响。燃料的干燥基工业分析组成表示为：

$$V_d + FC_d + A_d = 100\%　　　　　　　(2-3)$$

式中，V_d 为干燥基挥发分含量，%；FC_d 为干燥基固定碳含量，%；A_d 为干燥基灰分含量，%。

（4）干燥无灰基（Dry ash free basis）

以去掉水分和灰分的燃料作为计算基准，称干燥无灰基，又称可燃基，以下角标 daf 表示。燃料的干燥无灰基工业分析组成表示为：

$$V_{\text{daf}} + FC_{\text{daf}} = 100\%$$ (2-4)

式中，V_{daf} 为干燥无灰基挥发分含量，%；FC_{daf} 为干燥无灰基固定碳含量，%。显然，干燥无灰基组成不受水分、灰分变化的影响，它可以比较真实地反映燃料的本质。

（5）基间换算

如前所述，即使同一种燃料，由于燃料所处的条件不同，其中同一成分的数值并不相同。例如在燃料设备的设计和热平衡试验时，都是按收到基进行计算的，可是化验单位或供应部门提供的资料可能不是收到基，所以必须掌握各种基的换算方法。不同基准的成分换算只需将被换算的基组成乘上一相应的换算系数即可。

按不同基准计算的成分含量可按式(2-5)进行换算：

$$x = Kx_0$$ (2-5)

式中，x_0 为按原基准计算的某一成分的百分含量，%；x 为按新基准计算的某一成分的百分含量，%；K 为基间换算比例系数，各种基间的换算比例系数见表 2-2。

表 2-2 基间换算比例系数

已知的基	欲求的"基"			
	收到基	空气干燥基	干燥基	干燥无灰基
收到基(ar)	1	$\dfrac{100-M_{\text{ad}}}{100-M_{\text{ar}}}$	$\dfrac{100}{100-M_{\text{ar}}}$	$\dfrac{100}{100-M_{\text{ar}}-A_{\text{ar}}}$
空气干燥基(ad)	$\dfrac{100-M_{\text{ar}}}{100-M_{\text{ad}}}$	1	$\dfrac{100}{100-M_{\text{ad}}}$	$\dfrac{100}{100-M_{\text{ad}}-A_{\text{ad}}}$
干燥基(d)	$\dfrac{100-M_{\text{ar}}}{100}$	$\dfrac{100-M_{\text{ad}}}{100}$	1	$\dfrac{100}{100-A_{\text{d}}}$
干燥无灰基(daf)	$\dfrac{100-M_{\text{ar}}-A_{\text{ar}}}{100}$	$\dfrac{100-M_{\text{ad}}-A_{\text{ad}}}{100}$	$\dfrac{100-A_{\text{d}}}{100}$	1

2.1.2.3 生物质元素分析

有机元素分析始于 20 世纪初，其技术原理是精确称重的样品在氧气流中加热到 1000~1800℃进行快速燃烧分解，C、H、N 元素的燃烧产物（二氧化碳、水、氮气和氮氧化物）经吸附分离后用微天平称量，最后计算元素组成。这一技术在后来作了很多改进，比如加入燃烧催化剂加速反应，采用气相色谱技术分离燃烧产物，采用红外光谱、热导检测技术及库仑检测技术来测定气体产物。这样就发展成能测定 C、H、N、S 和 O 元素的现代仪器技术。至于有机化合物中的卤素和 P，可以用化学分析方法（如电流滴定法和离子交换法等）测定，金属元素则多用原子光谱等方法分析。

生物质主要化学成分的分析方法普遍采用化学法，这种方法由 Van Soest 等在 1963 年提出，首先通过酸或者碱将生物质水解，然后萃取出各种化学成分，经过提纯，最后通过滴定的方法得到各主要化学成分的含量，生物质化学成分分析的国家标准也是基于这种方法。

（1）碳和氢元素

碳是燃料中最基本的可燃元素，1kg 碳完全燃烧时生成二氧化碳，可放出约 33858kJ 热量，固体燃料中碳的含量基本决定了燃料热值的高低。例如以干燥无灰基计，则生物质中含碳 44%~58%。碳在燃料中一般与 H、N、S 等元素形成复杂的有机化合物。在受热分解（或燃烧）时以挥发物的形式析出（或燃烧）。除这部分有机物中的碳以外，生物质中其余的碳是以单质形式存在的固定碳。固定碳的燃点很高，需在较高温度下才能着火燃烧，所以燃料中固定碳的含量越高，则燃料越难燃烧，着火燃烧的温度也就越高，易产生固体不完全燃烧，在灰渣中有碳残留。1kg 碳不完全燃烧时生成一氧化碳，仅放出 10204kJ 热量。而当一氧化碳变成二氧化碳时，放出热量为 23654kJ。

氢是燃料中仅次于碳的可燃成分，1kg 氢完全燃烧时，能放出约 125400kJ 热量，相当于碳的 3.5～3.8 倍。氢含量直接影响燃料的热值、着火温度以及燃料燃尽的难易程度。氢在燃料中主要是以碳氢化合物形式存在。当燃料被加热时，碳氢化合物以气态产物析出，所以燃料中含氢越高，越容易着火燃烧，燃烧得越好。氢在固体燃料中的含量很低，煤中约为 2%～8%，并且随着碳含量的增多（碳化程度的加深）逐渐减少；生物质中约为 5%～7%。在固体燃料中有一部分氢与氧化合形成结晶状态的水，该部分氢是不能燃烧放热的；而未和氧化合的那部分氢称为自由氢，它和其他元素（如碳、硫等）化合，构成可燃化合物，在燃烧时与空气中的氧反应放出很高的热量。含有大量氢的固体燃料在储藏时易于风化，风化时会失去部分可燃元素，其中首先失去的是氢。

（2）氮元素

氮在高温下与 O_2 发生燃烧反应，生成 NO_2 或 NO，统称为 NO_x。NO 排入空气造成环境污染，在光的作用下对人体有害。但是氮在较低温度（800℃）与 O_2 燃烧反应时产生的 NO_x 显著下降，大多数不与 O_2 进行化学反应而呈游离态氮气状态。

氮是固体和液体燃料中唯一的完全以有机状态存在的元素。生物质中有机氮化物被认为是比较稳定的杂环和复杂的非环结构的化合物，例如蛋白质、脂肪、植物碱、叶绿素和其他组织的环状结构中都含有氮，而且相当稳定。生物质中的氮含量较少，一般在 3% 以下，故对环境的影响较小。

（3）硫元素

硫元素是燃料中的可燃成分之一，也是有害的成分。1kg 硫完全燃烧时，可放出 9033kJ 的热量，约为碳热值的 1/3。但它在燃烧后会生成硫氧化物 SO_x（如 SO_2、SO_3）气体。

生物质中的含硫量极低，一般少于 0.3%，有的生物质甚至不含硫。

（4）氧元素

氧不能燃烧释放热量，但加热时，氧极易使有机组分分解，因此仍将它列为有机成分。燃料中的氧是内部杂质，它的存在会使燃料成分中的可燃元素碳和氢相对减少，使燃料热值降低。此外，氧与燃料中一部分可燃元素氢或碳结合处于化合状态，因而减少了燃料燃烧时放出的热量。氧是燃料中第三个重要的组成元素，它以有机和无机两种状态存在。有机氧主要存在于含氧官能团，如羧基（—COOH）、羟基（—OH）和甲氧基（—OCH_3）等中；无机氧主要存在于水分、硅酸盐、碳酸盐、硫酸盐和氧化物中等。氧在固体和液体燃料中呈化合态存在。

（5）其他元素

磷和钾元素是生物质燃料特有的可燃成分。磷燃烧后产生五氧化二磷（P_2O_5），而钾燃烧后产生氧化钾（K_2O），它们就是草木灰的磷肥和钾肥。生物质中磷的含量很少，一般为 0.2%～3%。在燃烧等转化时，燃料中的磷灰石在湿空气中受热，这时磷灰石中的磷以磷化氢的形式逸出，而磷化氢是剧毒物质。同时，在高温的还原气体中，磷被还原为磷蒸气，随着在火焰上燃烧，遇水蒸气形成焦磷酸（$H_4P_2O_7$）。焦磷酸附着在转换设备壁面上，与飞灰结合，时间长了就形成坚硬的、难溶的磷酸盐结垢，使设备壁面受损。K_2O 的存在则可降低灰分的熔点，形成结渣现象。但一般在元素分析中若非必要，并不测定磷和钾的含量，也不把磷和钾的热值计算在内。

综上所述，对于生物质燃料，元素分析数据是其能源化利用装置设计的基本参数，它在燃烧理论烟气量、过剩空气量、热平衡的计算中都是不可缺少的。在高位及低位热值的计算中，必须应用硫含量与氢含量的值。硫含量对设备的腐蚀与烟气中二氧化硫是否构成对大气的污染有着直接的关系。在热力计算上，一般需要根据氮及其他元素的含量来求算氧含量，故提供可靠的元素分析结果在生产上有着重要的实际意义。生物质种类不同，其元素分析结果也不同。

表 2-3 给出了几种主要生物质的工业分析和元素分析测试结果。

表 2-3　典型生物质与煤的常规分析（ad）

燃料种类	工业分析/%				元素分析/%					低位热值/(MJ/kg)
	M	A	V	FC	C	H	N	S	O	
麦秆	9.02	1.85	72.48	16.65	44.65	5.24	0.28	0.08	40.72	15.83
棉花秆	6.93	3.18	73.00	16.89	44.90	7.50	1.2	0.0	35.47	18.40
玉米秆	8.52	7.09	68.09	16.30	42.47	3.27	1.18	0.26	52.82	15.50
稻壳	6.00	16.92	51.98	25.10	35.34	5.43	1.77	0.09	35.36	13.38
花生壳	8.84	4.69	68.48	17.99	43.53	6.54	2.24	0.12	34.04	16.28
松木屑	6.11	3.47	74.6	15.82	45.76	6.74	0.07	0.0	37.85	15.41
稻草	4.13	13.56	67.77	14.54	38.09	6.15	0.70	0.06	37.31	13.67
烟煤	8.85	21.37	38.48	31.30	57.42	3.81	0.93	0.46	7.16	24.3
无烟煤	8.00	19.02	7.85	65.13	65.65	2.64	0.99	0.51	3.19	24.42

2.1.3　生物质燃料的热值

2.1.3.1　高位热值和低位热值

燃料的热值是指单位质量的燃料在完全燃烧时所放出的热量，单位为 kJ/kg。由于燃烧产物中水的物态不同，热值分为高位热值 Q_{gw} 和低位热值 Q_{dw} 两种。

高位热值是指 1kg 燃料完全燃烧后所产生的热量，其中包括燃料燃烧时所生成的水蒸气的汽化潜热，也即所有水蒸气全部凝结为水。低位热值为高位热值扣除全部水蒸气的汽化潜热后的发热量。全部水蒸气包括燃料自身含有的水分和燃料所含的氢在燃烧后产生的水蒸气。在实际运行中由于燃料燃烧产生的烟气的排放温度一般都在 150℃ 以上，烟气中的水蒸气仍处于蒸汽状态，不可能凝结放出汽化潜热，因此在燃烧装置设计计算时均以低位热值作为依据。

由氢燃烧反应方程式可知 1kg 氢燃烧后将生成 9kg 水蒸气，加上燃料含有的水分，则 1kg 收到基燃料燃烧生成的水蒸气量为 $\left(9 \times \dfrac{H_{ar}}{100} + \dfrac{M_{ar}}{100}\right)$ kg。取常压下水的汽化潜热为 2508kJ/kg，则相应基准的高位热值与低位热值的换算关系为：

收到基　　　　　　　$Q_{dw}^{ar} = Q_{gw}^{ar} - (226H_{ar} + 25M_{ar})$　　　　　　(2-6)

空气干燥基　　　　　$Q_{dw}^{ad} = Q_{gw}^{ad} - (226H_{ad} + 25M_{ad})$　　　　　(2-7)

干燥基　　　　　　　　$Q_{dw}^{d} = Q_{gw}^{d} - 226H_{d}$　　　　　　　　(2-8)

干燥无灰基　　　　　　$Q_{dw}^{daf} = Q_{gw}^{daf} - 226H_{daf}$　　　　　　(2-9)

以上公式中，热值符号的角标 gw、dw 分别表示高位和低位。

2.1.3.2 门捷列夫估算公式

燃料发热量的大小取决于燃料中的可燃成分和数量。由于燃料并不是各种成分的机械混合物，而是有着极其复杂的化合关系，因而燃料的发热量并不等于所含各可燃元素的发热量的算术和，无法用理论公式来精确计算，只能借助于实测，或借助某些经验公式来测算出它的近似值。门捷列夫估算公式就是其中的一个较好的热值估算公式。门捷列夫估算公式认为碳的热值为33900kJ/kg，氢的低位热值为103000kJ/kg，同时假定燃料中的氧全部与硫结合，而硫的热值为10900kJ/kg，则不同基的高位热值和低位热值，门捷列夫估算公式分别为：

（1）高位热值

收到基：
$$Q_{gw}^{ar} = 339C_{ar} + 1256H_{ar} - 109(O_{ar} - S_{ar}) \tag{2-10}$$

空气干燥基：
$$Q_{gw}^{ad} = 339C_{ad} + 1256H_{ad} - 109(O_{ad} - S_{ad}) \tag{2-11}$$

干燥基：
$$Q_{gw}^{d} = 339C_{d} + 1256H_{d} - 109(O_{d} - S_{d}) \tag{2-12}$$

干燥无灰基：
$$Q_{gw}^{daf} = 339C_{daf} + 1256H_{daf} - 109(O_{daf} - S_{daf}) \tag{2-13}$$

（2）低位热值

收到基：
$$Q_{dw}^{ar} = 339C_{ar} + 1030H_{ar} - 109(O_{ar} - S_{ar}) - 25M_{ar} \tag{2-14}$$

空气干燥基：
$$Q_{dw}^{ad} = 339C_{ad} + 1030H_{ad} - 109(O_{ad} - S_{ad}) - 25M_{ad} \tag{2-15}$$

干燥基：
$$Q_{dw}^{d} = 339C_{d} + 1030H_{d} - 109(O_{d} - S_{d}) \tag{2-16}$$

干燥无灰基：
$$Q_{dw}^{daf} = 339C_{daf} + 1030H_{daf} - 109(O_{daf} - S_{daf}) \tag{2-17}$$

2.1.3.3 热值测试方法和仪器

固体和液体燃料的发热量通常用氧弹式量热仪直接测定，如图2-5所示，氧弹量热仪有恒温式和绝热式两种。

测定原理是将已知质量的燃料样品放在充有2.7~3.4MPa氧气的弹筒中完全燃烧，燃烧放出的热量被弹筒及其周围一定量的水吸收，待测系统热平衡后，测出温度升高值，并考虑筒体和水的热容量以及周围环境温度等的影响，即可计算出所测燃料样品的弹筒发热量。弹筒发热量中不仅包含有水蒸气的凝结热，还包含有硫和氮在高压氧气中形成的硫酸和硝酸凝结时放出的生成热和溶解热。

2.1.4 生物质燃料的灰特征

（1）生物质的灰分特性

灰的主要性质之一是灰分的熔化性和各成分间互相发生反应的能力，以及与周围气体介质发生反应的能力。

在生物质能利用中，生物质中的灰是影响利用过程的一个很重要的参数。如生物质燃烧、气化过程中受热面的积灰、磨损及腐蚀，流化床中燃烧气化时床料结块等均与灰的性质

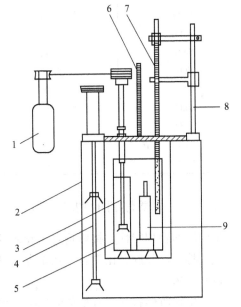

图2-5 氧弹式量热仪

1—电动机；2—外筒；3—内筒搅拌器；
4—外筒搅拌器；5—内筒；6—温度计a；
7—温度计b；8—支架；9—氧弹

密切相关。灰的性质还会影响到生物质燃烧、气化、热解等过程中的产物。

对生物质的各种热转换技术来讲，生物质灰分的熔点是值得关注的一个重要参数。灰熔点是指固体燃料中的灰分达到一定温度以后，发生变形、软化和熔融时的温度。生物质的灰熔点与其成分和含量有关。生物质的灰没有明确的熔化温度，它的熔融特性常用灰的变形温度 t_1、灰的软化温度 t_2 和灰的熔化温度 t_3 三个特征温度来表示。研究表明，生物质灰中含量较少的碱金属氧化物和氯化物对生物质转换装置的结渣和腐蚀起重要作用。

（2）生物质灰分的质量分数

生物质燃烧后灰分将分布到飞灰和底灰中。流化床燃烧设备生成的飞分比固定床多，但流化床生成的底灰比固定床少得多。流化床的底灰大约仅占灰分总量 20%～30%，其余 70%～80%都是飞灰。

（3）生物质灰分组成

生物质灰分分布比较均匀，其中生物质中 Si、K、Na、S、Cl、P、Ca、Mg、Fe 是导致结渣、积灰的主要元素。在地壳中出现的每种化学元素都可以在植物灰分中发现。许多草本植物含 K 多于 N，而在适氮植物中则相反。不同生物质的灰分含量差异较大，如检测的一组稻秸秆、麦秸秆、棉花秆的实验结果分别为 17.12%、10.01%、7.44%。表 2-4 为该组试样灰的主要成分分析结果。

表 2-4　灰分中主要成分

灰成分	稻秸秆/%	麦秸秆/%	棉秸秆/%
Na_2O	3.77	9.16	6.78
MgO	2.15	2.98	7.29
Al_2O_3	2.79	8.00	10.80
SiO_2	61.63	36.90	11.16
SO_2	3.60	8.40	13.00
K_2O	9.10	17.38	30.20
CaO	4.47	8.07	8.98
Fe_2O_3	3.14	6.29	2.43
TiO_2	0.10	0.43	0.18
P_2O_5	4.16	2.01	—

2.1.5　生物质燃料的物理特性

生物质的物理特性直接影响着生物质的利用，生物质的物理特性主要包括气味、堆积密度、流动特性、粒度、比热容、灰熔点、硬度、导热性等。

（1）气味

许多生物质燃料都带有浓重的气味，例如，桉树、樟树带有浓重的苦涩的气味，这些气味对人一般是无毒的，但是不利用采集和存放。气味是安设存储物料仓库的一个指标。

（2）堆积密度

生物质材料的堆积密度和一般单一的特定物质的真实密度不同。真实密度是指颗粒间间隙为零时计算的物质密度，例如水、铁、黄金的密度在特定的温度和压力下是固定不变的。堆积密度是指散粒材料或者粉状材料在自然堆积状态下单位体积的质量，反映了实际应用过程中单位体积物料的质量。计算公式为

$$\rho_o' = \frac{m}{v} = \frac{m}{v_o + v_p + w}$$

式中，ρ_o' 为物料堆积密度，kg/m^3；v_o 为纯颗粒的体积，m^3；v_p 为颗粒内部空隙的体积，m^3；w 为颗粒间空隙的体积，m^3。

生物质燃料的堆积密度较小。煤的堆积密度约为 $800 \sim 1000kg/m^3$，生物质燃料中木材、木炭、棉秸等所谓"硬柴"的堆积密度在 $200 \sim 350kg/m^3$ 之间，农作物秸秆等"软柴"的堆积密度比木材等硬材更低。由于生物质堆积密度小，因而在原料的收集、存储和燃料燃烧设备运行方面都比煤困难。

（3）流动特性

颗粒物料的流动特性由自然堆积角和滑动角来决定。流动特性是设计燃料加料装置和输送管路的重要依据。

自然堆积角是指物料自然堆积时形成的锥体地面和母线的夹角。自然堆积角和流动特性存在一定的关系。流动性好的物料颗粒在很小的坡度时就会滚落，只能形成"矮胖"的锥体，此时自然堆积角很小；反之，流动性不好的物料会形成很高的锥体，自然堆积角很大。表 2-5 为常见颗粒物料的自然堆积角度。

表 2-5　常见颗粒物料的自然堆积角度

物料名称	风干锯末	玉米	新木屑	谷物
堆积角	40°	35°	50°	24°

滑动角是指载有颗粒物料的平板逐渐倾斜，当颗粒物料开始滑动时的最小倾角（平板与水平面的夹角 a）。滑动角的大小反映出物料颗粒的黏性和摩擦性能，黏性大和摩擦系数越大，滑动角就越大。在设计物料漏斗或灰尘漏斗的时候必须结合物料的滑动角，例如料斗设计成圆锥状，锥顶的角度小于 $180° \sim 2\alpha$。

（4）粒度和形状

粒度是指颗粒的大小，球体颗粒的粒度通常用直径表示，立方体颗粒的粒度用边长表示。对不规则的矿物颗粒，可将与矿物颗粒有相同行为的某一球体直径作为该颗粒的等效直径。常用的粒度分析仪有激光粒度分析仪、超声粒度分析仪、消光法光学沉积仪及 X 射线沉积仪等，通过粒度分析仪可以确定颗粒的大小。

颗粒形状是指一个颗粒的轮廓或表面上各点所构成的图像。由于颗粒形状千差万别，描述颗粒形状的方法可分为语言术语和数学语言两类。如球状、粒状、片状等属于语言术语，它只能定性地描述颗粒的性状，但它们大致反映了颗粒形状的某些特征。常用形状系数来定量描述颗粒形状，包括体积形状系数、表面形状系数与比表面积形状系数。

实际的生物质颗粒系统并不是颗粒大小划一的单粒度体系，而是由粒度不等的颗粒组成，因此粒度分布也是一个重要的参数。粒度过大或过小都会对生物质转换装置的运行和转化效率等带来不利的影响。

生物质的粒度和形状会直接影响燃烧效率和燃尽时间，在实际的生产运行中必须通过干燥、粉碎、筛分等工序使物料达到合适的形状、粒度和粒度分布，以便于稳定高效的利用。

（5）比热容

比热容是单位质量的某种物质升高或降低单位温度所需的热量，单位是 $J/(kg \cdot K)$ 或 $J/(kg \cdot ℃)$。干燥的木材比热容几乎和树种无关，但是与温度几乎成线性关系 $C_p = 1.112 +$

0.00485t。物料不同，比热容也存在差异，几种常见生物质的比热容和温度的关系见表2-6。

表 2-6 几种生物质的比热容与温度的关系

| 生物质 | 比热容/[J/(kg·℃)] | | | | | | |
| | 温度/℃ | | | | | | |
	20	30	40	50	60	70	80
玉米芯	1	1.04	1.081	1.123	1.145	1.167	1.189
稻壳	0.75	0.75	0.756	0.761	0.764	0.769	0.772
锯木屑	0.75	0.762	0.768	0.7772	0.781	0.79	0.811
杂树叶	0.68	0.7	0.718	0.73	0.742	0.748	0.75

（6）导热性

导热性反映物质导热性能的大小，其大小用热导率来衡量，热导率定义为物体上下表面温度相差1℃时，单位时间内通过导体横截面的热量，符号为λ，单位为W/(m·K)。生物质是多孔性物质，孔隙中充满空气，而空气是热的不良导体，所以生物质的导热性很差。生物质的导热性受其密度、含水率和纤维方向的制约。生物质的导热性随温度、密度、含水率的增加而增大。顺着纤维方向的导热性比垂直纤维方向的导热性要大。

2.2 生物质燃料燃烧物质平衡计算

2.2.1 燃烧基本概念

所谓燃烧就是燃料中的可燃成分与氧化剂（一般为空气中的氧气）发生化学反应而释放出热量的过程；燃烧过程一般都伴随着火焰（可见或不可见）、温度升高和热量释放。为了使可燃分子与氧化剂分子相接触，必须有一个物质的混合、扩散过程。在燃烧技术中，把从混合（扩散）到燃烧反应完成的整个过程称为燃烧过程。燃烧过程是一种复杂的化学过程和物理过程的综合过程。

生物质燃料一般挥发分含量较高，燃料受热后会出现较明显的挥发分释放过程，因此生物质燃料的燃烧通常会包含较大比例的挥发分燃烧和固定碳燃烧过程。生物质燃料的燃烧过程一般分为干燥、挥发分析出与燃烧和固定碳燃烧三个阶段。

典型生物质的燃烧反应可写作下式，α 为过剩空气系数。

$$CH_{1.44}O_{0.66}+1.03\alpha(O_2+3.76N_2) \longrightarrow 中间产物(C,CO,H_2,CO_2,C_mH_n 等) \longrightarrow$$
$$CO_2+0.72H_2O+1.03(\alpha-1)O_2+3.87\alpha N_2-439kJ/kmol$$

2.2.2 燃料燃烧物质平衡计算

燃料燃烧时，都需要一定的空气量，同时产生燃烧产物（烟气和未燃尽的固体颗粒、灰分）等。由于未燃尽的固体颗粒所占的体积分数很小，因此一般计算可忽略不计，灰分则通常直接由分析生物质燃料工业分析数据获得。所以燃烧过程的物质平衡计算实际上是燃烧空气量的计算和烟气量的计算。在进行空气量和烟气量计算时，假定：

① 空气和烟气的所有成分（包括水蒸气）都可当作理想气体进行计算；

② 所有空气和气体换算成标准状态下的体积，单位为 m^3/kg（对气体而言：m^3/m^3）。

标准状态下气体的体积是 $22.4m^3/kmol$。

2.2.2.1　理论燃烧空气量计算

恰好能够满足 1kg 的燃料完全燃烧所需要的干空气量，称为理论空气量，用符号 V^0 表示，计算燃料的理论空气量，首先从计算燃料中可燃元素（C、H、S）完全燃烧时所需要的氧气量入手。

碳完全燃烧时生成二氧化碳（CO_2）：

$$C + O_2 \longrightarrow CO_2$$

碳的相对分子质量为 12，故 1kg 碳完全燃烧时需要的氧气量在标准状态下是 $22.4/12 = 1.866m^3$，并产生 $22.4/12 = 1.866m^3$（标准状态）的二氧化碳气体。

同理，氢完全燃烧生成水：

$$2H_2 + O_2 \longrightarrow 2H_2O$$

氢的相对分子质量为 1.008，故 1kg 氢的完全燃烧时需要的氧气量在标准状态下是 $22.4/(4 \times 1.008) = 5.55m^3$，并产生 $2 \times 22.4/(4 \times 1.008) = 1.11m^3$（标准状态）的水蒸气。

硫完全燃烧时生成二氧化硫（SO_2）：

$$S + O_2 \longrightarrow SO_2$$

硫的相对分子质量为 32，故 1kg 硫的完全燃烧时需要的氧气量在标准状态下是 $22.4/32 = 0.7m^3$，并产生 $22.4/32 = 0.7m^3$（标准状态）的二氧化硫气体。

则 1kg 燃料完全燃烧时的氧气量等于上述可燃元素燃烧所需要的氧气量再扣掉自身所含的氧气量（氧的相对分子质量是 32，1kg 氧标准状态的体积为 $22.4/32 = 0.7m^3$）。则 1kg 收到基燃料含 $C_{ar}/100kg$、$H_{ar}/100kg$、$S_{ar}/100kg$、$O_{ar}/100kg$，所以 1kg 收到基燃料充分燃烧需要供给氧气（标准状态）的体积为：

$$V^0_{O_2}(m^3/kg) = 1.866 \frac{C_{ar}}{100} + 5.55 \frac{H_{ar}}{100} + 0.7 \frac{S_{ar}}{100} - 0.7 \frac{O_{ar}}{100} \tag{2-18}$$

由于干空气中氧气体积占 21%，氮气占 79%，所以 1kg 收到基燃料充分燃烧需要的干空气体积——理论空气（标准状态）量为：

$$V^0(m^3/kg) = \frac{1}{0.21} \left(1.866 \frac{C_{ar}}{100} + 5.55 \frac{H_{ar}}{100} + 0.7 \frac{S_{ar}}{100} - 0.7 \frac{O_{ar}}{100} \right)$$
$$= 0.0889(C_{ar} + 0.375 S_{ar}) + 0.265 H_{ar} - 0.0333 O_{ar} \tag{2-19}$$

实际上，燃料燃烧时，每放出 4.18kJ 的热量所需要的理论空气量大致是相同的，所以在粗略估算时可以用式(2-20)计算：

$$V^0 = 1.12 \frac{Q^{ar}_{dw}}{1000} = \frac{Q^{ar}_{dw}}{900} \tag{2-20}$$

式中，Q^{ar}_{dw} 为燃料收到基的低位发热量，单位为 kcal/kg。

2.2.2.2　理论烟气量计算

1kg 燃料在供给理论空气量的条件下充分燃烧产生的烟气量（折算到标准状态的体积），称为理论烟气量，用符号 V^0_y 表示。由上面讨论的理论空气量时燃料中的可燃元素与氧化合可知，理论烟气量必然由二氧化碳、二氧化硫、水蒸气及氮气组成。

（1）1kg 收到基燃料充分燃烧产生的二氧化碳和二氧化硫的体积

$$V^0_{CO_2} = 1.866\frac{C_{ar}}{100} = 0.01866C_{ar}$$

$$V^0_{SO_2} = 0.7\frac{S_{ar}}{100} = 0.01866 \times 0.375S_{ar}$$

（2）1kg 收到基燃料在供给理论空气量的条件下充分燃烧时产生的烟气中的氮气

由两部分组成，燃料本身的氮元素形成的氮气和理论空气量中带入的氮气，所以理论氮气体积为：

$$V^0_{N_2} = \frac{N_{ar}}{100} \times \frac{22.4}{28} + 0.79V^0 = 0.008N_{ar} + 0.79V^0$$

上述（1）、（2）中三项体积之和习惯上称为理论干烟气量，即 $V^0_{gy} = V^0_{CO_2} + V^0_{SO_2} + V^0_{N_2}$。

（3）1kg 收到基燃料充分燃烧后产生的烟气中的水蒸气体积

主要由以下几部分组成。

① 燃料中氢元素与氧化合形成水蒸气体积：

$$11.1 \times \frac{H_{ar}}{100} = 0.111H_{ar}$$

② 燃料水分蒸发形成水蒸气体积：

$$\frac{M_{ar}}{100} \times \frac{22.4}{18.016} = 0.0124M_{ar}$$

③ 由理论空气量带入的水分蒸发（一般取值：10g/kg 干空气）形成水蒸气体积：

$$V^0 \times 1.293 \times \frac{10}{1000} \times \frac{22.4}{18.016} = 0.0161V^0$$

这样烟气中的水蒸气体积为：

$$V^0_{H_2O} = 0.111H_{ar} + 0.0124M_{ar} + 0.0161V^0$$

如果采用蒸汽雾化设备，应将蒸汽消耗量折算成标准状态下的体积附加在上式中。

这样，理论烟气量表达式为：

$$\begin{aligned} V^0_y &= V^0_{CO_2} + V^0_{SO_2} + V^0_{N_2} + V^0_{H_2O} \\ &= 0.01866(C_{ar} + 0.375S_{ar}) + 0.008N_{ar} + 0.79V^0 + \\ &\quad 0.111H_{ar} + 0.0124M_{ar} + 0.0161V^0 \end{aligned} \tag{2-21}$$

2.2.2.3 实际空气系数与实际烟气体积

在燃烧装置中，实际供给的空气量（V）与理论空气需要量（V^0）之比，称为过剩空气系数（或空气消耗系数），用符号 α 表示，即：

$$\alpha = \frac{V}{V^0} \tag{2-22}$$

在实际的燃烧装置中，由于燃料混合不充分，为了保证燃料能充分完全地燃烧，实际所供给的空气量往往较理论空气量多，即 $\alpha > 1$。不同的炉灶、锅炉及各种燃烧室的 α 取不同的值。一般炉灶取 $\alpha = 1.7 \sim 2.5$，锅炉取 $\alpha = 1.2 \sim 1.7$，发动机燃烧室取 $\alpha = 0.85 \sim 1.3$。

过剩空气系数是控制燃烧工况和影响燃料利用经济性的重要指标。α 偏大，虽可使燃烧完全，但会降低炉膛温度，影响燃烧及增大排烟热损失；α 偏小，则使燃烧不完全损失增大。

1kg 收到基燃料在过剩空气系数 $\alpha > 1$ 的情况下充分燃烧产生的烟气量（折算到标准状态的体积），称为实际烟气量，简称烟气量，用符号 V_y 表示。显然，对于同一种燃料而言，实际烟气量大于理论烟气量。其差值既包含超出理论空气量的剩余干空气体积，还有剩余空气中所含的水蒸发的水蒸气体积。因此，实际烟气量为：

$$V_y = V_y^0 + (\alpha - 1)V^0 + 0.0161(\alpha - 1)V^0 \tag{2-23}$$

2.2.2.4 不完全燃烧烟气量

在两种情况下可能会发生不完全燃烧，一种是所供给的空气量不能满足燃料中可燃成分完全燃烧的需要，另一种情况是即使在有过剩空气时，由于混合接触不好亦会发生不完全燃烧。但无论是哪一种情况，当燃料不完全燃烧时，烟气除了含有完全燃烧产物外，尚含有可燃气体，如一氧化碳（CO）、甲烷（CH_4）、氢气（H_2）、重碳化合物（$C_m H_n$）等（有时也许还有未燃尽的颗粒）。

此时，干烟气 V_{gy}（不含水蒸气的烟气）中各成分的体积分数为：

$$CO_2 + SO_2 + O_2 + N_2 + CO + H_2 + CH_4 + C_m H_n = 100\% \tag{2-24}$$

由于这些可燃气体的数量无法从理论上进行确定，所以必须通过氧化锆氧量计及烟气分析仪表进行监测。但一般烟气中 CH_4、H_2 等含量很少，不完全产物主要是 CO。所以一般假定燃料中的氢可以全部被烧成 H_2O，不完全燃烧产物仅有 CO。

假定不完全燃烧产物仅有 CO，且已知烟气成分和 SO_2、CO_2 和 CO 时，就可以计算烟气体积。由化学方程式

$$2C + O_2 \longrightarrow 2CO$$

可知，1kg 碳燃料产生 $2 \times 22.4/(2 \times 12) = 1.866$（$m^3$）的 CO（标准状态），因此 1kg 碳产生的 CO 和 CO_2 的体积相同，而 1kg 燃料含有 $C_{ar}/100$kg 碳，产生的 CO 和 CO_2 的总体积应为：

$$V_{CO} + V_{CO_2} = 1.866 \frac{C_{ar}}{100}$$

则

$$V_{CO} + V_{CO_2} + V_{SO_2} = 1.866 \frac{C_{ar} + 0.375 S_{ar}}{100}$$

又因

$$CO_2 + SO_2 + CO = \frac{V_{CO} + V_{CO_2} + V_{SO_2}}{V_{gy}} \times 100$$

所以

$$V_{gy} = \frac{V_{CO} + V_{CO_2} + V_{SO_2}}{CO_2 + SO_2 + CO} \times 100$$

$$V_{gy} = 1.866 \frac{C_{ar} + 0.375 S_{ar}}{CO_2 + SO_2 + CO} \tag{2-25}$$

不完全燃烧时水蒸气体积的计算和完全燃烧时相同。

干烟气中的氮由空气中的氮和燃料本身的氮两部分组成，对于固体和液体燃料，后者很少，可以忽略不计。而空气中氮的体积和氧的体积是成体积比例的，即氮占 79%，氧占 21%。

假定不完全燃烧产物仅有 CO，且已知烟气成分和 SO_2、CO_2、CO 和 O_2 时，干烟气的体积应当是：

$$\begin{aligned}
V_{gy} &= V_{CO} + V_{CO_2} + V_{SO_2} + V_{O_2} + V_{N_2} \\
&= V_{CO} + V_{CO_2} + V_{SO_2} + V_{O_2} + \\
&\quad \frac{79}{21}\Big(0.5 V_{CO} + V_{CO_2} + V_{SO_2} + V_{O_2} + 5.55 \frac{H_{ar}}{100} - 0.7 \frac{O_{ar}}{100}\Big)
\end{aligned}$$

整理后可得：

$$100\left(\frac{V_{CO_2}}{V_{gy}}+\frac{V_{SO_2}}{V_{gy}}+0.605\frac{V_{CO}}{V_{gy}}+\frac{V_{O_2}}{V_{gy}}\right)+4.38\frac{H_{ar}-0.126O_{ar}}{V_{gy}}=21$$

上式左边后一项可以写成：

$$4.38\frac{H_{ar}-0.126O_{ar}}{V_{gy}}=4.38\frac{H_{ar}-0.126O_{ar}}{1.866\frac{C_{ar}+0.375S_{ar}}{CO_2+SO_2+CO}}$$

$$=2.35\frac{H_{ar}-0.126O_{ar}}{C_{ar}+0.375S_{ar}}(CO_2+SO_2+CO)$$

令

$$\beta=2.35\frac{H_{ar}-0.126O_{ar}}{C_{ar}+0.375S_{ar}}$$

则

$$CO_2+SO_2+0.605CO+O_2+\beta(CO_2+SO_2+CO)=21$$

可得

$$CO=\frac{[21-\beta(CO_2+SO_2)]-(CO_2+SO_2+O_2)}{0.605+\beta} \tag{2-26}$$

系数 β 称为燃烧特性系数。由定义知道，它只和燃料的可燃元素有关。对于一定种类的燃料，β 有其一定的数值，见表 2-9。若忽略燃料中的 N_{ar} 和 S_{ar}，则 β 可简化为：

$$\beta\approx2.35\frac{H_{ar}-\dfrac{O_{ar}}{8}}{C_{ar}} \tag{2-27}$$

由式（2-27）可以看出，燃料特性系数 β 表示燃料中$\left(H_{ar}-\dfrac{O_{ar}}{8}\right)$和 C_{ar} 的值。$\left(H_{ar}-\dfrac{O_{ar}}{8}\right)$是尚未和氧化合的氢，称作"自由氢"。燃料中氢越多，β 值越大。

2.3 燃烧过程空气消耗系数与不完全燃烧热损失的检测计算

燃烧过程检测的主要内容包括空气消耗系数和燃烧完全程度的检测。燃烧完全程度可以用燃烧完全系数和不完全燃烧热损失等指标来表示。不论是人工操作或自动控制，都应当根据对燃烧质量的检测组织燃烧过程，使燃料利用率达到最佳水平。

空气消耗系数及燃烧完全程度的实用检测方法，是对燃烧产物（烟气）的成分进行气体分析，然后按燃料性质和烟气成分反算各项指标。

测定气体成分的方法是先用一取样装置由燃烧室（或烟道系统中）中规定的位置（称取样点）抽取气体试样，然后用气体分析仪器进行成分分析。燃烧室或烟道内各点气体成分是不均匀的。因此取样点选择必须适当，力求该处成分具有代表性，或者设置合理分布的多个取样点而求各点成分的平均值。取样过程中不允许混入其他气体，也不允许在取样装置中各种气体之间进行化学反应。气体分析器的种类很多，如奥氏气体分析器仪、烟气分析仪等。

2.3.1 空气消耗系数的检测计算

空气消耗系数 α 值对燃烧过程影响很大，是燃烧过程的一个重要指标。在设计炉子时，α 值是根据经验选取的。例如，对于要求燃料完全燃烧的炉子，α 值可以参考表 2-7 选取。对于要求不完全燃烧的炉子，α 值则根据工艺要求而定。对于正在生产的炉子，炉内实际的 α 值由于炉子吸气和漏气的影响，需根据烟气成分来进行计算。

表 2-7 空气消耗系数 α 值表

燃料种类	燃烧方法	α
固体燃料	人工加煤	$1.2 \sim 1.4$
	机械加煤	$1.2 \sim 1.3$
	粉状燃烧	$1.05 \sim 1.25$
液体燃料	低压烧嘴	$1.10 \sim 1.15$
	高压烧嘴	$1.20 \sim 1.25$
气体燃料	无焰燃烧	$1.03 \sim 1.05$
	有焰燃烧	$1.05 \sim 1.20$

按烟气成分计算空气消耗系数的方法很多。下面介绍比较成熟的两种计算方法。

(1) 按氧平衡原理计算 α 值

已知

$$\alpha = \frac{V}{V^0} = \frac{V_{O_2}}{V_{O_2}^0} \tag{2-28}$$

$$V_{O_2} = V_{O_2}^0 + V_{\Delta O_2} \tag{2-29}$$

式中，$V_{O_2}^0$ 表示为理论需氧量；$V_{\Delta O_2}$ 表示与理论需氧量相差的氧量，即

$$V_{\Delta O_2} = O_2' V_y \times \frac{1}{100} \tag{2-30}$$

式中，O_2' 为烟气中的氧体积浓度，%。

为与燃料成分相区分，将燃烧产物的成分表示为分子式号上加 "'" 的形式。如 CO_2'、CO'、H_2O' 分别表示为烟气中含有的 CO_2、CO 和 H_2O 的体积百分含量。设 V_{RO_2} 表示完全燃烧时烟气中 RO_2 的体积量（符号 RO_2 表示 CO_2 和 SO_2 之和），则当燃料完全燃烧时，理论需氧量 $V_{O_2}^0$ 全部消耗在生成燃烧产物中的 RO_2 及 H_2O 上，即

$$V_{O_2}^0 = a V_{RO_2} + b V_{H_2O} \tag{2-31}$$

式中，a 和 b 各为在燃烧产物中生成 $1m^3$ RO_2 和 $1m^3$ H_2O 气体所消耗的氧量，它是可以根据燃料成分计算的。

将式 (2-29) ～ 式 (2-31) 代入式 (2-28)，可得：

$$\alpha = \frac{O_2' + a RO_2' + b H_2O'}{a RO_2' + b H_2O'}$$

或表示为下式

$$\alpha = \frac{O_2' + K RO_2'}{K RO_2'} \tag{2-32}$$

式中，$K = \frac{a RO_2' + b H_2O'}{RO_2'}$，表示理论需氧量与燃烧产物中 RO_2 之量的比值，即

$$K = \frac{V_{O_2}^0}{V_{RO_2}} \tag{2-33}$$

K 值可根据燃料成分求得。计算表明，对于成分波动不大的同一燃料，K 值可近似取为常数。各种燃料 K 值见表 2-8。

这样，根据计算或由表 2-8 确定燃料的 K 值，便可容易地按式 (2-32) 计算出 α 值。

当燃料不完全燃烧时，燃烧产物中还有 CO、H_2、CH_4 等可燃气体存在，这时式 (2-32) 应加以如下修正：公式中的氧量应减去这些可燃气体如果燃烧时将消耗掉的氧；RO_2' 量包括

这些可燃气体如果燃烧时将生成的 RO_2。则不完全燃烧时的计算式为

$$\alpha = \frac{O_2' - (0.5CO' + 0.5H_2' + 2CH_4') + K(RO_2' + CO' + CH_4')}{K(RO_2' + CO' + CH_4')} \quad (2\text{-}34)$$

上述计算方法比较简便，而且对于在空气中燃烧、在富氧空气中燃烧或纯氧中燃烧均适用。

表 2-8　公式 (2-32) 和式 (2-33) 中的 K 值

燃料	K 值	燃料	K 值
甲烷	2.0	碳	1.0
一氧化碳	0.5	焦炭	1.05
焦炉煤气	2.28	无烟煤	1.05~1.10
高炉煤气	0.41	贫煤	1.12~1.13
天然煤气	2.0	气煤	1.15~1.16
烟煤发生炉煤气	0.75	长焰煤	1.14~1.15
无烟煤发生炉煤气	0.64	褐煤	1.05~1.06
重油	1.35	泥煤	1.09

(2) 按氮平衡原理计算 α 值

将空气消耗系数表示为：

$$\alpha = \frac{V}{V^0} = \frac{1}{1 - \dfrac{V_{过}}{V}} \quad (2\text{-}35)$$

式中，$V_{过} = V - V^0$，表示过剩空气量，然后求出式中 V 和 $V_{过}$ 与烟气成分的关系。

根据氮平衡可知

$$\frac{79}{100}V + N_{燃} \times \frac{1}{100} = N_2' V_{gy} \times \frac{1}{100}$$

则

$$V = \frac{N_2' V_{gy} - N_{燃}}{79} \quad (2\text{-}36)$$

燃烧产物所含的氧气（空气）量，包括两部分，一部分是因 $\alpha > 1$ 而过剩的，另一部分是因不完全燃烧未能参加反应而"节省"下来的。即

$$O_2' = O_{2过}' + (0.5CO' + 0.5H_2' + 2CH_4')$$

因此，

$$V_{过} = V - V^0 = \frac{100}{21}O_{2过}' V_{gy} \times \frac{1}{100} = \frac{100}{21}(O_2' - 0.5CO' - 0.5H_2' - 2CH_4')V_{gy} \times \frac{1}{100} \quad (2\text{-}37)$$

对于燃料燃烧产生的干烟气 V_{gy}，有：

$$V_{RO_2} = V_{gy}(RO_2' + CO' + CH_4') \times \frac{1}{100} \quad (2\text{-}38)$$

将式 (2-36) 代入式 (2-35)，式 (2-35) 中的 $V_{过}$ 用式 (2-37) 代替，然后式 (2-37) 中的 V_{gy} 用式 (2-38) 代入，经整理后即可得：

$$\alpha = \frac{1}{1 - \dfrac{79}{21} \times \dfrac{(O_2' - 0.5CO' - 0.5H_2' - 2CH_4')}{N_2' - \dfrac{N_{燃}(RO_2' + CO' + CH_4')}{V_{RO_2} \times 100}}} \quad (2\text{-}39)$$

该式便可用来计算燃料在空气中燃烧时的空气消耗系数。式中除包含烟气成分外，还包含 $N_燃$ 和 V_{RO_2}，它们可根据燃料成分确定，即

对于气体燃料

$$N_燃 = N_2$$

$$V_{RO_2} = (CO + CO_2 + \sum n C_n H_m + H_2 S) \times \frac{1}{100}$$

对于固体燃料

$$N_燃 = N \times 22.4/28$$

$$V_{RO_2} = \left(\frac{C}{12} + \frac{S}{32}\right)\frac{22.4}{100}$$

式(2-39) 在某些特定条件下可以简化。对于含氮量很少的燃料（固体燃料，液体燃料，天然煤气，焦炉煤气等），$N_燃$ 可忽略不计，令 $N_燃 = 0$，则式(2-39) 改为

$$\alpha = \frac{1}{1 - \dfrac{79}{21} \times \dfrac{(O_2' - 0.5CO' - 0.5H_2' - 2CH_4')}{N_2'}} \tag{2-40}$$

若是完全燃烧，则

$$\alpha = \frac{1}{1 - \dfrac{79}{21} \times \dfrac{O_2'}{N_2'}} \tag{2-41}$$

对于含 H_2 量很小的燃料，如焦炭、无烟煤等，计算可知，$N_2' \approx 79$，则式(2-41) 可简化为

$$\alpha = \frac{21}{21 - O_2'} \tag{2-42}$$

式(2-40)~式(2-42) 中仅包含烟气成分，便于应用。但要注意它们各自的应用条件，不然会造成较大的计算误差。

2.3.2 不完全燃烧热损失的检测计算

当燃烧室（或炉膛）中有不完全燃烧时，烟气中含有可燃成分，因而损失一部分化学热，称之为不完全燃烧热损失。不完全燃烧热损失的数值反映燃烧过程的质量水平，也是炉子热平衡的一项内容，影响燃料的利用效率。

不完全燃烧热损失（$q_化$）表示为单位（质量或体积）燃料燃烧时，燃烧产物中因存在可燃物而含有的化学热占燃料发热量的百分数，即

$$q_化 = \frac{V_y Q_产}{Q_低} \tag{2-43}$$

式中，$Q_产$ 为燃烧产物的化学热，可按燃烧产物的成分求得。设燃烧产物中的可燃成分为 CO、H_2 及 CH_4，则

$$Q_产 = 126CO' + 108H_2' + 358CH_4' \tag{2-44}$$

由于式(2-44) 中的烟气成分实测到的多为干成分，故代入式(2-43) 时应将 V_y 改为 V_{gy}

$$q_化 = \frac{V_{gy}}{Q_低}(126CO' + 108H_2' + 358CH_4') \times 100\% \tag{2-45}$$

式(2-45) 包含有燃烧产物生成量。实际炉子工作时烟气量的测定是比较困难的，故按式(2-45) 进行测定计算也比较困难。为消去烟气量，可将式(2-45) 改写为

$$q_{化} = \frac{h}{P}(126CO' + 108H_2' + 358CH_4') \times 100\% \tag{2-46}$$

式中，$h = \dfrac{V_{gy}}{V_{gy}^0}$；$P = \dfrac{Q_{低}}{V_{gy}^0}$；$V_{gy}^0$ 表示燃料完全燃烧时的干烟气量。

该"h 值"又称为"烟气冲淡系数"。它和空气消耗系数一样，但不是从反应物，而是从反应产物方面说明过剩空气量多少的一个相对量。h 值越大，说明 α 值也越大；完全燃烧时，$\alpha = 1$ 时，$h = 1$。

h 值可根据烟气成分求得。由碳平衡原理，知

$$V_{gy}^0 RO_{2,大}' = V_{gy}(RO_2' + CO' + CH_4') \tag{2-47}$$

式中，$RO_{2,大}'$ 为燃料完全燃烧时燃烧产物中 RO_2 的最大理论含量（干成分％）。因此有

$$h = \frac{V_{gy}}{V_{gy}^0} = \frac{RO_{2,大}'}{RO_2' + CO' + CH_4'} \tag{2-48}$$

将式(2-48) 代入式(2-46)，可得

$$q_{化} = \frac{RO_{2,大}'}{P} \times \frac{(126CO' + 108H_2' + 358CH_4')}{RO_2' + CO' + CH_4'} \times 100\% \tag{2-49}$$

式(2-49) 中的 $RO_{2,大}'$ 和 P 值，只取决于燃料成分，而与燃烧条件无关。当燃料种类一定时，$RO_{2,大}'$ 和 P 值相对稳定，故也看做为燃料特性值。各种常用燃料的 $RO_{2,大}'$ 和 P 值见表 2-9。更广泛的燃料（包括混合燃料）的这些特性值可参考有关资料。

总之，按照式(2-49) 对化学不完全燃烧热损失进行检测计算时，只需实测烟气成分，并由资料中查得所用燃料的 $RO_{2,大}'$ 和 P 值，测定和计算是很简便的。

表 2-9　几种燃料及其燃烧产物的特性值（在空气中燃烧）

燃料	β	$RO_{2,大}'/\%$	$P/(kJ/m^3)$
C	0	21	3831
H_2	—	0	5736
CO	−0.395	34.7	4375
CH_4	0.79	11.7	4187
天然煤气（富气）	0.72	12.2	4190
天然煤气（贫气）	0.78	11.8	4190
焦炉煤气	0.90	11.0	4630
烟煤发生炉煤气	0.10	19.0	3250
无烟煤发生炉煤气	0.05	20	3100
高炉煤气	−0.16	25	2510
重油	0.31	16	4080
烟煤	0.167~0.105	18~19	3810~3940
无烟煤	0.04	20.2	3830

2.4 燃料燃烧基本理论

2.4.1 燃烧反应动力学

2.4.1.1 燃烧化学反应速率

（1）燃烧化学反应速率基本概念

在燃烧化学反应进行过程中，燃料、氧气与燃烧产物的浓度或质量都是不断变化的，反

应进行得越快，单位体积、单位时间内燃料与氧气消耗的量越多，产生的燃烧产物也越多，因此，采用化学反应速率来描述燃烧化学反应进行的快慢。

化学反应速率指单位时间内参与反应的初始反应物或反应产物的浓度变化量，其数学表达式为

$$w = \pm \frac{\Delta c_A}{\Delta \tau} \tag{2-50}$$

式中，w 为化学反应速率；Δc_A 为初始反应物或反应产物的浓度变化量；$\Delta \tau$ 为时间间隔。

如果采用初始反应物浓度变化来计算，由于其浓度随反应进程而不断减少，为了使 w 为正值，则在式前加"—"号。

式（2-50）所表示的化学反应速率是化学反应的平均速率，是指在某一时间间隔内反应物浓度的平均变化值。如果时间间隔 $\Delta \tau \rightarrow 0$，而速率趋于极限，则可以得到反应的瞬时速率

$$w = \pm \lim_{\Delta \tau \to 0} \frac{\Delta c_A}{\Delta \tau} = \pm \frac{dc_A}{d\tau} \tag{2-51}$$

在很多情况下，通常直接采用 $\pm dc_A/d\tau$ 的形式表示化学反应速率。

化学反应速率的描述首先与参与反应的物质的浓度有关。物质的浓度是以单位体积内所含的物质的量来确定的，物质的量用质量、物质的量表示，对应的物质的浓度就有质量浓度（kg/m^3）、物质的量浓度（mol/m^3），不同浓度之间可以进行换算。用质量、物质的量的相对值来表示某物质在混合物中的含量时，则相应有质量分数（%）、摩尔分数（%）。

在化学反应中常有几种反应物同时参加反应，且生成一种或几种反应产物，在反应进程中，反应物的消耗与反应产物的生成是按一定的规律对应变化的，因此，化学反应速率可以用任一参与反应的物质浓度变化来表示。

对某一燃烧化学反应，可以表示为

$$a A + b B \longrightarrow c C + d D \tag{2-52}$$

式中，A、B 为参与燃烧反应的物质；C、D 为反应产物；a、b、c、d 为各物质的化学计量系数。

在反应过程中，各物质的浓度变化不同，各物质的燃烧反应速率各不相等，用表达式可表示为

$$\left. \begin{array}{ll} w_A = -\dfrac{dc_A}{d\tau}, & w_B = -\dfrac{dc_B}{d\tau} \\[3mm] w_C = \dfrac{dc_C}{d\tau}, & w_D = \dfrac{dc_D}{d\tau} \end{array} \right\} \tag{2-53}$$

各物质燃烧反应速率之间的关系为

$$-\frac{1}{a} \times \frac{dc_A}{d\tau} = -\frac{1}{b} \times \frac{dc_B}{d\tau} = \frac{1}{c} \times \frac{dc_C}{d\tau} = \frac{1}{d} \times \frac{dc_D}{d\tau} \tag{2-54}$$

因此，化学反应速率可以按反应中任一物质的浓度变化来确定，其他可根据式（2-54）互相推算。

（2）质量作用定律

质量作用定律阐明了反应物浓度对化学反应速率的影响规律。化学反应起因于能发生反应的各组成分子、原子或原子团间的碰撞，反应物的浓度越大，亦即单位体积内的分子数越

多，分子碰撞次数越多，反应速率就越快。

绝大多数化学反应为复杂化学反应。所谓复杂化学反应，是指并非一步完成，而需要经过若干相继的中间反应，涉及若干中间反应产物才能生成最终反应产物的反应。一步完成的简单化学反应很少见。组成复杂反应的各个反应被称为基元反应，也称简单反应。基元反应是由反应物分子、原子或原子团直接碰撞而发生的化学反应，表明了化学反应的实际历程。总包反应也称为总的化学反应或整体化学反应，是一系列若干基元反应的物质平衡结果，并不代表实际的反应历程。

在一定温度下，基元反应在任何瞬间的反应速率与该瞬间参与反应的反应物浓度幂的乘积成正比。该规律称为质量作用定律，由挪威科学家古尔德贝格（Guldberg）和瓦格（Wagge）在1864年经试验发现并证实。质量作用定律只能用于基元反应，而不能直接应用于总包反应。

如果式（2-52）为一步完成的化学反应，针对该式左侧的反应物

$$a\text{A}+b\text{B} \longrightarrow \cdots \tag{2-55}$$

相当于

$$\underbrace{\text{A}+\text{A}+\cdots+\text{A}+}_{a}\ \underbrace{\text{B}+\text{B}+\cdots+\text{B}}_{b} \longrightarrow c\text{C}+d\text{D}$$

则根据质量作用定律，反应速率与反应物浓度间的关系为

$$w=kc_\text{A}^a c_\text{B}^b \tag{2-56}$$

式中，k 为化学反应速率常数。化学反应速率常数 k 实际上并非是常数，它反映了化学反应的难易程度，与反应的种类和温度、压力等参数有关。式（2-56）中的浓度指数与所讨论的反应的反应级数有关。

严格地讲，质量作用定律仅适用于气体化学反应（即单相反应），且为理想气体。实际中，只要是气相反应，一般均可假设气体为理想气体，因而，可以应用质量作用定律。

2.4.1.2 影响燃烧化学反应速率的因素

不论何种化学反应，其反应速率主要与反应的温度、反应物的性质（活化能）、反应物的浓度及压力等因素有关。

（1）温度对化学反应速率的影响——阿累尼乌斯定律

在影响化学反应速率的诸多因素中，温度对反应速率的影响最为显著。实验表明，大多数化学反应速率随温度升高而急剧加快。根据范特荷夫由实验数据归纳的反应速率与温度的近似关系，在温度升高10℃且其他条件不变的情况下，化学反应速率将增至2～4倍；当温度提高100℃，化学反应速率将随之加快 2^{10}～4^{10} 倍，平均为 3^{10} 倍。也就是说，当温度以算术级数升高时，反应速率将作几何级数增加。

如果在化学反应的反应物浓度相等的条件下考察化学反应速率与温度的关系，则温度对化学反应速率的巨大影响主要体现在反应速率常数 k 上。1889年瑞典科学家阿累尼乌斯（Arrhenius）由实验总结出一个温度对反应速率影响的经验关联式，该式被称为阿累尼乌斯定律，后来他又基于理论加以论证，该表达式为：

$$k=A\exp\left(-\frac{E}{RT}\right) \tag{2-57}$$

式中，k 为化学反应速率常数，其单位与反应级数有关；A 为前置因子也称为指前因子或频率因子；R 为摩尔气体常数；E 为活化能，J/mol，E 可由实验测定；T 为热力学温

度，K。

式(2-57) 又可以称为阿累尼乌斯方程或速率常数表达式。

对式(2-57) 两侧取对数，则阿累尼乌斯定律改写为

$$\ln k = \ln A - \frac{E}{RT} \tag{2-58}$$

在 $\ln k$ 对 $1/T$ 的坐标上就得到如图 2-6 所示的直线，即速率常数 k 值的自然对数与温度 T 的倒数呈直线关系，速率常数决定直线在纵坐标轴上的截距，而其斜率为 $\tan\theta = -E/R$。这一关系正确地反映出反应速率随温度的变化，大量实验结果均符合这一规律。因此，将各个温度下测定的速率常数值取其自然对数后，与温度的倒数绘制出图 2-6，便可求出活化能 E。

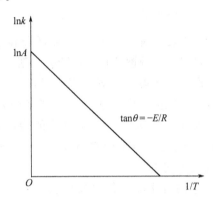

图 2-6　式(2-58) 的图解

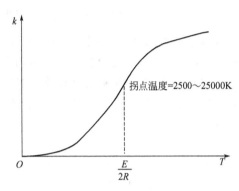

图 2-7　反应速率常数与温度的关系

图 2-7 所示为实际中测量的化学反应速率常数与温度的变化关系曲线，在很大的温度范围内完全符合阿累尼乌斯定律。当温度由低到高逐渐升高时，反应速率常数不断增加，而且增加的速率越来越快，符合等比数列增加的规律。但是，反应速率的增加速率最终将减慢下来，因此，存在着一个转变点（拐点），其对应的反应温度采用二次求导的方法求解为 $E/(2R)$。通常该点的温度为 $2500 \sim 25000K$，因此，温度对反应速率的影响在温度 $T < E/(2R)$ 时比较突出，这一拐点温度在一般燃烧设备上是不可能达到的，因此，通常只关注拐点前的曲线区间。

（2）活化能 E 对化学反应速率的影响

化学反应活化能是阿累尼乌斯在解释反应速率常数与温度关系的经验方程式时提出的，为了揭示阿累尼乌斯定律的本质，需要进一步了解化学反应活化能的物理意义。目前，关于化学反应活化能的解释主要基于两种理论，即活化分子碰撞理论与过渡状态理论。

根据气体分子运动学说的理论，分子无时无刻不在作无规则的热运动，分子之间发生化学反应的必要条件是相互接触、碰撞并破坏物质原有的化学键，这样才有可能形成新的化学键，产生新的物质。分子之间的碰撞次数是很大的，例如，1s 内每个分子与其他分子互相碰撞的机会是很多的，可达十几亿次。如果所有的碰撞都能引起化学反应，那么即使在低温条件下，无论什么反应都会在瞬间完成，甚至爆炸。但事实上远非如此，化学反应是以有限的速率进行的，不是所有的分子碰撞都能破坏原有的化学键并形成新的化学键，只有在所谓的"活化分子"之间的碰撞才会引起反应。在一定温度下，活化分子的能量较其他分子所具有的平均能量大，正是这些超过一定数值的能量才能破坏原有分子内部的化学键，使分子中的原子重新组合排列而形成新的反应产物。如果撞击分子的能量小于这一能量，就不发生反

应。分子发生化学反应所必须达到的最低能量，就被称为活化能 E。能量达到或超过 E 的分子，被称为活化分子。不同的反应，活化能是不相同的。

在解释活化能的物理意义时过渡状态理论认为：化学反应之所以发生，是因为具有足够大能量的反应物分子在有效碰撞（能使反应物分子转变成反应产物分子的碰撞）后先形成了一种活化配合物，它处于不稳定的、高度活性的过渡状态，再最终形成反应产物。例如，基元反应

$$CO + NO_2 \longrightarrow NO + CO_2$$

按照过渡状态理论，该基元反应的历程为

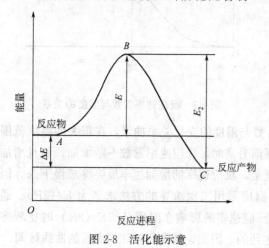

具有足够大能量的反应物 NO_2 与 CO 分子发生有效碰撞后，首先形成活化配合物 ONO—CO。在该活化配合物中，原有的靠近 C 原子的 N—O 键被拉长并将断裂，新的化学键（C—O）将形成而尚未完全形成。在这种不稳定的过渡状态下，既可以生成反应产物，又有可能转变回原反应物。当活化配合物 ONO—CO 中靠近 C 原子的 N—O 键完全断开，新形成的 C—O 键中，C 与 O 间的距离进一步缩短而成键，即有产物 NO 和 CO_2 形成，达到反应的终态。

反应的活化能是衡量反应物反应能力的一个主要参数，活化能较小的化学反应速率较快。普通化学反应的活化能在 $40 \sim 400$ kJ/mol，活化能小于 40kJ/mol 时，化学反应速率极快，以至于瞬间可完成。活化能大于 400kJ/mol 的化学反应速率极慢，可以认为不发生化学反应。

活化分子发生化学反应过程中的能量变化如图 2-8 所示，反应物 A 与反应产物 C 之间存在一个活化态 B，在化学反应之初，反应物 A 的分子要吸收一定能量，在克服化学反应的能量 E 后，才能达到活化态，E 就是该反应的活化能。随着反应的进行，生成 C，放出大量能量，释放出的能量除抵消活化能以外，其余的能量就是化学反应的反应热 Q，或称为发热量。

图 2-8 活化能示意

活化能 E 是通过实验测定不同温度下的反应速率常数而得到的。

将实验中测定的某一反应在各个温度下的反应速率常数绘制成 $\ln k$-$1/T$ 曲线，拟合曲线计算出斜率 $-E/R$，便可由图 2-6 求出活化能的数值。

通过实验测量得到的活化能数值与实验的温度区间有关，因此速率常数与温度的关系在不同的温度区间是不同的。因此，不同文献对同一反应过程给出的活化能数值常常出入很大，除了实验方法的差异外，温度区间不同也是一个重要的原因，在采用时需要考察其实验温度区间。

（3）压力对化学反应速率的影响

在很多实际燃烧工程中，考虑压力对化学反应速率的影响是很重要的。

由热力学知，对于理想气体混合物中的每一组分（譬如 A、B）均可写出其状态方程式

$$p_A V = n_A RT$$
$$p_B V = n_B RT$$

式中，p_A、p_B 分别为两组分的分压力；V 是总容积；n_A、n_B 分别是两组分的物质的量。

反应物的组分浓度分别为

$$c_A = n_A/V, \quad c_B = n_B/V$$

将组分浓度代入各自的状态方程可知，在等温条件下，气体组分的浓度与气体的分压力成正比。根据质量作用定律，即式(2-56)表达的反应速率与反应物浓度之间的关系，反应速率与反应物分压力之间的关系为：

$$w \propto p_A^a p_B^b \tag{2-59}$$

当系统的总压力 p 变化而各组分的物质的量保持不变时，分压力也与 p 成比例变化。所以，在等温条件下，系统压力变化对反应速率的影响与其反应级数 n 呈指数关系，即

$$w \propto p^n \tag{2-60}$$

因此，根据质量作用定律，提高系统压力就能增加气体的浓度，提高反应速率，而且，压力对不同级数的化学反应速率的影响程度是不同的。

（4）反应物浓度和摩尔分数对化学反应速率的影响

质量作用定律描述了反应物浓度对反应速率的影响。在化学反应系统中，反应物的相对组成也对反应速率具有重要的影响。譬如，对双分子反应 A＋B ⟶ C＋D，其反应速率表达式为

$$w = -k_{bi} c_A c_B$$

组分 A、B 的摩尔分数分别为 x_A 与 x_B，$x_A + x_B = 1$，且两反应物的相对组成互等，将

$$c_A = x_A p/(RT), \quad c_B = x_B p/(RT)$$

代入反应速率表达式，得到

$$w = -k_{bi} x_A x_B \left(\frac{p}{RT}\right)^2 \tag{2-61}$$

在一定温度与压力下，式(2-61)中的 $k_{bi}\left(\dfrac{p}{RT}\right)^2$ 是一定值，取为 e，并将 $x_B = 1 - x_A$ 代入，得

$$w = e x_A (1 - x_A) \tag{2-62}$$

可见，化学反应速率仅随反应物的摩尔分数 x_A 而变化。欲使反应速率最大，则令 $dw/dx_A = 0$，由此可得

$$x_A = x_B = 0.5$$

这说明当反应物的相对组成符合化学当量比时，化学反应速率为最大。当 $x_A = 1$ 或 $x_B = 1$ 时，反应速率均等于零，如图 2-9 所示。

大多数工程燃烧装置均采用空气作为氧化剂，因此，空气中的氮气将作为惰性气体掺杂在反应混合气中。

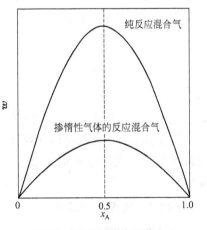

图 2-9 反应速率与混合气组成的关系

以燃料气 A 与空气 B 组成的可燃混合气体为例，分析在反应物中掺有惰性气体的情况下，反应物含量对反应速率的影响。仍采用摩尔分数，且 $x_A + x_B = 1$，采用 ε 表示 O_2 在 B 中所占的份额，β 表示不可燃气体所占份额，则 $\varepsilon + \beta = 1$。仍考察双分子反应，反应速率可以写为

$$w = e \varepsilon x_A (1 - x_A) \tag{2-63}$$

化学反应速率要下降到原来的 ε 倍，但化学反应最大速率对应的燃料气 A 与空气 B 混合气体的相对组成关系仍然与纯混合气相同，即 $x_A = x_B = 0.5$。

(5) 催化作用对化学反应速率的影响

催化剂是能够改变化学反应速率而其本身在反应前后的组成、数量和化学性质保持不变的一种物质，催化剂对反应速率所起的作用叫做催化作用，催化也是化工领域应用最多的关键技术环节。催化剂分为均相催化剂和多相催化剂。均相催化剂与反应物同处一相，通常作为溶质存在于液体反应混合物中；多相催化剂一般自成一相，通常是用固体物质催化气相或液相中的反应。催化剂之所以能加快反应速率，是因为降低了化学反应的活化能。对均相催化反应，一般认为催化剂加快反应速率的原因是形成了"中间活化配合物"。

有固体物质参与的催化反应，是一种表面与反应气体间的化学反应，属于表面反应的一种。表面反应速率会因为存在很少量具有催化作用的其他物质而显著增大或减小。一般是用"吸附作用"来说明。表面催化反应的关键是气体分子或原子必须先被表面所吸附，然后才能发生反应，反应产物再从表面解吸。

催化反应的一个例子是氨（NH_3）燃烧氧化得到 NO。如果 NH_3 燃烧发生在金属 Pt 的表面时，发生的反应为

$$4NH_3 + 5O_2 \xrightarrow{\text{Pt}} 4NO + 6H_2O$$

反应中几乎所有的 NH_3 全部转化为 NO，气体反应能力的增加是由于气体分子被吸附在 Pt 的表面，Pt 起到催化剂的作用。当不存在催化剂时，几乎得不到 NO，而是得到 N_2，反应式为

$$4NH_3 + 3O_2 \longrightarrow 2N_2 + 6H_2O$$

气体分子被吸附在表面，气体分子与表面分子间发生化学反应以及反应产物从表面解吸的过程均为化学动力学过程。因此，吸附反应速率常数 k_{ads} 与解吸反应速率常数 k_{des} 均可写成阿累尼乌斯定律的形式，即

$$k_{ads} = A_{ads} \exp\left(-\frac{E_{ads}}{RT}\right) \tag{2-64}$$

$$k_{des} = A_{des} \exp\left(-\frac{E_{des}}{RT}\right) \tag{2-65}$$

式中，A_{ads} 与 A_{des} 为前置因子；E_{ads} 与 E_{des} 分别为吸附与解吸动力学过程的活化能。

气体分子在表面的吸附率存在一个上限值，不可能超过气相分子与表面的碰撞率。吸附与解吸是同一化学过程的正反应过程与逆反应过程，吸附、解吸与化学反应并存，同时发生。

2.4.1.3 链式化学反应

(1) 链式化学反应概念

许多气相反应都是在较低的反应温度下发生的，几乎所有的燃烧反应都不是简单地遵守

质量作用定律和阿累尼乌斯定律。这些反应的许多特点根本无法用活化分子碰撞理论解释，因此产生了链式反应理论。

链式反应理论认为，很多化学反应不是一步就能完成从反应物向反应产物的转化，而是由于形成极其活跃的组分而引发一系列连续、竞争的中间反应，导致从反应物转化形成反应产物。中间反应会生成若干不稳定的自由基或自由原子，称为活性中心。这些活性中心以很高的化学反应速率与原始反应物分子进行化学反应，本身消失，同时也会产生新的活化中心，使反应一直进行下去直至结束，生成最终反应产物。活化中心起到了中间链接的作用，所以称之为链式反应。

链式反应是化学反应中最普通、最复杂的反应形式，其各个中间反应均属于基元反应，各个反应具有各自不同的反应速率常数，是燃烧过程中必然发生的复杂化学反应。

链式反应经历链的激发、传播和终止。链的激发是在外界因素（热力、高能分子碰撞）作用下，由稳定的组分产生一个基或若干个基（也称为自由基、根或游离基），在链的传播过程中，接着又产生一个或若干个新的基，这样过程一直持续到由两个基形成一个稳定的组分，直至反应物浓度消耗至尽，或者由于基销毁的速度大于基生成的速度，导致链的终止。产生基的基元反应为启链反应，而基被破坏的基元反应为终链反应。

基可以是一个原子或一组原子，是由气体分子的化合键断裂而形成的，具有不匹配的电子，带电荷或不带电荷，在化学反应中以一个独立的组分存在，能与其他分子迅速发生反应。最具反应活性的组分通常为原子（如 H、O、N、F 与 Cl）或者原子团（如 CH_3、OH、CH 与 C_2H_5 等）。

如 H 原子由 H_2 断键分解而得，H 在失去其电子后就成为一个带正电荷的自由基。又如碳氢燃料 CH_4 分解，CH_4 分子分离出一个 H 原子，则形成两个基，即

$$CH_4 \longrightarrow CH_3 + H$$

又如，CH_4 与 O_2 反应生成两个基，即

$$CH_4 + O_2 \longrightarrow CH_3 + HO_2$$

再如，氮氧化物在高能分子作用下，产生 N 原子和 O 原子两个基，即

$$NO + M \longrightarrow N + O + M$$

在链的传播过程中，如果反应产物中基的数目与反应物中的基的数目的比值 $\alpha = 1$，称为不分支链式反应；如果 $\alpha > 1$，则称为分支链式反应。分支链式反应具有更高的化学反应速率，即爆炸性。

（2）不分支链式反应

以 Cl_2 和 H_2 化合为例，实验研究表明，尽管其总的化学反应方程式可写为下式，但其反应机理并非简单反应，而是复杂的不分支链式反应。

$$Cl_2 + H_2 \longrightarrow 2HCl$$

在该链式反应中，Cl 原子充当了活性中心的作用，Cl 原子的产生可以源自热力活化或光作用等。譬如，反应式(2-66)，它起到链的激发作用，对应的速率常速为 k_1。

$$Cl_2 + M \longrightarrow Cl + Cl + M \qquad (2-66)$$

Cl 原子很容易与 H_2 发生反应（活化能很小），对应的速度常速为 k_2。

$$Cl + H_2 \longrightarrow HCl + H \qquad (2-67)$$

式(2-67)中产生的 H 原子很快与 Cl_2 发生化学反应而产生 Cl 原子，该反应的活化能更小，反应更快，几乎在瞬间完成，对应的速度常速为 k_3，即

$$H + Cl_2 \longrightarrow HCl + Cl \qquad (2\text{-}68)$$

将式（2-67）和式（2-68）相加，得到

$$Cl + H_2 + Cl_2 \longrightarrow 2HCl + Cl$$

该式表明，一个活化中心（Cl 原子）在反应产物生成过程中仍形成一个活化中心，因此这种反应是不分支链式反应。实际上，基元反应式（2-67）与式（2-68）本身即为不分支链式反应。Cl 原子在不发生链中断的情况下可以继续存在下去，直到系统中反应混合物完全耗尽为止。如果发生了链的中断，则链的反应就会终止。链的激发环节的反应速率是整体过程的控制环节。

（3）分支链式反应

在链式反应过程中，如果一个基元反应中消耗一个基的同时生成两个或多个新的基，则视为存在分支反应步骤，该总的反应过程即被称为分支链式反应；基的浓度会呈指数关系累积，迅速形成反应产物，且具有爆炸效应。此时分支基元反应步骤的反应速率是总体反应的控制环节，而不是链的激发环节的反应速率。分支链式反应是火焰自行传播的动力，是火焰化学动力学机理中的基本内容。譬如，以下三个基元反应均为反应产物中基的数目大于反应物中基的数目的例子。

$$CH_4 + O \longrightarrow CH_3 + OH$$

$$H + O_2 \longrightarrow OH + O$$

$$O + H_2 \longrightarrow OH + H$$

在反应过程中，还存在基被破坏而消失的情况，譬如，发生气相反应而形成稳定的正常分子，或与器壁碰撞而消失。如果基销毁的速度大于基的生成速度，则发生链终止。基被销毁的基元反应示例有

$$H + OH + M \longrightarrow H_2O + M$$

$$H + O_2 + M \longrightarrow HO_2 \longrightarrow \frac{1}{2}H_2 + O_2$$

$$2O + M \longrightarrow O_2 + M$$

$$M + 2H \longrightarrow H_2 + M$$

式中，M 为高能量的活化分子或其他高能量分子，高能量分子的碰撞激发反应，其自身继续存在或销毁。

研究链终止的反应机理对确定可燃混合物的爆炸极限是很重要的。

以下以 H_2 的燃烧过程来比较详细地说明分支链式反应的机理。

氢的氧化反应是最典型的、研究最多并理解最深入的分支链式反应。氢燃烧的总的化学反应方程式为

$$2H_2 + O_2 \longrightarrow 2H_2O$$

假如该反应的实际进程与反应方程式一致，则应该是三个分子之间的碰撞反应，但三个分子同时碰撞并反应的概率几乎不存在，因此，其反应速率理应很低。但事实上，在某些条件下，氢的氧化反应速率极高，会发生爆炸。目前的研究结果一致认为，其反应过程是按分支链式反应形式进行的，需要 20 余个基元反应描述其反应机理。

① 活化中心 H 原子的产生——链的激发

$$H_2 + M \longrightarrow H + H + M$$

高能量分子 M 与 H_2 碰撞使 H_2 断键分解成 H 原子，成为最初的活化中心 H。也有观点认

为，由于热力活化等作用发生以下反应，同样产生了活化中心 H。H 原子形成了链式反应的起源。

$$H_2 + O_2 \longrightarrow HO_2 + H$$

② 链的传播——链式反应的基本环节 H 原子与 O_2 发生反应，即

$$H + O_2 \longrightarrow OH + O \tag{2-69}$$

该反应是吸热反应，热效应 $Q = 71.2\text{kJ/mol}$，所需要的活化能为 75.4kJ/mol，所产生的 O 原子与 H_2 发生反应，即

$$O + H_2 \longrightarrow OH + H \tag{2-70}$$

该反应是放热反应，热效应 $Q = 2.1\text{kJ/mol}$，所需要的活化能为 25.1kJ/mol。式（2-69）、式（2-70）所产生的两个 OH 基与 H_2 发生反应，形成最终产物 H_2O，即

$$OH + H_2 \longrightarrow H_2O + H \tag{2-71}$$

式（2-71）为放热反应，热效应 $Q = 50.2\text{kJ/mol}$，所需要的活化能为 42.0kJ/mol。

比较各个反应方程式两侧活化中心的数目可以看出，式（2-69）与式（2-70）为分支反应，式（2-71）为不分支反应。

吸热反应式（2-69）所需活化能最大，因此反应速率最慢，限制了整体的反应速率，在 H_2 的燃烧中，OH 基在链的传播进程中起到了突出作用。

将上述反应综合后得到：

$$H + 3H_2 + O_2 \longrightarrow 2H_2O + 3H$$

一个 H 原子参加反应，在经过一个基本环节链后，形成最终产物 H_2O，并同时产生 3 个 H 原子；这 3 个 H 原子又会重复上述基本环节，产生 9 个 H 原子……，随着反应的进行，活化中心 H 原子的数目以指数形式增加，反应不断加速，直至爆炸。这种活化中心不断繁殖的反应就是分支链式反应。

③ 链的终止在分支链式反应中，因为随着活化中心的浓度不断增加，碰撞的概率也会越来越大，形成稳定分子的机会也越来越大；另外，活化中心也会由于在空中互相碰撞使其能量被夺走，或碰到器壁等原因而销毁，使它失去活性而成为正常分子，因此活化中心的数目不会无限制地增加，甚至会出现碰到器壁而被销毁的活化中心的数目大于产生的活化中心的数目，销毁速度大于繁殖速度，造成链的终止，从而不会发生化学反应。

抑制链式反应的理论基础就是促进链终止，其主要技术措施包括以下几个。

① 增加反应容器的表面积与容积的比值，以提供更多的表面积（器壁）去充当第三者物体来吸收两活化中心碰撞时所释放的能量。

② 提高反应系统中的气体压力，在较高压力下，两个活化中心与第三者物体碰撞的机会增多，促进链的终止。

③ 在系统中引入易于和活化中心起作用的抑制剂，也可以促进链终止。

2.4.1.4 燃烧化学反应平衡

燃烧过程中通常包含很多的可逆反应。理论上，可逆反应最终必然达到化学平衡，此时的正向反应速率与逆向反应速率相等，系统内的组分浓度不再变化，除非温度或压力改变，或者增减某一组分的数量而破坏化学平衡。

假定某燃烧过程发生的化学反应为

$$a\text{A} + b\text{B} + c\text{C} \cdots \Longleftrightarrow x\text{X} + y\text{Y} + z\text{Z} + \cdots \tag{2-72}$$

式中，A、B、C为参与反应物的组分；X、Y、Z为反应产物的组分。

按质量作用定律，化学反应速度与反应物的浓度乘方的乘积成正比。此时的正逆反应速度分别为

$$v_1 = k_1 [A]^a [B]^b [C]^c \qquad (2-73)$$

$$v_2 = k_2 [X]^x [Y]^y [Z]^z \qquad (2-74)$$

式中，k_1、k_2为正、逆反应速度常数。

当反应系统达到化学平衡时，$v_1 = v_2$，则化学平衡时诸成分浓度之间的关系

$$\frac{[X]^x [Y]^y [Z]^z \cdots}{[A]^a [B]^b [C]^c \cdots} = \frac{k_1}{k_2} = K_r \qquad (2-75)$$

式中，K_r就是该可逆反应在该温度条件下基于组分浓度的平衡常数。

式(2-75)表明，如果系统各个组分的浓度满足该式，则系统处于化学平衡状态；如果不满足，反应将继续进行，直至组分浓度变化到满足该式而达到化学平衡为止。

由于反应速率常数不随浓度变化而只取决于温度，因此平衡常数K_r也只与温度有关。

根据化学反应平衡常数，可以在此平衡条件下确定生成产物的理论极限产率。研究化学反应的化学平衡，则是为了了解最佳反应状态，以及主动改变某些平衡条件以调节生成物中某些组分气体。但在实际燃烧工程中，化学平衡状态是很难达到的。

2.4.1.5 碳的燃烧反应机理

固体燃料中碳的结晶形态为石墨。碳的燃烧反应机理属于异相反应，石墨结晶中的碳原子与气体中的氧分子相作用，包括扩散、吸附和化学反应；它们生成的产物又与氧和碳相互作用，是比较复杂的。就化学反应来说，总的包括三种反应，即

(1) 碳与氧反应（燃烧反应），生成CO和CO_2，简单写来就是

$$C + O_2 \longrightarrow CO_2 + 409 \ (kJ/mol)$$

$$2C + O_2 \longrightarrow 2CO + 246 \ (kJ/mol)$$

(2) 碳与CO_2反应

$$C + CO_2 \longrightarrow 2CO - 162 \ (kJ/mol)$$

(3) CO的氧化反应

$$2CO + O_2 \longrightarrow 2CO_2 + 571 \ (kJ/mol)$$

第(1)组反应称为"初次"反应，其产物称为初次产物；第(2)、(3)组反应称为"二次反应"，其产物称为二次产物。

由这些反应可以看出，初次反应和二次反应都可以生成CO和CO_2。关于碳的燃烧机理的研究，在于确定初次反应和二次反应对生成CO和CO_2的作用。在这方面，长期以来存在着以下三种见解。

① 认为初次生成物是CO_2；燃烧产物中的CO是由于CO_2和C的还原反应而生成的。

② 认为初次生成物是CO；燃烧产物中的CO_2是由于CO的氧化反应而生成的。

③ 初次生成物中同时有CO和CO_2。

根据精密的实验研究，现在大多数学者倾向于第(3)种见解。这种见解估计到了吸附对燃烧过程的影响。氧被碳吸附，不仅吸着在其表面上，而且还溶解于石墨晶格内。碳与氧结合成一种结构不定的质点$C_x O_y$，该质点或者在氧分子的撞击下分解成CO和CO_2，即

$$C_x O_y + O_2 \longrightarrow mCO_2 + nCO$$

或者是简单的热力学分解

$$C_xO_y \longrightarrow mCO_2 + nCO$$

而 CO_2 和 CO 的数量比例，即 m 与 n 的值，则与温度有关。例如，根据实验研究，当温度略低于 1300℃ 时，碳固体表面首先几乎全部被溶入表层的氧分子所占据，然后，一部分将发生络合。其余部分已盖满了络合物，将在另一氧分子撞击下发生离解。化学反应方程式为

络合　　　　　　　　　　　$$3C + 2O_2 \longrightarrow C_3O_4$$
离解　　　　　　　　$$C_3O_4 + C + O_2 \longrightarrow 2CO_2 + 2CO$$

上二式相加，可得总反应式为：

$$4C + 3O_2 \longrightarrow 2CO_2 + 2CO$$

燃烧反应是由溶解、络合、离解等诸多环节串联而成。溶解这个环节的速率常数很大，反应主要受络合和离解过程控制。

当温度高于 1600℃，认为反应也是分两个阶段进行的。由于温度很高，氧分子几乎不溶解于石墨晶格内，碳和氧的反应是通过石墨晶格边界上的棱和顶角的化学吸附来进行的，吸附的氧与晶格边缘棱角的碳原子形成络合物，即

$$3C + 2O_2 \longrightarrow C_3O_4$$

这种络合物在高温下就会自行热分解，进行零级反应，即

$$C_3O_4 \longrightarrow CO_2 + 2CO$$

上二式相加，可得总反应式为：

$$3C + 2O_2 \longrightarrow CO_2 + 2CO$$

此时的燃烧化学反应最慢的是吸附，络合和热分解都很顺利。

当温度在 1300～1600℃ 之间时，碳和氧的反应情况将同时有固溶络合和化学吸附两种反应机理。

碳与二氧化碳的反应是一个吸热反应。在这个反应的进程中，二氧化碳也是要首先吸附到碳的晶体上，形成络合物，然后络合物分解成 CO 解吸逸走。由于 CO_2 的化学吸附活化能很高，络合物的分解可能是自动进行的，也可能是在二氧化碳分子的碰撞下进行的。研究表明，在温度低于 400℃ 时，CO_2 仅以物理吸附的形式吸附在碳表面上。当温度超过 400℃ 时，CO_2 的固溶络合和化学吸附络合开始显著起来，但还不能发现有 CO 气体产生。当温度超过 700℃ 以后，开始有少量的络合物发生热分解而产生 CO 分子。

当温度超过 700℃ 以后，虽然 CO_2 的物理吸附几乎已完全不存在，但却有相当数量的 CO_2 分子侵入碳晶格基面间形成固溶络合物，其溶解量与 CO_2 的浓度成正比。固溶络合物扭曲了原来的碳晶格结构，减弱了原来原子间的结合，使晶界上的络合物易于分解。当温度继续提高时，固溶络合物的分解和高能分子的碰撞作用更为显著，此时反应速率与 CO_2 的浓度间的关系也就更大。当温度超过 950℃ 以后，碳与二氧化碳的反应速率完全取决于化学吸附及其解吸的能力。

高温下，碳与水蒸气也会发生反应，主要反应形式为：

$$C + H_2O \longleftrightarrow CO + H_2 - 131.5 \times 10^3 \text{（kJ/mol）}$$
$$C + 2H_2O \longleftrightarrow CO_2 + 2H_2 - 90.0 \times 10^3 \text{（kJ/mol）}$$

当反应温度升高时，正向反应进行的比较完全，在 1000℃ 以上则可视为不可逆反应，生成 CO 的反应速率明显地大于生成 CO_2 的反应速率。

由于水蒸气的分子量小于二氧化碳，水蒸气的分子扩散能力比二氧化碳大，因此，碳遇到水蒸气时要比碳遇到二氧化碳时更迅速地进行反应。研究表明，在温度为 1000℃ 时，碳

颗粒与水蒸气反应而被烧掉的速度要比与二氧化碳反应而被烧掉的速度高约 3 倍。

2.4.1.6 燃烧过程中氮氧化物的生成机理

生物质燃烧产生的 NO_x 主要是由燃料中的 N 元素氧化生成，既有气相反应生成，也有固相反应生成。也可能有少量的 NO_x 是在某些特定条件下由空气中的 N 元素形成的。NO_x 的生成极其复杂，在实际处理过程中一般把 NO_x 的生成分成燃料型 NO_x、热力型 NO_x 和快速型 NO_x 三大类。

（1）燃料型 NO_x

燃料型 NO_x 的生成机理非常复杂。虽然多年来世界各国许多学者为了弄清其生成和破坏的机理，开展了大量的理论和试验研究，但是至今仍没有完全弄清楚。这是因为燃料型 NO_x 的生成和破坏过程不仅和燃料特性、结构、燃料中的氮受热分解后在挥发分和焦炭的比例、成分和分布有关，而且大量的反应过程还和燃烧条件如温度和氧及各种成分的浓度等密切相关。总结近年来的研究工作，燃料型 NO_x 的生成机理，大致有以下规律。

① 在一般的燃烧条件下，燃料中的氮有机物首先被分解成氰（HCN）、氨（NH_3）和 CN 等中间产物，它们随挥发分一起从燃料中析出，称为挥发分 N。挥发分 N 析出后仍残留在焦炭中的氮有机物，称为焦炭 N。

② 挥发分 N 中最主要的氮化合物是 HCN 和 NH_3。在挥发分 N 中，HCN 和 NH_3 所占的比例不仅取决于燃料种类及其挥发分的性质，而且与氮和碳氢化合物的结合状态等化学性质有关，同时还与燃烧条件如温度等有关。

③ 挥发分中的 HCN 氧化成 NCO 后，可能有两条反应途径，取决于 NCO 进一步遇到的反应条件。在氧化气氛中，NCO 会进一步氧化成 NO。如遇到还原气氛，NCO 则会反应生成 NH。然后 NH 在氧化气氛中会进一步氧化成 NO；同时又有可能与已生成的 NO 进行还原反应，使 NO 还原成 N_2。

④ NH_3 可能作为 NO 的生成源，也可能成为 NO 的还原剂。

⑤ 在通常的燃烧温度下，燃料型 NO_x 主要来自挥发分 N。燃烧时由挥发分生成的 NO_x 占燃料型 NO_x 的 $60\%\sim80\%$，由焦炭 N 所生成的 NO_x 占到 $20\%\sim40\%$。焦炭 N 的析出情况比较复杂，这与氮在焦炭中 N—C、N—H 之间的结合状态有关。有人认为，焦炭 N 是通过焦炭表面多相氧化反应直接生成 NO_x。也有人认为焦炭 N 和挥发分 N 一样，首先以 HCN 和 CN 的形式析出后，再和挥发分 NO_x 的生成途径一样氧化为 NO_x。但研究表明，在氧化性气氛中，随着过量空气的增加，挥发分 NO_x 迅速增加，明显超过焦炭 NO_x，而焦炭 NO_x 的增加则较少。

⑥ 从燃料型 NO_x 的生成和破坏机理可以看出，并不是全部燃料中的氮在燃烧过程中都会生成 NO_x。在氧化性气氛中生成的 NO_x 当遇到还原性气氛（富燃料燃烧或缺氧状态）时，会还原成氮分子（N_2），这时称为 NO_x 的还原或 NO_x 的破坏。燃料型 NO_x 的生成和破坏过程十分复杂，它有多种可能的反应途径和众多的反应方程式。

燃料型 NO_x 的影响因素较多，主要有以下几种。

① 温度。随着燃烧温度的升高，燃料氮转化率不断地升高，但这里的温度是指在某一温度区间，当超过这个温度区间时，再增加燃烧温度，其燃料型 NO_x 的氮转化率只有少量的升高。

② 过剩空气系数 α。随着过剩空气系数的降低，燃料型 NO_x 的生成量下降，尤其当过

剩空气系数小于 1.0 时，其生成量和转化率急剧降低。

③ 燃料氮含量。总体而言，燃料氮的含量越高，其燃料型 NO_x 的排放量越高，但此时的转化率则是下降的。即使燃料中含氮量相同，但不同的氮存在形式，其生成的燃料型 NO_x 的量也可能存在一定的差别，特别是在不同的燃烧形式下更是如此。

（2）热力型 NO_x

热力型 NO_x 是指助燃空气中的 N_2 在高温下氧化而生成的氮氧化物。热力型 NO_x 的生成机理是由苏联科学家泽尔多维奇（Zeldovich）提出的，因而称为泽尔多维奇机理。按照这一机理，空气中的 N_2 在高温下氧化，是通过如下一组不分支链式反应进行的，即

$$N_2 + O \Longrightarrow N + NO$$
$$O_2 + N \Longrightarrow O + NO$$

按泽尔多维奇的推导和实验结果有：

$$\frac{d[NO]}{dt} = 5 \times 10^{14} [N_2][O_2]^{1/2} \exp(-542000/RT) \tag{2-76}$$

式中，T 为热力学温度，K；t 为时间，s；R 为通用气体常数，$J/(g \cdot mol \cdot K)$。

试验表明，在 $1200 \sim 1500K$ 温度下所产生的 NO_x 中，NO 占 90% 以上，NO_2 只占 5%～10%；在燃烧温度低于 1500K 时，NO_x 的生成量很少，只当温度高于 1500K 时，NO_x 的生成反应才变得明显起来，且随着温度的升高，NO_x 的生成速度按指数规律急剧增加。因此，减少热力型 NO_x 的根本措施就是降低燃烧温度。

在实际燃烧过程中，由于燃烧室内的温度分布是不均匀的，如果有局部的高温区，则在这些区域会生成较多的 NO_x，它可能会对整个燃烧室内的 NO_x 生成起关键性的作用，在实际过程中应尽量避免局部高温区的生成。

对于热力型 NO_x 的控制，主要针对各种主要影响因素入手。

① 温度。温度是热力型 NO_x 的主要影响因素，故热力型 NO_x 又称为温度型 NO_x，这从捷里道维奇对 NO_x 生成速率研究的计算公式中可以明显看出。因此，降低燃烧过程的温度水平，可以明显降低热力型 NO_x 的排放。

② 过剩空气系数。过剩空气系数也是热力型 NO_x 的主要影响因素。通过实验可知热力型 NO_x 生成量与氧浓度的平方根成正比，即氧浓度降低时，在较高的温度区内会使氧分子分解所得到的氧原子浓度减小，使热力型 NO_x 的生成量减小。

③ 停留时间。停留时间对热力型 NO_x 的影响较大，当停留时间足够时，NO_x 的生成达到化学平衡浓度，NO_x 生成量迅速增加。因此，可以通过缩短在高温区的停留时间来降低热力型 NO_x 的生成量。

（3）快速型 NO_x

快速型 NO_x 主要是指燃烧时空气中氮和燃料中的碳氢化合物反应生成 NO_x。快速型 NO_x 是产生于燃烧时 CH_i 类原子团较多、氧气浓度相对较低的富燃料燃烧的情况，对温度的依赖性很弱。一般情况下，对不含氮的碳氢燃料在较低温度燃烧时，才需重点考虑快速型 NO_x。因为当燃烧温度超过 1500℃ 时，热力型 NO_x 将起主导作用。

快速型 NO_x 是费尼莫尔（Fenimore）在 1971 年通过实验发现的，即碳氢化燃料在富燃料燃烧时，反应区附近会快速生成 NO_x。燃料燃烧时产生的烃（CH、CH_2、CH_3 及 C_2）离子团撞击燃烧空气中的 N_2 生成 HCN、CN，再与火焰中产生的大量 O、OH 反应生成 NCO，NCO 又被进一步氧化成 NO。此外，火焰中 HCN 浓度很高时存在大量氨化合物

（NH₄），这些氨化合物与氧原子等快速反应生成 NO。其反应过程如下

$$CH + N_2 \Longrightarrow HCN + NH$$
$$CH_2 + N_2 \Longrightarrow HCN + NH$$
$$C_2 + N_2 \Longrightarrow 2CN$$
$$HCN + OH \Longrightarrow CN + H_2O$$
$$CN + O_2 \Longrightarrow CO + NO$$
$$CN + O \Longrightarrow CO + N$$
$$NH + OH \Longrightarrow N + H_2O$$
$$NH + O \Longrightarrow NO + H$$
$$N + OH \Longrightarrow NO + H$$
$$N + O_2 \Longrightarrow NO + O$$

温度对快速型 NO_x 的影响不大，只要达到一定的温度，快速型 NO 即开始反应生成，其生成量的多少主要取决于过剩空气系数。

过剩空气系数对快速型 NO_x 的生成影响非常显著，但不是随着过剩空气系数越大，其生成量就越多，而是在某一个过量空气系数下，其快速型 NO_x 的生成量达到一个最大值，而在其他的过剩空气系数下均少于这一最大生成量。而且在改变过剩空气系数时，还要考虑过剩空气系数对热力型 NO_x 生成量的影响，故在优化过剩空气系数时，需要综合考虑多种因素。

燃料种类对快速型 NO_x 的影响也是非常大的。燃料一般可分成含氮燃料、碳氢燃料和非碳氢类燃料。对于含氮燃料除考虑热力型 NO_x 外，还需要考虑燃料型 NO_x 的生成；而对于烃类燃料，所生成的 NO 的数量较多，必须考虑快速型 NO_x 的生成；对于非碳氢类不含氮的燃料，则仅考虑热力型 NO_x 即可。

总之，NO_x 的生成主要与火焰中的最高温度、氧和氮的浓度以及气体在高温下停留时间等因素有关。在实际工程中，可采用降低火焰最高温度区的温度、减少过剩空气等措施，以减少燃烧生成的 NO_x 对环境的污染。

2.4.2 着火理论

燃烧过程是发光发热的化学反应过程，当燃料从未燃状态过渡到燃烧状态的时候，存在两个基本阶段：着火阶段和着火后燃烧阶段。从燃烧的化学动力学可知，任何一个燃烧反应，都存在一个从反应的引发到开始剧烈反应的加速过程，这个过程是燃烧的孕育期。这个孕育期就是着火阶段，它是一种过渡过程。孕育期结束以后，就进入了燃烧阶段，这个阶段一般可认为是一种稳定过程。

2.4.2.1 着火的基本概念

燃料和氧化剂混合后，由无化学反应、缓慢的化学反应向稳定的强烈放热反应发展，最终在某个瞬间、空间中某个部分出现火焰的现象称为着火。着火过程是化学反应速率出现跃变的临界过程，即化学反应从低速状态在短时间内加速到极高速的状态；着火过程存在一个临界点，超过该临界点温度，混合物便自动地不需要外界的作用而着火达到燃烧状态，该临界点对应的温度称为着火温度，又称着火点。

影响着火的因素很多，如燃料的性质、燃料与氧化剂的混合比例、环境的压力与温度、气流的速度、燃烧室的尺寸和保温情况等。但是，归纳起来只有两类实质性的因素：化学动

力学因素和传热学因素。

2.4.2.2 着火方式与机理

从微观机理来划分,燃料的着火可分为热着火和链式着火两类。生物质燃料的着火主要属于热着火方式,因此本书主要介绍热着火的相关机理。

可燃混合物由于本身氧化反应放热大于散热,或由于外部热源加热,温度不断升高导致化学反应不断自动加速,积累更多能量最终导致着火的现象称为热着火。大多数燃料着火特性符合热着火的特征。可以看出,根据热着火中热量的来源,又可以把热着火分为热自燃和强迫点燃两类。其中,热自燃的着火热量完全来自于系统自身的热量积累,而强迫点燃的热量来源于系统之外供给的热量。柴油机燃烧室中燃料喷雾着火、烟煤因长期堆积通风不好而着火,都是热自燃的实例。

燃料着火需要一定的条件,燃料着火的条件通常描述如下:如果在一定的初始条件(系统的初始温度、初始物质浓度)、边界条件(系统的散热或者物质的交换情况)和内部条件(系统内物质的反应特性)的共同作用之下,系统的化学反应速率由缓慢反应过渡到剧烈加速的状态,使系统在某个瞬间或空间某部分达到高温反应态(即燃烧态),那么,实现这个过渡过程的初始条件、边界条件和内部条件的集合,便称为着火条件。需要强调的是,着火条件应具备以下两个基本的效果。

① 能够使得系统的化学反应速率自动地、持续地加速,直至达到一个较高的化学反应速率。

② 实际的化学反应速率不会趋于无穷大,而最终会到达某个有限的数值,但是,在这个有限的化学反应速率的数值下,系统在空间中存在剧烈发光发热(也就是燃烧)的现象。

2.4.2.3 热自燃理论

在自然界或工程中,很多时候可燃物的燃烧可以视为在有限的空间内进行。因此,下面将以封闭容器内的可燃物质的着火过程为例,来分析热自燃问题。

为了说明热自燃概念,需假定一个简化的物理模型。

设有一个密闭的容器,容积为 V,器内充满可燃的混合物,器内各点的温度和浓度均匀,器壁的温度为 T_0,且 T_0 不随反应时间改变。

设反应的热效应为 q,反应速度为 w,反应时温度为 T,则反应放热量 Q_f 为:

$$Q_f = qwV \tag{2-77}$$

根据燃烧化学动力学可知,燃烧反应速度 w 可表示为

$$w = kc^n = k_0 e^{-\frac{E}{RT}} c^n \tag{2-78}$$

式中,c 为可燃物质的浓度;n 为可燃物质总体反应的反应级数;E 为可燃物质总体反应的活化能;k_0 是频率因子。

将式(2-78)代入式(2-77)得:

$$Q_f = qVk_0 e^{-\frac{E}{RT}} c^n \tag{2-79}$$

另一方面,由于化学反应的结果,容器类的温度升高到 T,此时将由系统向外散失热量。设容器内的表面积为 A,由气体对外界的总放热系数为 α,则单位时间内容器壁对环境的散热量 Q_s 为

$$Q_s = \alpha A(T - T_0) \tag{2-80}$$

单位时间内容器内积累的热量 Q_L 为

$$Q_L = c_v V \frac{dT}{dt} \tag{2-81}$$

式中，c_v 是单位体积内可燃物质的定容比热。

根据能量守恒定律可知，容器内积累的热量等于可燃物质反应放出的热量与器壁对环境的散热量之差。即有

$$Q_L = Q_f - Q_s \tag{2-82}$$

或

$$c_v V \frac{dT}{dt} = q V k_0 e^{-\frac{E}{RT}} c^n - \alpha A (T - T_0) \tag{2-83}$$

着火问题的本质取决于单位时间内的放热量 Q_f 和散热量 Q_s 的相互作用及其随温度变化而变化的程度。为更加直观地分析燃料的着火条件，将 Q_f、Q_s、Q_L 随温度的变化曲线画在同一图上并加以讨论。

由式(2-79)和式(2-80)可知，Q_f 与温度 T 呈指数关系，而 Q_s 和温度 T 呈直线关系，如图 2-10 所示。从图 2-10(a) 可以看出，Q_s 直线在横坐标上的截距即为环境温度 T_0，也可看出环境温度 T_0 对 Q_s 和 Q_L 的影响。当其他参数不变时，Q_s 直线随环境温度的升高向右移动，Q_L 随温度 T 的变化如图 2-10(b) 所示。Q_L 曲线随环境温度的升高向上移动。

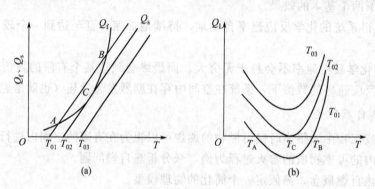

图 2-10　热自燃中的热量平衡关系

分析图 2-10(a)，Q_f 曲线与 Q_s 直线之间的关系有三种可能的情况：第一种情况是 Q_f 曲线与 Q_s 直线有两个交点，即曲线和直线相交，交点为 A 和 B；第二种情况是 Q_f 曲线与 Q_s 直线有一个交点，即曲线和直线相切，切点为 C；第三种情况是 Q_f 曲线与 Q_s 直线无交点，即曲线与直线既不相交，也不相切。

① 放热曲线与散热直线之间有两个交点。当环境温度 $T_0 = T_{01}$ 时，放热曲线 Q_f 与散热直线 Q_s 有两个交点 A 和 B，即 A 和 B 两种工况可能出现。下面分别进行讨论。

首先看 A 点工况。反应开始时，由于可燃物质温度等于环境温度，$Q_s = 0$，但由于有一定的初始温度，这时化学反应是在缓慢地进行的。随着化学反应的进行，可燃物质便释放出少量的热量，使可燃物质的温度上升。这时 $T > T_{01}$，则 $Q_s > 0$，因而也就产生了散热损失。由于这时温差较小，散热损失也较小，则放热量大于散热量，即 $Q_L > 0$，所以使可燃物质的温度不断升高，一直到两条曲线的交点 A。当可燃物质温度为 T_A 时，$Q_f = Q_s$，即 $Q_L = 0$，达到了放热与散热的平衡状态。当可燃物质由于某种原因使温度略低于 T_A 时，则由于 $Q_f > Q_s$，温度将上升，从而使系统又恢复到 A 状态。反之，由于某种原因使系统温度略高于 T_A 时，则由于 $Q_f < Q_s$，温度将下降，系统也恢复到 A 状态。因此，A 状态是一个

稳定的状态。在这个状态下，反应不会自动加速而着火。实际上 A 状态是一个反应速率很小的缓慢氧化工况。

再来看 B 点工况。当可燃物质由于某种原因温度略低于 T_B 时，则因为放热量总是小于散热量，系统温度将不断下降，系统工况离 B 点越来越远，直到达到 A 点为止。因此，反应不可能着火。反之，当可燃物质由于某种原因温度略高于 T_B 时，则因为放热量总是大于散热量，温度将不断升高，因而反应不断加速，直至产生着火。由此可见，B 状态是不稳定的。实际上 B 点工况是不可能出现的。因为 B 点温度很高，而从 A 到 B 的过程中放热量一直小于散热量，因此，可燃物质从初温 T_{01} 开始逐渐升温到 T_A 后，不可能越过 A 状态自动升温到 B，除非有外界强热源向系统提供大量的热量才能使可燃物质从 A 状态过渡到 B 状态。然而，这已经不属于热自燃的范畴了，所以 B 状态是达不到的。

② 放热曲线与散热直线无交点。当环境温度 $T_0 = T_{03}$ 时，放热曲线 Q_f 与散热直线 Q_s 永不相交，因此，无论在什么温度下，放热量总是大于散热量，系统内将不断积累热量，可燃物质温度不断升高，化学反应不断加速，最后必然导致着火。

③ 放热曲线与散热直线有一个交点。当环境温度由 T_{01} 逐渐升高时，散热直线向右移动，当 $T_0 = T_{02}$ 时，放热曲线 Q_f 与散热直线 Q_s 相切，这时只有一个切点 C。这种工况是一种临界工况。可燃物质从初温 T_{02} 开始逐渐升温到 C 状态后，若由于某个原因使温度略低于 T_c 时，则由于 $Q_f > Q_s$，系统能自动地恢复到 C 状态。但若由于某个原因使可燃物质温度略高于 T_c 时，则由于 $Q_f > Q_s$，系统温度将不断上升，因此一定会引起着火。所以 C 状态也是不稳定的，尽管在 C 点放热量与散热量也达到了平衡。但是 C 状态是能够达到的。它不同于 B 点，因为 C 点以前放热量总是大于散热量，并不需要外界补充能量，可燃物质完全依靠自身反应的能量积累就能自动地到达 C 点。因此，C 点将标志着由低温缓慢的反应态到不可能维持这种状态的过渡。根据前面讨论过的关于着火条件的定义，则产生这种过渡过程的初始条件就是着火条件。所以 C 点称为热自燃点，T_c 称为热自燃温度。而对于该反应的初始温度 T_{02} 为引起热自燃的最低环境温度。

对于一定条件下的可燃物质，欲使其产生热自燃不仅可以用上述提高环境温度 T_0 致 Q_s 向右移动与 Q_f 相切的方式来实现，在同样的环境温度 T_0 下，也可以通过改变其他参数的方式来实现热自燃。例如当 Q_f 不动时，由式(2-74)可知，减小表面传热系数，即可减小散热量，散热直线 Q_s 的斜率将减小，Q_s 直线将以横轴上 T_0 点为轴心向右转动。当 α 减小到一定程度时，放热曲线 Q_f 就会与散热直线 Q_s 相切，满足产生热自燃的临界条件，如图 2-11 所示。减小容器的散热面积 A 也可以达到同样的效果。当 Q_s 直线不动时，由式(2-73)可知，通过增大可燃物质的浓度可使放热量增加，放热量曲线 Q_f 将向左上方移动。因为浓度与压力 p 成正比，所以当 p 增大到一定程度时，放热曲线 Q_f 就会与散热直线 Q_s 相切，也能满足产生热自燃的临界条件，如图 2-12 所示。改变可燃物质成分也能得到类似结果。

热自燃温度并不是可燃物质的某种化学性质，而是与外界条件，如环境温度、容器形状和尺寸以及散热情况等有关的一个参数。因此，即使是同一种可燃物质，其着火温度也会不同。某些气体和液体燃料与空气混合物在大气压力和通常条件下的着火温度见表 2-10。炔的活性比烯强，烷的活性比烯弱，因而由表 2-10 可知，烷的着火温度高于烯，而炔的着火温度低于烯。液体燃料的着火温度一般低于气体燃料。

一些固体燃料的着火温度见表 2-11。虽然固体燃料与氧的燃烧是异相化学反应，但是上述的自燃过程与着火温度还可以近似地用于固体燃料。

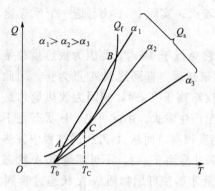

图 2-11 α 对热自燃的影响

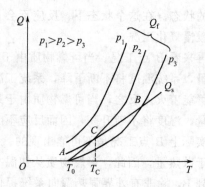

图 2-12 压力对热自燃的影响

表 2-10 某些气体和液体燃料与空气混合物在大气压力和通常条件下的着火温度

名称	分子式	着火温度/℃	名称	分子式	着火温度/℃
氢	H_2	530~590	苯	C_6H_6	580~740
一氧化碳	CO	654~658	汽油	—	390~685
甲烷	CH_4	658~750	煤油	—	250~609
乙烷	C_2H_6	520~630	重油	—	336
乙烯	C_2H_4	542~547	原油	—	360~367
乙炔	C_2H_2	406~480	—		

表 2-11 一些固体燃料的着火温度

种类		着火温度/℃	种类		着火温度/℃
木柴		250~350	烟煤	低挥发分	300~500
泥炭		225~280	无烟煤		600~700
褐煤		200~350	焦炭		700
烟煤	高挥发分	200~400	炭黑		560~600

2.4.2.4 强迫点燃理论

所谓强迫点燃即强迫着火，点燃和热自燃在本质上没有多大的差别，但在着火方式上则存在较大的差别。热自燃时，整个可燃物质的温度较高，反应和着火在可燃物质的整个空间内进行。而点燃时，可燃物质的温度较低，只有很少一部分可燃物质受到高温点火源的加热而反应，而在可燃物质的大部分空间内，其化学反应速率等于零。点燃时着火是在局部区域首先发生的，然后火焰向可燃物质所在其他区域传播。因此，点燃成功必须包括可燃物质在局部区域着火并出现稳定的火焰传播。由此可见，点燃问题比热自燃问题要复杂得多。

工程上常用的强迫点燃方法有以下几类。

① 炽热物体点燃。可用金属板、柱、丝或球作为电阻，通以电流（或用其他方法）使其炽热成为炽热物体。也可用耐火砖或陶瓷棒等材料以热辐射（或其他方法）使其加热并保持高温的方式形成炽热物体。这些炽热物体可以用来点燃静止的或低速流动的可燃物质。

② 电火花点燃。利用两电极空隙间高压放电产生的火花使部分可燃物质温度升高产生着火。由于电火花点火能量较小，所以通常用来点燃低速流动的易燃的气体燃料，最常见的例子是汽油发动机中预混合气内的电火花点火。

③ 火焰点燃。火焰点燃是先用其他方法点燃一小部分易燃的气体燃料以形成一股稳定的小火焰，然后以此作为能源去点燃其他的不易着火的可燃物质。由于火焰点燃的点火能量大，所以它在工业上得到了十分广泛的应用。

综上所述，不论采用哪种点火方式，其基本原理都是可燃物质的局部受到外来高温热源的作用而着火燃烧。

与热自燃理论一样，点火过程中也存在一个临界温度。设有一容器内装有可燃混合物，器壁的某一处作为点火源。当点火源温度低于临界温度时，可燃混合物是不可能着火燃烧的；而当温度高于临界温度时，靠近点火源的可燃混合物反应速率迅速加快，温度迅速升高达到着火，接着相邻的气体温度也急剧升高而着火，这样下去，使整个容器内实现着火。该临界温度便称为"点火温度"。这种点火的临界条件可表示为

$$\left(\frac{\mathrm{d}T}{\mathrm{d}n}\right)_{n=0} = 0 \tag{2-84}$$

式中，n 为热源表面法线上的距离。该式表明，当热源表面达到点火温度时，表面处的温度梯度为零，热源不再向可燃混合物传热，此后的着火过程的进行将与热源无关，而将取决于可燃混合物的性质和对外界的散热条件。

点火温度与着火温度在概念上有相似之处，即均指可以实现着火的最低温度。但是在数值上，点火温度往往高于着火温度，即当固体热源的表面温度达到着火温度时，可燃混合物并不准能着火。这是因为，离开热源表面稍微远一点，温度即会下降；且由于化学反应的结果，在靠近表面处可燃物的浓度也会降低。因此即使在靠近表面处有燃烧化学反应发生，也不会迅速扩展到整个容积中去。只有当点火热源的温度更高一些，才会引起容器中发生激烈的燃烧反应而着火。

点火温度不仅与可燃混合物的性质有关，而且与点火源的性质有关。用固体表面点火时，比表面积越小，点火温度也越高。如果固体表面对燃烧反应有触媒作用，则触媒作用越强的物质，其点火温度也越高，这是因为触媒作用将降低表面处可燃物的浓度。用电火花点火时，除了电火花可以产生很高的温度外，还将在局部使分子产生强烈的扰动和离子化。对于某种可燃混合物，存在着"最小电火花能量"，低于该能量，则不能实现点火。最小电火花能量的大小，与可燃混合物的成分、压力及温度有关，由实验测定。实用中还常用小火焰（小火把）点火。用小火焰（小火把）点火时，通常是将小火焰与可燃混合物直接接触。此时，是否能够点火，取决于混合物的成分、小火焰与混合物接触的时间、小火焰的尺寸和温度以及流动体系的紊流程度等因素，具体参数由实验确定。

2.4.2.5 着火浓度界限

理论研究表明，不论是自燃着火或强制点火，着火条件都与可燃物的浓度有关，而浓度又决定于体系的压力和可燃混合物的成分。因此，除了温度条件外，着火也只有在一定的压力和成分条件下才能实现。

着火温度与压力和成分之间的关系见图 2-13 和图 2-14 所示。根据这两个曲线还可以作出图 2-15，表示在着火条件下，着火压力与成分的关系。

这些曲线都是按燃烧反应服从阿累尼乌斯定律而给出的规律。这些关系说明，在一定的温度或压力下，并非所有可燃混合物都能着火，而是存在一定的浓度范围，超出这一范围便不能着火。这个浓度范围便称为"着火浓度界限"。从图 2-14 和图 2-15 中可以看出，只有在 x_1 与 x_2 之间的浓度范围可以着火，其中 x_2 为能实现着火的最大浓度，称为"浓度上

限"；x_1 为能实现着火的最小浓度，称为"浓度下限"。当压力或温度下降时，着火浓度范围缩小；当温度或压力下降超过某一点，任何浓度成分的混合可燃物都将不能着火。

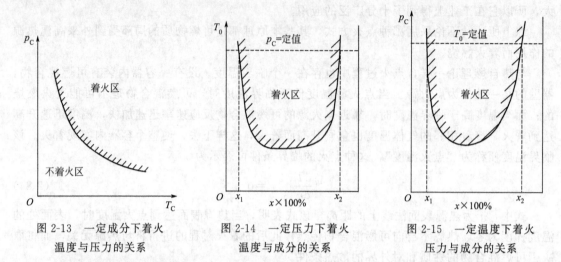

图 2-13　一定成分下着火　　　　图 2-14　一定压力下着火　　　　图 2-15　一定温度下着火
温度与压力的关系　　　　　　　温度与成分的关系　　　　　　　压力与成分的关系

同理，强制点火过程也存在着点火浓度界限，超过了这个界限便不能实现点火。

表 2-12 列出了几种可燃物质的点火浓度界限。由于实验条件不同，各文献中的数值有差别，该表给出的是最大可能的浓度界限。

如果是几种可燃物质的混合气体，其点火浓度界限（上限或下限）可按下式估算。

表 2-12　点火浓度界限（在空气中燃烧，初始温度为常温）

物质名称	体积百分数/%		物质名称	体积百分数/%	
	下限	上限		下限	上限
氢	4.0	80.0	丁烷	1.55	8.5
一氧化碳	12.5	80.0	丙烯	2.0	11.1
甲烷	2.5	15.4	苯	1.3	9.5
乙烷	2.5	14.95	天然气	3.0	14.8
乙烯	2.75	35.0	焦炉煤气	5.6	30.4
乙炔	1.53	82.0	发生炉煤气	20.7	74.0
丙烷	2.0	9.5	高炉煤气	35.0	74.0

$$l = \frac{100}{\dfrac{P_1}{l_1} + \dfrac{P_2}{l_2} + \dfrac{P_3}{l_3} + \cdots} \quad \% \tag{2-85}$$

式中，P_1，P_2，P_3……为各单一气体占混合气体的体积百分数；l_1，l_2，l_3……为各单一气体的浓度界限（上限或下限），%。

点火浓度界限还与惰性气体的含量有关。加入任何惰性气体，都会使浓度界限变窄，特别是上限降低。燃料在氧气中燃烧的着火浓度界限范围则比较大，特别是浓度上限，比在空气中燃烧时大得多。

浓度界限还与可燃预混合物的初始温度有关，如通过预热提高初始温度，则浓度界限将会变宽，特别是上限有明显的增加。这说明预热至高温的可燃混合物就浓度而言是易于着火的。

2.4.2.6　着火孕育期

着火孕育期又称为着火延迟期，它的直观意义是指可燃物质由可以反应到燃烧出现的一段时间，其更确切的定义就是：在可燃物质已达到着火的条件下，由初始状态到温度骤升的瞬间所需的时间。

图 2-16 给出了与图 2-10 相对应的着火过程中的温度变化情况。图中 τ_i 即为环境温度 T_{02} 所对应的着火孕育期。当环境温度为 T_{01} 时，随着时间的不断增加，可燃物质温度逐步缓慢上升，但在最后趋近于极限温度 T_A 时仍达不到着火温度 T_C，这种情况是不会着火燃烧的。当环境温度为 T_{02} 时，在达到着火温度 T_C 前，可燃物质的温度随时间的变化情况与图中的曲线Ⅰ类似，即温度曲线单调上升，曲线向下凹；但当温度超过着火温度 T_C 后，温度继续单调上升的同时温度曲线该变为向上凸。因为这时已经开始燃烧，温度的变化是增速升高的。在 $T=T_C$ 时温度曲线出现拐点。通常规定这个拐点出现的时间为着火孕育期。从图中还可以看出，当环境温度升高至 T_{03} 时，着火孕育期会缩短。

点火同自燃一样，存在点火孕育期，其定义为点火源与可燃气体接触后出现火焰的一段时间。实验表明，点火温度与点火孕育期关系密切。图 2-17 给出了汽油和氧气的可燃混合气体点火温度与点火孕育期的变化关系。从图中可以看出，提高点火源温度可缩短点火孕育期。

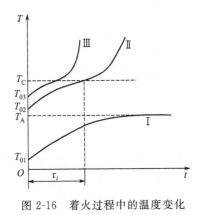

图 2-16　着火过程中的温度变化

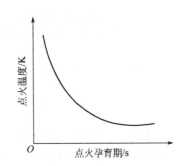

图 2-17　点火温度与点火孕育期的关系
（混合气：汽油和氧气）

2.4.2.7　燃烧室中的着火和熄火

燃烧室中的着火过程与密闭空间中的着火过程有不同的特点。燃烧室虽有一定的空间，但是因为连续不断地供应燃料和氧化剂，在空间中反应物质的浓度是不随时间变化的。燃烧室内的气流是流动的，各组分在燃烧室内都有一定的逗留时间。由于混合过程和化学反应也需要一定的时间，因而燃料在燃烧室内可能完全燃烧，也可能不完全燃烧，即具有一定的燃烧完全系数。

实际上燃烧室内的工作条件是复杂的。一般情况下，燃烧室内温度与燃烧反应速率这两个因素是相互促进的。燃烧加强以后使温度升高，温度升高以后更使燃烧加强。但是有时若条件不利，也可能使这两个因素相互抑制。例如，如果燃烧室内气流速度过高，致使燃烧室内产热和散热不平衡，散热大于产热，燃烧室内气体温度将下降。气体温度下降以后，燃烧反应减慢，燃烧室内的产热更少，更使温度下降。这样相互抑制的循环最后可使燃烧室内的火焰熄灭。

为便于理论分析，如图 2-18 所示，假定一个零元系统（又称零维模型），即燃烧室为绝热的，着火过程和燃烧过程均为绝热过程；燃烧室内气体极其强烈的掺混以至于炉内的温度、浓度、压力以及速度等物理参数非常均匀。

如图 2-18 所示，该零元系统的炉膛体积为 V，进口体积流量为 q_v 的燃料与空气的可燃混合物流过该炉膛，则气流在该炉膛的停留时间名义值为：

$$\tau_0 = \frac{V}{q_v} \tag{2-86}$$

又假设此炉膛进口处的气流温度为 T_0，燃料或氧的浓度为 c_0，炉膛中的气体温度为 T，燃料或氧的浓度为 c，那么炉膛出口处的气体温度由于强烈掺混的缘故也是 T，出口处燃料或氧的浓度则也为 c。

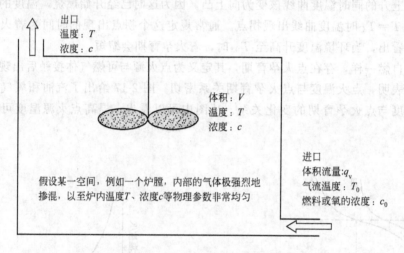

出口
温度：T
浓度：c

体积：V
温度：T
浓度：c

进口
体积流量：q_v
气流温度：T_0
燃料或氧的浓度：c_0

假设某一空间，例如一个炉膛，内部的气体极强烈地掺混，以至炉内温度T、浓度c等物理参数非常均匀

图 2-18　零元系统绝热燃烧物理模型

由于气流在炉膛中燃烧反应产热，所以温度要剧烈上升。按照零元系统的物理模型，气流一进入炉膛后由于强烈掺混，温度立刻由 T_0 升到 T，浓度就立刻由 c_0 下降到 c。然后燃料和氧在 T 和 c 的参数下进行燃烧，燃烧所产生的热又由强烈掺混过程立即传递给后续的气流。正在燃烧的气体也有一些在这个温度 T 与浓度 c 的参数下流出炉膛，这部分气体就是燃烧产物（排气）。

再设燃料与空气混合物的反应热（即发热量）为 Q，气流的密度为 ρ，比热容为 c_p，炉膛容积中的产热率可以根据一级反应的质量作用定律和阿累尼乌斯定律写出为

$$Q_1 = k_0 c V Q \exp\left(-\frac{E}{RT}\right) \tag{2-87}$$

又根据气流可燃成分的消耗率得到

$$Q_1 = q_v(c - c_0)Q \tag{2-88}$$

从式(2-87) 与式(2-88)，消去 c 就得到

$$Q_1 = \frac{c_0 Q}{\dfrac{\exp\left(\dfrac{E}{RT}\right)}{k_0 V} + \dfrac{1}{q_v}} \tag{2-89}$$

如把产热率分摊给 $1m^3$ 流过炉膛的气体，则得单位体积产热量为

$$q_1 = \frac{Q_1}{q_v} = \frac{c_0 Q}{\dfrac{\exp\left(\dfrac{E}{RT}\right)}{k_0 \tau_0} + 1} \tag{2-90}$$

单位体积产热量 q_1 与温度 T 的关系如图 2-19 所示。当温度趋于无穷大时，$\exp[-E/RT]$ 趋于 1，此时 q_1 曲线的渐近线是纵坐标为如下数值的水平线，即

$$q_1 = \frac{c_0 Q}{1 + \dfrac{1}{k_0 \tau_0}} \tag{2-91}$$

可以看出，单纯提高燃烧室内的温度水平 T，并不能使得单位体积产热量达到理论上的完全燃烧值 $q_1 = c_0 Q$。

而当停留时间 τ_0 增加时，这根渐近线上移。最后当停留时间 τ_0 趋于无穷大时，渐近线达到如下位置，即

$$q_1 = c_0 Q \tag{2-92}$$

此时燃烧室内的单位产热量才能达到理论上的完全燃烧值 $Q_1 = c_0 Q$。

这就是说，假使燃烧室温度 T 足够高，燃烧反应转瞬就能完成，那么单位体积产热量就等于可燃成分浓度 c_0 与反应热 Q 的乘积，所有可燃成分能完全燃烧，毫无不完全燃烧损失。当温度 T 仅为一有限值时，燃烧化学反应只能以一有限的速率进行，燃烧反应总需一定的时间才能完成。温度越低时，燃烧反应所需时间越长，炉膛残存的未燃料与氧就越多。由于零元系统中强烈掺混，炉膛中残存的可燃成分浓度 c 到处一样，所以气流流出炉膛时就必然携带了一些可燃成分而引起不完全燃烧损失。这样，炉膛中的单位体积产热量 q_1 在温度低时就要低一些。

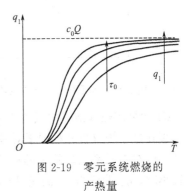

图 2-19　零元系统燃烧的产热量

图 2-19 的每一根曲线都是在 $k_0 \tau_0$ 值一定的条件下绘出的。当气流在炉膛中停留时间 τ_0 延长时，由式（2-91）就可以看出，q_1 值增加，所以如图 2-19 所示，q_1-T 曲线向上移动。这样关系的物理意义可解释成：当停留时间 τ_0 增加时，燃烧时间更充分，炉膛内残存的可燃成分浓度减小，所有流出炉膛的气流所携带的可燃成分减少，不完全燃烧损失也减小，结果单位体积产热量在 τ_0 增加时增加。

再来分析气流的散热情况。暂时忽略不计炉膛内气流向炉壁的辐射散热，那么这个炉膛是绝热的，只需考虑气流所带走的散热量，也就是排烟热损失。

$$Q_2 = q_v \rho c_p (T - T_0) \tag{2-93}$$

如果也分摊到 1m^3 气体，则得单位体积散热量为

$$q_2 = \frac{Q_2}{q_v} = \rho c_p (T - T_0) \tag{2-94}$$

单位散热量 q_2 与 T 的关系如图 2-20 所示，是一根倾斜的直线。直线的横坐标上的截距为 T_0，因而如果 T_0 上升，q_2 直线就平行向右移动。

图 2-21 是 q_1 与 q_2 两曲线综合的结果。一般情况下，q_2 曲线的位置大约在 q_2^{II} 线上。此时，q_1 与 q_2^{II} 曲线有三个交点 A、B 和 C。当温度 T 处于 A 与 B 之间时，q_2 值比 q_1 值大，散热大于产热，炉膛中的气体温度将下降。当温度在 A 点以下或在 B 与 C 之间时，q_1

值比 q_2 值高，产热大于散热，炉膛中的气体温度就上升。因此，虽然 q_1 与 q_2 曲线有三个交点，但其中交点 B 是不稳定的。如果工作点在 B 点，只要稍离开 B 点，工作点就要上升到 C 点，或下降到 A 点。交点 A 与 C 都是稳定的。如果工作点在 A 点或 C 点，那么假使温度离开这两个交点，工作点还会恢复到这两个交点。

如果 q_2 曲线在 q_2^{I} 位置，则与 q_1 曲线就只有一个交点 A'。如果 q_2 曲线在 q_2^{III} 位置，也只有交点 C'。A 点与 A' 点都处于很低的温度，这时气流在炉膛中根本没有燃烧，而是火焰熄灭的状态。交点 C 和 C' 的温度很高，这时气体在炉膛内着火燃烧，因而这是正常燃烧状态。

图 2-21 的综合分析结果可以归结如下。

① 如果产热和散热曲线处于 q_1 与 q_2^{I} 位置，气流熄火。

② 如果产热和散热曲线处于 q_1 与 q_2^{II} 位置，气流可能熄火，也可能正常燃烧。

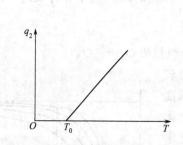

图 2-20　零元系统燃烧的散热量

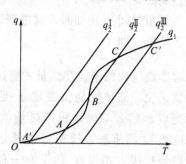

图 2-21　零元系统燃烧的 q-T 曲线

③ 如果产热和散热曲线处于 q_1 与 q_2^{III} 位置，气流正常燃烧。

现在进一步分析各种因素对零元系统中的燃烧稳定性的影响。

气流在零元系统炉膛中的停留时间 τ_0 增加时，如图 2-22(a) 所示，q_1 曲线向上移动。τ_0 较小时，q_1 曲线与 q_2 曲线只在低温工作点相交，τ_0 增加后，可以在高温工作点相交。假设 q_1 曲线进一步向上移动，中等温度的那个不稳定工作点（图 2-21 中的 B 点）向左下方移动，正常工作点下面温度能回升的安全区（图 2-21 中的 B、C 两点之间就是安全区）扩大，因此熄火的可能性减小，燃烧稳定性改善。

发热量 Q 增加时，q_1 曲线在纵坐标方向成比例地放大 [式(2-90)]，如图 2-22(b) 所示，可使燃烧稳定性改善。

图 2-22(c) 所示，当燃料的活化能 E 减小的时候，式(2-90) 右端的分母数值减小，q_1 曲线向上移动，可使燃烧稳定性改善。图 2-22(d) 所示，当燃料的频率因子 k_0 增加的时候，其效果与停留时间 τ_0 增加是一样的 [式(2-90)]，式(2-90) 右端的分母数值减小，q_1 曲线向上移动，也可使燃烧稳定性改善。这两个物理量的变化表明，提高燃料化学反应的活性，可以使燃烧的稳定性改善。

气流的初温 T_0 升高时，q_2 直线平行向右移动，如图 2-22(e) 所示，燃烧稳定性改善。

当分析实际的燃烧室的时候，燃烧室的壁面不是绝热的，需要把火焰对燃烧室壁面的辐射散热考虑进去，则单位散热量为

$$q_2 = \frac{Q_2}{q_{\mathrm{v}}} = \rho c_{\mathrm{p}}(T-T_0) + 4.9\times 10^{-8}\varepsilon_1\xi A_{\mathrm{syx}}T^4/q_{\mathrm{v}}$$

$$= \rho c_{\mathrm{p}}(T-T_0) + \frac{\sigma T^4\tau_0}{V} \tag{2-95}$$

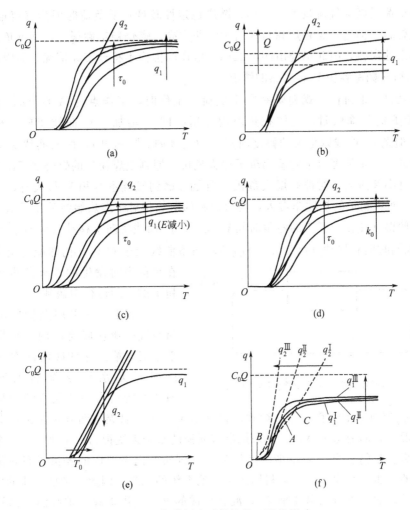

图 2-22 各种因素对燃烧热工况的影响

式中，ξ 为燃烧室壁面的污垢系数；A_{syx} 为有效辐射受热面积；ε_1 为燃烧室系统黑度；σ 为取决于燃烧室结构的系数，$\sigma = 4.9 \times 10^{-8} \varepsilon_1 \xi A_{syx}$。

当炉膛有效辐射受热面积 A_{Syx} 增加，或者污垢系数 ξ 增大，或者燃烧室系统黑度 ε_1 增大，都可以导致系数 σ 增大，从而散热增强 q_2 曲线向左移动，燃烧的稳定性下降［图 2-22 (f)］。同时，从图 2-22(f) 和式(2-95) 还能看出，其他条件不变时，燃烧室容积 V 增大有利于减少单位流量气流的散热量，使得燃烧的稳定性提高。

现在在考虑燃烧室壁面散热的情况下，再来分析停留时间的影响。当其他条件不变，停留时间 τ_0 的增加会引起产热的增加（$q_1^{I} \rightarrow q_1^{II} \rightarrow q_1^{III}$），同时也会引起散热的增加（$q_2^{I} \rightarrow q_2^{II} \rightarrow q_2^{III}$），则 q_1 曲线与 q_2 曲线交点的移动有多种情况，如图 2-22(f) 所示。所以，产热和散热两个因素随停留时间 τ_0 变化的幅度影响着工作点移动的情况。如果产热上升幅度更大，燃烧稳定性增加；如果散热的上升幅度更大，则燃烧的稳定性下降。从式(2-95) 可以看出，散热是与停留时间 τ_0 和燃烧室容积 V 同时相关的因素，因而要综合在一起考虑。

现以煤粉炉为例进行讨论。把煤粉炉视为一个零元系统而研究其燃烧热工况，如果单纯由图 2-22(a) 来推论，停留时间 τ_0 增加时燃烧稳定性改善，τ_0 减小时燃烧稳定性降低，如此可认为高负荷时因为气流量大，τ_0 小，燃烧稳定性较低；低负荷时因为气流量小，τ_0 大，燃烧稳定性较高。但是，煤粉炉高负荷时炉温非常高，燃烧稳定性很好，而低负荷时炉温较低，燃烧稳定性很差，因此单纯由图 2-22(a) 所作的推论不符合实际情况，原因是没有考虑停留时间 τ_0 和燃烧室容积 V 对散热的影响。

以图 2-22(f) 来讨论，煤粉炉在额定负荷下工作时，工作点为 A 点（q_1^{II} 和 q_2^{II} 的交点）；当煤粉炉负荷降低时，气体在炉膛内停留时间 τ_0 增加，q_1 曲线将向上移动（例如 $q_1^{II} \to q_1^{III}$），但是 q_2 曲线以更大的幅度向左移动（例如 $q_2^{II} \to q_2^{III}$），两条曲线交于 B 点，因此当负荷降低到一定程度以下时就出现了熄火危机。原则上煤粉炉的燃烧热工况在负荷过高和过低（τ_0 过小和过大）时都有熄火危机，但是考虑到燃烧室容积 V 很大时，会减少散热[式(2-95)]，而煤粉炉的炉膛非常大，使得炉膛的散热相对于产热始终处于较低的状态，虽然负荷增加使得气体在炉膛内的停留时间 τ_0 减少，q_1 曲线将向下移动（例如 $q_1^{II} \to q_1^{I}$），但是 q_2 曲线也同时向右移动（例如 $q_2^{II} \to q_2^{I}$），两条曲线交于 C 点，仍然能稳定燃烧，所以在负荷高时发生的熄火危机还不会在煤粉炉的实际运行中遇到。

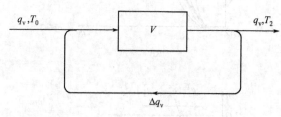

图 2-23　零元系统并有烟气回流卷吸的示意

工程上，常采用燃烧器出口外燃料与空气射流在回流区内卷吸烟气的方法来稳定火焰。这种回流区卷吸烟气也可以用零元系统燃烧热工况来分析。图 2-23 所示为一零元系统的炉膛，气流以体积流量 q_v 流过这个炉膛，但从炉膛出口又引了一股高温烟气回到炉膛进口与燃料空气混合物气流混合，回流量为 Δq_v。如果把带有回流的整个系统视为一个进口、一个出口的零元系统，排烟流量仍然为 q_v，排烟温度仍为 T，则实际上系统内的停留时间和化学动力学工况是不变的，也就是说单纯的物料回流不影响系统的工况。因此，考虑回流的影响应该从热量回流入手。假定进口的温度是 T_0，混合形成的气流流进炉膛，炉膛温度仍然为 T，排烟的总体积流量仍然为 q_v，但其温度不再为 T，而排烟的部分热量随回流烟气返回了炉膛内，排烟温度变化为 T_2。

炉膛内燃烧的单位产热量见式(2-90)，而假定原来的排烟温度为 T 的烟气中，有 Δq_v 流量的烟气被返回了炉膛，则总的散热量为

$$Q_2 = (q_v - \Delta q_v)\rho c_p (T - T_0) \tag{2-96}$$

可得

$$q_2 = \frac{Q_2}{q_v} = \rho c_p (T - T_0)\left(1 - \frac{\Delta q_v}{q_v}\right) \tag{2-97}$$

若以实际排烟温度来计算散热量，得到

$$Q_2 = q_v \rho c_p (T_2 - T_0) \tag{2-98}$$

与式(2-96) 比较，可得

$$T_2 = \left(1 - \frac{\Delta q_v}{q_v}\right)T + \frac{\Delta q_v}{q_v}T_0 = T - \frac{\Delta q_v}{q_v}(T - T_0) \tag{2-99}$$

式(2-90) 与式(2-97) 的 q_1 与 q_2 两个函数画在 q-T 坐标上如图 2-24 所示。

图 2-24 表示回流卷吸烟气对燃烧稳定性的影响。当回流量 Δq_v 增加的时候，q_2 曲线在 T 轴上的截距不变，但斜率发生变化，q_2 曲线绕 T_0 点向右旋转，使得燃烧稳定性改善，从

不能着火的状态变为能正常燃烧的工况。

2.4.3 燃烧温度

2.4.3.1 燃烧温度概念

对燃烧设备来说，燃烧室内温度的高低是保证其工作的重要条件，而决定燃烧室内温度的最基本因素是燃料燃烧时燃烧产物达到的温度，即所谓燃烧温度。在实际条件下的燃烧温度与燃料种类、燃料成分、燃烧条件和传热条件等各方面的因素有关，并且归纳起来，将决定于燃烧过程

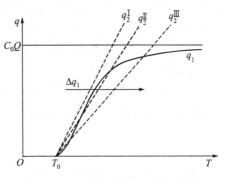

图 2-24 回流量对燃烧稳定性的影响

中热量收入和热量支出的平衡关系。所以从分析燃烧过程的热量平衡，可以找出估计燃烧温度的方法和提高燃烧温度的措施。

燃烧过程中热平衡项目如下（各项均按每 kg 或每 m^3 燃料计算，其基准温度为 0℃）。

属于热量的收入有以下三种。

① 燃料的化学热，即燃料发热量 $Q_{低}$。

② 空气带入的物理热 $Q_{空} = Vc_{空}t_{空}$。

③ 燃料带入的物理热 $Q_{燃} = c_{燃}t_{燃}$。

属于热量的支出有以下三种。

① 燃烧产物含有的物理热。

$$Q_{产} = V_y c_{产} t_{产}$$

式中，$c_{产}$ 为燃烧产物的平均体积比热；$t_{产}$ 为燃烧产物的温度，即实际燃烧温度。

② 由燃烧产物传给周围物体的热量 $Q_{传}$。

③ 由于燃烧条件而造成的不完全燃烧热损失 $Q_{不}$。

④ 燃烧产物中某些气体在高温下热分解反应消耗的热量 $Q_{分}$。

根据热量平衡原理，当热量收入与支出相等时，燃烧产物达到一个相对稳定的燃烧温度。

列热平衡方程式

$$Q_{低} + Q_{空} + Q_{燃} = V_y c_{产} t_{产} + Q_{传} + Q_{不} + Q_{分}$$

由此得到燃烧产物的温度为

$$t_{产} = \frac{Q_{低} + Q_{空} + Q_{燃} - Q_{传} - Q_{不} - Q_{分}}{V_y c_{产}} \tag{2-100}$$

$t_{产}$ 便是在实际条件下的燃烧产物的温度，也称为实际燃烧温度。由式（2-100）可以看出影响实际燃烧温度的因素很多，而且随炉子的工艺过程、热工过程和炉子结构的不同而变化。实际燃烧温度是不能简单计算出来的。

若假设燃料是在绝热系统中燃烧（$Q_{传} = 0$），并且完全燃烧（$Q_{不} = 0$），则按式（2-100）计算出的燃烧温度称为"理论燃烧温度"，即

$$t_{理} = \frac{Q_{低} + Q_{空} + Q_{燃} - Q_{分}}{V_y c_{产}} \tag{2-101}$$

理论燃烧温度是燃料燃烧过程的一个重要指标，它表明某种成分的燃料在某一燃烧条件下所能达到的最高温度。理论燃烧温度是分析炉子的热工作和热工计算的一个重要依据，对

燃料和燃烧条件的选择、温度制度和炉温水平的估计及热交换计算方面，都有实际意义。

式(2-101)中，$Q_分$只在高温下才有估计的必要。如果忽略$Q_分$不计，便得不估计热分解的理论燃烧温度，也有称"量热计温度"。

如果把燃烧条件规定为空气和燃料均不预热，温度近似为基准温度（$Q_空 = Q_燃 = 0$）；空气的消耗系数$\alpha = 1.0$，则燃烧温度便只和燃料性质有关。这时所计算的燃烧温度称为"燃料理论发热温度"或"发热温度"，即

$$t_热 = \frac{Q_低}{V_y^0 c_产} \tag{2-102}$$

燃料的理论发热温度是从燃烧温度的角度评价燃料性质的一个指标。

燃料理论发热温度和理论燃烧温度是可以根据燃料性质和燃烧条件计算的。

2.4.3.2 理论燃烧温度

分析理论燃烧温度表达式(2-101)可知，式中$Q_低$、$Q_空$、$Q_燃$各项都容易计算，因此要求得燃料燃烧的理论燃烧温度，难点在于如何计算因高温下热分解而损失的热量和高温热分解而引起的燃烧产物生成量和成分的变化。

在高温下燃烧产物的气体分解程度与体系的温度及压力有关。例如含碳氢化合物的燃料，其燃烧产物的分解程度如表 2-13 所示。

表 2-13 碳氢化合物的燃料燃烧产物的热分解程度

压力/×10⁵Pa	无分解	弱分解	强分解
	温度范围/℃		
0.1~5	<1300	1300~2100	>2100
5~25	<1500	1500~2300	>2300
25~100	<1700	1700~2500	>2500

由表 2-13 可知，温度越高，分解则强烈（这是因为热分解是吸热反应）；压力越高，分解则较弱（这是因为热分解大多引起体积增加）。在一般燃烧设备的压力水平下，可以认为热分解只与温度有关，且只有在较高温度下（高于1800℃）才在工程计算上予以估计。分解热的计算将是十分繁杂的，必须借助于电子计算机，这里不予述及，可参考有关书籍。

2.4.3.3 燃烧温度的影响因素

由式(2-101)可知，影响燃烧温度的因素很多，下面主要讨论燃料种类和发热量、空气过剩系数、空气和燃料预热温度、空气富氧程度等因素对燃烧温度的影响。

（1）燃料种类和发热量

一般通俗地认为，发热量较高的燃料与发热量较低的燃料相比，其理论燃烧温度也较高。例如焦炉煤气的发热量约为高炉煤气发热量的 4 倍，其燃料发热温度也高出 500℃左右。

但是这种认识是有局限性的。例如，天然气的发热量是焦炉煤气的 2 倍，但二者的燃料发热温度基本相同（均为 2100℃左右）。这是因为理论燃烧温度（或燃料发热温度）并不是仅与燃料发热量有关，还与燃烧产物也有关。本质地讲，燃烧温度主要取决于单位体积燃烧产物的热含量。当$Q_低$增加时，一般情况下V_y^0也是增加的，而$t_理$的增加幅度则主要看$Q_低/V_y^0$比值的增加幅度。

（2）过剩空气系数

过剩空气系数影响燃烧产物的生成量和成分，从而影响理论燃烧温度。由于理论燃烧温度所规定的条件之一为完全燃烧，那么过剩空气系数应该是 $\alpha \geqslant 1.0$。在这种条件下，可以说 α 值越大，$t_{理}$ 就越低。所以为提高燃烧温度，应该在保证完全燃烧的前提下，尽可能减小过剩空气系数 α。

（3）空气（或燃料）的预热温度

空气（或燃料）的预热温度越高，理论燃烧温度也越高，这是显而易见的。图 2-25 表示各种燃料的理论燃烧温度与空气预热温度的关系。由图 2-25 可以看出，仅把燃烧用的空气预热，即可显著提高理论燃烧温度，而且对发热量高的燃料比对发热量低的燃料，效果更为显著。例如对发生炉煤气和高炉煤气，空气预热温度提高 200℃，可提高理论燃烧温度约 100℃；而对于重油、天然气等燃料，预热温度提高 200℃，则可提高理论燃烧温度约 150℃。此外，对于发热量高的燃料，预热空气比预热燃料（达到同样温度）的效果更大。这是因为，发热量越高，V_0 则越大，空气带入的物理热便更多。

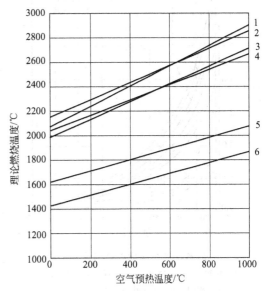

图 2-25　空气预热温度对理论燃烧温度
（不估计热分解 $\alpha = 1.0$）的影响
1—重油；2—烟煤（$Q_{低} = 10^4 \times 2.89 \mathrm{kJ/kg}$）；
3—天然气；4—焦炉煤气；5—冷净发生炉煤气
（$4.76 \times 10^3 \mathrm{kJ/m^3}$）；6—高炉煤气

一般情况下，空气（或燃料）的预热是回收排烟的热量，采用换热装置来实现。因而从经济观点来看，用预热空气（或燃料）的办法比用提高发热量等其他办法来提高燃烧温度更为合理。

（4）空气的富氧程度

燃料在氧气或富氧空气中燃烧时，理论燃烧温度比在空气中燃烧时要高。这主要是因为，燃烧产物生成量有了变化。如图 2-26 所示，燃烧产物生成量随空气的富氧程度的增加而减小。图中 $\nu_{0,\omega}$ 表示空气中含氧量为 $\omega\%$ 时的理论燃烧产物生成量，$\nu_{0,100}$ 表示在纯氧中燃烧时的理论燃烧产物生成量。各种燃料的 $\nu_{0,\omega}/\nu_{0,100}$ 值随 ω 的增加而减小，但在 $\omega\%$ 小于 40% 之前，减小程度显著；在 $\omega\%$ 大于 40% 之后减小程度较弱。发热量比较高的燃料 $\nu_{0,\omega}$ 受 ω 的影响较大；发热量较低的燃料则影响较小。

与此相应，理论燃烧温度（未估计热分解）与富氧程度 ω 的关系见图 2-27。由图可以看出，各种燃料的理论燃烧温度受 ω 的影响程度不同，发热量高的燃料比发热量低的燃料受的影响较大一些，而且在 $\omega\%$ 小于 40% 之前，ω 对理论燃烧温度的影响比较显著。所以，这一生产实践表明当采用富氧空气来提高理论燃烧温度时，富氧空气在 30% 以下可有明显效果，而再提高富氧程度，效果便越来越不明显。

2.4.4　燃烧传播过程

当一个炽热物体或电火花将可燃混合气的某一局部点燃着火时，将形成一个薄层火焰

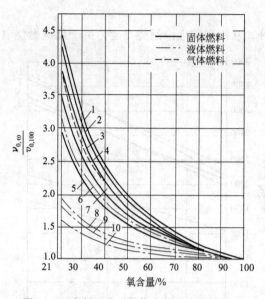

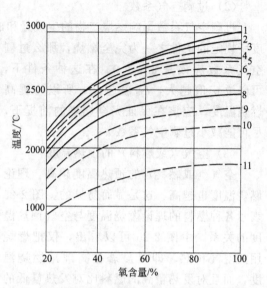

图 2-26 富氧程度对燃烧产物生成量的影响

1—焦炭；2—无烟煤；3—肥煤；4—重油；

5—褐煤；6—焦炉煤气；7—木柴；

8—发生炉煤气（用烟煤）；9—发生

炉煤气（用焦炭）；10—高炉煤气

图 2-27 理论燃烧温度与氧化剂含氧量的关系

1—焦炭；2—无烟煤；3—苯；4—肥煤；

5—重油；6—焦炉煤气；7—褐煤；

8—木柴；9—烟煤发生炉煤气；

10—焦炭发生炉煤气；11—高炉煤气

面，火焰面产生的热量将加热邻近层的可燃混合气，使其温度升高至着火燃烧。这样一层一层地着火燃烧，把燃烧逐渐扩展到整个可燃混合气，这种现象称为火焰传播。

2.4.4.1 火焰传播现象与传播机理

图 2-28 所示的玻璃瓶中充满可燃混合气（主要成分为 CH_4 和空气），用打火机点燃瓶口处可燃混合气后，可以看见在瓶颈处形成一层蓝色薄平面的火焰，并朝瓶底方向传播。显然，这种蓝色火焰是一种发光的高温反应区，它像一个固定面一样在可燃混合气中传播。此时，燃烧产生的热量用于加热包括预混的空气和 CH_4 在内的气体介质。只有当火焰通过热传导使附近的可燃混合气的温度提高并达到其着火温度时，才能使燃烧反应延续下去，火焰才得以向瓶底方向传播直到瓶中可燃混合气完全燃尽。

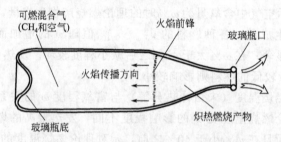

图 2-28 可燃气体混合物中火焰的传播

图 2-28 所示玻璃瓶中的火焰传播形式称为正常火焰传播。这种正常火焰传播过程具有以下特点。

1）炽热燃烧反应产物以自由膨胀的方式经瓶口喷出，瓶内压力可以认为是常数。

2）燃烧化学反应只在薄薄的一层火焰面内进行，火焰将已燃气体与未燃气体分隔开来。

由于火焰传播速度不大，火焰传播完全依靠气体分子热运动的方式将热量通过火焰前锋传递给与其邻近的低温可燃混合气，从而使其温度提高至着火温度并燃烧。因此，燃烧化学反应不是在整个可燃混合气内同时进行，而是集中在火焰面内逐层进行。

3）火焰传播速度的大小取决于可燃混合气的物理化学性质与气体的流动状况。正常火焰传播过程依靠热传导来进行，其火焰传播速度大小有限，只有几米每秒。

火焰传播的另外一种典型的形式是"爆燃"，它主要是由于可燃混合气受到冲击波的绝热压缩作用而引起的。此时，火焰以爆炸波的形式传播，传播速度高于声速，一般可达 $1000 \sim 4000 \mathrm{m/s}$。正常火焰传播和爆燃均为稳定的火焰传播过程，而作为两者之间的过渡过程的振荡传播则是非常不稳定的。假定图 2-28 所示玻璃瓶足够长，火焰在经过一段较长距离（约为瓶子内径的 10 倍）的正常传播后将不再保持稳定的传播，而会产生火焰的振荡运动，火焰变得非常不稳定。如果火焰振荡运动的振幅非常大，则可能发生熄火现象，或者发生爆燃。

在实际燃烧室中，可燃混合物不会是静止的，而是连续流动的，并且火焰的位置应该稳定在燃烧室之中，也就是说，燃烧前沿应该驻定而不移动。这一状态是靠建立气流速度和燃烧前沿传播速度之间的平衡关系来实现的。如图 2-29 所示，如果可燃混合物经一管道流动，其速度分布沿断面是均匀的，点火后可形成一个平面的燃烧前沿。设气流速度为 w，燃烧前沿的速度为 u、u 和 w 的方向相反。燃烧前沿对管壁的相对位移有以下三种可能的情况。

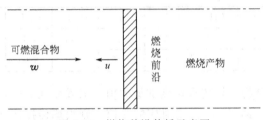

图 2-29　燃烧前沿传播示意图

① 如果 $|u| > |w|$，则燃烧前沿向气流上游方向（向左）移动。
② 如果 $|u| < |w|$，则燃烧前沿向下游方向（向右）移动。
③ 如果 $|u| = |w|$，则燃烧前沿便驻定不动。

上述平整形状的燃烧前沿是当可燃混合物为层流流动或静止的情况下才能得到。当紊流流动时，燃烧前沿将会是紊乱的，曲折的。

通常，层流下燃烧前沿的传播速度（沿法线方向）称为"正常传播速度"或"层流传播速度"；紊流下的传播速度称为"紊流传播速度"或"实际传播速度"。实际燃烧过程多是在紊流下进行的。

对燃烧传播理论的研究已十分广泛和深入，由于火焰传播速度的理论计算比较复杂，本书限于篇幅不予述及，而仅对正常火焰传播速度的影响因素作简单介绍。

2.4.4.2　正常火焰传播速度的影响因素

火焰传播速度表征了燃烧过程中火焰前锋在空间的移动速度，是研究火焰稳定性的重要数据之一，其主要影响因素包括：可燃混合气自身的特性、压力、温度、组成结构、惰性气体含量、添加剂等。

（1）过剩空气系数 α 的影响

过剩空气系数 α 对正常火焰传播速度影响显著，超过一定的范围，火焰将不能传播。过

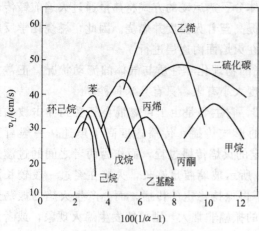

图 2-30　典型燃料的层流火焰
传播速度与过剩空气系数的关系

剩空气系数 α 的变化实际上是改变了可燃气体的浓度，这与前面所讲的着火浓度界限的概念是一致的。

图 2-30 给出了几种可燃气体的正常火焰传播速度随过剩空气系数 α 的变化情况。由图 2-30 可以看出，对于不同的可燃混合气，其火焰正常传播速度的最大值 $v_{L,max}$ 一般并非出现在可燃混合气过剩空气系数 $\alpha=1$ 之时。实验表明，烃类可燃混合气最大的火焰正常传播速度出现在 $\alpha \leqslant 1$ 之时，即发生于空气量接近或略低于按化学当量比例混合的可燃混合气中（见表 2-14）。导致这种现象的原因一般认为可能有：最高燃烧温度是偏向富（燃料）燃烧区的，而正常火焰传播速度随着燃烧温度 T_r 的升高而增大；在燃料相对富裕的情况下，火焰中自由基 H、OH 等的浓度较高，链式反应的链断裂率较低，因而燃烧反应速率较高。

表 2-14　单一可燃气体与空气混合物的最大火焰传播速度与相应的过剩空气系数 α

参数	H_2	CO	CH_4	C_2H_2	C_2H_4	C_2H_6	C_3H_6	C_3H_8	C_4H_8	C_4H_{10}
$v_{L,max}/(m/s)$	2.8	0.56	0.38	1.52	0.67	0.43	0.50	0.42	0.46	0.38
α	0.57	0.46	0.90	—	0.85	0.90	0.90	1.00	1.00	1.00

实验表明，碳氢化合物火焰传播速度的最大值一般发生在 $\alpha \approx 0.90 \sim 0.96$ 之间，且该 α 值不随压力和温度改变。偏离 $v_{L,max}$ 所对应的 α 值，则火焰传播速度将显著降低。

（2）燃料分子结构的影响

由表 2-14 可明显看出，不同燃料的火焰传播速度在数值上有着显著的不同，H_2 的火焰传播速度最高，其 $v_{L,max}$ 约为 2.80m/s；CO 的火焰传播速度较低，其 $v_{L,max}$ 约为 0.56m/s。在烃类物质中，炔的火焰传播速度一般比烯高，而烯的数值比烷高。另外，燃料相对分子质量越大，其可燃性范围则越窄，即能使火焰得以正常传播的燃料浓度范围越窄。

图 2-31 所示为烷烃、烯烃和炔烃三族燃料的最大火焰传播速度 $v_{L,max}$ 与燃料分子中碳原子数 n 的关系。对于饱和烃（烷烃），最大火焰传播速度 $v_{L,max}$ 几乎与其分子中的碳原子数 n 无关，$v_{L,max} \approx 0.7m/s$；而对于非饱和烃类（烯烃或炔烃），碳原子数 n 较小的燃料，其 $v_{L,max}$ 却较大。当 n 由 2 增大至 4 时，烯烃和炔烃的 $v_{L,max}$ 将发生显著降低；随着 n 进一步增大，$v_{L,max}$ 缓慢下降；当 $n \geqslant 8$ 时，烯烃和炔烃的 $v_{L,max}$ 将接近于饱和烃的数值。

（3）温度的影响

可燃混合气初始温度 T_0 和火焰温度 T_r 对火焰传播速度 v_L 的影响均十分显著。

① 初始温度 T_0 的影响　可燃混合气初始温度 T_0 越高，则气体分子的运动动能越大，传热增强，可显著提高化学反应速率，从而提高火焰传播速度。图 2-32 所示为预热温度对城市煤气（热值为 20934kJ/m^3，密度为 0.5kg/m^3）燃烧速率的影响。由图 2-32 可见，若将可燃混合气的温度从常温 30℃ 逐渐提高时，则燃烧速率也逐渐升高。若预热至 330℃，则最大燃烧速率可达到常温的 3 倍左右。

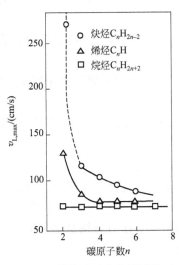

图 2-31 燃料分子中碳原子数对
最大火焰传播速度的影响

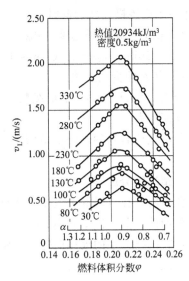

图 2-32 预热温度对大火焰
传播速度的影响

② 火焰温度 T_r 的影响 由阿累尼乌斯定律可知，燃烧过程的化学反应速率随着温度的升高而显著提高，从而大大提高火焰传播速度。因此，火焰温度 T_r 对火焰传播速度 v_L 的影响极大，远远超过初温 T_0 的影响。对于 v_L，火焰温度 T_r 是决定性的影响因素。

图 2-33 所示为几种可燃混合物的最大火焰速度 $v_{L,max}$ 与火焰温度 T_r 的关系。由图可见，随着火焰温度 T_r 升高，$v_{L,max}$ 上升得极快。当 T_r 升高至 2500K 以上时，对 $v_{L,max}$ 的影响更大。此时，气体介质的离解大大加速，极大地提高了火焰中自由基 H、OH 等的浓度，既促进了燃烧反应，又进一步显著增强火焰传播。

（4）压力的影响

压力是流体流动、传热等过程的重要参数，工程实践中的燃烧过程也是在不同的压力下进行的。因此，研究压力对火焰传播速度的影响对于解决工程燃烧实际问题具有重要的意义。

由压力对燃烧反应速率的影响研究可知，燃烧反应为 n 级化学反应时，在温度和反应物摩尔分数一定的情况下，反应速率与压力的 $n-1$ 次方成正比。由于火焰传播速度与燃烧反应速率密切相关，因此，燃烧过程中压力的变化将对火焰传播速度的大小产生影响。

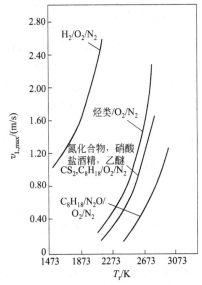

图 2-33 火焰温度对火焰
传播速度的影响

根据实验结果及分析，压力对火焰传播速度的影响可用下式描述，即

$$v_L \propto p^m \tag{2-103}$$

式中，m 是路易斯压力指数，$m = \dfrac{n}{2} - 1$。

由式（2-103）并综合实验结果可见以下几点。

① 当火焰传播速度较低时（$v_L < 0.50\text{m/s}$）相应的燃烧反应级数 $n < 2$，路易斯压力指数 $m < 0$，因此火焰传播速度 v_L 随着压力 p 的升高而减小。

② 当 $0.50\text{m/s} < v_L < 1.00\text{m/s}$ 时，反应级数 $n = 2$，压力指数 $m = 0$，此时火焰传播速度 v_L 与压力 p 的变化无关。

③ 若 $v_L > 1.00\text{m/s}$，反应级数 $n > 2$，压力指数 $m > 0$，此时火焰传播速度 v_L 随着压力 p 的升高而增大。

多数碳氢化合物的燃烧反应级数 $n < 2$，因此其火焰传播速度 v_L 随着压力 p 的升高而下降。

（5）惰性组分的影响

实验表明，在可燃混合气中掺入惰性组分，将对火焰传播速度产生影响。由于掺入可燃混合气的惰性组分（N_2、CO_2 等）一般不参与燃烧过程，只是稀释了可燃混合气，使得单位时间内在同样大小的火焰前锋上燃烧的可燃混合气减少，直接对燃烧温度产生影响，从而影响燃烧速度。

另一方面，惰性组分的掺入，在一定程度上将改变可燃混合气的热物理性质，这也将影响火焰传播速度。据研究，火焰传播速度与气体介质平均热导率的平方根成正比，而与气体介质的比定压热容的平方根成反比。如果惰性组分的掺入使得可燃混合气的 λ/c_p 减小，则将使火焰传播速度进一步减小。由图 2-34 可见，掺入 CO_2 引起可燃混合气火焰传播速度 v_L 降低的幅度要比掺入同样体积分数的 N_2 来得大，其原因就在于 CO_2 的 λ/c_p 值明显小于 N_2，故对可燃混合气的 λ/c_p 影响较大。

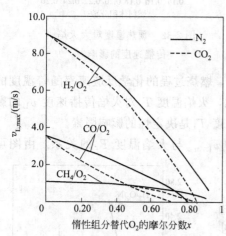

图 2-34　可燃混合气中掺入的惰性组分对火焰传播速度的影响

实验表明，掺入惰性组分量越多，火焰传播速度越低。此外，惰性组分还将缩小可燃界限，并使最大火焰传播速度值向燃料浓度减小的方向移动。工程中可用式（2-104）估计惰性组分 N_2、CO_2 对 v_L 的影响，即

$$v_L' = v_L(1 - \varphi_{N_2} - 1.2\varphi_{CO_2}) \tag{2-104}$$

式中，v_L、v_L' 是考虑惰性组分影响前、后的火焰传播速度（m/s）；φ_{N_2}、φ_{CO_2} 是可燃混合气中 N_2、CO_2 的体积分数。

（6）氧化剂含氧量的影响

提高氧化剂中的含氧量，如采用富氧空气或纯氧燃烧时，火焰传播速度将显著增加，这是因为相当于减少了可燃混合物中的惰性气体。

对于管道中的燃烧传播问题，存在一个"燃烧传播临界直径"或"熄灭直径"的概念。以管中燃烧传播为例，管壁具有散热冷却作用，管子直径越小，则相对冷却表面积越大。所以，当管子直径减小时，燃烧传播速度将减小；当管子直径小于某一值时，燃烧将不能传播。这一直径称为"燃烧传播临界直径"或"熄灭直径"。各种可燃气体的熄灭直径可由实验方法测得。熄灭直径概念的应用实例之一，是烟气取样管的直径应该小于熄灭直径，以免烟气中的可燃成分在取样管中继续燃烧而不能反映取样点的真实成分。若烟气取样管的直径

大于熄灭直径，那么便应采用强制冷却的方法，使管内不致有燃烧传播。

2.4.4.3 湍流燃烧火焰的传播

湍流燃烧火焰与层流火焰有很大的差别。在湍流状态下，火焰前沿面比较厚，火焰面有抖动，火焰面结构呈弯曲皱折状，火焰轮廓较模糊，常伴有噪声和脉动。湍流燃烧火焰传播速度比层流时大许多倍，例如在汽油机的燃烧室中，火焰传播速度约为 $20 \sim 70 \mathrm{m/s}$；而汽油蒸气与空气预混气流的层流火焰传播速度只有 $40 \sim 50 \mathrm{cm/s}$，两者相差 $40 \sim 140$ 倍。因此，实际燃烧装置均采用湍流燃烧方式，以湍流来促进火焰传播，实现高热负荷燃烧。

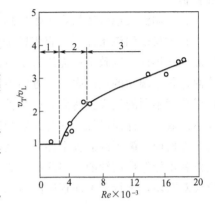

图 2-35 Re 对火焰传播速度的影响
1—层流；2—小尺度湍流；3—大尺度湍流

在湍流中，火焰传播速度 v_T 不仅取决于可燃混合物的性质和组成，而且在很大程度上受到强烈的气流湍动的影响。当湍流度加大，即雷诺数 Re 增大时，湍流火焰传播速度显著增大。

达姆可勒（G. Damkohler）对不同 Re 下的火焰传播速度进行了测定，其实验结果如图 2-35 所示。分析测定结果可知：

① 当 $Re < 2300$ 时，火焰传播速度的大小与 Re 无关。

② 当 $2300 \leqslant Re \leqslant 6000$ 时，火焰传播速度与 Re 的平方根成正比，气流 Re 在该范围内的燃烧过程称为小尺度（或小规模）湍流燃烧。

③ 当 $Re > 6000$ 时，火焰传播速度与 Re 成正比，气流 Re 在该范围内的燃烧过程称为大尺度（或大规模）湍流燃烧。

目前，比较成熟的湍流火焰传播理论有皱折表面燃烧理论和容积燃烧理论。

（1）湍流火焰传播的皱折表面燃烧理论

在湍流火焰中，气流的脉动促使许多大小不同的流体微团作不规则的运动，根据气体微团平均尺寸 l_T 和脉动速度 w' 的不同，将湍流火焰类型细分为小尺度湍流火焰、大尺度弱湍流火焰和大尺度强湍流火焰三种。

当气流湍流度较小（$2300 \leqslant Re \leqslant 6000$）时，湍流火焰为小尺度湍流火焰，火焰中的气体微团平均尺寸 l_T 小于可燃混合物层流火焰前锋厚度 δ_L，气流微团的脉动速度 w' 小于可燃混合物层流火焰的正常传播速度 v_L。此时，尽管湍流的脉动作用可使火焰锋面发生皱折，但因湍流尺度比火焰锋宽度小得多，火焰锋表面并未发生很大的变形，只是表面不再光滑，而变成波浪形。

当火焰处于大尺度弱湍流时，气流微团的脉动速度 w' 仍小于层流火焰的传播速度 v_L，脉动气团不能冲破火焰锋面，但此时气流微团尺寸 l_T 已大于层流火焰前锋厚度 δ_L，火焰锋面在微团脉动作用下发生弯曲变形，火焰锋面呈连续的皱折状。

在大尺度强湍流下，火焰锋面在强湍流脉动作用下不仅变得更加弯曲和皱折，甚至被撕裂开而不再保持连续的火焰面。此时，所形成的燃烧气团有可能跃出平面焰锋而进入未燃新鲜混合气中，而脉动的新鲜混合气团也有可能窜入火焰区中燃烧。由于这样的相互穿插混合，使所观察到的燃烧区不再是一薄层火焰，而是相当宽区域的火焰。火焰的传播是通过这些湍流脉动的火焰气团的燃烧来实现。

综上所述，增大湍流脉动速度，可以提高湍流火焰传播速度。湍流火焰传播的皱折表面燃烧理论将湍流引起火焰传播速度显著增大的原因归结为以下三点。

① 湍流的脉动作用使火焰变形，火焰前锋面发生弯曲和皱折，显著地增大了已燃气体与未燃气体相接触的焰锋表面积，增大了反应区，从而使火焰传播速度 v_T 增大。

② 由于湍流作用使得热传导速度及活性物质扩散速度加快，强化了热、质交换，促使火焰传播速度 v_T 增大。

③湍流的脉动促使燃气与燃烧产物快速混合，缩短了混合时间，使火焰本质上成为均匀混合物。

(2) 湍流火焰传播的容积燃烧理论

在大尺度湍流条件下，容积燃烧理论认为，湍流对燃烧的影响以微扩散为主。由于这种扩散如此迅速，以致不可能维持层流火焰结构，已不存在将未燃可燃物与已燃气体分开的火焰面；每个湍动的微团内，一方面不同成分和温度的物质在进行激烈的混合，同时也在进行快慢程度不同的反应。达到着火条件的微团就整体燃烧，未达到着火条件的在脉动中被加热并达到着火条件而燃烧，或与其它微团结合，消失在新的微团中。不仅各微团的脉动速度不同，即使同一微团内的各个部分，其脉动速度也有差异。因此，各部分的位移也不相同，火焰也就不能保持连续的、很薄的火焰前沿面，而是到处都有；各气团间互相渗透混合，不时形成新微团，进行着不同程度的容积化学反应。

2.4.5　均相燃烧

均相燃烧是指可燃物和助燃物之间发生的燃烧反应在同一相中进行，如氢气在氧气中燃烧，煤气在空气中燃烧。

2.4.5.1　均相燃烧方式

根据燃气是否预混空气，可将均相燃烧方式分为扩散燃烧和预混燃烧（又叫动力燃烧），这两种燃烧方式所形成的火焰分别称为扩散燃烧火焰（简称为扩散火焰）和预混火焰（又叫动力燃烧火焰）。按照由于气体介质流速引起的流态的不同，均相燃烧火焰还可分为层流火焰和湍流火焰。

一般来说，气体燃料燃烧所需的全部时间由两部分组成，即气体燃料与空气混合所需的时间 τ_{mix} 和燃料氧化的化学反应时间 τ_{ch}。如果不考虑这两种过程在时间上的重叠，整个燃烧过程所需时间为：

$$\tau = \tau_{mix} + \tau_{ch} \tag{2-105}$$

燃料与空气的混合有分子扩散及湍流扩散两种方式，因此燃料与空气混合的时间可写成

$$\tau_{mix} = \cfrac{1}{\cfrac{1}{\tau_M} + \cfrac{1}{\tau_T}} \tag{2-106}$$

式中，τ_M、τ_T 为分子扩散时间和湍流扩散时间。

若扩散混合的时间与氧化反应时间相比非常小而可以忽略，即当 $\tau_{mix} \ll \tau_{ch}$ 时，则整个燃烧时间即可近似地等于氧化反应时间，即 $\tau \approx \tau_{ch}$。也就是说，燃烧过程将强烈地受到化学反应动力学因素的控制，如可燃混合气的性质、温度、燃烧空间的压力和反应物浓度等；而一些扩散方面的因素，如气流速度、气流流过的物体形状与尺寸等对燃烧速率的影响很小。这种燃烧称为化学动力燃烧或动力燃烧。预混可燃气体的燃烧属于动力燃烧。

反之，如果燃烧过程的扩散混合时间大大超过化学反应所需时间，即当 $\tau_{mix} \gg \tau_{ch}$ 时，

则整个燃烧时间近似等于扩散混合时间，即 $\tau \approx \tau_{\mathrm{mix}}$。这种情况可称为扩散燃烧或燃烧在扩散区进行，此时燃烧过程的进展与化学动力因素关系不大，而主要取决于流体动力学的扩散混合因素。例如在大多数工业燃烧设备中，燃料和空气分别供入燃烧室，边扩散混合边燃烧。此时炉内温度很高，燃烧化学反应可在瞬间完成，而扩散混合则几乎占了整个燃烧过程，在扩散燃烧中，燃料所需的氧化剂是依靠空气的扩散获得的，因而扩散火焰显然产生于燃料与氧化剂的交界面上。燃料和空气分别从火焰的两侧扩散到交界面，而燃烧所产生的燃烧反应产物则向火焰两侧扩散开去。所以对于扩散火焰来说，不存在火焰的传播。

可燃混合气由燃烧器出口流出而着火，将产生圆锥形形状的火焰。对于一定的燃烧器形式，火焰的结构（形状和长短）取决于燃气与空气在燃烧器中的混合方式。

① 在由燃烧器出口送入燃烧室或炉膛进行燃烧之前，燃气与燃烧所需的空气已完全预先混合均匀。所产生的火焰由内、外两个圆锥体构成，其中内焰锥稍暗，温度较低，外焰锥较明亮，温度较高。可燃混合气在内锥体内得到不断加热，然后着火、燃烧。图 2-36（a）所示，这种火焰的燃烧区宽度最薄，称为动力燃烧火焰（又称完全预混火焰或预混火焰）。

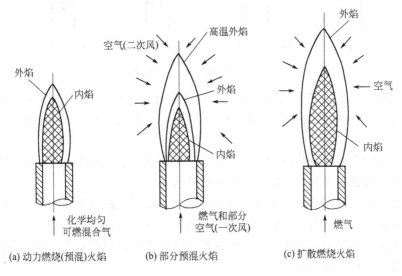

图 2-36 燃烧方式与火焰颜色

② 燃气与燃烧所需的部分空气（一次风）预先混合好后，喷入燃烧室或炉膛燃烧，所形成的火焰结构如图 2-36（b）所示，由内锥、外锥和肉眼看不见的外焰膜三部分组成。预混的燃气和一次风混合气在内锥燃烧，该区域由于空气不足而含有大量未燃的燃气及氧化反应中间产物，属还原性的预混火焰；火焰外锥是上述未燃尽的物质依靠周围空间空气（二次风）的扩散继续燃烧，从而形成的氧化性扩散火焰；最后，高温烟气在外锥的外侧形成透明的高温外焰膜。这种火焰称为部分预混火焰或半预混火焰。有时也将部分预混火焰归类于扩散燃烧火焰。

③ 燃气完全不与任何空气预先混合而送入炉膛，其燃烧时所需空气完全由周围空间的空气扩散来供给，如图 2-36（c）所示。产生的火焰由内、外两个锥体组成，燃烧区较厚，火焰最长，称为扩散燃烧火焰。

2.4.5.2 预混燃烧

燃气与空气预先混合后再进入燃烧室燃烧，这种燃烧称为气体燃料的预混燃烧。此时在燃烧前已与燃气混合的空气量与该燃气燃烧的理论空气量之比，称为一次空气系数，常用 α_1 表示，其数值的大小反映了预混气体的混合状况。

依据一次空气系数 α_1 的大小，预混气体燃烧又有两种情形。当 $0 < \alpha_1 < 1$，即预混气体中的空气量小于燃气燃烧所需的全部空气量时，称为部分预混燃烧或半预混燃烧；如果 $\alpha_1 \geqslant 1$，即预混气体中的空气量大于或等于燃气燃烧所需的全部空气量时，称为全预混燃烧。部分预混燃烧火焰通常包括内焰和外焰两部分。内焰为预混火焰，外焰为扩散火焰。当 α_1 较小时，内焰的下部呈深蓝色，其顶部为黄色，而外焰则为暗红色。随着 α_1 的增大，内焰的黄焰尖逐渐消失，其颜色逐渐变淡，高度缩短，外焰越来越不清。当 α_1 大于 1 时，外焰完全消失，内焰高度有所增加，如图 2-37 所示。

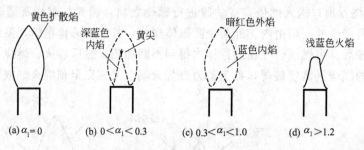

图 2-37　火焰形状随 α_1 的变化情况

如果燃气与空气预先混合均匀，则预混气体的燃烧速度主要取决于着火和燃烧反应速率，此时的火焰没有明显的轮廓，故又称无焰燃烧。与此对应，半预混燃烧又称半无焰燃烧。

在预混可燃混合气的燃烧过程中，火焰在气流中以一定的速度向前传播，传播速度的大小取决于预混气体的物理化学性质与气体的流动状况。

典型的稳定层流火焰前锋可在本生灯的火焰中观察到。如果在本生灯直管内的预混可燃混合气的流动为层流，则在管口处可得到稳定的近正锥形火焰前锋（图 2-38）。如果层流火焰在管道内传播，则焰锋呈抛物线形；若在管内的层流预混可燃混合气中安装火焰稳定器，则会形成倒锥形焰锋（图 2-39）。

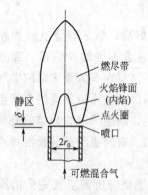

图 2-38　层流预混火焰的形状

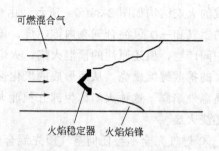

图 2-39　倒锥形火焰焰锋

工程实践中，通常要求预混火焰稳定在燃烧器的喷口附近，形成稳定的圆锥形火焰锋面。为了保证火焰驻定在喷口处，火焰面上各点的火焰传播速度 v_L 应等于焰面法线方向上的气流速度 v_0（图 2-40），v_0 与可燃混合气喷出速率 w 之间的关系为

$$w\cos\phi = w\sin\theta = v_0 = v_L \qquad (2\text{-}107)$$

式中，ϕ 是火焰面法线与主气流方向的夹角，(°)；θ 是火焰锥半顶角，(°)，$\theta = 90° - \phi$。

由图 2-38 可见，锥形火焰锋面（内焰）的根部连在喷口附近。由于可燃混合气稍高于大气压力，喷出后将膨胀而向外散开，所以内焰锥底面较喷口断面略大，且稍许离开喷口才燃烧，通常将这段距离称为静区。内焰锥底端边界面处的气流速度很低，火焰锋面的传播速度由于受到周围环境的冷却作用也很低，因而在边界面处火焰传播速度与壁面边界层中气流速度直接达到平衡，$v_L = w$。

点火后，静区处形成一点火圈，火焰方可在喷口上稳定燃烧。这是因为气流在火焰锋面切线方向的分速度 $w\sin\phi$ 本来要使锋面上任一质点沿切线方向向气流下游移动，如果未在锥底连续点火，火焰的切线方向就无法稳定而将熄灭。为了稳定燃烧，就必须连续点火，该点火圈即起到了连续点火的作用。

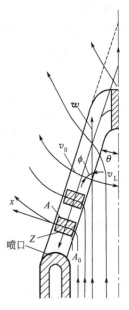

图 2-40　燃烧器喷口处
层流预混火焰示意

锥形内焰的顶峰呈圆滑形而非尖顶，其顶点的切线为水平线。由式(2-107) 可知，在锥形内焰顶点，火焰传播速度与气流速度直接达到平衡，即 $v_L = w(\phi = 0)$。为此，火焰传播速度在锥形内焰的中心轴线处要增大许多才能满足平衡条件。由于内焰中心处的可燃混合气得到了预热，且有较多的活性中心由位置较低的反应区扩散至火焰顶端，因此火焰传播速度在内焰顶端将增大。

假定火焰锥体的高度（火焰长度）为 l，喷口半径为 r_0。在火焰锥表面取一微元面，该微元面在高度方向上的投影为 $\mathrm{d}l$，在径向上的投影为 $\mathrm{d}r$。则由几何关系可得

$$\tan\phi = \frac{\mathrm{d}l}{\mathrm{d}r}$$

$$\cos\phi = \frac{1}{\sqrt{1+\left(\dfrac{\mathrm{d}l}{\mathrm{d}r}\right)^2}} \qquad (2\text{-}108)$$

在火焰前锋稳定不动的前提下将式(2-107) 代入式(2-108)，整理后可得：

$$\frac{\mathrm{d}l}{\mathrm{d}r} = \pm\sqrt{\left(\frac{w}{v_L}\right)^2 - 1} \qquad (2\text{-}109)$$

为了求取锥体的高度 l，应对上述描述锥体形状的微分方程式进行积分。由于气流速度 w 和火焰传播速度 v_L 均为半径 r 的函数，为了方便地得出结果，可作适当的简化处理。因此，进一步假定求解对象为正锥体，其底面的半径等于喷口半径 r_0；v_L 为常量，与 r 无关；气流速度 w 取为喷口断面的平均流速 w_{pj}。于是，由式(2-109) 可解出

$$l = r_0\sqrt{\left(\frac{w_{\mathrm{pj}}}{v_L}\right)^2 - 1} \qquad (2\text{-}110)$$

若喷口出口可燃混合气的体积流量为 q_v（m³/s），则有

$$l = r_0\sqrt{\left(\frac{q_v}{\pi r_0^2 v_L}\right)^2 - 1} \qquad (2\text{-}111)$$

由式(2-110)和式(2-111)可知，层流预混火焰长度随着可燃混合气喷出速度或喷口管径的增大而增大，却随着火焰传播速度的增大而减小。这意味着如下两种情况。

① 当燃烧器喷口尺寸和可燃混合气成分一定时，若增大体积流 q_v，则将使火焰长度 l 增大。

② 在喷口尺寸和体积流量相同的情况下，火焰传播速度较大的可燃混合气（例如 H_2）的燃烧火焰，要比火焰传播速度较小的（例如 CO）短。

火焰长度实际上代表着锥形火焰前锋面的大小。当流量增加时，需要更大的火焰前锋面才能维持燃烧，因此火焰长度自然增大。火焰传播速度较大的可燃混合气在燃烧时需要较小的火焰前锋面，此时火焰长度便较短。

2.4.5.3 扩散燃烧

气体燃料的扩散燃烧是指燃气和空气未经预先混合，一次空气系数 $\alpha_1 = 0$，由燃烧器喷口流出的燃气依靠周围空气的扩散作用进行燃烧反应。

当燃气刚由喷口流出的瞬间，燃气流股与周围空气相互隔开。然后，燃气和空气迅速相互扩散，形成混合的气体薄层并在该薄层里燃烧，所形成的燃烧反应产物向薄层两侧扩散。因此，燃气-空气混合物薄层在引燃后，燃气与空气再要相互接触就必须通过扩散作用，穿透已燃的薄层燃烧区所形成的燃烧反应产物层。对于层流扩散火焰，燃气与空气的混合是依靠分子扩散作用进行的；对于湍流扩散火焰，扩散过程则是以分子团状态进行的。

按照燃料和空气供入燃烧室的不同方式，扩散燃烧可以有以下几种情况。

① 自由射流扩散燃烧。气体燃料以射流形式由燃烧器喷入大空间的空气中，形成自由射流火焰，如图 2-41(a) 所示。

② 同轴伴随流射流扩散燃烧。气体燃料和空气分别由环形喷管的内管与外环管喷入燃烧室，形成同轴扩散射流，如图 2-41(b) 所示。由于射流受到燃烧室容器壁面的限制和周围空气流速的影响，为受限射流扩散火焰。

③ 逆向射流扩散燃烧。气体燃料和空气喷出的射流方向正好相反，形成逆向射流扩散火焰，如图 2-41(c) 所示。

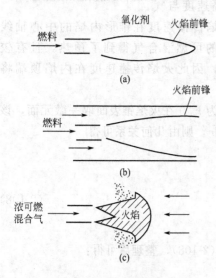

图 2-41 扩散火焰的形式

按照射流的流动状况可分为层流扩散燃烧和湍流扩散燃烧。

（1）自由射流层流扩散燃烧的火焰结构

对自由射流层流扩散燃烧来说，燃气经引燃而形成的燃烧区即为层流扩散火焰，其燃烧速率取决于气体的扩散速度。由于分子扩散速率缓慢，而燃烧反应速率很快，所以扩散火焰厚度很薄，可视为焰面。焰面各处的燃气与空气按化学当量比进行反应，因此焰面保持稳定。如果空气量过大，则燃烧反应剩余的氧将继续向焰面内扩散，继而与焰面内燃气反应，焰面因此内移；若空气不足，未燃的燃气将继续向外扩散，继而与氧反应，使焰面外移。焰面上的燃烧反应产物浓度最高，向两侧扩散。

图 2-42 为自由射流层流扩散燃烧的火焰结构示意图。这种层流扩散火焰可分为四个区域，即中心的纯燃料区、外围的纯空气区、火焰面外侧的燃烧反应产物和空气的混合区，以及火焰面内侧的燃烧反应产物和燃料的混合区。图 2-42 中分别给出了火焰锥某一横截面 a-a 上燃料、空气及燃烧反应产物的浓度分布。在 $\alpha=1$ 处为火焰面，在火焰面上燃料和空气完全反应，两者浓度皆为零（$c_g=0$，$c_{O_2}=0$），而燃烧反应产物的浓度 c_{cp} 达到最大，并向两侧扩散。离火焰面越远，燃烧反应产物的浓度越低，而氧浓度越高；在火焰面内部，越靠近轴线燃气浓度越高，而燃烧反应产物浓度越低。

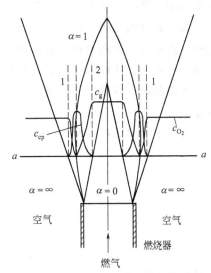

图 2-42 自由射流扩散火焰结构

自由射流层流火焰面的外形大体上呈圆锥形，这是由于射流的外层燃料较易与氧气混合和反应，而位于轴线附近的燃料则要穿过较厚的混合物区才能与氧气混合反应。在这段时间内，燃料气体将向前移动一段距离，从而使火焰拉长。随着燃烧边向前移动边进行，纯燃气量越来越少，最后在射流的中心线某处完全燃尽，形成火焰锥尖。

在燃烧区的可燃气体与氧气所形成的可燃混合气因火焰前锋面传递热量而着火燃烧，所生成的燃烧反应产物向两侧扩散，稀释并加热可燃气体与空气。因此，在火焰的外侧只有氧气和燃烧反应产物而没有可燃气，为氧化区；而火焰的内侧只有可燃气和燃烧反应产物而没有氧气，为还原区。

由于燃烧区内化学反应速率非常大，因而到达燃烧区的可燃混合气实际上在瞬间即燃尽，因此在燃烧区内其浓度为 0，其厚度（即焰锋宽度）将变得很薄。理想的层流扩散火焰表面可看做厚度为 0 的表面，在该表面上可燃气体向外的扩散速度与氧气向内的扩散速度之比等于完全燃烧时的化学当量比。

实际上扩散火焰的焰锋面有一定的厚度。实验表明，在主反应区，燃烧温度达到最大值，各种气体处于热力平衡状态。在主反应区的两侧为预热区，其特征是具有较陡的温度梯度。因为几乎很少有氧气能通过主反应区进入燃料射流中，所以燃料在预热区中受到热辐射、热传导和高温燃烧反应产物的扩散作用而被加热，会发生热解而析出炭黑粒子。温度越高，热解越剧烈。与此同时，还可能会增加重碳氢化合物的含量，从而增加不完全燃烧损失。因此，扩散燃烧的显著特点是会产生不完全燃烧损失。

（2）同轴射流扩散燃烧火焰结构分析

在图 2-43 所示的同轴射流扩散燃烧系统中，气体燃料和空气以相同速度分别由环形喷管的内管（半径为 r_1）与外环管（半径为 r_2）喷入燃烧室，形成同轴伴随流射流扩散燃烧。

此时，观察到的扩散火焰外形有两种类型。类型 1

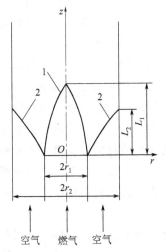

1—空气过剩时；2—燃气过剩时

图 2-43 层流扩散燃烧的火焰形状

为呈封闭收敛状的锥形扩散火焰，如图 2-43 中曲线 1 所示，此时由外环管所供给的空气量足够多，超过内管提供的燃料完全燃烧所需要的空气量，或者燃料射流喷入大空间的静止空气中，将形成一个向内管中心汇集的火焰面；类型 2 为呈扩散的倒喇叭形火焰，如图 2-43 中曲线 2 所示，此时由外环管所提供的空气量不能满足内管中喷出的燃料射流完全燃烧所需，火焰将向外管的壁面扩展。由此可见，层流扩散火焰的形状取决于燃料与空气的混合浓度。

对于上述层流扩散燃烧火焰结构模型，通过理论分析和求解，可以得出火焰长度为：

$$\left.\begin{aligned} l_1 &\propto \frac{w_f r_1^2}{D} \propto \frac{q_{Vf}}{D} \\ l_2 &\propto \frac{w_a (r_2 - r_1)^2}{D} \propto \frac{q_{Va}}{D} \end{aligned}\right\} \tag{2-112}$$

式中，w_f、w_a 是燃气、空气的流速，m/s；q_{Vf}、q_{Va} 是燃气、空气的体积流量，m^3/s；D 是扩散系数。

由式(2-112)可见，层流扩散火焰的长度与气流的流速或燃料的体积流量 q_{Vf} 成正比，而与燃烧器喷口半径的平方成正比，与扩散系数 D 成反比。在层流状态下，扩散系数 D 与气流速度关系不大。因此，对于一定的燃料，D 不变且喷口尺寸也一定时，火焰长度将随着气流速度的增大而成比例地增大。

进一步将式(2-112)改写，可得

$$\frac{l_1}{r_1} \propto \frac{w_f r_1}{D} \tag{2-113}$$

对于层流扩散燃烧，可假定 $D \approx \nu$，ν 为运动黏度，m^2/s。于是

$$\frac{l_1}{r_1} \propto Re \tag{2-114}$$

式中，Re 是雷诺数，$Re = w_f r_1 / \nu$。

可见，对于层流扩散燃烧，火焰长度随着雷诺数 Re 的增大，而近似成比例地增大。

此外，当 q_{Vf} 一定时，不论喷口尺寸的大小，火焰长度均相同。因此，为了在单位时间内燃烧掉同样体积流量的燃料，可采用多只燃烧器的方案。这样可以减少流经每只燃烧器的体积流量，达到缩短燃烧火焰长度、提高燃烧热强度的目的。

当喷口将燃气向上喷入空气中进行扩散燃烧，所形成火焰的形状及其长度与气流喷出速度之间的关系如图 2-44 所示。若气流喷出速度较小，通常将形成明亮、稳定的层流火焰；若气流喷出速度增大，则火焰长度也随之增大；但是当气流喷出速度增大到一定程度时，火焰发生颤动，并且上下左右抖动，呈现不稳定状态；进一步增大气流喷出速度，火焰不稳定状态将由其顶部逐渐向根部扩展，并发出噪声。流动将逐渐从层流过渡到湍流，于是喷口上部的火焰将变短，亮度降低，火焰总长度也开始变短，形成由多个旋涡组合而成的火焰。当火焰总长度降到某个确定长度后便基本维持不变，此时湍流火焰抖动得更加剧烈，其噪声也继续增大。

在湍流火焰中，由于质点的脉动，在火焰的中心仍会有氧分子存在；而燃气含量的变化也比较缓慢，在燃烧反应产物含量最大的位置，燃气含量并不为 0。因此，湍流扩散燃烧的火焰面不像层流火焰那样薄，而是一个较宽的区域。

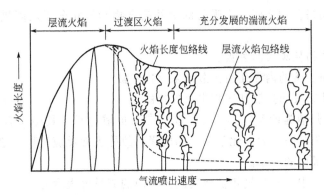

图 2-44　气相射流扩散火焰长度随流速的变化关系

以平均湍流扩散系数 D_t 替换式(2-112)中的扩散系数 D，即可得湍流扩散燃烧的火焰长度 l_t：

$$l_t \propto \frac{wr^2}{D_t} \tag{2-115}$$

式中，w 是燃气流速，m/s；r 是燃烧器喷口半径，m。

由于湍流扩散系数 D_t，与湍流强度 ε 和湍流尺度 l 的乘积成正比，即 $D_t \propto \varepsilon l$，而 $\varepsilon \propto w$，$l \propto r$，因此由式(2-115)可得

$$l_t \propto \frac{wr^2}{D_t} \propto \frac{wr^2}{\varepsilon l} \propto \frac{wr^2}{wr} \propto r \tag{2-116}$$

由此可见，湍流扩散燃烧的火焰长度与燃气的流速无关，仅与燃烧器喷口的尺寸成正比。因此，对于湍流扩散燃烧过程，也可采用多个小管径的燃烧器，可达到缩短燃烧火焰长度、提高燃烧热强度的目的。

2.4.6　异相燃烧

可燃物质和氧化剂处于不同物态的燃烧过程称为异相燃烧（非均相燃烧）。固体燃料和液体燃料的燃烧便属于异相燃烧。此外，当燃烧气体燃料时，也会因分解生成碳粒（烟粒），形成异相火焰，其中烟粒的燃烧也是异相燃烧。

和同相燃烧相比，异相燃烧要复杂得多。在异相燃烧时，可燃物与氧化剂的分子接触要靠各相之间的扩散作用，燃烧速度与物理扩散过程有着更为密切的联系。同时，热的扩散（传热）也有更显著的影响。

2.4.6.1　碳的动力燃烧与扩散燃烧

碳的燃烧是最典型的气固异相燃烧化学反应过程。根据异相反应理论，碳和氧的异相反应是通过氧分子向碳的晶格结构表面扩散，由于化学吸附络合在晶格的界面上。该吸附层首先形成碳氧络合物，然后由于热分解或其它分子的碰撞而分开，这就是解吸。解吸形成的反应产物扩散到空间，剩下的碳表面再度吸附氧气。整个碳的燃烧就是通过氧的扩散、氧在碳表面的吸附、表面化学反应、反应络合物的吸附、氧化和脱附及扩散等一系列步骤完成的。其燃烧反应包括以下步骤。

① 氧气从气相扩散到固体碳表面（外扩散）。

② 氧气在通过颗粒的孔道进入小孔的内表面（内扩散）。

③ 扩散到碳表面上的氧被表面吸附，形成中间络合物。

④ 吸附的中间络合物之间，或吸附的中间络合物和气相分子之间进行反应，形成反应产物。

⑤ 吸附态的产物从碳表面解吸。

⑥ 解吸产物通过碳的内部孔道扩散出来（内扩散）。

⑦ 解吸产物从碳表面扩散到气相中（外扩散）。

以上七步骤可归纳为两类，①、②、⑥、⑦为扩散过程，其中又有外扩散和内扩散之分；而③、④、⑤为吸附、表面化学反应和解吸，故称表面反应过程。整个碳表面上的反应取决于以上步骤中最慢的一个。

在碳的燃烧反应中，氧从气相扩散到固体表面的流量可表示为：

$$q = \alpha_{zl}(c_\infty - c_{O_2}) \tag{2-117}$$

式中，α_{zl} 是湍流质量交换系数，m/s；c_∞ 是周围介质中的氧气浓度，mol/m^3；c_{O_2} 是碳表面氧气浓度，mol/m^3。

这些氧扩散到固体燃料表面就与其发生化学反应，这个化学反应速率与表面上的氧浓度 c_{O_2} 有关。为简便起见，认为化学反应消耗的氧量与 c_{O_2} 成比例，即

$$q = \omega_{O_2} = kc_{O_2} \tag{2-118}$$

式中，ω_{O_2} 是氧气的消耗速率，$mol/(m^2 \cdot s)$；k 是化学反应常速，m/s。

在式（2-117）和式（2-118）中，远处气流主体中氧浓度是已知的，而固体表面的氧浓度 c_{O_2} 随化学反应速率不同而变化的关系是未知的，应从式（2-117）和式（2-118）中将其消掉。得到

$$\omega_{O_2} = \cfrac{c_\infty - c_{O_2}}{\cfrac{1}{\alpha_{zl}}} = \cfrac{c_{O_2}}{\cfrac{1}{k}} = \cfrac{c_\infty - c_{O_2} + c_{O_2}}{\cfrac{1}{\alpha_{zl}} + \cfrac{1}{k}} = \cfrac{c_\infty}{\cfrac{1}{\alpha_{zl}} + \cfrac{1}{k}} \tag{2-119}$$

式（2-119）反映了燃烧化学反应速率与化学反应特性 k 和湍流质量交换系数 α_{zl} 的关系。在碳的燃烧反应中，根据 k 和 α_{zl} 的大小不同，可以把燃烧分成三个不同规律的燃烧区域。

① $k \gg \alpha_{zl}$ 时，则 $\omega_{O_2} \approx \alpha_{zl} c_\infty$。此时的燃烧状态称为扩散燃烧。它的物理意义在于：在扩散燃烧区，燃烧反应速率只取决于氧气向碳表面的扩散能力，而与燃料性质、温度条件等几乎无关。当 $k \gg \alpha_{zl}$ 时，$c_{O_2} = 0$。这说明，在温度很高时，化学反应能力已大大超过扩散能力，使得所有扩散到碳表面的氧立即全部被反应消耗掉，从而导致碳表面的氧浓度为 0。因此，整个碳的燃烧反应速率取决于氧扩散到碳表面的速率。

在扩散燃烧状态下，要提高燃烧速率，强化燃烧过程，最有效、最直接的办法是强化气流湍动，增强空气流与碳粒间的相对速度，提高供氧能力而不是其他。

② $k \ll \alpha_{zl}$ 时，则 $\omega_{O_2} \approx kc_\infty$。根据阿累尼乌斯定律，则有

$$\omega_{O_2} \approx k_0 \exp\left(-\frac{E}{RT}\right)c_\infty \tag{2-120}$$

此时的燃烧状态为动力燃烧。其物理意义在于：在动力燃烧区，化学反应阻力大大地大于扩散的阻力，此时 $c_{O_2} = c_\infty$，表明化学反应速率很低。碳的燃烧速率几乎只取决于化学反应的能力，即燃烧的温度条件及燃料的性质（燃料的活化能），而与氧气向碳表面的扩散情况无关。

在动力燃烧状态下，提高燃烧速率，强化燃烧过程最有效、最直接的办法就是提高燃烧的温度条件 T。显然，对于反应能力强，活化能 E 小的燃料，可以在较低的温度区域内实

现燃烧强化；而对于反应能力弱、活化能 E 高的燃料，必须要在更高的温度条件下才能实现燃烧的强化。

③ 当 $k \approx \alpha_{zl}$ 时，即化学反应能力与氧的扩散能力处在同一数量级的情况下，此时燃烧强化的实现与 k 和 α_{zl} 两者都有关，无论是提高 k 还是 α_{zl}，都可以起到强化燃烧的效果。在这种状态下的燃烧称为过渡燃烧。碳表面的氧浓度也介于扩散和动力燃烧之间，即 $0 < c_{O_2} < c_\infty$。

图 2-45 所示为碳的燃烧和温度的关系。由图可见，在温度较低时，燃烧属于动力控制，在温度上升时，k 服从阿累尼乌斯定律的指数规律而急剧增大（图 2-45 中的区域 1）。在高温区，由于燃烧属于扩散控制，此时燃烧速率与温度无关，只有提高氧扩散到碳表面的湍流质量交换系数 α_{zl}，才能提高燃烧速率（图 2-45 中的区域 3）。在 1 和 3 之间的温度范围区域 2，是过渡燃烧区。

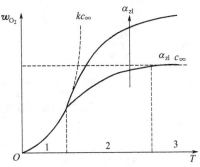

图 2-45　扩散动力燃烧的分区
1—动力区（化学动力控制）；2—过渡区；
3—扩散区（扩散控制）；
箭头方向表示 α_{zl} 增大的结果

由于不同的燃烧工况取决于燃烧时扩散能力和化学反应能力之间的关系，即取决于湍流质量交换系数 α_{zl} 和化学反应速率常数 k 之间的比例系数。因此可以用这一比值来判断碳的燃烧工况，称为谢苗诺夫准则，即 $S_m = \alpha_{zl}/k$。也有用浓度比（c_{O_2}/c_∞）来判断的，见表 2-15。

表 2-15　判断碳燃烧区域的 S_m 值和 c_{O_2}/c_∞ 值

量	动力燃烧	过渡燃烧	扩散燃烧
S_m	>9.0	0.11~9.0	<0.11
c_{O_2}/c_∞	>0.9	0.1~0.9	<0.1

2.4.6.2　固体燃料的异相燃烧

（1）固体燃料的燃烧过程

根据固体燃料在燃烧过程中温度和质量的变化，把固体燃料的燃烧过程可分为预热干燥、挥发分析出与燃烧、焦炭燃烧及燃尽四个阶段。下面以生物质颗粒为例，说明其燃烧过程。

图 2-46 和图 2-47 分别给出了几种生物质燃料燃烧的 TG 曲线和 DTG 曲线。TG 曲线为固体燃料燃烧过程的失重曲线，表示固体燃料在燃烧过程中的质量变化与温度（或时间）的函数关系。DTG 曲线表示质量随时间的变化率（dm/dt）与温度（或时间）的函数关系。

1）预热干燥过程

生物质在燃烧过程中首先是预热升温，随着温度的升高，水分开始蒸发。水分蒸发先是在生物质表面进行，然后逐步向内部发展。研究表明，当温度达到 150℃ 左右，水分蒸发基本结束。干燥预热过程主要是一个物理过程，燃料的化学性质和形状尺寸在此过程中不会发生明显的变化，但由于温度的升高，也可能会发生少量高分子链断裂和有机物解聚、重组及"玻璃化转变"等。

水分的蒸发汽化是一个吸热过程，生物质水分越多，干燥所消耗的热量越多。由于生物

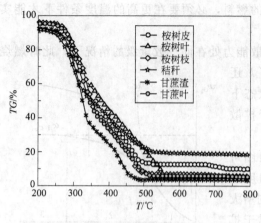

图 2-46　生物质燃烧 TG 曲线/（20℃/min）

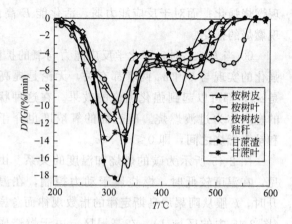

图 2-47　生物质燃烧 DTG 曲线/（20℃/min）

质的含水量通常比较大，水分蒸发需要较长的时间，会对其燃烧过程带来不利影响，如造成着火延迟，燃烧温度降低，产生单位能量所产生的烟气体积增大以及能量利用效率下降等，同时由于需要预留较多的滞留时间和空间来干燥水分，这就意味着需要更大的燃烧室。当然，适量的水分含量也是必要的，它能对生物质的燃烧起到一定的促进作用，主要表现在：水分蒸发后形成内部中空的多孔结构，减少了各种反应的内部阻力，增大了反应比表面积；在高温下水蒸气可与炭进行气化反应，对生物质燃烧后期炭的燃烧起到了催化作用。

2）挥发分析出与燃烧过程

生物质干燥后被继续加热，温度继续升高，达到一定温度时便开始析出挥发分。此过程实际上是一个热分解反应，通常发生在 200～400℃区间，挥发分析出、燃烧，其失重占了整体失重的 50%以上（见图 2-46 和图 2-47）。

生物质的主要组成成分纤维素、半纤维素、木质素在受热时的热反应路径、转化方向和转化的难易程度互不相同。其中木质素较早开始热解，但热解持续时间较长，几乎跨越整个热解过程，热解速度较慢，热解后形成炭较多。纤维素的主要热分解区为 300～375℃，热解后炭产量较少，热解速度快。木质素热解速率峰值约在 400℃之后，在热解高温区以木质素热解为主。半纤维素在热解过程中最不稳定，在 230～330℃温度范围内快速分解。热解产物有气相挥发分、焦油以及焦炭。其中气相挥发分主要是 CO_2、CO 和一些碳氢化合物。焦油是一些可凝结烃的混合物，在高温下为气相，当温度降低到一定程度后可凝结为液相。热解剩余的固体产物主要是焦炭和灰。热解析出的挥发分和焦油在燃料颗粒表面与氧气迅速混合，发生剧烈的氧化反应，也就是挥发分的燃烧。挥发分燃烧消耗氧气并释放出热量，从而提高燃料颗粒温度，燃烧生成 CO、CO_2、H_2O。燃料热解析出的挥发分在燃烧之前首先要与氧气混合，所以挥发分的燃烧不仅与燃料本身的反应动力学有关，也会受到氧气浓度以及挥发分与空气的混合程度的影响。由于纤维素、半纤维素、木质素的反应温度区域和机理各不相同，颗粒周围升温速率也会影响挥发分的燃烧。在挥发分燃烧的时候，也会有少量的氧气渗透到燃料颗粒内与固定碳发生氧化反应。燃料内含有的大多数氮元素也是在热解过程中以 NH_3、HCN 的形式析出，然后在富氧条件下被氧化成 NO_x 而在缺氧条件下则被还原成 N_2。挥发分的燃烧过程对于氮氧化合物形成的控制和焦炭的着火都有非常重要的意义。

相对整个生物质的燃烧过程而言，挥发分的燃烧速度很快，从挥发分析出到挥发分基本燃烧完所用的时间约占全部燃烧时间的 1/10～1/5。

3）焦炭燃烧过程

生物质热解之后剩余的焦炭多孔性较强，焦炭内部含有大量极易氧化的自由基。在氧化环境或者还原环境下，焦炭都非常容易发生化学反应。实际上焦炭的燃烧与挥发分的燃烧是有一些交叉平行的。由图 2-47 可见，焦炭燃烧阶段主要发生在 $400\sim500℃$ 的温度区间。

焦炭的燃烧主要取决于气固两相分界面上进行的化学反应和湍流流动使氧气分子向两相交界面的迁移扩散；当 O_2、CO_2 和 H_2O 等氧化物扩散到焦炭颗粒表面或焦炭空隙中，就会与边界炭颗粒发生反应。焦炭的燃烧反应机理比较复杂，反应受气氛和温度的影响很大。碳与氧的反应是由氧被吸附到固体碳表面、络合、在氧分子的撞击下离解等诸环节串联而成的。碳与氧的初次反应生成的 CO_2、CO 又可能与碳和氧进一步发生二次化学反应，即发生 CO_2 的还原反应或 CO 的燃烧反应。这些反应在燃烧过程中同时交叉和平行进行着。由于水蒸气的存在，碳的燃烧过程中还可能与水蒸气发生水煤气反应。碳与水蒸气的反应活化能较大，需要很高的温度才会进行，但由于水蒸气的分子量小于二氧化碳，其扩散速度比二氧化碳快很多，所以水蒸气对碳的气化反应比二氧化碳快，适量的水蒸气存在可促进焦炭的燃烧。

4）燃尽过程

固定碳含量高的生物质的炭燃烧时间较长，而且后期燃烧速度更慢。因此有时将焦炭燃烧的后段称为燃尽阶段。随着焦炭的燃烧，不断产生灰分，把剩余的焦炭包裹，妨碍气体扩散，从而妨碍炭的继续燃烧。这时适当人为地加以搅动或加强通风，都可加强剩余焦炭的燃烧。灰渣中残留的余炭也就产生在此阶段。

必须指出，上述各阶段并不是机械地串联进行的。实际上很多阶段是互有交叉的。在不同的燃烧条件下，各阶段的进行情况也有差异。

（2）固体燃料的燃烧方法

固体燃料的燃烧方法有很多，这里根据固体燃料在燃烧过程中的运动方式，主要介绍以下四种燃烧方法：①层状燃烧；②沸腾燃烧；③循环流化床燃烧；④粉煤燃烧法。

1）层状燃烧

层状燃烧的特征是把燃料放在炉箅上，空气通过炉箅下方炉箅孔穿过燃料层并和燃料进行燃烧反应，生成的高温燃烧产物离开燃料层而进入炉膛（图 2-48）。

采用层状燃烧法时，固体燃料在自身重力的作用下彼此堆积成一定厚度的料层。为了保持燃料在炉箅上稳定，燃料的质量必须大于气流作用在其上的动压冲力。对于一定粒径的燃料，如果气流速度太高，当燃料的质量和气流对其动压冲力相等时，燃料将失去稳定性，如果再提高气流速度，燃料将被吹走，造成不完全燃烧。

为了能在单位炉箅上燃烧更多的燃料，必须提高气流速度，因此也必须保证有一定粒径的燃料。但另一方面，燃料粒径越小，反应面积越大，燃烧反应越强烈。显然，应当同时考虑上述两个方面，确定一个合适的粒径。

层状燃烧法的优点是燃料的点火热源比较稳定，因此燃烧过程也比较稳定。缺点是鼓风速度不能太大，而且，机械化程度较差，因此燃烧强度不能太高，只适用于中小型的炉子，一般额定功率小于 20MW。

关于固体碳的燃烧过程，可以用图 2-49 中所给出的沿燃料层厚度方向上气体成分的变化曲线来说明（该图是以煤为燃料）。从图 2-49 中可以看出，在氧化带中，碳的燃烧除了产生 CO_2 以外，还产生少量的 CO。在氧化带末端（该处氧气浓度已趋于零），CO_2 的浓度达到最大，而且燃烧温度也最高。实验证明，燃煤氧化带的厚度大约等于煤块尺寸的 $3\sim4$ 倍。

当燃料层厚度大于氧化带厚度时，在氧化带之上将出现一个还原带，CO_2 被 C 还原成 CO。因为是吸热反应，所以随着 CO 浓度的增大，气体温度逐渐下降。

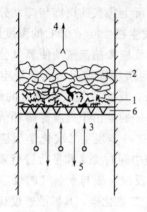

图 2-48　层状燃烧示意

1—灰渣层；2—燃料层；3—空气；

4—燃烧产物；5—灰渣；6—炉箅

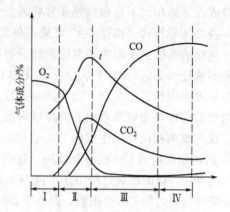

图 2-49　沿燃料层厚度方向上气体成分的变化

Ⅰ—灰渣带；Ⅱ—氧化带；

Ⅲ—还原带；Ⅳ—干馏带

上述情况说明，根据燃料层厚度的不同，所得到的燃烧反应及其产物也不同，因此就出现了两种不同的层状燃烧法，即"薄层"燃烧法和"厚层"燃烧法。

薄层燃烧法的燃料层较薄，对于烟煤只有 100~150mm，在煤层中不产生还原反应。

厚层燃烧法也叫做半煤气燃烧法，燃料层较厚，对烟煤来说大约为 200~400mm，目的是为了使部分燃烧产物得到还原，使燃烧产物中含有一些 CO、H_2 等可燃气体以便使火焰拉长，改善炉膛中的温度分布。

当采用薄层燃烧法时，助燃空气全部由煤层下部送进燃烧室。当采用半煤气化燃烧法时，一部分空气由燃料层下部送入（称为一次风），另一部分（称为二次风）则是从燃料层上部空间分成多股细流送入燃烧室空间，与可燃气体迅速混合和燃烧。二次风与一次风的比例应根据燃料挥发分的含量和燃烧产物中可燃气体的多少来决定。

层状燃烧法是一种最简单的和最普通的固体燃料燃烧法，目前燃烧生物质成型燃料的锅炉，大多采用层状燃烧法。

2) 沸腾燃烧

沸腾燃烧是利用空气动力使燃料在沸腾状态下完成传热、传质和燃烧反应。沸腾燃烧所使用燃料粒度一般在 10mm 以下，大部分是 0.2~3mm 的碎屑，运行时，刚加入的燃料粒子受到气流的作用迅速和灼热料层中的灰渣粒子混合，并与之一起上下翻腾，沸腾燃烧的名称就是由此而得来的（图 2-50）。

沸腾炉的料层温度一般控制在 850~1050℃。运行时，沸腾层的高度 1.0~1.5m，其中新加入的燃料仅占 5% 左右，因此整个料层相当于一个大"蓄热池"，燃料进入沸腾料层后，就和几十倍以上的灼热颗粒混合，因此能很快升高温度并着火燃烧，即使对于多灰、多水、低挥发分的劣质燃料，也能维持稳定的燃烧。

沸腾炉在起动前要先在炉箅（布风板）上铺一层厚约 300mm 的料层，然后逐渐增大送风量，直到料层转化为沸腾层。这样从固定床到流化床的转化过程，称为流态化过程（或流化过程）。如果把气流流速进一步加大，气体会在已经流化的床料中形成气泡，从已流化的固体颗粒中上升，到流化的固体颗粒界面时，气泡会穿过界面而破裂，就像水在沸腾时气泡

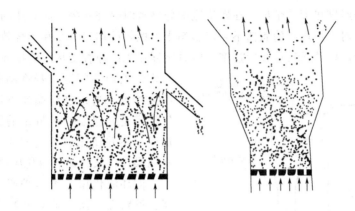

图 2-50 沸腾燃烧时燃料颗粒翻滚运动示意

穿过水面而破裂一样，因此又称鼓泡床。

决定固定床能否转化为流化床的因素很多，在实际操作中主要是控制风速，为此必须了解临界风速和压降的关系。

图 2-51 给出了通过沸腾炉料层的风量 q 和压降（料层阻力）$\Delta p_{料}$ 的关系。在料层开始沸腾之前，压降 $\Delta p_{料}$ 随风量 q 的增加而急速增大；在料层沸腾后压降只随风量的增加而稍有增大。当风速增加到某临界值 $w_{临}$ 后，颗粒之间开始相互运动。这一临界风速 $w_{临}$ 可以由压降与风速的关系曲线测定出来。例如把图 2-51 中沸腾后的压降-风速线 BC 段向左延长，再把沸腾前的线段 AB 延长，二者交点的横坐标就是临界速度 $w_{临}$，乘以流体密度 $\rho_{流}$，就得到临界风量。

在沸腾炉内，可分为密相区和稀相区两个明显区域，颗粒浓度沿床高不断减少。在密相区和稀相区的分界面，由于颗粒的涌动会自动地形成一个水平面。由于气泡运动的作用，基本所有尺寸的颗粒均会被夹带进入稀相区，但较大尺寸的颗粒会落入床内，而较小尺寸的颗粒则有可能被携带离开。

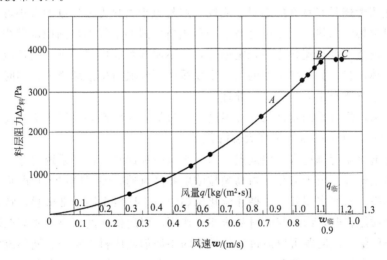

图 2-51 沸腾炉压降与风速的关系

3）循环流化床燃烧

循环流化床燃烧是在沸腾燃烧的基础上发展起来的。沸腾炉燃烧中，由于细燃料颗粒会在上部炉膛内未经燃尽即被带出，在燃烧宽筛分燃料时燃烧效率不高；床内颗粒的水平方向湍动相对较慢，对入炉燃料的撒播不利，影响床内燃料的均匀分布和燃烧效果，这也迫使大功率燃烧系统所需要的送料点布置过多，同时还存在床内埋管受热面磨损速度过快、设备使用寿命缩短等问题。若将沸腾床的气流速度继续加大，当超过终端速度时，颗粒就会被气流带走，但如将被带走的颗粒通过分离器加以捕集并使之重新返回床中，就能连续不断地操作，成为循环流化床燃烧。

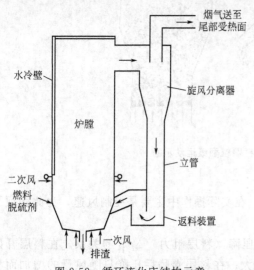

循环流化床一般由炉膛、高温旋风分离器、返料器、换热器等几部分组成，其结构如图 2-52 所示。

由于流化床中有大量的高温床料，床层的蓄热量很大，加入炉内的燃料只占总体床料的很小一部分（床料通常占燃料混合物的 90%~98%），能够为高水分、低热值的生物质提供优越的着火条件。同时，这使得燃烧过程稳定，对于入炉燃料质量、流量、负荷

图中标注：烟气送至尾部受热面；水冷壁；旋风分离器；炉膛；立管；二次风；燃料 脱硫剂；返料装置；一次风；排渣

图 2-52　循环流化床结构示意

发生变化等外部扰动的耐受性较强，易于操作控制。

循环流化床内部采用高强度的湍流燃烧，气固相流动，混合剧烈，传热传质效果好，导致燃烧床内非常均一的温度分布和燃烧条件，因此燃烧热强度大，容积热负荷高。循环流化床可以采用比层燃炉低得多的过剩空气系数，其过剩空气系数一般为 1.1~1.2，这将减少烟气流量和提高燃烧效率。循环流化床燃烧由于采用物料循环燃烧，可以获得充分的碳燃尽和更高的燃烧效率，可达到 95%~99%。循环流化床燃烧可实现较宽的负荷调节，一般在 30%~110%，甚至有的循环流化床负荷降至 20% 仍能稳定燃烧。

循环流化床燃烧具有良好的燃料适应性，这是由于物料再循环量的大小可以改变床内的吸热份额，只要燃料的热值大于把燃料本身和燃烧所需的空气加热到稳定燃烧温度所需的热量，这种燃料就能在循环流化床内稳定燃烧，而不需要辅助燃料助燃。循环流化床燃烧几乎适用于各种固体燃料，如各种类型的煤、生物质秸秆和城市生活垃圾等，同时可燃用高水分燃料，对于高水分燃料不需进行专门处理。

循环流化床燃烧可采用较低的燃烧温度，通过加入脱硫剂和控制燃烧温度等方式，可实现烟气中的 SO_x、NO_x 等排放浓度大幅降低。

但是循环流化床燃烧也有一些缺点。由于布风板和回料再循环系统的存在，烟风系统阻力较高，风机电耗大。由于流化床内高颗粒浓度和高风速，使得磨损比较严重，同时还存在一定的床料损失，需要定期补充。循环流化床燃烧对于床料聚团非常敏感，特别是在燃烧秸秆等农业生物质燃料时，床料与燃料灰渣相互作用，引起快速的床料聚团甚至烧结，导致流化失败和被迫停炉。该问题可以通过添加特殊的添加剂或床料来减轻。循环流化床燃烧对燃料颗粒尺寸的要求较高，一般要求低于 40mm，这将增加燃料的处理成本。

4）粉煤燃烧法

粉煤燃烧法就是将煤磨细到一定细度（一般是 20~70μm），用空气喷到炉内，使其在运动过程中完成燃烧反应，形成像气体燃料那样具有明显轮廓的火炬。

在组织粉煤燃烧时，煤粉是通过空气携带并按燃烧器的布置方式分配到四角或前后墙的各个燃烧器，完成四角切圆燃烧或前后墙对冲燃烧。用来输送煤粉的空气叫一次风，一般占全部助燃空气量的 15%～20%（与煤粉的挥发分产率有关），其余的空气用作二次风或三次风，用另外的管道单独送入炉内。一次风、二次风或三次风可采用回收烟气余热的方法预热到较高的温度。

在煤粉与一次风混合的气力输送过程中，必须防止颗粒在输送管道的沉积，避免输送管道出现堵塞现象，气力输送速度应大于临界沉降速度；但是又要考虑管道磨损和压力损失，煤粉的气力输送速度又不能过高，因此对于某一确定的煤种和煤粉颗粒度分布，存在一个最佳的气力输送速度。

煤粉气流在喷入炉膛后受到对流传热和辐射传热而升温着火，卷吸的回流高温烟气对粉煤的着火和稳燃起到重要作用。煤粉气流着火后，火焰会以一定的速度向逆着气流方向扩展，若此速度等于从燃烧器喷出的煤粉气流某处的速度时，则火焰稳定于该处。反之，则火焰被气流吹向下游，在气流速度衰减到一定程度的地方稳定下来，此时，可能会导致火焰被吹灭，或出现着火不稳定现象。一次风煤粉气流的速度低，在相同的距离内会吸收更多的热量，有利于着火稳定。提高煤粉浓度和煤粉细度，提高一、二次风温，有利于着火稳定。

当煤粉气流达到稳定着火后，将会有更多的空气混入煤粉气流，提供足够的氧气使燃烧继续进行。为使煤粉完全燃烧，除应有足够的氧气外，还必须保证火焰有足够的长度，即煤粉在高温的炉膛内有足够的停留时间。煤粉气流一般在喷入炉膛 0.3～0.5m 处开始着火，到 1～2m 处大部分挥发分已析出燃尽，余下的焦炭则往往需 10～20m 处才能完全或接近完全燃烧。

采用粉煤燃烧法，最好使用挥发分较高的煤，这样可以借助于挥发分燃烧时放出的热量来促进炭粒的燃烧，有利于提高燃烧速度和完全燃烧程度，一般希望挥发分大于 20%。此外还需控制原煤的含水量一般不超过 3%～4%。

采用粉煤燃烧法，粉煤燃烧速度快，完全燃烧程度足够高，可以达到很高的炉膛温度，炉膛温度也容易调节，可以实现炉温自动控制，在动力锅炉和冶炼炉中有大量的应用。

2.4.6.3 液体燃料的异相燃烧

（1）液滴的燃烧过程及机理

液体燃料在炉内燃烧时，大多是要将燃料油雾化成细小的颗粒喷入炉内燃烧。因此，作为理论基础，研究某个油粒（油珠）的燃烧过程及燃烧速度是必要的。

当一个很小的油粒置于高温含氧介质中时，高温下将依次发生下列变化（参考图 2-53）。

① 蒸发 油粒受热后，表面开始蒸发，产生油蒸气。大多数油的沸点不高于 200℃，所以蒸发是在较低温度下开始进行的。

② 热解和裂化油及其蒸气 都是由碳氢化合物组成。它们在高温下若能以分子状态与氧分子接触，可以发生燃烧反应。但是若与氧接触之前便达到高温，则会发生热分解现象。油蒸气热解后产生固体碳和氢气。实际中燃油炉所见到的黑烟，便是火焰或烟气中含有热解而产生的"烟粒"（或称碳粒、油烟），但是这种烟粒并非纯碳，而尚含有少量的氢。

另外，尚未来得及蒸发的油粒本身，如果剧烈受热而达到较高温度，液体状态的油也发生裂化现象。裂化的结果，产生一些较轻的分子，呈气体状态从油粒中飞溅出来；剩下的较重的分子可能呈固态，即平常所说的焦粒或沥青。例如生产中重油烧嘴的"结焦"现象便是裂化的结果。

③ 着火燃烧　气体状态的碳氢化合物，包括油蒸气以及热解、裂化产生的气态产物，与氧分子接触且达到着火温度时，便开始剧烈的燃烧反应。这种气体状态的燃烧是主要的。此外，固体状态的烟粒、焦粒等在这种条件下也开始燃烧反应。

由图 2-53 可以知道，在含氧高温介质中，油蒸气及热解、裂化产物等可燃物不断向外扩散，氧分子不断向内扩散，两者混合达到化学当量比例时，即开始着火燃烧。燃烧后，便可产生一个燃烧前沿。在燃烧前沿处，温度是最高的。燃烧前沿面上所释放的热量，又向油粒传去，使油粒继续受热、蒸发……

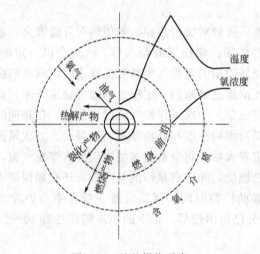

图 2-53　油粒燃烧示意

因此，油粒燃烧过程的特点就是存在着两个互相依存的过程，即一方面燃烧反应要由油的蒸发提供反应物质；另一方面，油的蒸发又要靠燃烧反应提供热量。在稳定态过程中，蒸发速度和燃烧速度是相等的。但是，当油的蒸气与氧的混合燃烧过程如果有条件强烈进行，即只要有蒸气存在，便能立即烧掉。那么，整个燃烧过程的速度就取决于油的蒸发速度。反之，如果相对来说，蒸发很快而蒸气的燃烧很慢，则整个过程的速度便取决于油蒸气的均相燃烧。所以，液体燃料的燃烧不仅包括均相燃烧过程，还包括对液粒表面的传热和传质过程。

根据理论分析，对初始半径为 r_0 的油粒，实现完全燃烧所需要的时间为：

$$\tau = \frac{\rho_0 \dfrac{L}{\lambda}}{2(T_1 - T_K)} r_0^2 \qquad (2\text{-}121)$$

式中，τ 为油粒完全燃烧所需时间，s；ρ_0 为油粒密度，kg/m^3；L 为油的蒸发潜热，kJ/kg；λ 为气体介质的导热系数，$W/(m \cdot K)$；r_0 为油粒初始半径，m；T_1 为介质的温度，K；T_K 为油的沸点温度，K。

式(2-121)表明，当油质一定时，油粒完全烧掉所需的时间与油粒半径的平方成正比。由此可知，油雾化越细，燃烧速度越快。此外，油粒燃烧速度与周围介质的温度有关，周围介质的温度越高，越有利于加速油的燃烧。因此，为了强化油的燃烧过程，除了要将油雾化成细小的颗粒外，还应该保证燃烧室的高温。

（2）液体燃料的雾化机理和雾化喷嘴

液体燃料的雾化是液体燃料喷雾燃烧过程的第一步。液体燃料雾化能增加燃料的比表面积、加速燃料的蒸发汽化和有利于燃料与空气的混合，从而保证燃料迅速而完全的燃烧。因此，雾化质量的好坏对液体燃料的燃烧过程起着决定性作用。

雾化过程就是把液体燃料碎裂成细小液滴群的过程。研究表明，液体燃料射流与周围的气体间的相对速度和雾化喷嘴前后的压力差是影响雾化过程的重要参数。压力差越大，相对速度越大，雾化过程进行得越快，液滴群尺寸也就越细。根据雾化理论的研究，雾化过程大致是按以下几个阶段进行的：a. 液体由喷嘴流出时形成液体柱或液膜；b. 由于液体射流本身的初始湍流以及周围气体对射流的作用（脉动、摩擦等），使液体表面产生弯曲波动；c. 在空气压力的作用下产生流体薄膜；d. 靠表面张力的作用，薄膜分裂成液滴；e. 在气动力作用下，大液滴进一步碎裂。

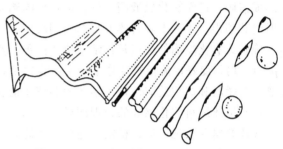

图 2-54 雾化过程示意

图 2-54 便是对雾化过程形象的描述。由此可以看出，雾化过程是外力（如冲击力、摩擦力等）和内力（黏性力、表面张力等）综合复杂作用的结果。当液体直径较大且飞行较快时，外力大于内力时，液滴即可分离成小液滴。如分裂出来的小液滴所受的力仍然是外力大于内力，则还可继续分裂下去。随着分裂过程的进行，液滴直径不断减小，质量和表面积也就不断减小，这就意味着外力不断减小，内力（表面张力）不断增加。最后内外力达到平衡时雾化过程就停止了。

在工程中强化液体燃料雾化的主要方法有：①提高液体燃料的喷射压力，压力越高，雾化越细；②降低液体燃料的黏度和表面张力，如提高燃油的温度可降低燃油的黏度与其表面张力；③提高液滴对空气的相对速度。另外增强液体本身的湍流扰动也可提高雾化效果。

液滴的雾化过程中，无论是液体的流出和薄膜的形成，还是克服表面张力而形成小颗粒，都是要消耗能量的。只有对体系做功，才能使液体雾化。根据雾化过程所消耗的能量来源，可以把雾化方法分为以下两大类。

① 气动式。主要靠附加介质的能量使液体雾化。这种附加介质称为"雾化剂"。实际常用的雾化剂是空气（或蒸汽）。

根据气体雾化剂压力的不同，气动式雾化喷嘴可分为低压喷嘴和高压喷嘴。低压喷嘴以空气作雾化介质，雾化剂压力为 3～12kPa。由于压力低，雾化介质消耗量较大，因此空气与液雾的混合条件好，燃烧速度快，火焰短，燃烧时噪音小，但单个低压喷嘴的容量不宜过大。高压喷嘴一般用压缩空气（0.3～0.7MPa）或蒸汽（0.3～1.2MPa）作雾化介质。由于压力高，雾化介质喷出速度接近声速或超过声速，噪音大；由于压力高，雾化介质用量少，因而液体雾化条件较差，空气与液流的混合条件也差，形成较长的火焰，因此一般适用于大型炉子。单个高压喷嘴的容量大，调节比大。

② 机械式。主要靠液体本身的压力把液体以高速喷入相对静止的空气中，称为压力式雾化；或借助旋转体的机械旋转方式使液体雾化，称为旋转式雾化。

压力式雾化方式常使用在发动机、燃气轮机以及锅炉和工业轮窑上，常采用离心式雾化喷嘴。其工作原理是：液体燃料在一定压力差作用下沿切向孔或槽进入喷嘴旋流室，在其中产生高速旋转获得转动量，这个转动量可以保持到喷嘴出口。当燃油流出孔口时，壁面约束突然消失，于是在离心力作用下射流迅速扩展，从而雾化成许多小液滴。离心式喷嘴与旋转空气射流相配合，可以获得良好的混合效果。

离心式雾化喷嘴具有的优点是：结构简单、紧凑；操作方便，不需要雾化介质；空气预热温度不受限制；噪声小。其缺点是：加工精度要求高；小容量喷嘴容易积炭堵塞；雾化细度受液压影响大，要求雾化得细，则油压要求高。

旋转式雾化喷嘴把液体燃料供给旋转体，借助于离心力以及周围空气的动力使液体雾化。旋转式雾化喷嘴大体分为旋转体形和旋转喷口形两种。旋转体形喷嘴使液体在旋转体表面形成液膜，进而雾化成液滴。旋转喷口形喷嘴是在旋转体上开设数个喷口，液体从喷口中呈射流状喷出。工程上旋转体形喷嘴应用较广。

旋转式雾化喷嘴的优点是：结构比较简单；雾化特性良好，平均颗粒较细（一般为45～50μm），均匀度好；流量密度分布均匀，雾化角大；火焰粗短，而且是旋转的，有利于炉内传热；对燃料和炉型适应性好；燃料的调节比值较大。其缺点是噪声和振动大。

（3）液体燃料雾化燃烧的合理配风

液体燃料要实现迅速、稳定、完全的燃烧，提高雾化质量是先决条件，而雾化后的燃料与空气流的良好混合，起着至关重要的作用。喷雾燃烧的合理配风就是合理组织空气流动，加速油雾和空气的混合过程，强化雾化燃烧以及提高燃烧完全程度。如果油雾与空气混合不好，即使雾化质量很高，也会使火焰拉长，并且容易产生不完全燃烧损失。

在喷雾燃烧过程中合理配风主要表现为通过配风强化着火前的液气混合，形成合适高温回流区和促进燃烧过程的液气混合。

强化着火前液气混合是因为油雾在缺氧、高温情况下，会发生热分解，产生难燃的炭黑。为了减少炭黑的形成，在喷嘴出口到着火之前必须有一部分空气与油雾先行混合，混合速度要尽可能快。形成合适的回流区，是为保证燃油雾滴的着火，因为高温回流区的大小和位置对着火燃烧有影响，如果回流区过大，一直伸展到喷口，则不仅容易烧坏烧嘴，而且对早期混合也不利，使燃烧恶化。反之，如果回流区太小，或位置太后，会使着火推迟，火焰拉长，不完全燃烧损失增加。促使燃烧过程的液气混合，避免发生热分解，产生不完全燃烧产物。为了使不完全燃烧产物在燃烧室内完全燃烧，不仅要求早期混合强烈，而且还要求整个火焰直至火焰尾部混合都强烈。

合适的配风量是减少燃烧污染产生和不完全燃烧损失的重要参数。在低氧燃烧技术中，实现油雾与空气的均匀良好混合，过量空气系数 α 一般保持在 $1.03～1.05$ 的范围。空气量过多，会产生较多的 SO_3 和 NO_x，造成低温腐蚀和大气污染；空气量偏少，就会产生炭黑和 CO、H_2 等不完全燃烧损失。

空气流的组织一般是通过调风器来实现的。调风器的功能是正确地组织配风，及时地供应燃烧所需空气量以及保证燃料与空气的充分混合。燃油通过中间的雾化器雾化成细雾喷入燃烧室（炉膛），空气（或经过预热的热空气）经风道从调风器四周切向进入。因为调风器是由一组可调节的叶片组成，且每个叶片都倾斜一定角度，故当气流通过调风器后就形成一股旋转气流。这时由雾化器喷出的雾状液滴在雾化器喷口外形成一股空心锥体射流，扩散到空气的旋流中去并与之混合、燃烧。由于气流的旋转，增大了喷射气流的扩展角和加强了油气的混合。叶片可调的目的是在运行中能借此来调节气流的旋转强度，以改变气流的扩展角，使与由雾化器喷出的燃油雾化角相配合，保证在不同工况下都能获得油与空气的良好混合。

调风器主要由调风器叶片和稳焰器两部分组成。调风器起着三项功能：与风箱配合在一起，使空气均匀分配，并可受到调节；使油雾和空气混合良好；使气流中间的火焰稳定。

2.4.7 火焰稳定的原理与方法

对于燃烧装置来说，不仅要保证燃料能顺利着火，而且还要求在着火后形成稳定火焰，不出现离焰、吹熄、脱火和回火等问题，从而具有稳定的燃烧过程。如果着火后的燃烧火焰时断时续，那么该燃烧装置就不具备实用价值。因此，如何保证火焰能稳定在某一位置，使已着火的燃料能持续稳定燃烧而不再熄火，是燃烧技术中一个十分关键的问题。

通常将火焰稳定分为两种：一种是低速气流情况下的火焰稳定，包括回火、脱火、吹熄等问题；另一种是高速气流下的火焰稳定。

2.4.7.1 火焰稳定的基本条件

(1) 一维管内火焰的稳定

假定可燃混合气以等速 w 在管内向前流动，如图 2-55 所示。如果火焰传播速度 v_L 与气流速度 w 相等，所形成的火焰前锋则会稳定在管道内某一位置上；如果 $v_L > w$，火焰前锋位置则会一直向可燃物的上游方向移动，从而发生回火；如果 $v_L < w$，火焰前锋位置则会一直向燃烧反应产物的下游方向移动，直至被可燃混合气吹走而熄灭。

由此可见，为了保证管中流动的可燃混合气能够连续稳定地燃烧，而不致产生回火或脱火问题，就要求火焰前锋稳定在某一位置上不动，即火焰传播速度与可燃混合气的流动速度两者方向相反，但大小相等，表达式为：

$$w = -v_L \tag{2-122}$$

式 (2-122) 即为一维管流火焰稳定的基本条件。

上述分析中，假定管内可燃混合气的流速是均匀的，则火焰前锋为一平面。但实际上管内流速并不均匀，而是呈抛物面分布，因而其火焰前锋呈抛物面状，如图 2-56 所示。此时火焰前锋各处的法向火焰传播速度并不相同。但火焰稳定的条件依然是：火焰前锋各处的法向火焰传播速度等于可燃混合气在火焰前锋法向的分速度。也就是说，假定流速 w 在垂直于焰锋表面的法向分速度为 w_n，火焰稳定的条件则为 $v_L = -w_n$。

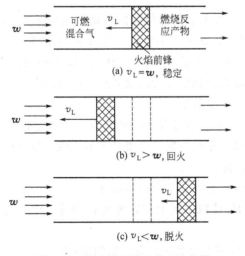

图 2-55 管内等速流动的火焰传播

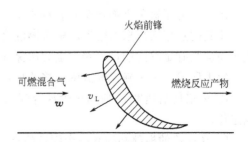

图 2-56 在管内传播的火焰前锋实际形状

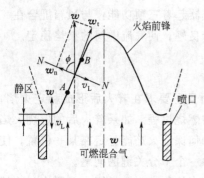

图 2-57 预混火焰的稳定

(2) 预混火焰稳定的特征和条件

可燃混合气由燃烧器喷口以流速 w 喷出并点燃后，将在喷口形成一位置稳定的曲面锥形火焰前锋，如图 2-57 所示。该火焰前锋的外形特征为：火焰顶部呈圆角形，而不是尖锥形；火焰根部不与喷口相重合，而存在一个向外突出的区域，且靠近壁面处有一段无火焰区域（静区或熄火区）。

可燃混合气以与火焰前锋表面法线方向成角度 ϕ 平行地流向焰锋，此流速 w 可分解为平行于火焰前锋的切向分速度 w_t 和垂直于火焰前锋的法向分速度 w_n。切向分速度 w_t 的存在是使火焰前锋沿其切向方向（A-B）移动，而法向分速度 w_n 则使火焰前锋沿其法向移动（N-N）。显然，为了维持火焰前锋的稳定，使其空间位置不动，则务必设法平衡 w_t 和 w_n 两个分量的影响。

平衡法向分速度 w_n，使火焰前锋不致沿 N-N 方向移动的必要条件，是可燃混合气的法向分速度 w_n 等于火焰传播速度 v_L，即

$$v_L = w_n = w\cos\phi \tag{2-123}$$

式中，ϕ 的变化范围为 $0° \leqslant \phi < 90°$。

若 $\phi = 0°$，即气流速度垂直于火焰锋面，则为平面火焰。平面火焰实际上极不稳定，气流速度只要稍微发生变化，即会破坏平衡条件，而使火焰发生变形。

若 $\phi = 90°$，即气流速度平行于火焰前锋，$v_L = 0$。可见，实际上不可能出现这样的情况。

因此，为了维持火焰的稳定，可燃混合气必须与火焰前锋的法向成一个小于 90° 的锐角 ϕ 流向火焰前锋，且必须满足余弦定律。

对于一定的可燃混合气，当 v_L 变化不大时，可认为 v_L 为常数。因此，在一定的气流速度变化范围内，随着气流速度 w 的增大，为维持火焰的稳定，火焰则会变得越来越细长（ϕ 增大）；反之，当 w 减小时，火焰则会变短（ϕ 减小）。也就是说，w 发生变化时，火焰前锋会调整其形状而在新的条件下稳定下来。

除了气流法向分速度 w_n 之外，切向分速度 w_t 对火焰前锋位置的移动影响也很大。w_t 力图使火焰前锋上的质点沿着焰面向 A-B 方向移动，从而不断将火焰前锋带离喷口。当气流速度增大时，切向速度增大，使火焰前锋表面上的质点向前移动。为了保证火焰的稳定，必须有另一质点补充到被移动点的位置，这对于远离火焰根部表面的质点是不成问题的；但火焰前锋根部的质点则将被新鲜气流带走，从而使火焰被吹灭。

因此，为了避免火焰被吹走，确保火焰稳定，在火焰的根部必须具有一个固定的点火源，不断地点燃火焰根部附近新鲜可燃混合气，以补充在根部被气流带走的质点。显然这个点火源应具有足够的能量，否则也无法保证火焰稳定。

综上所述，为了确保气流中火焰的稳定，必须具备以下两个基本条件。

① 火焰传播速度 v_L 应与可燃混合气在火焰前锋法线方向上的分速度 v_0 相等，即满足余弦定律。

② 在火焰的根部必须有一个固定的点火源，且该点火源应具有足够的能量。

实际上，对于预混可燃气体燃烧来说，在一定的气流速度范围内，在锥形火焰的根部存

在一个环形平面焰锋，悬浮于管口附近上方（即图 2-57 的静区的上方）。这个环形平面火焰起到了固定点火源的作用，因此称之为点火环或点火圈。点火环的形成机理比较复杂，概括地说是由于靠近射流壁面或边界面附近的气流速度及火焰传播速度分布不均匀造成的。而对于扩散燃烧，通常需要采取一些措施来构成强有力的点火热源，如燃烧通道做出突扩式使部分高温燃烧产物回流到火焰根部，采用带涡流稳定器或带点火环的烧嘴，在燃烧器上安装辅助性点火烧嘴或在烧嘴前方设置起点火作用的高温砌体等。

2.4.7.2　高速气流中火焰的稳定

一般来说，烃类燃料在空气中燃烧的层流火焰传播速度 v_L 大多小于 40cm/s，只有氢气在空气中燃烧时，其 v_L 可达到 315cm/s。烃类燃料在空气中的湍流火焰传播速度也仅在 100cm/s 左右。但在许多实际燃烧装置中，例如燃气轮机燃烧室中，其进口气流速度一般为 40m/s 左右，而在冲压式发动机燃烧室中，进入主燃烧室的气流速度可达到 60m/s，甚至更高。可见，实际燃烧装置中的气流速度比最大可能的湍流火焰传播速度要高出 10 倍以上。在这样高的气流速度下，火焰是难以稳定的。因此，必须在高速气流中采用某些特殊手段来稳定火焰。

火焰稳定的基本条件是在火焰根部产生稳定的点火源。因此要实现高速气流中火焰的稳定，就必须在气流中创造条件建立一个平衡点，以满足气流法向分速度 w_n 等于湍流火焰传播速度 v_T 的要求。通常是在气流速度场内人为地产生一个自偿性点火源，采用的手段主要有：利用引燃火焰（又称值班火焰），即在主气流旁引入小股低速气流，着火后不断引燃主气流；利用燃烧装置形状变化，如偏转射流（突然转弯）、壁面凹槽、突然扩张等改变气流方向的方法，形成回流区，以稳定火焰；利用金属棒（丝、环），把金属棒放在火焰上，以改变速度分布，起到稳定火焰的作用；采用稳焰旋流器，利用旋转射流，产生回流区，以稳定火焰；利用钝体，产生回流区，以稳定火焰。产生哪种方式稳定火焰，要由燃烧装置的用途、所用燃料的种类等各种因素来决定。

现以钝体稳定火焰为例来加以说明。采用钝体是最常用、最有效的稳定火焰的方法之一。钝体的形状很多，如圆形、平板、半圆锥体、V 形槽等。利用钝体稳定火焰就是靠形成稳定的回流区来实现的（如图 2-58）。

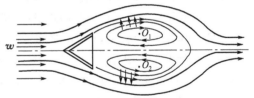

图 2-58　钝体火焰稳定器回流区的形成

图 2-59 和图 2-60 所示为 V 形钝体后回流区的气流结构。当高速气流流经钝体时，由于气体黏性力的作用，将钝体后面隐蔽区中的气流带走，形成局部低压区，从而使钝体下游处部分气流在压力差的作用下，以与主气流相反的流动方向流向钝体后的隐蔽区，以保持流动的连续性。这样，在钝体后方就产生了回流区。图 2-59 中 0-3-0 为各截面上轴向速度为 0 的点的连线，称为零速变线。L 为回流区长度，或称回流区特征长度。由零速变线以内的逆流区和以外的顺流区组成一个环流区，该环流区内通过湍流扩散进行强烈的质交换和热交换。

实验结果表明，在回流区内没有强烈的化学反应（即没有燃烧过程），其中仅充满着几乎完全燃烧的、高温的、组成均一的燃烧产物，其流向是逆向钝体，并依靠湍流扩散被带入新鲜可燃混合气的主气流中去。这种返流回钝体被湍流扩散带入新鲜可燃混合气的高温燃烧反应产物，能起到一个固定的连续点火源的作用，它加热并点燃了由钝体后缘流过的新鲜可

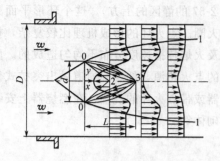
图 2-59 钝体火焰稳定器后回流区的气流结构

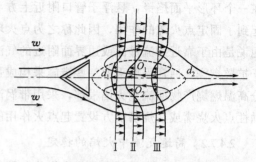
图 2-60 钝体火焰稳定器后的气流轴向速度分布

燃混合气。由于回流区的存在，回流旋涡将炽热的高温烟气带回钝体，使燃烧反应温度显著升高，火焰得以稳定在一个小区域内。

思考和练习

1. 简述生物质的主要化学组成及其特点。

2. 比较生物质与煤的工业分析与元素分析。

3. 什么是生物质燃料的低位热值和高位热值？如何换算？生物质的发热量受哪些因素的影响？

4. 生物质的化学组成有几种表示方法？有什么实际意义？如何换算？

5. 生物质的灰分有什么特点？

6. 计算 1kg 麦秆完全燃烧的理论空气量和理论烟气量以及燃烧过剩空气系数为 1.3 时的实际烟气量，已知麦秆的元素分析为 $C_{ar}=42.65\%$、$H_{ar}=5.04\%$、$O_{ar}=39.15\%$、$N_{ar}=0.1\%$、$S_{ar}=0.08\%$、$M_{ar}=10.25\%$。

7. 某燃气干成分为 CO—9.1%、H_2—57.3%、CH_4—26.0%、C_2H_4—2.5%、CO_2—3.0%、O_2—0.5%、N_2—1.6%，燃气温度为 20℃。用含氧量为 30% 的富氧空气燃烧，空气过剩系数 $\alpha=1.15$，试求：1）富氧空气消耗量 L_n（m^3/m^3）；2）燃烧产物成分及密度。

8. 已知某燃料含碳量为 C^y—80%，烟气成分经分析为（干成分）CO_2'—15%、CO'—3.83%，试计算其干燃烧产物生成量。

9. 如何检测计算燃烧装置的过剩空气系数？

10. 为什么生物质燃料燃烧烟气中 CO 浓度往往低于煤燃烧烟气中 CO 浓度？

11. 试解释质量作用定律。

12. 某一特定反应的活化能 E 与前置因子是如何得到的？

13. 分析影响燃烧反应速率的各种因素。

14. 何谓链式反应？链式反应主要分为几个阶段？各阶段的特点是什么？

15. 简述碳的燃烧反应机理。

16. 燃煤电厂烟气中的氮氧化物含量高于生物质直燃电厂，试解释其原因？

17. 热着火需要满足什么条件？热自燃与强迫点燃的区别是什么？

18. 影响自燃着火温度的主要因素有哪些？

19. 用着火理论解释生物质与煤着火难易程度存在差距的原因。

20. 影响理论燃烧温度的因素有哪些？计算燃料的理论燃烧温度有什么作用？

21. 采用富氧空气燃烧时，不同的燃料发热量和不同的富氧程度将产生的效果有何不同？为什么？

22. 已知某燃气的干成分为 CO—9.1%、H_2—57.3%、CH_4—26.0%、C_2H_4—2.5%、CO_2—3.0%、O_2—0.5%、N_2—1.6%，燃气温度为20℃，空气过剩系数 $\alpha=1.05$，空气预热温度400℃，求理论燃烧温度。

23. 某燃气的成分同上题，采用富氧空气燃烧，富氧程度为30%，空气过剩系数 $\alpha=1.1$，不预热，求理论燃烧温度。

24. 什么是火焰的正常传播？影响层流火焰传播速度的因素有哪些？

25. 分析层流火焰的基本结构。火焰颜色随燃料空气比有什么样的变化？为什么？

26. 试述预混火焰和扩散火焰的特点。

27. 预混火焰的长度与哪些因素有关？

28. 试述湍流火焰的特性。如何区别层流火焰和湍流火焰？

29. 影响湍流燃烧过程的因素有哪些？湍流为什么能够强化燃烧过程？

30. 根据均相火焰燃烧过程分析讨论强化燃气燃烧过程的途径。

31. 异相燃烧速度取决于哪些因素？何谓异相燃烧的动力区和扩散区？

32. 分析油粒燃烧过程及燃烧速度，讨论强化油燃烧过程的途径？

33. 分析生物质颗粒燃料的燃烧速度，讨论强化生物质颗粒燃料燃烧的途径。

34. 为什么要采用雾化喷嘴将燃油雾化后进行燃烧？如何防止燃油燃烧时冒黑烟？

35. 为什么适量的水分存在会促进生物质颗粒燃料的燃烧？

36. 生物质燃料燃烧和燃煤燃烧配风是否一样？为什么？

37. 试比较层状燃烧、沸腾燃烧、循环流化床燃烧和粉煤燃烧法。

38. 根据燃烧基本理论，分析提高生物质燃料着火和燃烧稳定性的措施？

39. 实现生物质燃料燃烧完全需要什么条件？

第**3**章
生物质直接燃烧发电技术

3.1 生物质直接燃烧发电工艺

　　生物质直接燃烧发电是将生物质燃料送入生物质锅炉中，利用生物质直接燃烧释放的热量产生蒸汽，在利用蒸汽推动汽轮机发电系统发电，在原理上与燃煤锅炉火力发电十分相似。

　　生物质直燃发电系统通常包括锅炉、汽轮机组、发电机及电气设备、燃料处理与输送系统、化学水处理系统和环保处理系统，其中锅炉、燃料处理与输送系统与常规火电厂有较大差异，其余部分与一般火力发电厂基本相同。图 3-1 给出了某生物质直燃发电厂的工艺流程图。

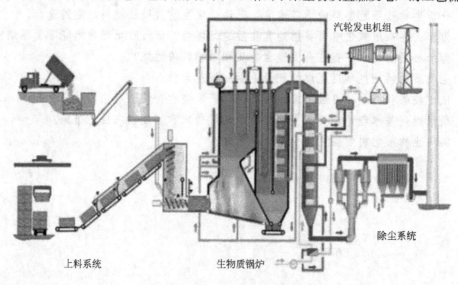

图 3-1　生物质直燃发电厂工艺流程

　　由图 3-1 可见，锅炉料仓中的燃料被螺旋给料机直接送入炉膛，燃料在振动炉排上边燃烧边移动，燃尽后的炉渣由渣斗排出。送风风机将助燃空气经空气预热器加热之后送入炉膛，保证燃料的完全燃烧，并形成高温烟气。高温烟气逐次通过过热器、省煤器、烟气冷却器，对烟道中的各受热面进行加热，然后进入除尘器除尘，达到国家排放标准后经排烟风机送入烟囱，排入大气。锅炉给水在汽包、下降管和水冷壁之间形成自然循环，汽包中的水经下降管分配到水冷壁中去，经过水冷壁的加热，形成汽水混合物，回到汽包后由汽水分离器出饱和蒸汽。饱和蒸汽依次经过四级过热器，并由减温器控制气温，最终成为符合汽轮机组要求的高温、高压蒸汽。蒸汽被送入汽轮机膨胀做功，推动汽轮机转子转动，汽轮机转子带动发电机，产生电负荷。做功结束的乏汽通过凝汽器凝结成水，再由凝结水泵加压送入低压加热器和除氧器，含氧量符合要求的水通过水泵和高压加热器被加压升温，形成锅炉给水。锅炉给水通过省煤器进入汽包，完成全厂的一个汽水循环。

3.2 生物质燃料的处理与输送系统

3.2.1 生物质燃料收集与储存

（1）收集方式

我国农作物秸秆量大、类多而且分散，依靠传统收集技术与手段，难以实现秸秆的快速收集，更难以满足工业化利用的规模、标准与持续性要求，如收集半径过小达不到规模化的需求，扩大收集半径又因长途运输或中间储存、防腐等问题增加成本。现阶段我国秸秆收集储运机械化整体水平还较低，已成为制约我国农作物秸秆规模化综合利用的瓶颈。

为提高秸秆的运输效率，可采用机械打捆的方式来提高秸秆的堆密度，最大可提高10倍。机械打捆机有圆形打捆机和方形打捆机。圆捆机的结构相对简单，体积较小，操作维修简单，采用间歇作业，生产效率较低，捆扎的圆捆密度较低。方捆机所打的捆密度较高，可连续作业，效率较高，但其结构复杂，制造成本高。

秸秆预处理可根据秸秆种类和过程经济性的不同选择适宜的方式，一般玉米秸秆、小麦秸秆、稻草等软质农作物秸秆在田间直接将其打成高密度的捆后再进行运输，而棉秆、大豆秸秆等硬质秸秆一般可将其粉碎后再进行运输。将秸秆进行田间直接压块，可大大提高运输和储存性能，直接运送至秸秆利用场所可以减少中间环节和成本，但是压块过程将显著提高秸秆的收购成本。田间秸秆收集过程可以由农户分散进行，也可以由专门收购商采用专门设备进行规模化的收集处理。

（2）燃料成本与收集半径

对生物质电厂来说，生物质燃料的成本是指原料达到生物质电厂所发生的所有费用，包括原料直接成本、收集成本、运输成本、储存及预处理成本。

直接成本是指生物质原料本身的价格。由于生物质原料种类复杂，因而其价格差别很大。直接成本受市场供求关系的影响较大，具有一定的波动性和周期性。

由于生物质分布比较分散，原料的收集是一项复杂的工作，收集费用在原料总成本中占有一定的比例，而且收集费用同所用设备、生物质种类及人工费用水平有很大关系。一般来说秸秆越分散、收集的方式越落后（机械设备效果越差）、收集半径越大，收集费用越高。

原料运输是生物质能利用过程中不可或缺的一个环节。运输费用同收集半径关系密切，收集半径越大，运输费用越高。由于生物质本身的密度和能量密度都较低，生物质原料的运输费用要高于煤的运输费用。生物质电厂的燃料运输费用是生物质电厂较大的一笔成本，建设生物质电厂需仔细核算运输费用。因此生物质电厂规模不宜过大，生物质原料的运输半径宜控制在50km以内，控制在15km以内经济性较好。

储存原料是为了保证系统正常连续运行。原料储存量与系统的规模有关，由于生物质密度低，其储存场地要求较大，相应的费用也随之增加。考虑到生物质原料的易燃性，防火措施要相应加强。储存费用主要包括场地租金、原料管理两部分。原料预处理是为了使原料符合系统的要求，其过程包括切碎、烘干等环节。不同原料的预处理费用差别较大。

以上各项成本应根据当地实际情况进行预测，每吨生物质原料的总成本一般不应超过当地煤炭（折合标准煤）价格的一半，否则，生物质电厂的经济性就不会好。

（3）生物质燃料的储存

根据国内外已投运生物质发电厂的情况，生物质燃料储存一般有以下两种模式。

① 设有厂内和厂外燃料存储点，优点是加大燃料可收集半径，燃料供应可靠性较高，对不同特性的燃料适应性较强，燃料收集方便；缺点是燃料组织的物流环节比较复杂，由于燃料需要中间转运，投资和运行费用较高，适用于燃料收集半径较大，厂内燃料场地较小的电厂，目前国内投产的生物质发电厂基本采用这种模式。

② 只在厂内设燃料储存点，燃料收集后直接运输进厂存储，优点是燃料组织的物流环节简单，料场投资和运行费用较低；缺点是由于受场地的限制，燃料的储存量较小，燃料供应的可靠性较低，适合于季节性不强、供应量相对稳定且能够常年持续收购的燃料。

厂内储存又分为露天储存和燃料棚储存两种方式。

① 露天料场主要作厂内中转料场，储存诸如树根、树枝、树皮等不易变质的硬质燃料，若作为储备料场时，在雨水较多的季节，应堆成斜顶形并采用帆布等遮盖，防止雨水大量渗入料堆，影响燃料的品质。软质秸秆一般季节性较强，供应量大的季节一般处于秋冬季节，雨水量较少，此时露天料场也可用于储存软质秸秆。

② 厂内一般设置燃料棚。厂内燃料棚可采用半封闭结构，存放经过破碎处理的成品燃料。燃料棚作为储备料场使用，主要用来堆放厂外收购来的不易腐烂变质的成品燃料。

3.2.2 生物质燃料的预处理

生物质燃料预处理是生物质利用的一个重要环节，生物质资源的品种多样性、性质复杂性以及外形差异性决定了生物质的利用过程中必须进行预处理。预处理技术即是为了满足工艺生产的需要而对生物质所做的技术处理，也是对天然生物质的一个提质处理。通过预处理后，改变了天然生物质的尺寸、密度、水分、成分以及一些化学特性等，合理的预处理将大大提高燃料的质量标准，直接影响到生物质的能量转化及应用。

生物质的预处理主要包括干燥、破碎、造粒和成型等。以下主要介绍干燥和破碎。

（1）生物质燃料的干燥

干燥是利用热能将物料中的水分蒸发排出，获得干物质的过程。生物质的种类、当地的气候条件、收获的时间和预处理方式的不同，生物质的水分差异较大。依据是否使用热源将生物质的干燥分为自然干燥和人工干燥。

1）自然干燥

自然干燥就是让原料暴露在大气中，通过自然风、太阳光照射等方式去除水分。这是最古老、最简单、最实用的一种生物质干燥方法。原料最终水分与当地的气候有直接关系，是由大气中水分含量决定的。

自然干燥不需要特殊的设备，成本低，但容易受自然气候条件的制约，劳动强度大、效率低，干燥后生物质的含水量难以控制。一般来说，如果没有特殊要求，对于生物质秸秆的干燥还是倾向于采用自然干燥。

2）人工干燥

人工干燥技术就是利用一定的干燥设备和热源，通过强制加热将生物质中的部分水分蒸发而干燥。与自然干燥不同，人工干燥需要很好地控制干燥温度。由于生物质的着火点较低，较高的干燥温度具有火灾隐患，干燥温度控制在100～130℃比较适宜。

人工干燥不受气候条件的影响，并可缩短干燥时间，但成本高。生物质在燃烧之前是否需要干燥并没有一定的要求，主要考虑燃料价格、系统功率和燃烧技术等相关因素。现在主要有流化床干燥技术、回转圆筒干燥技术、筒仓型干燥技术等，干燥热源可采用热烟气或水蒸气等。

① 流化床干燥技术。在流化床装置中，经过准确计算的热气流流经流化床的布风板后，穿过床内的物料，使物料颗粒悬浮于气流之中。这些呈流化状态的物料颗粒在流化床内均匀地混合，与气流充分接触，并发生强烈的传热与传质反应。流化床干燥装置热效率高，比较适合于流动性好、颗粒度不大（0.5～10mm）、密度适中的物料，如锯末、花生壳、稻壳及一些果壳等，但不适合于黏度高的物料。

② 回转圆筒干燥技术。回转圆筒干燥如图3-2所示，是由一个缓慢转动的圆柱形壳体组成，壳体倾斜，与水平面有较小的夹角，以利于物料的输送。湿物料由高端进入回转圆筒，被转动的筒壁上的抄板抄起到顶部落下，在下落过程中热风从物料表面穿过进行传热传质。物料在反复抄起落下的过程中，不断与热风接触、干燥，直至达到要求的水分后由低端排出。生物质物料在滚筒内的流速主要根据其含水量和颗粒度来决定。这种装置适应面比较广泛，要求物料具备较好的流动性，颗粒度范围为0.05～5mm，如一些粉料、稻壳、造纸废弃物及果壳等。

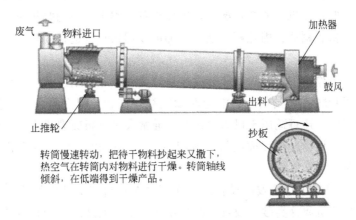

图3-2　回转圆筒干燥器结构示意

③ 筒仓型干燥技术。筒仓型干燥机的工艺流程如图3-3所示。筒仓型干燥技术比较简单，把原料堆积在筒仓内，利用热风炉的热风带走原料中的水分。原料在仓内相对静止。与其它干燥方法相比，其干燥效率较低，对原料水分的控制比较困难。现在常用的筒仓型干燥机不能连续进出料，这就影响了生产效率，但筒仓干燥机对原料的适应性好。

④ 带式干燥技术。带式干燥机的工作原理如图3-4所示。原料由进料器均匀地下落到输送带上，热烟气或热风经过输送带时与原料换热析出水分。输送带一般选用不锈钢丝网，传动电机带动网带移动，热风由网带底部吹入，经过料层使之析出水分。网带速度可根据进料水分、吸水量等参数进行调节。干燥段可根据需要布置若干小单元，热风在两个（或几个）单元内横向循环，降温后的热风再经换热器进行二次加热，再与物料进行换热。湿热空气由排气机排出。带式干燥机是批量生产用干燥设备，适用范围广，对于透气性好的片状、条状、颗粒状物料均适用。

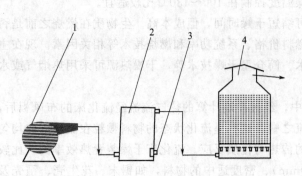 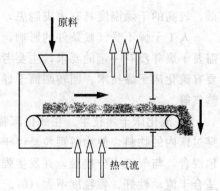

图 3-3 仓筒型干燥机的工艺流程   图 3-4 带式干燥机工作原理

1—鼓风机；2—热风炉；3—燃烧器；4—筒仓

（2）生物质燃料的破碎

生物质颗粒较大时既影响加料，燃烧时又不易燃尽，特别是流态化燃烧时难以流化起来，因此需要对大颗粒物料进行破碎。对于较软质的生物质通常采用切割的方法将之切碎，而对较硬质的生物质则采用粉碎的方法将之粉碎。

1）切割技术

生物质切割主要针对草本秸秆类生物质及一些细小木本类植物。用来切割生物质的设备被称为切割机，也叫切碎机。通常情况下，较软质草本类生物质切割机也就是人们常说的铡草机。玉米秸、麦秸、稻草、棉花秆、烟秆等都可以用切碎机进行处理。

2）粉碎技术

固体物质在外力作用下，由大块碎裂成小块或者细粉的操作，称为粉碎。物料粉碎后，表面积增大，使得物料在和其他物料混合时增大接触面积，混合更均匀。粉碎后颗粒度减小，便于储藏和运输，还可适用于风力输送等。通常大块物料破裂成小块，粒度在 1~5mm 以上的称为破碎；小块物料破裂成细粉，粒度在 1~5mm 以下的称为粉磨。常用的粉碎方法主要有以下几种。

① 挤压破碎 挤压破碎是破碎设备的工作部件对物料施加挤压作用，物料在压力作用下被破碎。颚式破碎机属这类破碎设备。物料在两个工作面之间受到相对缓慢的压力而被破碎。因为压力作用较缓和、均匀，故物料破碎过程较均匀。这种方法通常多用于脆性物料的粗碎。

② 挤压-剪切破碎 这是挤压和剪切两种基本破碎方法相结合的破碎方式，雷蒙磨及各种立式磨通常采用这种破碎方式。

③ 研磨-磨削破碎 研磨和磨削本质上均属剪切摩擦破碎，包括研磨介质对物料的破碎和物料相互间的摩擦作用。振动磨、搅拌磨以及球磨机的细磨仓等都是以此为主要原理。与施加强大破碎力的挤压和冲击破碎不同，研磨和磨削是靠研磨介质对物料颗粒表面的不断腐蚀而实现破碎的。因此有必要考虑研磨介质的物理性质、填充率、尺寸、形状及黏性等。

④ 冲击破碎 冲击破碎包括高速运动的破碎体对被破碎物料的冲击和高速运动的物料向固定壁或靶的冲击。这种破碎过程可在较短时间内发生多次冲击碰撞，每次冲击碰撞的破碎都是在瞬间完成的，破碎体与被破碎物料的动量交换非常迅速。

3.2.3 生物质燃料输送系统与给料方式

（1）生物质燃料输送系统

生物质燃料输送系统是指生物质发电厂内从卸料开始到将燃料送入锅炉料仓结束。由于生物质燃料自身特性，如密度、湿度和堆积角等参数和煤相比有特殊性，因此不能将燃煤锅炉的输煤系统直接应用到生物质电厂的燃料输送系统中。

生物质直燃电厂的燃料输送系统可分为灰色秸秆（木质）燃料输送系统和黄色秸秆燃料输送系统。

灰色秸秆（木质）燃料输送系统是指将燃料颗粒运输进电厂，从计量、卸料、储存、装载送料到炉前输送分配的整套系统，由计量系统、卸料系统、储料系统、送料系统、事故系统、辅助设施、附属系统等部分组成。按装载送料方式的不同，送料系统又分为斗式提升机加皮带式上料系统、一级皮带式上料系统和二级皮带式上料系统。由于一级皮带式上料系统和二级皮带式上料系统结构简单、维护方便、造价较低、适用性能好，目前国内生物质电厂一般采用一级或二级皮带式上料方式。

黄色秸秆输送系统是指将进电厂的黄色秸秆捆从计量、卸料、储存、装载送料到炉前输送分配的整套系统，包括自动控制桁架移动式取捆和装载上料成套设备、炉前草捆输送分配系统。由于国内农林生物质直燃发电厂大多引进国外成熟的生物质直燃发电锅炉系统，黄色秸秆燃料捆形尺寸和密度相对固定，因而国内外黄色秸秆直燃发电厂所需上料系统原理一致、结构相似。自动控制桁架移动式取捆和装载上料成套设备集计量、卸料、储存、装载送料功能于一体，炉前草捆输送分配系统采用链板式输送分配系统。

（2）给料方式

生物质燃料给料系统，是指从锅炉的料仓将燃料送入锅炉炉膛。生物质燃料给料方式主要有直接重力给料、气力输送给料、螺旋加料、活塞加料、往复式给料等。

生物质电厂给料方式的选择主要考虑以下因素。

① 所输送的物料量。

② 生物质燃料特性。

③ 所用热力流体的形式。

④ 结构的复杂程度。

一般地，重力给料方式适合于小而规则的生物质颗粒物料；对于颗粒非常小的粉状干燥物料则可以选择气力输送方式；对于不规则的物料，可选用活塞加料或往复式给料方式将之输入到炉膛。螺旋给料器靠管状螺旋推进粉粒体物料在管壳中前进形成料柱进行给料同时防止空气窜流，螺旋给料器可用于气力输送粉粒体物料的系统（风送系统），也可以用于一般的有压差的给料场合，对于黏稠或纤维状的物料则采用无轴螺旋结构。

图 3-5 为某生物质电厂容量为 130t/h 的生物质（秸秆）锅炉（振动炉排）的给料系统。通常秸秆在进厂之前已进行破碎。运载车辆进厂，经称重后，进入储料场卸料储存并混料。然后将卸料入料沟，卸料沟内设双列刮板输送机，刮板输送机将料刮到皮带输送机上，再经斗式提升机送至储料仓。厂内设储料仓，储料量应不低于锅炉 5 天的需要量。在储料仓上部，设有一条移动式配仓带，用于向储料仓布料；在料仓的底部设有直线型螺旋给料机用于给料。直线型螺旋给料机将料送至主厂房前的带式输送机上，再由斗式提升机送至炉前料仓。

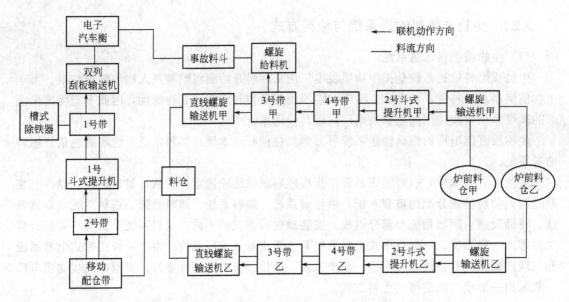

图 3-5　锅炉容量为 130t/h 秸秆直燃电厂的给料系统

经炉前的料仓，将燃料输送至锅炉主要通过螺旋给料实现，每一级螺旋给料机均保证将燃料连续均匀送给下一级螺旋给料器。最后一级螺旋给料器将燃料送入锅炉。三级给料共有两套系统，以确保锅炉的安全运行。由于秸秆的特点，料仓的下部应设有液压拨料机及电动卸料机，以保证均匀连续下料。

3.3　生物质燃烧锅炉系统

3.3.1　锅炉概论

锅炉就是将燃料在炉内燃烧释放出的热量，通过布置的受热面传递给水，产生规定参数（汽温、汽压）和品质蒸汽的一种装置。简而言之，锅炉设备的工作主要包括燃料燃烧和热量的传递，水的加热、蒸发、过热等几个过程。

3.3.1.1　锅炉的基本构成

锅炉设备由锅炉本体和辅助设备两大部分组成。图 3-6 为一链条锅炉结构示意图。下面通过图 3-1 和图 3-6 来介绍锅炉本体和辅助设备的组成。

（1）锅炉本体

锅炉本体是锅炉设备的主体，它包括"锅"本体和"炉"本体。

1）"锅"本体

"锅"即汽水系统，它的主要任务是吸收燃料燃烧放出的热量，使水蒸发并最后变成具有一定参数的过热蒸汽。它由省煤器、汽包、下降管、联箱、水冷壁、过热器、再热器等组成。

省煤器位于锅炉尾部烟道中，利用排烟余热加热给水，降低了排烟温度，提高效率，节约燃料，它通常由带鳍片（即肋片）的铸铁管组装而成，也可用钢管制作。

汽包位于锅炉顶部，是一个圆筒形的承压容器，其下部是水，上部是汽，它接收省煤器

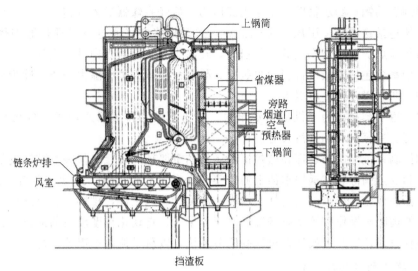

图 3-6 链条锅炉结构示意

的来水。同时汽包与下降管、联箱、水冷壁共同组成水循环回路。水在水冷壁中吸热生成的饱和蒸汽也汇集于汽包再供给过热器。

下降管是水冷壁的供水管，其作用是把汽包中的水引入下联箱再分配到各水冷壁管中，通常大型电厂锅炉的下降管在炉外集中布置。

联箱是一根直径较粗的管子，其作用是把下降管与水冷壁管连接在一起，以便起到汇集、混合、再分配工质的作用。

水冷壁是布置在锅炉炉膛四周炉墙上的蒸发受热面。饱和水在水冷壁管内吸收炉内高温火焰的射热量转变为汽水两相混合物，水冷壁通常采用外径为 $45\sim60mm$ 的无缝钢管和内螺纹管，材料为 20 号优质锅炉钢（20G）。

过热器的作用是将汽包来的饱和蒸汽加热成为合格温度和压力的过热蒸汽。

再热器的主要作用是将汽轮机中做过部分功的蒸汽再次进行加热升温，然后再送往汽轮机中继续做功，过热器和再热器是锅炉中金属壁温最高的受热面，常采用耐高温的合金钢蛇形管。

2）"炉"本体

"炉"即燃烧系统，它的任务是使燃料在炉内良好地燃烧，放出热量。它由炉膛、烟道、燃烧器及空气预热器等组成。

炉膛指的是一个由炉墙和四周水冷壁围成供燃料燃烧的空间。

燃烧器是主要的燃烧设备，其作用是把燃料和燃烧所需空气以一定速度喷入炉内使其在炉内良好地混合，以保证燃料着火和完全燃烧。

空气预热器是利用排烟余热加热入炉空气的装置，其整个结构为数量众多的钢管制成的管箱组合体，也可采用蓄热式的回转式空气预热器，燃烧所需的空气受到烟气加热，可改善燃烧条件。

（2）辅助设备

辅助系统包括给水系统、通风系统、除灰除尘系统、水管道系统、测量和控制系统等，各个辅助系统都配备有相应的附属设备和仪器仪表。

给水系统是由给水处理装置、水箱和给水泵等组成，水处理装置除去水中杂质，保证给水品质，处理后的锅炉给水借助给水泵提高压力，后经省煤器送入汽包。

通风系统包括送风机、引风机和烟囱等，送风机将空气通过空气预热器加热后送往锅炉，引风机将锅炉炉膛燃烧产生的烟气引出，经除尘系统后由烟囱排入大气。

除灰除尘系统包括除灰设备和除尘装置。除灰设备从锅炉中除去灰渣；除尘装置除去锅炉烟气中的飞灰，以改善环境卫生。

汽、水管道系统是指为了供应锅炉给水、输送蒸汽和排放污水而敷设的各种汽、水管道，如给水管、主蒸汽管和排污管等。

测量和控制系统是用来管理和监控锅炉运行的重要辅助装置。仪表及控制设备除了水位表、压力表和安全阀等装在锅炉本体上的监察仪表和安全附件外，还常装置有一系列指示、计算仪表和控制设备，如蒸汽流量计、水表、温度计、风压计、排烟二氧化碳指示仪，以及烟、风闸门的远距离操作和控制设备等，对于容量大、自动化程度较高的锅炉，还配置有给水、燃烧过程自动调节装置或计算机控制调节系统，以科学地监控锅炉运行。

3.3.1.2 锅炉的水循环方式

流经蒸发受热面的工质为水和汽的混合物。汽水混合物可能一次或者多次流经蒸发受热面，对于结构不同的锅炉，推动汽水混合物流动的方式也不一样，按此可把锅炉分为自然循环锅炉、强制循环锅炉和直流锅炉。图 3-7 所示为不同类型锅炉的示意。

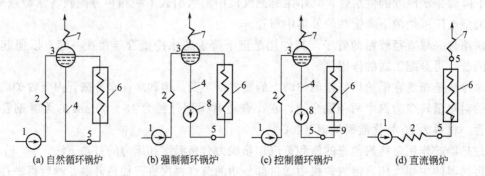

图 3-7　不同水循环类型锅炉的示意

1—给水泵；2—省煤器；3—汽包；4—下降管；5—联箱；6—蒸发受热面；

7—过热器；8—循环泵；9—节流圈

自然循环锅炉给水经给水泵送至省煤器，受热后进入汽包，并在汽包内进行汽水分离，水从汽包流向不受热的下降管，下降管的工质是单相的水。当水进入蒸发受热面后，因不断受热而使部分水变成蒸汽，故蒸发受热面内的工质为汽水混合物。由于汽水混合物的密度小于水的密度，因此下联箱的左右两侧因工质密度不同而形成压力差，推动蒸发受热面的汽水混合物向上流动。分离出的蒸汽由汽包顶部送至过热器，分离出来的水则和省煤器来的水混合后再次进入下降管，继续循环。这种循环流动完全是由于蒸发受热面受热而自然形成的，故称自然循环。每千克水每循环一次只有一部分转变为汽，或者说每千克水要循环几次才能完全汽化。循环水量要大于生成的蒸汽量，单位时间内的循环水量同生成汽量之比称为循环倍率。自然循环锅炉的循环倍率为 4～30。

如果在循环回路中加装循环水泵，就可以增强工质流动的推动力，这种流动方式称为强制循环。若强制循环锅炉在上升管入口加装节流圈，分配各管流量，则称为控制循环。在强制循环锅炉的循环回路中，循环流动压头要比自然循环时增强很多，故可以更自由地布置蒸发管。在自然循环锅炉中，为了维持受热蒸发管中工质的良好流动，常使蒸发管为垂直或近于垂直的布置，并使汽水混合物由下向上流动；但在强制循环锅炉中，蒸发管既可垂直也可水平布置，其中的汽水混合物既可向上也可向下流动，因而可更好地适应锅炉结构的要求。强制循环锅炉的循环倍率约为 3～10。

直流锅炉没有汽包，工质一次通过蒸发部分，即循环倍率为 1。直流锅炉的另一个特点是：在省煤器、蒸发部分和过热器之间没有固定不变的分界点，水在蒸发受热面中全部转变为蒸汽，沿工质整个行程的流动阻力均由给水泵来克服。

一般来讲，高压和超高压锅炉机组采用自然循环方式，亚临界压力锅炉大部分采用自然循环和强制循环，也有一部分采用直流锅炉。

3.3.1.3 锅炉规范、型号及分类

（1）锅炉规范

锅炉的规范通常包括锅炉容量、额定蒸汽压力、额定蒸汽温度和给水温度等参数，用以说明锅炉的基本特性。

锅炉容量即锅炉的蒸发量，是指锅炉每小时所产生的蒸汽量，用符号 D_e 表示，单位为 t/h。锅炉容量是说明锅炉产汽能力大小的特性数据。

额定蒸汽压力是指锅炉在规定的给水压力和负荷范围内，长期连续运行时应保证的出口蒸汽压力（绝对压力），用符号 p 表示，单位是 MPa；额定蒸汽温度是指锅炉在规定的负荷范围内，在额定蒸汽压力和额定给水温度下，长期运行所必须保证的出口蒸汽温度，用符号 t 表示，单位为℃。对产生饱和蒸汽的锅炉来说，一般只标明蒸汽压力；对生产过热蒸汽的锅炉，则需标明蒸汽压力和温度。对于装有再热器的锅炉，还应给出额定再热蒸汽参数。

锅炉给水温度是指给水在省煤器入口处的温度，用符号 t_{gs} 表示，单位为℃。

（2）锅炉型号

电厂锅炉的型号反映了锅炉的某些基本特征，我国锅炉目前采用三组或四组字码表示型号，表示形式如下：

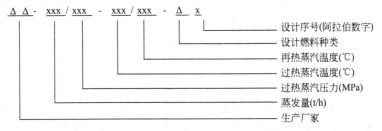

说明：（1）型号说明：第一组生产厂家是锅炉制造厂名称的汉语拼音写，HG 表示哈尔滨锅炉厂，SG 为上海锅炉厂，DG 为东方炉厂，WG 为武汉锅炉厂，BG 为北京锅炉厂；（2）如机组无再热器，第三组省略。

例如：DG670/13.7-540/540-5 型锅炉即表示东方锅炉厂制造，容量为 670t/h，过热蒸汽压力为 13.7MPa（表压），温度为 540℃，再热蒸汽温度为 540℃，设计序号为第五次的锅炉。

（3）锅炉分类

1）按用途分

① 电厂锅炉。产生的蒸汽主要用于发电的锅炉。

② 工业锅炉。蒸汽主要用于工业企业生产工艺过程以及采暖和生活用的锅炉，按照我国标准规定，工业锅炉的最大额定蒸汽压力为 2.45MPa（表压），最大容量为 65t/h。

③ 热水锅炉。产生热水供采暖、制冷和生活用的锅炉。

2）按锅炉容量分

按锅炉容量的大小，锅炉有大、中、小型之分，但它们之间没有固定、明确的分界。随着我国电力工业的发展，电站锅炉容量不断增大，大中小型锅炉的分界容量便不断变化，从当前情况来看，发电功率等于或大于 300MW 的锅炉才算是大型锅炉。

3）按锅炉的蒸汽压力分

按锅炉出口蒸汽压力，可将锅炉分为低压锅炉［出口蒸汽压力（表压，下同）不大于 2.45MPa］、中压锅炉（2.94～4.90MPa）、高压锅炉（7.84～10.8MPa）、超高压锅炉（11.8～14.7MPa）、亚临界压力锅炉（15.7～19.6MPa）、超临界压力锅炉（超过临界压力 22.1MPa）

低压锅炉主要用于工业锅炉，装机容量等于或大于 300MW 发电机组均采用亚临界压力和超临界压力的锅炉。

4）按锅炉的燃烧方式分

按锅炉的燃烧方式可分为层燃锅炉、室燃锅炉、沸腾锅炉、循环流化床锅炉。

3.3.1.4　电厂锅炉的主要特征指标

（1）锅炉运行的经济性指标

1）锅炉效率 η

锅炉效率（η）是指单位时间内锅炉有效利用热 Q_1 与所消耗燃料的输入热量 Q_r 的百分比，即

$$\eta = \frac{Q_1}{Q_r} \times 100\% \tag{3-1}$$

它是用来说明锅炉运行的热经济性的指标，锅炉的有效利用热是指单位时间内工质在锅炉中所吸收的热量，包括水和蒸汽吸收的热量及排污水和自用蒸汽所消耗的热量，而锅炉的输入热量是指随每千克或每立方米（标准状态下）燃料输入锅炉的总热量。

现代化大型电站锅炉的热效率都在 90% 以上，工业锅炉的热效率一般为 50%～80%。

2）锅炉净效率

只用锅炉效率来说明锅炉运行的经济性是不够的，因为锅炉效率只反映了燃烧和传热过程的完善程度，但从火电厂锅炉的作用看，只有供出的蒸汽和热量才是锅炉的有效产品，自用蒸汽消耗及排污水的吸热量并不向外供出，而是自身消耗或损失掉了，而且要使锅炉能正常运行，生产蒸汽，除使用燃料外，还要使其所有的辅助系统和附属设备正常运行，也都要消耗电力，因此锅炉运行的经济性指标，除锅炉效率外，还有一个锅炉净效率。

锅炉净效率是指扣除了锅炉机组运行时自用耗能（热耗和电耗）以后的锅炉效率。

锅炉净效率，可用下式计算：

$$\eta = \frac{Q_1}{Q_r + \sum Q_{zy} + \dfrac{b}{B} 29270 \sum P} \times 100\% \tag{3-2}$$

式中，B 为锅炉燃料消耗量，kg/h；Q_{zy} 为锅炉自用热耗，kJ/kg；$\sum P$ 为锅炉辅助设备实际消耗功率，kW；b 为电厂发电标准耗煤量，kg/(kW·h)。

（2）锅炉运行的安全性指标

锅炉运行的安全性指标，不能进行专门的测量，而用下列的间接指标来衡量。

1）锅炉连续运行小时数

锅炉连续运行小时数是指锅炉两次被迫停炉进行检修之间的运行小时数。

2）锅炉的可用率

锅炉的可用率是指在统计期间，锅炉总运行小时数及总备用小时数之和，与该统计期间总小时数的百分比，即：

$$可用率 = \frac{运行总小时数 + 总备用小时数}{统计期间总小时数} \times 100\% \qquad (3\text{-}3)$$

3）锅炉事故率

锅炉事故率是指在统计期间内，锅炉总事故停炉小时数，与总运行小时数和总事故停炉小时数的百分比，即：

$$事故率 = \frac{事故停炉总小时数}{总运行小时数 + 事故停炉总小时数} \times 100\% \qquad (3\text{-}4)$$

锅炉可用率和事故率的统计期间可以是一年或两年。连续运行时数越大，事故率越小、可用率、利用率越大，锅炉安全可靠性就越高。目前，我国大、中型电站锅炉的连续运行小时数在 5000h 以上，事故率约为 1%，平均可用率约为 90%。

3.3.2 锅炉燃烧设备

目前生物质直燃发电厂的锅炉型式主要为炉排锅炉和循环流化床锅炉，下面分别介绍这两种锅炉。

3.3.2.1 炉排锅炉

炉排锅炉采用的是层燃燃烧技术，炉排是其最为关键的部件。炉排锅炉技术成熟，结构简单，操作方便，投资和运行费用都相对比较低，可实现稳定燃烧，燃烧效率较高，负荷调节性大，特别是对燃料适用范围广，燃料无需复杂的预处理，燃烧烟气中飞灰含量少。

炉排锅炉的炉排按其运动与否，可分为固定炉排和活动炉排。固定倾斜炉排，炉排不能移动，燃料受重力而沿斜面下滑时燃烧，倾斜度是这种炉排的一个重要属性，其缺点主要是燃烧过程控制困难，燃料崩落、燃烧稳定性差等。活动炉排有很多种形式，炉排的布置、尺寸、形状随着燃料的水分、热值的差异以及制造厂的不同而不同。炉排有水平布置，也有呈倾斜面 15°~26° 布置。炉排可分为预热干燥段、燃烧段和燃尽段。炉排片通常由固定和运动炉排片相间布置，炉排片用铬钢浇铸精加工制成。炉排下部为宫式冷风槽道，一次风通过炉排片间隙进入燃料层，可对炉排片起到冷却作用。

下面介绍三种典型的炉排锅炉。

（1）链条炉

链条炉的基本结构如图 3-8 所示。炉排如同皮带运输机一样在炉内缓慢移动。燃料自料斗下落至炉排上，随炉排一起前进，空气自炉排下方自下而上引入。燃料在炉内受到辐射加热后，开始是烘干，并放出挥发物，继之着火燃烧和燃烬，灰渣则随炉排移动而被排出，以上各个阶段是沿炉长方向相继进行的，但又是同时发生的，所以炉内的燃烧过程不随时间而变，不存在燃烧过程的周期变化。

为适应燃料层沿炉排长度方向分阶段燃烧这一特点，可以把炉排下边的风室隔成几段，

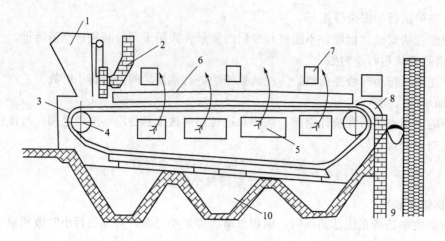

图 3-8　链条炉结构示意

1—料斗；2—闸门；3—炉排；4—主动链轮；5—分区送风仓；6—防渣板；
7—观火孔及检查门；8—挡渣器；9—渣斗；10—灰斗

各段都装有调节门，分段送风。通常沿炉排长度分为 4～6 段，每段风量可根据燃烧需要单独调节。

链条炉排上的燃料系单面引燃，着火条件比较差，燃料层本身没有自动扰动作用，因此燃料性质对链条炉排工作有很大影响。一般链条炉排对燃料有严格要求，燃料粒度不能过大和过小，以保证燃烬和减少漏料损失。炉排两侧装有防焦箱，内部通以冷却水，通常将其作为侧水冷壁的下集箱而纳入锅炉的水循环系统。装防焦箱的目的主要是为了保护炉墙，使之不受高温火床的磨损和侵蚀，其次可避免紧贴火床的侧墙部位黏结渣瘤，使燃料均匀布满火床面，防止炉排两侧出现严重漏风。

对链条炉而言，炉排两侧的密封问题须给予重视。由于链条炉排在不停地移动，炉排与静止框架间须留有一定的间隙，以防止制造时的尺寸偏差及受热时的元件变形等造成相互间的摩擦。但是，间隙的存在又为冷空气的漏入创造了条件。严重的漏风，不仅会降低炉膛温度，影响送风均匀性，还将提高过剩空气系数，增大排烟热损失，影响锅炉效率。

为改善生物质链条炉的燃烧，可从一次风合理配风、二次风优化配置以及炉拱的合理布置着手。

一次风的合理配风包含两个内容，即沿炉排长度的分段送风和沿炉排宽度的均匀送风。链条炉燃烧过程沿炉排长度分区段进行，各区段的空气需求量相差很大。前部的预热干燥段基本不需要空气或所需空气甚少，而中部的挥发分及焦炭燃烧区则需要大量空气，尾部燃尽区由于可燃物的急剧减少，所需空气量又大大下降。根据这种特点，将下部风室分隔成若干区段，依照实际需要，炉排下不同区段采取通过调节风门供给不同风量的送风方式。这样可以改善燃烧工况，降低不完全燃烧热损失。各个风室配风比例的确定，应先根据各燃烧区段的工作特点，全面分析不同配风比例对燃烧经济性及安全性的影响，然后从中得出比较合理的原则性配风方案，再由运行人员进行调试，最后确定最佳的配风比例。

由于分流压增和扩流压增的存在，沿炉排宽度方向的送风很不均匀，可分别采用双面送风、等压风室以及风室内加装挡板、导流板、节流隔板等方式来消除。

炉拱分前拱和后拱（图3-9）。前拱接收炉内高温火焰和燃料层的热辐射，吸收热量用于提高炉拱本身温度并重新辐射出去。这部分再辐射热量将集中投射到新燃料层上，促进燃料的迅速着火。前拱设计，应考虑具有足够的敞开开度，以便能从更多的空间范围内吸收辐射能量，提高炉温。前拱的形状应能使从后拱流出的高温烟气能够深入到前拱区域并形成强烈旋涡，这样就可以提高拱区及前拱温度，增强前拱辐射放热。前拱的边界尺寸也需慎重拟定，前拱过低不利于拱下空间进行有效的燃烧放热，对着火不利；前拱过高有可能使温度较低的拱区烟气辐射取代前拱的再辐射。前拱还应具有适当长度以增加覆盖新燃料层的辐射面积。

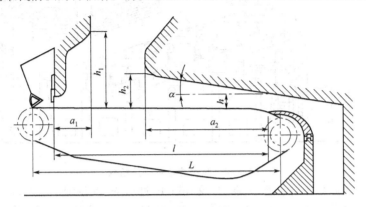

图 3-9　链条炉前后拱

a_1—前拱遮盖长度；h_1—前拱高度；a_2—后拱遮盖长度；h_2—后拱高度；
h—后拱至炉排面最小高度；α—后拱倾角；l—炉排有效长度；L—炉排跨度

后拱的主要功能是将大量高温烟气和炽热炭粒输送到主燃烧区和准备区，以保证那里的高温，使燃烧进一步强化，同时使前拱获得更高温度的辐射源，增强前拱的辐射引燃作用。后拱的另一功能是对燃尽区的保温促燃，以便最大限度地降低灰渣热损失。设计时应注意使前后拱配合形成炉膛中前部的缩口，在此位置，炉膛空间的大量挥发分、焦炭气化产物 CO 以及未燃尽燃料颗粒，与前后拱驱赶过来的充足空气进行强烈混合燃烧，提高燃尽效率并降低烟尘排放。后拱应具有足够的覆盖率、足够的容积高度，以保证空间燃烧及向燃尽区辐射换热的需要。

二次风是在燃烧层上部空间高速喷入，其目的是配合炉拱进一步扰动炉内气流，增强相互混合，以便在不提高过量空气系数的条件下减少化学不完全燃烧损失。布置在前后拱形成的缩口处的二次风，可造成炉内气流的旋涡流动，一方面延长悬浮颗粒在炉内的停留时间，另一方面又使被旋转气流分离出来的焦炭粒子甩向燃烧层，两种作用均促使残留焦炭的进一步燃尽。合理的二次风布置还可以改善炉内气流的充满度，控制燃烧中心的位置，减小炉膛死角的涡流区，从而防止炉内局部地区的结渣和积灰。对于高挥发分的生物质燃料，炉膛上部空间的气相燃烧占比较大，因此二次风量也应相应地提高。

（2）往复炉排炉

往复炉排炉主要由固定炉排片、活动炉排片、传动机构及往复机构等部分组成。图3-10为应用最为广泛的倾斜往复炉排炉示意。

活动炉排片的尾端卡在活动横梁上，其前端直接搭在与其相邻的下一级固定炉排片上，使整个炉排呈明显的阶梯状，并具有一定的倾斜角度，以方便燃料下行。各排活动横梁与两根槽钢连成一个整体，组成活动框架。当电动机驱动偏心轮并带动与框架相连的推拉杆时，活动炉排片便随活动框架做前后往复运动，运动的行程约为 30～100mm，往复频率为 1～5 次/min 左右，通过改变电动机转速来实现调整。固定炉排片的尾端卡在固定横梁上，与活

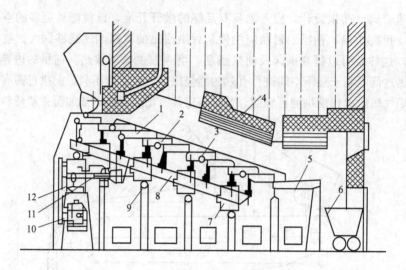

图 3-10　倾斜往复炉排炉结构

1—活动炉排；2—固定炉排；3—支承棒；4—炉拱；5—燃尽炉排；6—查斗；
7—固定梁；8—活动框架；9—滚轮；10—电动机；11—推拉杆；12—偏心轮

动炉排片相似，其前端也塔在与其相邻的下一级炉排片上，在炉排片的中间还搁置了支撑棒以减轻对活动炉排片的压力和往复运动造成的磨损。燃烧所需要的空气，可通过炉排片间的纵向间隙以及各层炉排片间的横向缝隙送入，炉排的通风截面比约为 7％～12％。在倾斜炉排的尾部，燃料经燃尽炉排落入灰渣坑。

　　往复炉排的燃烧过程与链条炉相似。燃料从料斗落下，经调节闸门进入炉内，调整燃料层厚度，在活动炉排的往复推饲作用下，燃料沿着倾斜炉排面由前向后缓慢移动，并依次经历预热干燥、挥发分析出并着火、焦炭燃烧和灰渣燃尽各个阶段，位于火床头部的新燃料，受到高温烟气及炉拱的辐射加热而着火燃烧。往复炉排区别于链条炉排的一个主要特点在于炉排与燃料之间有相对运动。由于活动炉排片的不断耙拨作用，使部分新燃料被推饲到下方已经着火燃烧的炽热火床上，着火条件大为改善。活动炉排在返回的过程中，又耙回一部分已经着火的炭粒至未燃料层的底部，成为底层燃料的着火热源。同时，燃料层因为受到耙拨而松动，增强了透气性，促进了燃烧床层扰动，而且焦块及燃料块外表面的灰壳也因挤压及翻动而被捣碎或脱落，这些均有利于燃烧的强化及燃尽。在运行中，往复炉排的给料量不仅可以通过闸门的高度来控制，还可以借助于活动炉排片的行程及频率的调节来改变。

　　由于往复炉排炉的燃烧过程依然是沿炉排长度方向分阶段进行的，因此沿炉排长度的分段送风还是必要的。一般正常运行时，炉排中段送风量最多，相应的风压也最高。前后段送风量较少，尤其是火床头部的燃料预热干燥区段。为了加强炉内气流的扰动及混合，往复炉排炉的炉膛内依然应布置前拱、后拱或中间挡火墙，并适当布置二次风，以改善火床头部燃料的着火条件，又可组织炉内气流合理地流动，使炉排前部产生的可燃气体流经高温燃烧区的上方，与燃尽区上升的过量空气良好混合而进一步燃尽。往复炉排炉的设计和布置与链条炉类似，分段送风、二次风布置、炉拱布置及尺寸可参考链条炉进行设计。

　　往复炉排炉的主要优点是：除火床头部外，燃料的着火基本上属双面引燃，比链条炉优越；燃料的适应性也比链条炉好，尤其对黏结性较强、含灰量较大并难以着火的劣质燃料；由于燃料层不断受到耙拨及松动，空气与燃料的接触大大加强，燃烧强度较高，若操作得当，还可望降低化学及机械不完全燃烧热损失。但是，往复炉排炉的活动炉排片的头部因不断把拨灼热的焦炭，容易被烧坏，同时由于结构上的原因，炉排两侧的漏风及漏料量均较大，火床不够平整。

（3）振动炉排炉

1）振动炉排的结构

图 3-11 为振动炉排结构示意。炉排呈水平布置，主要构件有激振器、上下框架、炉排片、弹簧板等。激振器是炉排的振源，依靠电动机带动偏心块旋转，从而驱使炉排振动。上框架为长方形，其横向焊有安装激振器用的大梁和一组平行布置的反"7"字横梁。炉排片用铸铁制成，通过弹簧和拉杆紧锁在相邻的两个反"7"字横梁上。上下框架由左右两列弹簧板连接，弹簧板与水平成 60°～70°夹角。弹簧板与下框架的联结有固定支点和活络支点两种。固定支点炉排的下框架通过地脚螺栓紧固在炉排基础上，活络支点振动炉排的弹簧板和下框架的连接是通过一个摆轴，使弹簧板能沿着炉排纵向摆动。在弹簧板上开有圆孔，减振弹簧螺杆穿过圆孔固定在下框架的支座上，螺杆上套有上、下两个弹簧，通过调节螺杆上的螺母，来改变弹簧对弹簧板的压紧程度，从而改变炉排的固有频率。活络支点联结对减振有一定的作用，并可调节炉排的振动幅度。

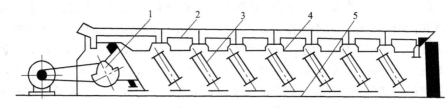

图 3-11 振动炉排结构

1—激振器；2—炉排片；3—弹簧板；4—上框架；5—下框架

2）振动炉排工作原理及燃烧过程

整个振动炉排可以看成一个弹性振动系统。当电动机带动偏心块旋转时，便产生一个垂直于弹簧板周期性变化的惯性分力。这个力驱动着上框架及其上的炉排片，以与水平面成 20°～30°角的方向往复振动。当弹簧板从最低位置向右上方运动到最高位置时，存在着先加速后减速两个过程。加速过程中，炉排上燃料压紧炉排片并不断地被加速，直至达到最大速度，这时由于向上的惯性分力消失，而在弹簧板反弹力作用下，炉排突然进入减速阶段。当减速运动的负加速度的垂直向下分量等于或大于重力加速度时，炉排上的燃料就会飘浮起来或脱离炉排面，并按原来的运动方向抛出。就在燃料飞行过程中，弹簧板已从最高位置回到最低位置，当燃料落到炉排面新的位置时，炉排又开始一个新的周期性的向上加速运动。这样循环下去，就形成了燃料在炉排面上的定向的微跃运动。由于炉排振动是间歇的，因此燃料也是间歇地微跃运动。

当炉排作微弱振动时，炉排减速运动过程的负加速度的垂直向下分量将小于重力加速度，这时燃料层不可能被抛起，但因燃料与炉排面的摩擦力减少，燃料将依原来的惯性向后滑移，此时炉排的振动就起不到对燃料层的拨火作用。然而，若炉排振动过分强烈，燃料层被明显抛起并在炉排上跳跃，将造成细颗粒大量飞扬，同时还会加剧炉墙与构架的振动。为了节约能耗，通常选择炉排的工作频率接近炉排固有频率，使炉排在共振状态下工作，此时炉排振幅最大，燃料层移动速度最快而电机能耗最小。振动炉排制造安装完毕之后，必须对炉排进行冷态调试，测出炉排共振频率，纠正燃料在炉排面上不正常的运动状态，然后才能投入热态运行。

振动炉排的燃烧过程与链条炉基本相似。燃料从炉排前料斗加入，经炉排振动带入炉膛，受到火床上部的辐射热，经过预热干燥、着火、燃烧和燃尽四个阶段，烧后的渣也因炉排振动而自动从尾部排入渣坑。燃烧中，一次风通过炉排面上布置的小孔从下部送入燃料床。振动炉排上燃料的着火也属单面着火，也需要采用分段送风、炉拱及二次风等措施。

与链条炉不同的是，振动炉排上的燃料层不是匀速前进的，在振动停止间歇时间内，料层是处于静止状态燃烧。为适应负荷高低而需要调整燃烧时，除像链条炉那样增减炉排速度和通风量之外，还可以靠振动持续时间和间歇时间长短的调节来实现。

振动炉排由于炉排振动而具有自动拨火功能，燃料颗粒在振动时上下翻滚，增加了与空气的接触，燃烧比链条炉强烈，炉排面积热负荷高于链条炉。同时，振动还阻止了较大结渣颗粒的形成，因此特别适合于秸秆、废木材等具有烧结和结渣倾向的燃料。

振动炉排结构简单，运动部件少，金属耗量低，单位投资和运行成本较低，保证了可靠性，但也存在着一些问题。炉排在高频振动下工作，如同一个振动筛将细颗粒筛了下来，漏料量较高。同时，炉排振动时，燃料层被周期性抛起，此时炉排上通风阻力最小，风速最大，燃料中细颗粒就被高速气流吹起，造成大量飞灰，飞灰含碳量高，并可能引起较高的CO排放，造成锅炉热效率偏低。振动炉排运行时，炉排片基本位置不变。燃烧旺盛区域的炉排片始终在高温下工作，由于炉排振动，炉排上燃料上下翻滚，没有一个灰渣垫，炉排片直接与红火接触，工作条件较为恶劣，导致炉排片变形，产生裂缝和烧坏堵孔等现象。炉排振动时，其通风阻力明显下降，造成送风量增加，炉膛内形成正压环境，使火焰从炉门间隙喷出，烧坏炉门，这可采用炉膛负压自动调节装置来解决。此外，炉排振动会带动锅炉房等其他设施振动，甚至发生共振，这是非常有害的，严重时会造成炉墙倒塌等事故。因此设计和调试时应将炉排共振频率与其他设施固有频率错开，并采用活络支点联结、装防振垫等减振措施。

3）水冷振动炉排

为了更好地发挥振动炉排的优势，而对其炉排片易烧坏及飞灰漏料严重等问题又能妥善解决，开发了水冷振动炉排和自动调风装置。配风自动调节装置解决了飞灰问题。振动前瞬间，风门挡板被自动关闭，使风量和风速下降，从而降低飞灰含量。水冷振动炉排是由管子及焊在管间的扁钢组成，实际上组成了一个膜式水冷壁，如图3-12所示。炉排属于锅炉水汽系统的一部分，通过灵活的连接管道与炉膛水冷壁连接以便于振动。炉排前后均有集箱，前后集箱分别通过上升管、下降管与锅筒相连，由水循环保证炉排的充分冷却。炉排管间的扁钢上开有细长通风孔，通风截面比仅约为2%，使漏料量大为降低。炉排具有一定的倾角，一方面可保证水循环的可靠性，另一方面为了便于炉排在轻微振动时，靠燃料自身平行炉排面的向下分力顺利地向后移动。为了避免炉排和其上燃料的重量加载在下降管和上升管上，炉排的后端架在固定但有弹性的立式金属板支座上，前端是架在可摆动的支座上。此外，炉排下部的风量隔板还起着支持炉排的作用。

水冷振动炉排采用非常少的运动部件，且驱动机构处于冷态环境，提高了炉排寿命，减

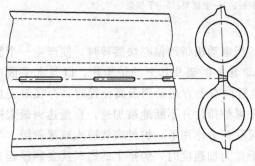

图 3-12　水冷振动炉排片

少了维护费用并获得较高的设备可靠性。同时，具有漏料量和飞灰量少，热效率高，炉排片寿命长等优点。

3.3.2.2　循环流化床锅炉

循环流化床锅炉除燃烧部分外，其他部分的受热面结构和布置方式与炉排锅炉大同小异。循环流化床锅炉的燃烧系统由燃烧室和布风板、飞灰分离装置、飞灰回送装置等组成，有的还布置外部流化床热交换器。图 3-13 为循环流化床锅炉燃烧与烟风流程示意。

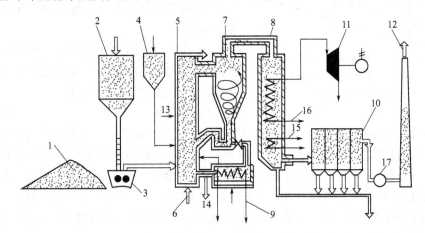

图 3-13　典型电站用循环流化床锅炉的工作系统

1—料场；2—燃料仓；3—燃料破碎机；4—石灰石仓；5—水冷壁；6—布风板下的空气入口；

7—旋风分离器；8—锅炉尾部烟道；9—外置式换热器的被加热工质入口；10—布袋除尘器；

11—汽轮机；12—烟囱；13—二次风入口；14—排渣管；15—省煤器；16—过热器；17—引风机

（1）燃烧室

循环流化床锅炉燃烧室的截面为矩形，其宽度一般为深度的 2 倍左右，下部为一倒锥形结构，底部为布风板。以二次风喷口为界，二次风喷口以下为循环流化床的密相区，颗粒浓度较大，是燃料着火和燃烧的主要区域，此区域的壁面上敷设耐热耐磨材料，并设置循环飞灰返料口、给料口、排渣口等。二次风喷口以上为稀相区，颗粒浓度较小，壁面上主要布置水冷壁受热面，也可布置过热蒸汽受热面，通常在炉膛上部空间布置悬挂式的屏式受热面，炉膛内维持微正压。

流化风（也称一次风，额定负荷下约占总风量的 40%～60%）经床底的布风板送入床层内，二次风风口布置在密相区和稀相区之间。炉膛出口处布置飞灰分离器，烟气中 95% 以上的飞灰被分离和收集下来，经飞灰回送装置返回炉膛。然后，烟气进入尾部对流受热面。

给料经过机械或气力输送的方式进入燃烧室，脱硫用的石灰石颗粒经单独的给料管采用气力输送的方式或与给料一起送入炉内，燃烧形成的灰渣经过布风板上或炉壁上的排渣口排出炉外。

（2）布风装置

流化床锅炉燃烧所需的空气供给系统由风机、风道、风室、布风板、调节挡板和测量装置组成。流化床锅炉采用的布风装置主要为风帽式布风装置。

图 3-14 给出了典型的风帽式布风装置结构。由风机送入的空气经位于布风板下部的风室通过风帽底部的通道，从风帽上部径向分布的小孔流出，由于小孔的总截面积远小于布风板面积，因此，气流在小孔出口处取得远大于按布风板面积计算的空塔气流速度。对布风装

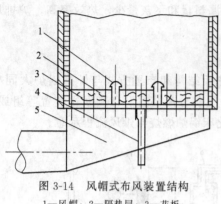

图 3-14　风帽式布风装置结构

1—风帽；2—隔热层；3—花板；

4—冷渣管；5—风室

置的性能要求有如下几点。

① 能均匀密集地分配气流，避免在布风板上面形成停滞区。

② 能使布风板上的床料与空气产生强烈的扰动和混合，要求风帽小孔出口气流具有较大的动能。

③ 具有合理的阻力，起到稳定床压和均匀流化的作用。

④ 具有足够的强度和刚度，能支承本身和床料的重量，压火时防止布风板受热变形，风帽不烧损，并考虑到检修清理方便。

1）布风板

布风板位于炉膛燃烧室的底部，实际上是一个其上布置有一定数量和型式的布风风帽的燃烧室底板，它将其下部的风室与炉膛隔开。它一方面起到将固体颗粒限制在炉膛布风板上，并对固体颗粒（床料）起支撑作用；另一方面，保证一次风穿过布风板进入炉膛达到对颗粒均匀流化。为了满足均匀、良好的流化，布风板必须具有足够的阻力压降，一般占烟风系统总压降的 30% 左右。目前，我国循环流化床锅炉常用的两种风帽型式是定向风帽（图 3-15）和钟罩式风帽（图 3-16）。

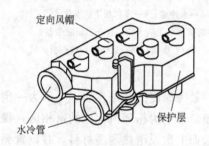

图 3-15　定向风帽

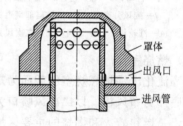

图 3-16　钟罩式风帽

在大容量循环流化床锅炉中，为防止布风板过热，均采用水冷布风板。风帽固定在水冷壁管之间的鳍片上，将整个风室设计成水冷结构，如图 3-17 所示。

2）耐火保护层

为避免布风板受热而绕曲变形，在花板上必须有一定厚度的耐火保护层，如图 3-18 所示。保护层厚度根据风帽的高度而定，一般为 100～150mm。风帽插入花板之后，花板自下而上涂上密封层、绝热层和耐火层，直到距风帽小孔中心线以下 15～20mm 处。这一距离不宜超过 20mm，否则运行中容易结渣，但也不宜离风帽小孔太近，以免堵塞小孔。

3）风室和风道

风室连接在布风板底下，起着稳压和均流的作用。目前，流化床锅炉中常采用等压风室，结构见图 3-19。其特点是具有倾斜底面，使风室内的静压沿深度保持不

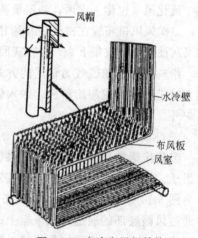

图 3-17　水冷布风板结构

变，有利于提高布风的均匀性。

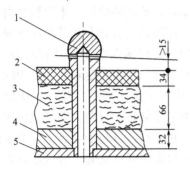

图 3-18 布风板保护层

1—风帽；2—耐火层；3—绝热层；

4—密封层；5—花板

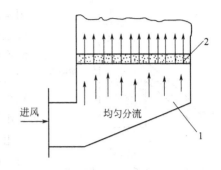

图 3-19 等压风室

1—风室；2—布风板

风道是连接风机与风室所必需的部件。气流通过风道时，必然因与风道壁面的摩擦、气流的转向及风道的截面变化等带来一系列的压降，这个压降与布风板的压降不同，后者是为维持稳定的流化床层所必需的，而风道压降则全然是一种损失。因此，在风道的布置过程当中，必需尽可能地设法减少风道中的压力损失，减少风机电耗。

（3）飞灰分离器

飞灰分离器是保证循环流化床锅炉固体颗粒物料可靠循环的关键部件之一，布置在炉膛出口的烟气通道上，工作温度接近炉膛温度。它将炉膛出口烟气携带的固体颗粒（灰粒、未燃尽的焦炭颗粒和未完全反应的脱硫吸收剂颗粒等）中的 95% 以上分离下来，再通过返料器送回炉膛进行循环燃烧，如图 3-20 所示。分离器的性能直接影响到炉内燃烧、脱硫与传热，循环流化床锅炉分离器的主要作用在于保证床内物料的正常循环，而不在于降低烟气中的飞灰浓度，分离器对某一粒径范围颗粒的分离效率必须满足锅炉循环倍率的要求。

高温旋风分离器使含灰气流在筒内快速旋转，固体颗粒在离心力和惯性力的作用下，逐渐贴近壁面并向下呈螺旋运动，被分离下来；烟气和无法分离下来的细小颗粒由中心筒排出，送入对流受热面。高温旋风分离器结构简单，分离效率高，是

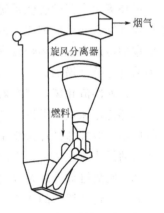

图 3-20 分离器与回料

目前最典型、应用最广、性能也最可靠的分离器，其典型结构分为以下两种。

① 耐火材料制成的高温旋风分离器　分离器内部有防磨层和绝热层。由于旋风分离器工作温度高，因此需较厚的耐火和保温层，相对来讲，热损失也较大。

② 水冷、汽冷高温旋风分离器　整个分离器设置在一个水冷或汽冷腔室内，此类分离器不需要很厚的隔热层，仅为防止飞灰的积累，在水冷壁的防磨层之间衬以少量的隔热材料，这样可以节省材料、降低热损失和缩短启动时间。但这种分离器在制造上相对复杂一些，造价昂贵。

（4）飞灰回送装置

飞灰回送装置又称返料器，其主要作用是将分离下来的飞灰由压力较低的分离器出口输送到压力较高的燃烧室，并防止燃烧室的烟气反窜进入分离器。

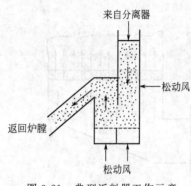

图 3-21　典型返料器工作示意

返料器一般由立管和阀两部分组成。立管的主要作用是防止气体反窜，形成足够的压差来克服分离器与炉膛之间的负压差，而阀则起着调节和开闭固体颗粒流动的作用。在各种类型的回送装置中，立管的差别不大，主要的差别是在阀的部分。由于返料器所处理的飞灰颗粒均处于较高温度（一般为 850℃左右），所以，无法采用任何机械式的输送装置。目前，循环流化床锅炉均采用自动调整型非机械阀。返料器相当于一个鼓泡流化床。固体颗粒由返料器料腿（立管）进入返料器，返料风将固体颗粒流化并经返料管溢流进入炉膛，如图 3-21 所示。由于分离器分离下来的固体颗粒的不断补充，从而构成了固体颗粒的循环回路。

在循环流化床锅炉中，物料循环量是设计和运行控制中的一个十分重要的参数，通常用循环倍率来衡量物料循环量，其定义为：

$$R = \frac{\text{循环物料量}}{\text{投料量}} \tag{3-5}$$

根据循环流化床锅炉设计时所选取的循环倍率的大小，可大致分为低倍率循环流化床锅炉（$R = 1 \sim 5$）、中倍率循环流化床锅炉（$R = 6 \sim 20$）、高倍率循环流化床锅炉（$R = 20 \sim 200$）。

循环流化床锅炉燃烧系统的主要特征在于飞灰颗粒离开炉膛出口后经物料分离装置和回送机构连续送回床层燃烧，由于颗粒的循环，使未燃尽颗粒处于循环燃烧中，因此，随着循环倍率的增加，会使燃烧效率增加。但另一方面，由于参与循环的颗粒物料量增加，系统的动力消耗也随之增加。

（5）外部流化床热交换器

循环流化床锅炉可以带有外置式热交换器（见图 3-13）。外置式热交换器的主要作用是控制床温，但并非循环流化床锅炉的必备部件。它将返料器中一部分循环颗粒分流进入内置受热面的低速流化床中，冷却后的循环颗粒再经过返料器送回炉膛。

（6）底渣排放处理系统

循环流化床锅炉的灰渣处理主要是指燃烧室底渣处理。在循环流化床的燃烧过程中，必须定期排出一些不适于构成床料的灰渣和杂质，以保证正常的流化状态。同时对应于锅炉的不同运行工况，也必须维持一定量的床内物料量，为防止床压过大，多余的物料也必须及时排出。

燃煤循环流化床锅炉的底渣量占锅炉总灰量的比例在 50% 以上，再加之脱硫所形成的额外排渣，因此，灰渣排放量要比煤粉炉大得多。同时，循环流化床锅炉的排渣具有灰渣流量不稳定、温度较高且波动大、热量回收价值高以及底渣颗粒不均匀等特点，并且底渣排渣不畅或受阻时，将影响锅炉的正常运行，因此对循环流化床锅炉底渣处理系统的要求比煤粉炉要高得多。底渣处理系统包括底渣的排放、冷却和热量回收、输送至灰场，其关键装备是底渣冷却器（也称为冷渣器）。

从炉膛内排出的底渣温度与炉膛内的温度相同，高温灰渣经排渣管直接送入冷渣器。经底渣冷却器出口放出的灰渣温度约为 150℃以下，再送入灰渣场。

目前，国内采用较多的冷渣器采取风水联合灰渣冷却的方式，具有热量回收、灰渣分选、细颗粒回炉等功能。

与其他燃烧方式的锅炉相比，循环流化床锅炉优点主要有：a. 可燃用的燃料范围宽；b. 燃烧稳定性好，燃烧效率高；c. 炉膛截面热负荷高，有利于发展大容量锅炉；d. 锅炉出力调节范围广，调节速度快；e. 氮氧化物排放量低；f. 脱硫效果好；g. 灰渣可进行多种综合利用。

生物质循环流化床锅炉设计时，在参照燃煤流化床锅炉设计的同时，必须注意生物质燃料的高挥发性、低密度、低灰熔点以及腐蚀、团聚倾向等特点。生物质循环流化床的燃烧温度应控制在 800～900℃，比燃煤流化床低 100～200℃。由于生物质燃料密度小且结构较为松散，在流化床内较高的气流速度下容易被吹起，甚至可能未燃尽即快速离开炉膛，因此应该注意给料方式和位置，以保证燃料在密相区域的停留时间和与炽热的床料的接触，以保证受热和着火。同时，还应注意生物质给料点处需要有一定的负压，以保证给料顺利和防止回火烧坏给料装置。生物质燃料挥发分高，同时生物质密度小极易被吹起至炉膛上部燃烧，因此应特别注重二次风在燃烧中的作用，可采用分层布置二次风口，增强炉膛内的扰动，保证燃料的充分燃烧，避免分离器内的再燃烧，以防止分离器内的结焦并妨碍回料，特定条件下可结合适宜的分离器冷却。

3.3.3　锅炉受热面

锅炉受热面通常是指接触火焰或烟气一侧的金属表面。电厂锅炉的受热面通常包括水冷壁、过热器、再热器、省煤器和空气预热器。

3.3.3.1　水冷壁

水冷壁是锅炉蒸发设备中唯一的受热面，它是由连续排列的管子组成的辐射传热平面，紧贴炉墙形成炉腔周壁。大容量的锅炉有的将部分水冷壁布置在炉膛中间，两面分别吸收烟气的辐射热，形成所谓的双面曝光水冷壁。水冷壁管进口由联箱连接，出口可以由联箱连接再通过导气管接于汽包，也可以直接连接于汽包。炉膛每侧水冷壁的进出口联箱分成数个，其个数由炉膛宽度和深度决定，每个联箱与其连接的水冷壁管组成一个水冷壁屏。

（1）水冷壁的作用

锅炉水冷壁具有如下作用。

① 炉膛中的高温火焰对水冷壁进行辐射传热，使水冷壁内的工质吸收热量后由水逐步变成汽水混合物，完成工质的蒸发过程。

② 在炉膛内敷设一定面积的水冷壁，大量吸收了高温烟气的热量，可使炉墙附近和炉膛出口处的烟温降低到灰的软化温度以下，防止炉墙和受热面结渣，提高锅炉运行的安全和可靠性。

③ 敷设水冷壁后，炉墙的内壁温度可大大降低，保护了炉墙且炉墙的厚度可以减小，简化了炉墙结构，为采用轻型炉墙创造了条件。

④ 由于辐射传热量与火焰热力学温度的四次方成正比，而对流传热量只与温差的一次方成正比，水冷壁是以辐射传热为主的蒸发受热面，且炉内火焰温度又很高，故采用水冷壁比用对流蒸发管束节省金属，从而使锅炉受热面的造价降低。

（2）水冷壁的类型及结构

水冷壁管大多使用 20G 无缝钢管，也有采用低合金钢，但对于超临界压力锅炉水冷壁，则采用受热性能更好的合金钢，如 13Crmo44、T91、NF616 等。水冷壁通常采用外 60 或

51 的无缝钢管。现代锅炉的水冷壁主要有光管式、膜式和销钉式三种类型。

1）光管水冷壁

用外形光滑的管子连续排列成平面形成水冷壁。水冷壁的结构要素有管子外径 d、管厚度、管中心节距 s 及管中心与炉墙内表面之间的距离 e，见图 3-22。

水冷壁管排列的疏密程度用管间相对节距 s/d 表示。一般光管式水冷壁 $s/d=1.05\sim$ 1.25。随着锅炉容量的增大，炉膛容积成正比增大，但炉壁面积的增长较少，要保证炉膛温度不致过高造成结渣必须增加水冷壁管的紧密程度，即选择较小的 s/d 值（一般在 $1\sim1.1$ 之间）。

管中心与炉墙内表面之间的相对距离 e/d 对水冷壁的吸热量与保护炉墙作用也有影响。e/d 较大时，炉墙内表面对管子背火面的辐射热增多，但对炉墙和固定水冷壁的拉杆的保护作用下降。

现代锅炉水冷壁管的一半被埋在炉墙里，使水冷壁与炉墙浇成一体，形成敷管式炉墙，如图 3-23 所示。由于炉墙温度低，所以炉墙做得较薄，既节省了材料，又减轻了重量，还便于采用悬挂结构。

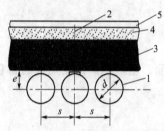

图 3-22 水冷壁结构要素

1—上升管；2—拉杆；3—耐火材料；
4—绝热材料；5—外壳

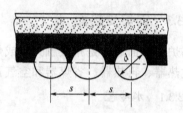

图 3-23 敷管式炉墙

2）销钉式水冷壁

销钉式水冷壁是在光管水冷壁的外侧焊接上很多圆柱形长度为 $20\sim25mm$、直径为 6mm 的销钉，并在有销钉的水冷壁上敷盖一层铬矿砂耐火材料，形成卫燃带，如图 3-24 所示。卫燃带的作用是在燃烧无烟煤、贫煤等着火困难的燃料时减少着火区域水冷壁吸热量，提高着火区域炉内温度，稳定着火和燃烧；对于液态排渣炉，由销钉式水冷壁构成的熔渣池使炉膛下部区域温度提高，便于顺利流渣。销钉可使铬矿砂与水冷壁牢固地连接，并可把铬矿砂外表面的热通过销钉传给水冷壁管内的工质，降低铬矿砂的温度，防止其温度过高而烧坏。

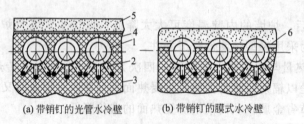

(a) 带销钉的光管水冷壁　　(b) 带销钉的膜式水冷壁

图 3-24 销钉式水冷壁

1—水冷壁管；2—销钉；3—耐火塑料层；
4—铬矿砂材料；5—绝热材料；6—扁钢

3）膜式水冷壁

现代大中型锅炉普遍采用膜式水冷壁，膜式水冷壁是由鳍片管焊接而成。鳍片管有两种类型：一种是在钢厂直接轧制而成，称轧制鳍片管，见图 3-25（a）；另一种是在光管之间焊接扁钢制成，称焊接鳍片管，见图 3-25（b）。

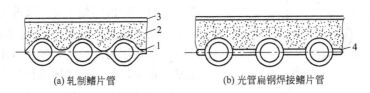

(a) 轧制鳍片管　　　　　　　　(b) 光管扁钢焊接鳍片管

图 3-25　膜式水冷壁

1—轧制鳍片管；2—绝热材料；3—外壳；4—扁钢

目前，国产超高压锅炉都采用轧制鳍片管焊接而成的膜式水冷壁，国产亚临界压力自然循环锅炉采用焊接鳍片管膜式水冷壁，鳍片扁钢厚 6mm、宽 12.6mm。焊接鳍片管的结构简单，但是每条扁钢有两条焊缝，焊接工作量大，焊接工艺要求也较高。较轧制钢鳍片管的制作工艺较为复杂。

膜式水冷壁的管间节距与锅炉压力、炉膛热负荷等因素有关，一般 s/d 为 1.2～1.5。膜式水冷壁按一定组件大小整焊成片，安装时组件与组件间焊接密封，使整个炉室形成一个长方形箱壳结构。

与其他结构形式的水冷壁相比，膜式水冷壁具有如下优点。

① 膜式水冷壁的炉腔具有良好的气密性，适用于正压或负压的炉腔，对于负压炉还能大大减少漏风，提高锅炉热效率。

② 对炉墙具有良好的保护作用。膜式水冷壁将炉墙与炉膛完全隔开，炉墙接受不到炉膛高温火焰的直接辐射，因而炉墙温度低，无需采用耐火材料，只需轻质的保温材料即可。这不仅使炉膛重量减轻很多，便于采用全悬吊结构，同时炉墙蓄热量明显减少，与采用耐火材料的光管水冷壁结构的炉墙相比，蓄热量可降低 75%～80%，加快了锅炉的启动和停运的速度。

③ 在相同的炉壁面积下，膜式水冷壁的辐射传热面积比一般光管水冷壁大，因而膜式水冷壁可节约管材。

④ 膜式水冷壁可在现场成片吊装，使安装工作量大大减少，加快了锅炉安装进度。

⑤ 膜式水冷壁能承受较大的侧向力，增加了抗炉膛爆炸的能力。

膜式水冷壁存在的缺点是制造、检修工作量大且工艺要求高。设计膜式水冷壁时必须有足够的膨胀延伸自由，还应保证入孔、检查孔、火焰观察孔等处的密封性。此外，为了防止管间产生过大的热应力，使管壁受到损坏，运行过程中要求相邻管间温差小，一般不应大于 50℃。

（3）水冷壁的布置

1）水冷壁的悬吊及热膨胀

一台锅炉的水冷壁管子的数量少则几百根，多则上千根。为了便于安装，水冷壁管进出口通过与上下联箱连接组合成多个水冷管屏组合件。由于水冷壁是一个庞大的组合体，要承担锅炉很大一部分热负荷，因此，必须注意它的热膨胀问题。水冷壁一般是上部固定，下部能自由膨胀。水冷壁的上联箱固定在支架上，下联箱则由水冷壁管悬挂着。

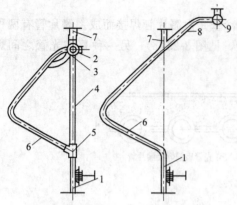

(a) 早期的折焰角结构　(b) 新型折焰角结构

图 3-26　折焰角结构

1—后墙水冷壁；2—中间联箱；3—节流孔板；
4—垂直短管；5—分叉管；6—折焰角；
7—悬吊管；8—水平烟道底部包墙管；
9—水平烟道底部包墙管联箱

2）折焰角

现代大容量高参数汽包锅炉后墙水冷壁的上部都将部分管子分叉弯制而成折焰角，如图 3-26 所示。采用折焰角既提高了火焰在炉内的充满度，改善了炉内燃烧工况，又改善了屏式过热器的空气动力特性，增加了横向冲刷作用；同时，延长了水平烟道的长度，便于对流式过热器和再热器的布置，使锅炉整体结构紧凑。

3）燃烧器区域水冷套结构

在炉内布置燃烧器的位置上，由让开燃烧器开孔的水冷壁管绕成的独立结构，称为水冷套，它兼有固定燃烧器和保护喷口免于烧坏而冷却喷口的双重作用。

4）双面曝光水冷壁

锅炉容量增加到一定程度后，炉壁面积有可能不能满足水冷壁管的敷设，则在炉腔中间沿深度方向布置 1～3 排双面曝光水冷壁。双面水冷壁将炉分为两部分，即成为双炉膛结构。HG670t/h、SG935t/h、SG1000t/h 锅炉上就采用了双面曝光水冷壁双炉膛结构。

3.3.3.2　过热器与再热器

（1）过热器和再热器的作用

过热器和再热器是锅炉受热面的重要组成部分。过热器的作用是将饱和蒸汽加热成具有一定温度的过热蒸汽的部件，再热器是将汽轮机高压缸的排气加热成具有一定温度的再热蒸汽的部件。

从电厂热力循环看，提高蒸汽的初参数（压力和温度），可提高电厂循环热效率。随着蒸汽压力的提高，要求相应提高蒸汽温度，否则在汽轮机末级叶片的蒸汽湿度会过高，影响汽轮机的工作安全性。过热蒸汽温度的提高，对过热器金属材质的要求也随之提高。受合金钢材高温强度的限制，目前绝大部分电厂锅炉的过热汽温仍保持在 540～570℃ 的范围内；若采用更高的温度，则经济上不合理。当过热蒸汽的压力达到超高压及以上时，540～570℃ 的过热蒸汽温度已不能保证膨胀终点的蒸汽湿度在允许的范围内，为避免汽轮机末级叶片湿度过大，超高压及以上压力的机组都采用了中间再热系统。

一般再热蒸汽压力为过热蒸汽压力的 20%～25%。采用蒸汽再热后，不但能将汽轮机末级蒸汽湿度控制在允许的范围内，而且还能进一步提高机组的循环热效率。一般采用一次再热系统可使电厂热效率提高 4%～6%。我国 125MW 以上的机组都采用一次中间再热系统。二次再热可使循环热效率再提高 2%，但系统复杂，目前国产机组尚未采用，但国外大容量机组已经采用。

（2）过热器和再热器的工作特点

由于过热器和再热器的管内流动的是高温蒸汽，管壁对蒸汽的对流表面传热系数较小，传热性能较差，蒸汽对管壁的冷却能力较低；同时，为保证合理的传热温差，过热器和再热器一般布置于烟温较高的区域，其管壁工作温度很高，因而过热器和再热器的工作环境是相当恶劣的；特别是再热器，因再热蒸汽压力低，其冷却管子的能力更差，所以如何使管子金属能长期安全工作就成为过热器和再热器设计和运行中的重要问题。为了尽量避免采用更高级别的合金钢，设计过热器和再热器时选用的管子金属几乎都工作于接近其温度的极限值。这时蒸汽若发生 $10\sim20℃$ 的超温也会使其许用应力下降很多。因此，在过热器和再热器的设计及运行中应注意如下问题。

① 运行中应保持汽温稳定。汽温的波动不应超过 $-10\sim+5℃$。

② 过热器和再热器要有可靠的调温手段，使运行工况在一定范围内变化时能维持额定的气温。

③ 尽量减少并联管间的热偏差。

（3）过热器和再热器的结构型式

过热器和再热器的型式较多，按照传热方式不同，过热器和再热器可分为对流、辐射及半辐射三种型式。受热面管子根据管内工质温度和所处区域热负荷的大小分别采用不同的材料和壁厚。在大型电站锅炉中通常采用上述三种型式的串级布置系统，如图 3-27 所示。

由于再热器的蒸汽压力低、比热容小，对热偏差敏感，在相同的热偏差条件下，再热器出口的温度偏差比过热器大，更容易引起管壁超温，因此，在结构设计、选材和布置时要考虑超温爆管问题。

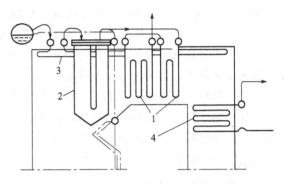

图 3-27　过热器与再热器的布置
1—对流式过热器；2—屏式半辐射式过热器；
3—炉顶辐射式过热器；4—再热器

对流式过热器和再热器布置在水平烟道或尾部竖井中，主要吸收烟气的对流放热量，是由进出口联箱及许多并列的蛇形管组成的。对流式过热器和再热器型式较多，按蒸汽和烟气的相对流动方向，可分为顺流、逆流及混合流三种方式。根据蛇形管的放置方式可分为立式和卧式两种；按蛇形管的排列方式可分为顺列和错列两种。

顺流式管壁温度最低，但传热温差小，相同传热量时所需受热面最多，故多应用于高温级受热面的高温段；逆流式则相反，管壁温度最高，传热温差最大，相同传热量时所需受热面最少，故多应用于低温级受热面；混合流式的受热面大小和壁温居于前两者之间，多应用于高温受热面。

蛇形管垂直放置时称为立式布置。立式布置时受热面通常布置在水平烟道内，其优点是受热面结构简单，吊挂方便，积灰少，缺点是停炉后产生的凝结水不易排除。蛇形管水平放置时称为卧式布置，卧式布置的过热器和再热器容易疏水，但支吊较复杂。

蛇形管组顺列布置传热系数小于错列布置，但错列布置比顺列布置管壁磨损严重。因此，要综合考虑确定。

蛇形管外径一般为 $32\sim57mm$，大容量锅炉采用的管径多为 51mm、54mm、57mm 等规格。

过热器和再热器的烟速要适当，过大则管子磨损严重，过小则传热系数小，受热面积灰增加。因此，对于布置在炉膛出口之后的水平烟道内的受热面，由于烟温高、灰粒较软，飞灰对受热面的磨损较轻，常采用 $10\sim15m/s$ 的烟速，以提高受热面的传热系数。当烟温降低到 $600\sim700℃$ 以下时，灰粒变硬，飞灰的磨损能力加剧，此时要限制烟气流速不大于

9m/s，但也要考虑防止堵灰，烟气流速不应小于 6m/s。

为了保证过热器和再热器管壁得到更好的冷却，管内工质应保证一定的质量流速，但流速增加使工质阻力增大。整个过热器的压力降应小于 10％工作压力，所以，对流换热器的质量流速一般控制在 800～1100kg/(m²·s)；对于再热器，为了减少压力降，一般要求不超过 0.2MPa，蒸汽的质量流速一般采用 250～400kg/(m²·s)。

图 3-28　用于再热器的纵向肋片管断面

为了强化传热，低温对流过热器可采用鳍片管或肋片管。对于再热器，可采用纵向内肋片管，如图 3-28 所示。

随着锅炉容量的增大和蒸汽压力的提高，水蒸发所需吸热量减少，而蒸汽过热吸热量增加，为降低炉膛出口温度，避免对流受热面结渣，必须把过热器和再热器布置在更高烟温区，以增加炉内吸热量，于是出现了辐射式和半辐射式的过热器和再热器。辐射式过热器和再热器主要以吸收炉膛辐射热为主，有屏式和墙式两种结构。半辐射式过热器或再热器布置在炉膛出口处，吸收炉膛中的辐射热和烟气的对流热，布置也采用挂屏形式，常称为后屏过热器。

顶棚过热器布置在炉膛顶部，一般采用膜式受热面结构。由于它处于炉膛顶部，热负荷较小，故吸热量较少。采用顶棚过热器的主要目的是用来构成轻型平炉顶结构，即在顶棚上直接敷设保温材料而构成炉顶，使炉顶结构简化。

3.3.3.3　省煤器

（1）省煤器的作用及种类

1）省煤器的作用

省煤器是汽水系统中的承压部件，其任务是利用锅炉尾部烟气的热量加热锅炉给水。锅炉采用省煤器后，会带来以下好处：

① 节省燃料。在锅炉尾部装设省煤器，利用给水吸收烟气热量，可降低排烟温度，减少排烟热损失，提高锅炉效率，因而节省燃料。省煤器的名称也由此而来。

② 改善汽包工作条件。由于采用省煤器，提高了进入汽包的给水温度，减少了汽包壁与进水之间的温度差，也就减少了因温差而引起的热应力。

③ 降低了锅炉造价。由于给水进入蒸发受热面之前，先在省煤器中加热，这样减少了水在蒸发受热面中的吸热量。这就由管径较小、管壁较薄、价格较低的省煤器受热面代替了部分管径较大、管壁较厚、价格较高的蒸发受热面，从而降低了锅炉造价。

2）省煤器的种类

省煤器按使用材料可分为铸铁省煤器和钢管省煤器。铸铁省煤器强度低，不能承受高压，但耐磨耐腐蚀性较好，通常用在小容量锅炉上。目前，大中容量锅炉广泛采用钢管省煤器，其优点是强度高，能承受冲击，工作可靠；同时传热性能好，重量轻，体积小，价格低廉；缺点是耐磨耐腐蚀性较差。

省煤器按出口水温可分为沸腾式省煤器和非沸腾式省煤器。在沸腾式省煤器中，其出口水温不仅可达到饱和温度，而且可使部分水汽化，汽化水量一般约占给水量的 10％～15％，最多不超过 20％，以免省煤器中介质的流动阻力过大。在非沸腾式省煤器中，其出口水温低于该压力下的饱和点，一般低于饱和点 20～25℃。

对于中压锅炉，由于水的汽化潜热较大，而液相加热到饱和温度所需预热热较少，为减少蒸发受热面的吸热量，防止炉内温度过低影响燃烧稳定性，通常采用沸腾式省煤器，即由省煤器承担一部分炉水蒸发的任务。而随着压力的提高，水的汽化潜热减少，液相加热到饱和温度所需预热热量增大，故需把水的部分加热过程转移到炉内水冷壁管中进行，以防止炉膛出口烟温过高，引起炉内及炉膛出口的受热面结渣，所以高压及以上锅炉的省煤器一般采用非沸腾式。

（2）钢管式省煤器

1）钢管式省煤器的结构

钢管式省煤器是由许多并列的管径为 42～51mm 的蛇形管与进、出口联箱组成，如图 3-29 所示。为使省煤器受热面结构紧凑，应力求减小管间距。省煤器管束的纵向节距 s_2 受管子的最小弯曲半径的限制。当管子弯曲时，弯头的外侧管壁将变薄。弯曲半径愈小，外壁就愈薄，管壁强度降低的就愈多。通常，采用错列布置时，取用 $s_1/d=2\sim2.5$，$s_2/d=1\sim1.5$；采用顺列布置时，$s_1/d=2\sim2.5$，$s_2/d=2$。

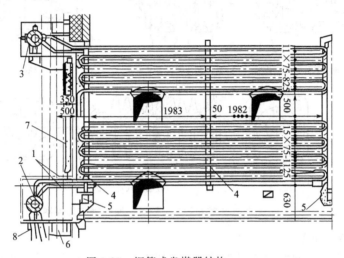

图 3-29　钢管式省煤器结构

1—蛇形管；2—进口联箱；3—出口联箱；4—支架；5—支撑架；6—锅炉钢架；7—炉墙；8—进水管

为便于检修，省煤器管组的高度是有限制的。当管子为紧密布置（$s_2/d\leqslant1.5$）时，管组的高度不得大于 1m；布置较稀时，则不得大于 1.5m。如果省煤器受热面较多，沿烟气行程的高度较大时，就应将它分成几个管组，管组之间留有高度不小于 600～800mm 的空间。省煤器和其相邻的空气预热器间的空间高度应不小于 800～1000mm，以便进行检修和清除受热面上的积灰。

省煤器一般多卧式布置在尾部烟道中，这既有利于停炉排除积水，减轻停炉期间的腐蚀；也有利于改善传热，节约金属。其工作原理是水在蛇形管内自下而上流动，烟气在管外自上而下横向冲刷管壁，以实现烟气与给水之间的热量交换。这种换热方式，由于水在蛇形管内自下而上流动便于排除空气。从而避免引起局部的氧气腐蚀。烟气在管外自上而下流动，这不但有助于吹灰，还使烟气与水呈逆向流动，从而增大传热平均温差，有利于对流传热。

大部分的省煤器都采用光管式受热面，但为了增强传热并提高结构的紧凑性，有相当部分锅炉的省煤器则采用了鳍片管、肋片管、膜式受热面等的结构，如图 3-30 所示。在金属耗量相等，且通风耗能量也相等的情况下，焊有矩形鳍片的受热面体积要比光管受热面的体积小 25%～30%，而采用轧制鳍片管的省煤器，其外形尺寸可缩小 40%～50%。膜式省煤器的受热面是由在蛇形管直段部分焊有连续的扁钢条制作而成，扁钢条的厚度为 2～3mm。膜式省煤器的传热效果比光管省煤器好，且在同样传热情况下，金属耗量少，运行中可靠性也相对较高。肋片管式省煤器是在光管的外表面焊上环状或螺旋状肋片而制成的。这类省煤器传热面积增加幅度比鳍片和膜片式大、传热系数高，但当燃料灰分黏结性较强时，易出现堵灰现象，一般可用于灰分不黏结的燃料。

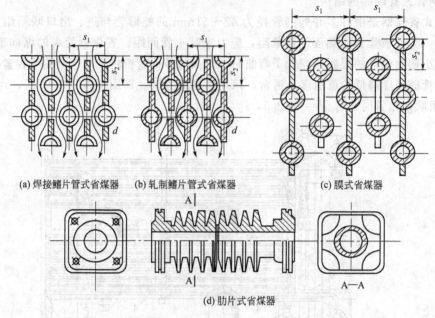

(a) 焊接鳍片管式省煤器　(b) 轧制鳍片管式省煤器　(c) 膜式省煤器

(d) 肋片式省煤器

图 3-30　鳍片管式、膜式、肋片管式省煤器

2）省煤器的布置

省煤器蛇形管一般卧式错列布置在尾部烟道中，错列布置传热效果好、结构紧凑，但磨损严重，吹灰困难，按照蛇形管放置的方向不同，可分为纵向布置和横向布置两种。

纵向布置是指蛇形管放置方向与锅炉的前后墙垂直，如图 3-31(a) 所示。此种布置的特点是由于尾部烟道的宽度大于深度，所以管子较短，支吊比较简单，且平行工作的管子数目较多，因而水的流速较低，流动阻力较小。但这种布置的全部蛇形管都要穿过烟道后墙，从减小飞灰磨损的角度来看是不利的，这是由于烟气从水平烟道流入尾部烟道时，因转弯产生的离心力使烟气中大灰粒多集中在靠近烟道后墙的一侧，这就造成了全部蛇形管局部磨损严重，检修时需要更换全部磨损管段。

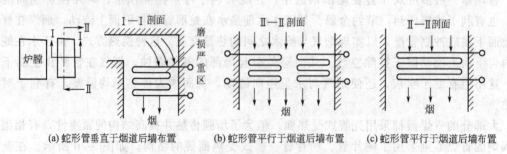

(a) 蛇形管垂直于烟道后墙布置　　(b) 蛇形管平行于烟道后墙布置　　(c) 蛇形管平行于烟道后墙布置

图 3-31　省煤器蛇形管在烟道中的放置方式

横向布置是蛇形管放置方向与锅炉后墙平行，如图 3-31(c) 所示。此种布置的特点是平

行工作的管数少，因而水速高，流动阻力大，且管子较长，支吊比较复杂，但因其只有少数几根蛇形管靠近后墙，从而使管子所遭受的磨损仅局限于靠近烟道后墙的几根管子，因而防护和维修比较简便。为了改进这种布置方式因水速高而导致流动阻力过大的缺点，可以采用双管圈或双面进水，如图 3-31（b）所示。此种布置方式在燃煤锅炉中得到广泛采用，燃油炉和燃气炉不存在飞灰磨损问题，省煤器的布置主要取决于水速条件。

3）省煤器的支吊

省煤器的支吊方式有支承结构与悬吊结构两种，中小型锅炉省煤器采用支承结构，支承在支持横梁上，支持横梁则与锅炉钢架相连接。由于支持横梁位于烟道内，受到烟气加热，为避免过热，多将支持梁做成空心，中间通空气冷却，外部用绝热材料包裹，以防变形和烧坏。固定支架还能使蛇形管间保持一定的距离。

大型锅炉的省煤器大多数采用悬吊结构。此时联箱被安放在烟道中间，用于吊挂或支架省煤器管。一般省煤器的出口联箱引出管就是悬吊管，用省煤器出口给水来进行冷却，故工作可靠。而联箱放在烟道内的最大优点是大大减少了因蛇形管穿墙而造成的漏风，但也给检修带来了不便。

（3）省煤器的启动保护

在锅炉启动初期，省煤器常常是间断给水，当停止给水时，省煤器中的水处于不流动状态，这时由于高温烟气的不断加热，会使部分水汽化，生成的蒸汽就会附着在管壁上或集结在省煤器上段，造成管壁超温烧坏。因此，省煤器在启动时应进行保护。

一般的保护方法是在省煤器进口与汽包下部之间装有不受热的再循环管，如图 3-32 所示。利用再循环管与省煤器中工质的密度差，使省煤器中的水不断循环流动，管壁也因而不断得到冷却而不被烧坏。正常运行时，应关闭省煤器再循环门，避免给水由再循环管短路进入汽包导致省煤器缺水烧坏，同时大量给水冲入汽包，还会引起水面波动，使蒸汽品质恶化。

用再循环管保护省煤器时，存在的问题是循环压头低，不易建立良好的流动工况。因此，有的锅炉在省煤器出口与除氧器或疏水箱之间装有一根带阀门的再循环管，如图 3-33 所示。当汽包不进水时，用阀门切换，使流经省煤器的水回到除氧器或疏水箱。这样在整个启动过程中可保持省煤器不断进水，以达到启动过程中保护省煤器的目的。

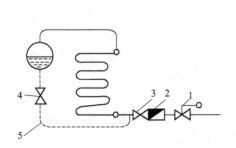

图 3-32 省煤器的再循环管

1—自动调节阀；2—止回阀；3—进口阀；

4—再循环阀；5—再循环管；

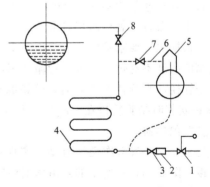

图 3-33 省煤器与除氧器间的再循环管

1—自动调节阀；2—止回阀；3—进口阀；

4—省煤器；5—除氧器；6—再循环管；

7—再循环阀；8—出口阀

3.3.3.4　空气预热器

(1) 空气预热器的作用及分类

空气预热器是锅炉烟气流程中的最后一个受热面,其任务是利用锅炉尾部烟气的热量加热燃料燃烧所需的空气。空气预热器对锅炉的作用体现在以下几方面。

① 进一步降低烟气温度,提高锅炉效率,节省燃料。计算表明,排烟温度每降低15℃,可使锅炉热效率提高约1%。

② 改善燃料的着火与燃烧条件,降低不完全燃烧热损失,进一步提高锅炉热效率。

③ 节约金属,降低造价,由于炉膛温度提高,因而强化了炉内的辐射换热,在一定的蒸发量下,炉内水冷壁可以布置得少一些,这就节约了金属,降低了锅炉造价。

④ 改善引风机工作条件。降低排烟温度可改善引风机工作条件,同时降低引风机电耗。

由于锅炉装设空气预热器会带来以上好处,它已是现代锅炉不可缺少的部件。

现代锅炉的空气预热器按照换热方式不同可分为三大类:传热式、蓄热式和热管式。在传热式空气预热器中,热量是连续地通过传热面由烟气传递给空气,且烟气和空气有各自的通路。在蓄热式空气预热器中,烟气和空气交替地通过受热面。当烟气通过受热面时,热量由烟气传给受热面金属,并被金属蓄积起来,然后使空气通过受热面,金属就将蓄积的热量传递给空气。受热面金属被周期性地加热和冷却,热量也就周期性地由烟气传给空气。热管式空气预热器是近年来开发的新设备,其基本原理是利用管内工质的相变,实现能量由高温向低温的有效转移。热管式空气预热器可实现小温差传热,传热效率高,结构紧凑,流动阻力较小,密封性好,漏风系数接近于零,壁温较高,低温腐蚀轻等。

现代电站锅炉中,最常用的空气预热器是管式空气预热器,现介绍如下。

(2) 管式空气预热器

1) 管式空气预热器的结构

管式空气预热器一般采用立式式,它由若干个标准尺寸的立方形管箱、连通风罩以及密封装置组成,其结构如图 3-34 所示。管箱一般由许多平行直立的有缝薄壁钢管和上、下管板组成。管子两端分别焊接在上、下管板上。烟气自上而下在管内纵向流过,空气在管外横向冲刷,烟气的热量通过管壁连续地传给空气。

管子外径通常为 $\Phi 40$ 和 $\Phi 51$,壁厚为 1.5mm。为使结构紧凑和增强传热,管子常采用小节距错列布置,其横向相对节距 $s_1/d=1.5\sim1.75$,纵向相对节距 $s_2/d=1\sim1.25$。管板的厚度根据强度要求确定,上管板为 $10\sim20$mm;下管板由于承重,通常为 $20\sim30$mm。每个管箱的高度不易过大,否则管箱的刚性较差,同时也不便于管子内部的清灰。管箱的高度取决于管径,当管径为 $\phi40$ 时,管箱的高度应小于 5m;管径为 $\phi51$ 时,管箱的高度应小于 8m。在安装时把管箱拼在一起焊牢并在其外面装上密封墙板和连通风罩,就组成了一个整体的空气预热器。

为了能使空气多次交叉流动,实现逆流传热,在管箱内可加装厚度在 10mm 以下的中间管板。图 3-34(a) 所示的是由两层中间管板组成的预热器。

空气预热器的重量通过下管板支承在框架上,框架再支承在锅炉的钢架上。在锅炉运行时,空气预热器的管箱、外壳及锅炉钢架由于温度和材料等不同,膨胀量也不相同。管箱的温度最高,膨胀量最大;外壳温度比管箱温度低,膨胀量则次之;锅炉钢架的温度最低,因此膨胀量最小。为了保证各部件能相对移动,在上管板与外壳之间、外壳与锅炉钢架之间都装有用薄钢板制成的波形膨胀节,如图 3-35 所示。其作用是既允许管箱和外壳有少量的膨胀移动,又能保证连接处的密封。

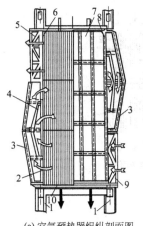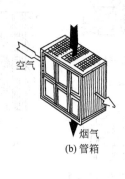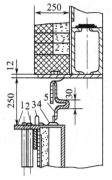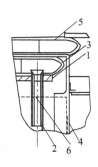

| (a) 空气预热器组纵剖面图 | (b) 管箱 | (a) 单波形膨胀补偿器 | (b) 双波形膨胀补偿器 |

图 3-34 管式空气预热器结构

1—锅炉钢架;2—空气预热器管子;3—空气连通罩;
4—导流板;5—热风道的连接法兰;6—上管板;
7—预热器墙板;8—膨胀节;9—冷风道的
连接法兰;10—下管板

图 3-35 膨胀补偿器

1—上管板;2—管子;3—上管板与外壳
间的膨胀节;4—外壳;5—锅炉钢架与
外壳间膨胀节;6—防磨套管

空气预热器中烟气与空气流速都有一定的推荐范围,两者必须保持一定的比例关系。烟气流速主要是考虑受热面磨损、积灰、传热和通风电耗的影响。在管式空气预热器中,由于烟气在管内是纵向冲刷管壁,磨损较小,烟速可适当提高,一般推荐烟气流速 $10\sim14\text{m/s}$。空气在管外横向冲刷错列管束,传热效果较好,但流动阻力大,因此,应采用较低的空气流速。为了增强管式空气预热器的传热,应使烟气侧的传热系数 α_y 与空气侧的传热系数 α_k 相等,即 $a_k=a_y$。这时空气流速 ω_k 与烟气流速 ω_y 的最佳速比 $\omega_k/\omega_y=0.45\sim0.55$。

2) 管式空气预热器的布置

管式空气预热器的布置与空气流速、传热效果和流动阻力有很大关系,并且要适合于锅炉的整体布置,其典型布置方式如图 3-36 所示。图 3-36(a) 所示为单道多流程。很明显,当受热面积不变时,流程数越多,空气流速越大,同时因空气与烟气的交叉次数增多,越接近于逆流传热,可以得到较大的传热温差,但也会造成流动阻力增大。图 3-36(b) 所示为单道单流程,烟气与空气一次交叉流动,此种布置方式简单,空气通道截面大,流动阻力小,但传热温差小。在大型锅炉中,为了得到较大的传热温差,又不使空气流速过大,可采用双道多流程,如图 3-36(c) 所示,或采用单道多流程双股平行进风,甚至是多道多流程,如图 3-36(d)、(e) 所示。通道数越多空气的流通截面积就越大,空气流速就可降低。如果维持空气流速不变,可以降低每个通道的高度。有的空气预热器的低温段采用了玻璃管,目的是为了防止受热面的低温腐蚀。玻璃管预热器的主要特点是玻璃管的耐腐蚀性能较钢管好,积灰也较轻,但其强度较差,热阻也较大。

管式空气预热器具有结构简单、制造、安装、检修方便,工作可靠等特点;但其结构尺寸大,金属用量大,给大型锅炉尾部受热面的布置带来困难,因此管式空气预热器一般用在中、小容量锅炉上。此外,由于管式空气预热器具有漏风小的优点,在循环流化床锅炉上被广泛采用。

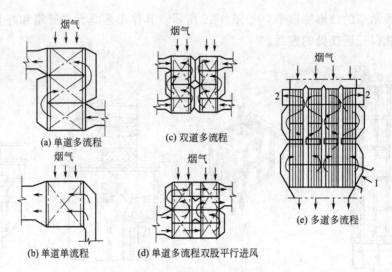

图 3-36　管式空气预热器的布置

1—空气进口；2—空气出口

（3）空气预热器的漏风率与漏风系数

衡量空气预热器主要性能的参数为漏风率和漏风系数。

漏风率是指漏入空气预热器烟气侧的空气质量与进入空气预热器的烟气质量之比，计算公式为

$$A_L = \frac{\Delta m_k}{m'_y} \times 100 = \frac{m''_y - m'_y}{m'_y} \times 100 \tag{3-6}$$

式中，A_L 为漏风率，%；Δm_k 为漏入空气预热器烟气侧的空气质量，kg/kg，或 kg/m³（标准状态）；m'_y、m''_y 为空气预热器烟气侧进、出口处烟气质量，kg/kg，或 kg/m³（标准状态）。

空气预热器的漏风系数是指空气预热器烟气侧出口过剩空气系数与进口过剩空气系数之差，计算公式为

$$\Delta \alpha = \alpha'' - \alpha' \tag{3-7}$$

式中，$\Delta \alpha$ 为漏风系数；α'、α'' 为空气预热器烟气侧进、出口的过剩空气系数。

实测中，α'、α'' 的数值可分别根据测得的空气预热器烟气侧进、出口的氧量 O_2 或 RO_2 的含量，再分别用公式 $\alpha = 21/(21 - O_2)$ 或 $\alpha = RO_2^{max}/RO_2$ 计算。

3.3.4　锅炉内部过程

3.3.4.1　蒸发受热面工质流动与传热

工质在锅炉水冷壁管内流动的同时，还吸收炉内的辐射热量，这使水沿着管子逐步升温达到饱和，随后进入沸腾状态产生蒸汽，形成汽水混合物。因此，水冷壁管内存在着水的单相流动和汽水两相流动，并进行着沸腾换热。沿着管长，随着流动结构的变化，换热状况也在发生着变化。

（1）汽水两相流的流型和传热

当单相水在垂直上升管中向上流动时，管中横截面上的水流速度分布是不均匀的。由于水的黏性作用，近壁面的水速较低，管子中心的水速最大。当近壁面水中含有汽泡而汽泡又

不太大时，由于浮力的作用，汽泡的上升速度要比水流速度大。又由于水流速度梯度的影响，汽泡外侧（近壁面侧）遇到较大的阻力，汽泡本身会产生内侧（靠近管子中心侧）向上、外侧向下的旋转运动。旋转引起的压差将汽泡推向管子中心。这样上升两相流中汽泡上升较快并相对集中在管子中心部位，即集中在水流速度较大的区域。与此相反，在下降的两相流中汽泡的下降速度较慢，并集中在管子截面的外圈，即水速较低的区域。在水平或接近水平管内的两相流中，汽泡偏向蒸发面的上部，流速越小这种现象越明显，严重时会出现汽水分层，这是水冷壁管尽可能采用垂直上升布置的主要原因。

如图3-37所示，为均匀受热垂直上升蒸发管中两相流的流型和传热工况。欠焓水由管子下部进入，完全蒸发后生成的过热蒸汽由上部流出，工质沿着管长流动和吸热产汽依次经历了以下各个流型，各区内的传热状况也相应地发生着变化。

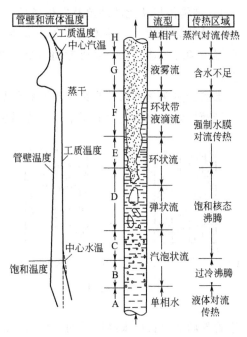

图3-37　均匀受热垂直上升蒸发管中
两相流的流型和传热工况

单相水的流动（A区）：如受热不太强烈，管内水温低于饱和温度，此时进行的是单相水对流换热，管壁金属温度稍高于水温。

过冷汽泡状流动（B区）：紧贴壁面的水虽达到饱和温度并产生汽泡，但管子中心的大量水仍处于欠焓状态，生成的汽泡脱离壁面后又凝结并将水加热，这区域内的壁温高于饱和温度，进行着过冷核态沸腾传热。

饱和汽泡状流动结构（C区）：此时管内工质已达到饱和状态，传热转变为饱和核态沸腾传热，此后生成的汽泡不再凝结，沿流动方向的含汽率逐渐增大，汽泡分散在水中，这种流型称为汽泡状流。

弹状流动结构（D区）：随着汽泡增多，小汽泡在管子中心聚合成大汽弹，形成弹状流型，汽弹与汽弹之间有水层。

环状流型（E区和F区）：当汽量增多，汽弹相互连接时，就形成中心为汽面而周围有一圈水膜的环状流。环状流型的后期，中心汽量很大，其中带有小水滴，同时周围的水膜逐渐变薄。环状水膜减薄后的导热能力很强，可能不再发生核态沸腾而成为强制水膜对流传热，热量由管壁经强制对流水膜传至管子中心汽流与水膜之间的表面上，而水在此表面上蒸发。

雾状流型（G区）：当壁面上的水膜完全被蒸干后就形成雾状流，这时汽流中虽仍有些水滴，但对管壁的冷却作用不够，传热恶化，管壁金属温度突然升高，此后随汽流中水滴的蒸发，蒸汽流速增大，壁温又逐渐下降。

单相汽流动（H区）：当汽流中的小液滴全部汽化后，随着不断的吸热，蒸汽进入过热状态。由于汽温逐渐上升，管壁温度又逐渐上升。

以上分析的情况是在压力、炉内热负荷不太高的条件下得出的。当压力提高时，由于水的表面张力减小，不易形成大汽泡，故汽弹状流的范围将随压力升高而减小。当压力达到10MPa 时，弹状流动消失，随着产汽量的增多就直接从汽泡状流动转入环状流动。如果热负荷增加，则蒸干点会提前出现，环状流动结构会缩短甚至消失。

（2）汽水两相流的沸腾传热恶化

1）沸腾传热恶化的现象及发生条件

沸腾传热恶化是一种传热现象，表现为管壁对吸热工质的表面传热系数 α_2 急剧下降，管壁温度随之迅速升高，且可能超过金属材料的极限允许温度，致使寿命缩短，甚至即刻超温烧坏。

沸腾传热恶化可以分为第一类沸腾传热恶化和第二类沸腾传热恶化。

当蒸发管内壁热负荷低于某一临界热负荷 q_c 时，管内受迫流动的沸腾状态为核态沸腾。

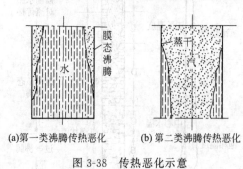

(a)第一类沸腾传热恶化　(b)第二类沸腾传热恶化

图 3-38　传热恶化示意

此时增大热负荷可使管子内壁的汽化核心数目增多，壁面附近的扰动增强，对流换热表面传热系数 α_2 增大，壁面温度升高不多；当 $q>q_c$ 后，管子内壁汽化核心数急剧增加，汽泡形成速度超过汽泡脱离壁面速度，贴壁形成连续的汽膜，即呈膜态沸腾，这时 α_2 急剧下降，传热程度恶化，壁温急剧上升。一般称这种因管壁形成汽膜导致的沸腾传热恶化为第一类沸腾传热恶化，或膜态沸腾，它是由于管外局部热负荷太高造成的，如图 3-38（a）所示。开始发生膜态沸腾时的热负荷称为临界热负荷 q_c。第一类沸腾传热恶化的特性参数为临界热负荷，其数值的大小与工质的质量流速、质量含汽率、进口工质的欠焓、管子内径、工质压力等因素有关。

第二类沸腾传热恶化发生在由环状流向雾状流过渡的区域中，是因管壁水膜被蒸干导致的沸腾传热恶化，它是因汽水混合物中含汽率太高所致。在受迫流动的管内沸腾过程中，当管内汽水混合物中含汽率 x 达到一定数值时，管内流动结构呈环形水膜的汽柱状。这时水膜很薄，局部地区水膜可能被中心汽流撕破或水膜被蒸干，管壁得不到水的冷却，其表面传热系数 α_2 明显下降，会导致传热恶化。这类贴壁水膜被蒸干的传热恶化即为第二类沸腾传热恶化，如图 3-38（b）所示。这类传热恶化是由于管内汽水混合物含汽率太高造成的，故又被称为蒸干传热恶化。发生第二类沸腾传热恶化时的含汽率称为临界含汽率 x_c，x_c 即第二类沸腾传热恶化的特性参数，其数值的大小与热负荷、工质压力、质量流速、管径等因素有关。

对于自然循环锅炉，在水循环正常的情况下，水冷壁局部最高热负荷均低于其临界热负荷，因此，一般不会发生第一类沸腾传热恶化。超高压以下的自然循环锅炉，正常情况下的水冷壁出口工质含汽率 x 都低于临界含汽率 x_c，故也不会发生第二类沸腾传热恶化。而亚临界压力的自然循环锅炉，其水冷壁内工质的实际含汽率相对较大，很接近其临界含汽率值，故发生第二类沸腾传热恶化的可能性较大。因此，对于亚临界参数的锅炉，水冷壁安全运行的主要任务之一就是防止第二类沸腾传热恶化。

2）沸腾传热恶化的防止措施

对沸腾传热恶化的防护有两个途径：一是防止沸腾传热恶化的发生；二是把沸腾传热恶化发生位置推移至热负荷较低处，使其管壁温度不超过许用值，目前一般采用以下几种防护措施。

① 保证一定的质量流速。提高质量流速，工质带走热量的能力增强，因而改善管内的换热状况，大幅度地降低传热恶化时的管壁温度，同时还可提高临界含汽率，使传热恶化的位置向低热负荷区移动或移出水冷壁工作范围而不发生传热恶化。

② 降低受热面的局部热负荷。降低受热面的局部热负荷可使传热恶化区的管壁温度下降。降低局部热负荷的措施一般有以下几种：设计时合理布置燃烧器，选择较小的燃烧器区域的壁面热负荷；运行中多投燃烧器、减少每只燃烧器的功率；防止火焰直接冲刷炉墙；采用炉膛烟气再循环，即把省煤器出口的烟气部分抽回炉膛，降低炉膛烟气温度水平。

③ 采用内螺纹管。内螺纹管的结构见图3-39，其内壁具有螺旋形槽道。图3-40示出了光管和内螺纹管的管内壁温度对比曲线。采用光管发生传热恶化时临界含汽率约为0.3，管内壁温度迅速上升；用内螺纹管代替光管，可使临界含汽率增大，传热恶化移至炉膛上部的低热负荷区。

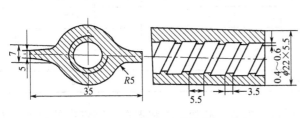

图 3-39　内螺纹管结构

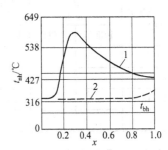

图 3-40　内螺纹管降温效果
1—光管；2—内螺纹管；
t_{bh}—饱和温度；t_{nb}—内壁温度

采用内螺纹管后，因其内壁面层流体的旋流运动阻止了壁面上形成连续汽膜，即便形成汽膜也会使其受到扰动而减小其热阻；而且汽流旋转使水滴落到壁面上，形成被润湿的水膜，使临界含汽率增大；同时内螺纹管增大内表面积约20%～25%，使单位表面积的热负荷下降。因此，内螺纹管能提高临界含汽率，降低壁温。亚临界压力自然循环锅炉的水冷壁管，大都在高热负荷区使用内螺纹管。缺点是加工工艺复杂，流动阻力比光管大，工艺不良的内螺纹管还容易产生应力或结垢腐蚀。

3.3.4.2　蒸汽净化

(1) 蒸汽污染对热力设备的危害

电厂锅炉的任务是生产一定数量和质量的蒸汽。蒸汽的质量包括蒸汽参数和蒸汽的品质。蒸汽的品质通常是指每千克蒸汽中含杂质的数量，其单位用µg/kg或mg/kg表示，它反映了蒸汽的洁净程度。蒸汽中所含有的杂质主要是各种盐类、碱类及氧化物，其中绝大部分是盐类物质，因此，多用蒸汽含盐量来表示蒸汽的洁净程度。

蒸汽含盐过多时将严重影响锅炉和汽轮机等热力设备的安全经济运行。饱和蒸汽在过热器中过热时，由于蒸汽中的水分蒸干和蒸汽过热，蒸汽携带的部分盐分将沉积在管壁上，使管子流通截面减小，流动阻力增大，流过管子的蒸汽量减少，管子得不到充分冷却；同时，盐垢将使管子的热阻增大，传热减弱，从而使管壁温度升高，严重时将造成管子过热损坏。蒸汽中的盐分若沉积在蒸汽管道的阀门处，可能造成阀门的卡涩和漏汽。蒸汽进入汽轮机做功时，由于压力降低，密度减小，溶解在蒸汽中的盐分将沉积在汽轮机的通流部分，造成喷嘴和叶片的型线改变，汽轮机效率降低；同时，流动阻力增加，轴向推力和叶片应力增大；若转子积盐不均还会引起振动，造成事故等。

由以上分析可见，蒸汽含盐过多会对锅炉、汽轮机等热力设备的安全经济运行产生很大的影响，必须对蒸汽的品质提出严格的要求，进行蒸汽净化。蒸汽净化的目的是使锅炉生产的蒸汽中含有的杂质符合电厂安全经济生产的要求。

（2）蒸汽质量标准

为保证锅炉、汽轮机等热力设备长期安全经济的运行，GB/T 12145—2016《火力发电机组及蒸汽动力设备水汽质量》对蒸汽的含盐量提出了明确要求，表3-1列出了电厂锅炉的蒸汽质量标准。

表 3-1　蒸汽质量标准

过热蒸汽压力 /MPa	钠 /(μg/kg)		氢电导率(25℃) /(μS/cm)		二氧化硅 /(μg/kg)		铁 /(μg/kg)		铜 /(μg/kg)	
	标准值	期望值	标准值	期望值	标准值	期望值	标准值	期望值	标准值	期望值
3.8~5.8	≤15	—	≤0.3	—	≤20		≤20		≤5	
5.9~15.6	≤5	≤2	≤0.15	—	≤15	≤10	≤15	≤10	≤3	≤2
15.7~18.3	≤3	≤2	≤0.15	≤0.10	≤15	≤10	≤10	≤5	≤3	≤2
>18.3	≤2	≤1	≤0.10	≤0.08	≤10	≤5	≤5	≤3	≤2	≤1

由表3-1可以看出，蒸汽监督的主要项目是钠盐、硅盐、铁和铜等。蒸汽中的盐类主要为钠盐，所以可以通过监测蒸汽含钠量来监督蒸汽的含盐量。硅酸在蒸汽中的溶解度最大，压力超过6MPa的蒸汽就能溶解硅酸，当硅酸在汽轮机的通流部分沉积下来以后，形成难溶于水的二氧化硅的附着物，难以用湿蒸汽清洗去除，对汽轮机的安全经济运行有很大的影响。为防止汽轮机沉积金属氧化物，对蒸汽中的铜和铁的含量也做出了相应的规定。由表3-1可知，随着蒸汽压力的提高，蒸汽品质的要求也越高，这是因为蒸汽压力提高时，蒸汽的比体积减小，汽轮机的通流截面积也相对减小，因而盐分沉积后的危害性也就越大。所以，对于大容量高参数的锅炉，其蒸汽品质的要求也越高。

（3）蒸汽污染原因

进入锅炉的给水，虽经过了炉外水处理，但总含有一定的盐分。当给水进入锅炉汽包以后，由于在蒸发受热面中不断蒸发产生蒸汽，给水中的盐分就会浓缩在锅水中，使锅水含盐浓度大大超过给水含盐浓度。锅水中的盐分是以两种方式进入到蒸汽中的：一是饱和蒸汽带水，称之为蒸汽的机械携带；二是蒸汽直接溶解某些盐分，称为溶解携带，也称之为蒸汽的选择性携带。由此可见，锅炉给水中含杂质是蒸汽被污染的根源，而蒸汽的机械携带和溶解携带是蒸汽污染的途径。

在中、低压锅炉中，由于盐分在蒸汽中的溶解能力很小，因而蒸汽的清洁度决定于机械携带；在高压以上的锅炉中盐分在蒸汽中的溶解能力大大增加，因而蒸汽的清洁度决定于蒸汽的机械携带和溶解携带两个方面。

要提高蒸汽品质，应该针对蒸汽污染的原因采取相应的措施。因此，必须降低饱和蒸汽带水、减少蒸汽中的溶盐量，同时控制锅水的含盐量。减少蒸汽带水量，可采用高效的汽水分离装置；减少蒸汽溶解携带，可采用蒸汽清洗装置；控制锅水含盐量，应尽可能提高给水品质，并采用锅炉排污和进行锅水校正处理。

（4）汽水分离装置

汽水分离装置的任务就是要把蒸汽中的水分利用重力、离心力、惯性力等尽可能地分离出来，以提高蒸汽品质。汽包内的汽水分离过程一般分为两个阶段：一是粗分离阶段，其任务是消除汽水混合物的动能，并进行初步的汽水分离；二是细分离阶段，其任务是将蒸汽中的小水滴进一步的分离出来，并使蒸汽从汽包上部均匀引出。

目前，我国电厂锅炉采用的汽水分离器装置主要有进口挡板、旋风分离器、波形板分离器、顶部多孔板等几种，其中进口挡板、旋风分离器属粗分离设备，而波形板分离器、顶部多孔板属于细分离设备。

① 进口挡板。当汽水混合物引入汽包的蒸汽空间时，可在其管子进入汽包处装设进口挡板，如图 3-41 所示。进口挡板的作用，主要是用来消除汽水混合物的动能，使汽水初步分离。当汽水混合物碰撞到挡板上时，动能被消耗，速度降低。同时，汽水混合物从板间流出来时，由于转弯和板上的水膜黏附作用，使蒸汽中的水滴分离出来，从而达到粗分离的目的。

② 旋风分离器。旋风分离器是一种分离效果很好的粗分离装置，它被广泛应用于近代大、中型锅炉上。锅炉汽包内部放置的旋风分离器如图 3-42 所示。它由筒体、波形板分离器顶帽、底板、导向叶片和溢流环等部件组成。其工作原理是：汽水混合物切向进入分离器筒体后，在其中产生旋转运动，依靠离心力作用进行汽水分离。分离出来的水分被抛向筒壁，并沿筒壁流下，由筒底导向叶片排入汽包水容积中；蒸汽则沿筒体旋转上升，经顶部的波形板分离器径向流出，进入汽包的蒸汽空间。

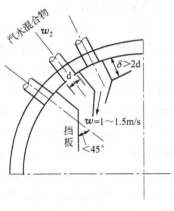

图 3-41　进口挡板

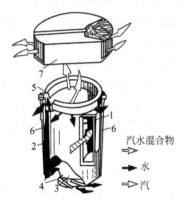

图 3-42　旋风分离器

1—进口法兰；2—拉杆；3—底板；4—导向叶片；
5—筒体；6—溢流环；7—波形板顶帽

③ 波形板分离器。波形板分离器也叫百叶窗分离器，它是由密集的波形板组成，如图 3-43 所示。每块波形板的厚度为 1～3mm，板间距约为 10mm，组装时应注意板间距离均匀。它的工作原理是汽流通过密集的波形板时，由于汽流转弯时的离心力将水滴分离出来。黏附在波形板上形成薄薄的水膜，靠重力慢慢向下流动，在板的下端形成较大的水滴落下。

④ 顶部多孔板。顶部多孔板也叫均汽孔板，它装在汽包上部蒸汽出口处，如图 3-44 所示。其作用是利用孔板的节流作用，使蒸汽空间的负荷分布均匀。在与波形板分离器配合使

用时，还可使波形板分离器的蒸汽负荷均匀，提高分离效果。此外，它还能阻挡住一些小水滴，起到一定的细分离作用。

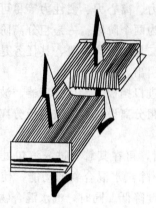

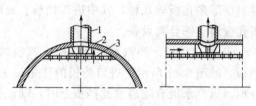

图 3-43　波形板分离器　　　　　　图 3-44　顶部多孔板

1—蒸汽引出管；2—盲板；3—顶部多孔板

(5) 蒸汽清洗装置

蒸汽清洗装置的任务是要降低蒸汽中的溶盐，尤其是应注意降低蒸汽中溶解的硅酸，以改善蒸汽品质。目前我国高压及超高压锅炉除采用汽水分离装置降低蒸汽机械携带含盐量外，还采用蒸汽清洗装置来降低蒸汽中溶解的盐分。

蒸汽清洗的基本原理就是让含盐低的清洁给水与含盐高的蒸汽相接触，使蒸汽中溶解的盐分转移到清洗的给水中，从而减少蒸汽溶盐，同时，又能使蒸汽携带锅水中的盐分转移到清洗的给水中，从而降低蒸汽的机械携带含盐量，使蒸汽的品质得到改善。

蒸汽清洗装置的形式较多，按蒸汽与给水的接触方式不同，分为起泡穿层式、雨淋式和水膜式等几种，其中以起泡穿层式最好。它的具体结构又分为钟罩式和平孔板式两种。

钟罩式清洗装置的结构如图 3-45(a) 所示。它由槽形底盘和孔板顶罩组成。底盘上不开孔，顶罩上开有小孔。每一组件有两块槽形底盘和一块孔板顶罩。两块底盘之间的空隙被顶罩盖住，以防止蒸汽直通上部蒸汽空间。蒸汽从底盘两侧间隙进入清洗装置，在钟罩阻力的作用下，经两次转弯，均匀地穿过孔板和孔板上的清洗水层进行起泡清洗后流出，蒸汽流过进口缝隙的流速小于 0.8m/s，穿过孔板和清洗水层的速度为 1~1.2m/s。清洗水由配水装置均匀分配到底盘一侧，然后流到另一侧，通过挡板溢流到汽包水室。钟罩式清洗装置工作可靠有效，但因结构较复杂，而且阻力较大，所以使用的较少，现代超高压锅炉多采用平孔板式穿层清洗装置。

平孔板式清洗装置的结构如图 3-45(b) 所示。它由若干个平孔板组成，相邻的平孔板之间装有 U 形卡。平孔板用 2~3mm 厚的薄钢板制成，板上均匀钻有直径为 5~6mm 的小孔，板四周焊有溢流挡板。清洗水由配水装置均匀地分配在平孔板上，形成 30~50mm 的水层，然后通过溢流挡板流到汽包水容积。蒸汽自下而上，经小孔穿过水层，进行起泡清洗。为了既能保证托住清洗水使之不致从小孔落下，又能防止因蒸汽速度太高而造成大量携带清洗水，蒸汽穿孔速度应为 1.3~1.6m/s。平孔板式清洗装置优点是结构简单，阻力小，清洗面积大，清洗效果好；缺点是锅炉在低负荷下工作时，清洗水会从小孔漏下，造成干板。

当锅炉给水品质很好，不采用蒸汽清洗装置已能满足蒸汽品质的要求时，可不设置蒸汽

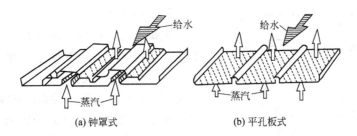

图 3-45 蒸汽清洗装置

清洗装置。对亚临界压力的锅炉，由于硅酸的分配系数较大，蒸汽清洗效果较差，因此主要依靠采用较好的水处理方法来提高给水品质，使给水含盐量降到很低的程度，保证蒸汽品质，即可不用蒸汽清洗装置。

3.3.4.3 给水处理

（1）锅水工况及处理

1）锅水品质及对锅炉工作的影响

锅水品质通常是指单位容积（或质量）的锅水中含有的盐量，其单位用 $\mu g/L$（或 $\mu g/kg$）或者 mg/L（或 mg/kg）表示。

经过化学水处理的给水多少总是含有一些盐分，当其进入锅炉汽包以后，不断被蒸发浓缩，将其盐分留在锅水之中，使锅水中的含盐量大大超过了给水含盐量。锅水中的盐分一部分直接溶解于其中，另一部分则以结晶的形式存在。当锅水含盐量过大时，不仅会使蒸汽品质恶化，而且会使蒸发受热面结水垢或形成沉渣，沉积在锅炉底部，影响传热和锅炉正常的水循环，甚至还会使受热面金属发生腐蚀，直接威胁锅炉、汽轮机等热力设备的安全经济运行，因此必须对锅水品质进行严格的化学监督及处理，具体指标参见 GB/T 12145—2016《火力发电机组及蒸汽动力设备水汽质量》。

2）锅水处理

锅水中的盐分，除钠盐和硅盐外，还有少量结垢性的物质，如钙、镁盐。这些钙、镁盐部分来自于软化处理后的锅炉给水，另一部分则是在机组运行过程中，因有未经处理的循环冷却水漏入凝结水中而造成的。钙、镁盐多为难溶于水的化合物，随着锅水的不断蒸发浓缩，这些钙镁盐就会在受热面上结一层坚实的水垢，从而影响机组的安全经济运行。因此，需要对锅水进行校正处理，即向锅水加药，把钙镁等硬度盐转变为不沉淀的轻质水渣。

这时要往锅水中加入能除去钙、镁盐的校正添加剂磷酸盐（如 Na_3PO_4），但为了形成不沉淀的轻质水渣，应将磷酸盐加入碱性的锅水中。这种磷酸盐的碱性工况可由以下化学反应式表示：

$$10CaSO_4 + 6Na_3PO_4 + 2NaOH = 3Ca_3(PO_4)_2 \cdot Ca(OH)_2 + 10Na_2SO_4$$

上式等号右侧第一项为不沉淀的轻质渣，第二项为易溶于水的硫酸盐。不沉淀的轻质水渣是随水流动的，因此可随排污水排出锅炉。为使上述化学反应平衡方程式向右进行，即为保证除去钙、镁盐类，锅水中要维持一定的过剩磷酸盐。在运行中要经常监督和控制锅水中的磷酸盐，以防水垢的生成。

图 3-46 给出了锅水加药系统，稀释后的磷酸钠由加药泵连续地送入汽包内，并通过钻有许多小孔的管子均匀地分配到锅水中。

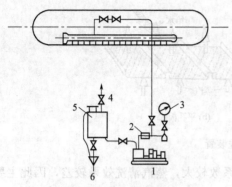

图 3-46 锅水加药系统

1—加药泵；2—止回阀；3—压力表；
4—软化水管；5—药箱；6—排水

（2）锅炉排污

锅炉排污是控制锅水含盐量、改善蒸汽品质的重要途径之一。由于受水处理条件的限制，锅炉给水总是含有一定量的杂质，在锅内进行加药处理以后，锅水的结垢性物质转变为水渣，此外，锅水腐蚀金属也要产生部分腐蚀产物。因此，在锅水中含有各种可溶性和不可溶性杂质。在锅炉运行中，随着蒸汽的不断循环蒸发，这些杂质在锅水中的浓度越来越大，影响蒸汽品质。排污就是把一部分锅水排掉，以便保持锅水中的含盐量和水渣在规定的范围内，以改善蒸汽品质并防止水冷壁结水垢和受热面腐蚀。

锅炉排污可分为连续排污和定期排污两种。

连续排污的目的是连续不断地排出一部分锅水，使锅水含盐量和其他水质指标不超过规定的数值，以保证蒸汽品质。为了减少工质和热量的损失，连续排污应从锅水含盐浓度最大的汽包蒸发面附近引出。连续排污管道系统如图 3-47 所示。连续排污主管沿长度方向均匀地开有一些小孔或槽口，排污水即由小孔或槽口流入主管，然后通过引出管排走。

定期排污的目的是定期排除锅水中的水渣，所有定期排污的地点一般选在水渣浓度最大的水冷壁下联箱底部，如图 3-48 所示。定期排污量的多少及排污的时间间隔主要视汽水品质而定。

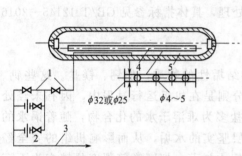

图 3-47 连续排污装置

1—连续排污管；2—节流孔板；3—排污引出管；
4—连续排污主管；5—汽包

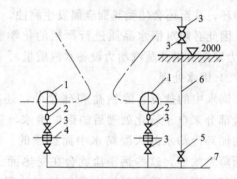

图 3-48 定期排污系统

1—水冷壁下联箱；2—排污管；3—排污门；4—节流孔板；
5—止回阀；6—汽包的事故放水管；7—排污母管

锅炉排污量的多少通常用排污率 p 来表示。排污量 D_{pw} 占锅炉蒸发量 D 的百分数称为排污率，即

$$p = \frac{D_{pw}}{D} \times 100\% \tag{3-8}$$

排污率可根据汽包盐量平衡关系求得，经推导和简化后，排污率还可表示为：

$$p = \frac{s_{gs} - s_q}{s_{ls} - s_{gs}} \times 100\% \tag{3-9}$$

式中，s_q、s_{gs}、s_{ls} 为蒸汽、给水和锅水的含盐量，mg/kg。

由于蒸汽的含盐量 s_q 很小，可忽略不计，在实际运行中常只需测试给水和锅炉的含盐

量，即可得出锅炉的排污率。

由式（3-9）可知，锅炉排污率的大小主要取决于锅水含盐量和给水含盐量。给水品质、蒸汽品质与排污率之间存在以下关系。

① 在给水含盐量一定时，排污率越大，则锅水含盐量越低，蒸汽品质提高，但锅炉的工质和热量损失增大，电厂热效率降低；相反，减少排污率，则蒸汽品质恶化。因此，要控制一定的排污率。我国规定：凝汽式电厂锅炉排污率1％～2％；热电厂排污率为2％～5％。

② 在锅水含盐量一定时，减少给水含盐量，则可以减少锅炉排污率，因而减少锅炉的工质和热量损失；若保持排污率不变，减少给水含盐量，则可以降低锅水含盐量，因而蒸汽品质得以提高。

（3）给水品质及处理

1）给水品质

锅炉给水品质是指单位容积（或质量）的给水中含有的杂质含量，其单位用 μg/L（或 μg/kg）表示。

给水品质的好坏直接影响到锅水含盐量，因而影响到蒸汽品质，所以，给水含盐是造成蒸汽污染的根本原因。为了防止锅炉给水系统腐蚀、结垢，并且为了锅炉排污率不超过规定数值的前提条件下保证锅水品质，必须对给水品质进行监督，以达到规定的要求，GB/T 12145—2016《火力发电机组及蒸汽动力设备水汽质量》中给出了给水品质控制标准。

2）给水处理

机组在运行中由于排污、泄漏等原因，总要失去一部分汽水，因此要向锅炉中补充一定的水量，以维持机组的汽水质量平衡。补水进入锅炉之前，需要经过处理，以除去其中的悬浮物、钙镁盐以及其他杂质和气体，处理后的水称之为软化水或除盐水。

水处理方法有三种，即软化、化学除盐、蒸发除盐，具体采用哪种处理方法，要由锅炉型号、蒸汽参数以及补充水未处理前的水质情况来决定。中压汽包锅炉一般可采用化学软化水（只除去水中钙、镁盐类的水）；高压和超高压以上的汽包锅炉，除对补给水进行软化处理外，还要进行除盐处理，即除去水中的各种盐类。

图3-49为某汽包锅炉的补给水处理系统示意。天然水经过澄清和过滤，除去了水中不溶性的有机物、悬浮物、胶体和部分钙镁化合物以及碱度，这时水中只含有溶解性物质。然后再经生水泵1送入阳离子交换器2。在阳离子交换器内，水中的钙、镁离子与交换器内阳离子树脂中的氢离子进行交换反应，钙、镁离子被树脂吸收，氢离子则与水中的碳酸根结合成碳酸，在一定条件下碳酸会变成二氧化碳和水。从阳离子交换器出来的水再送入排气器3，以除去二氧化碳。水进入下部水箱4后，由软化水泵送入阴离子交换器6。在阴离子交换器内装有阴离子树脂，水中残留的硫酸根和硅酸根与阴离子树脂中的氢氧根离子交换，以排除硫酸根和硅酸根。需处理的生水经过阳离子和阴离子交换后已将其中溶解的盐分清除，这叫一级除盐。为了满足锅炉给水的更高要求，一般高压以上的汽包锅炉还要经过二级除盐，即将一级除盐水再通过阴阳离子混合交换器7进行更彻底除盐。从混合交换器出来的水进入储水箱8，最后由补给水泵9送入除氧器中进行热力除氧，除氧后的水由给水泵送入锅炉。以上即为高压及以上压力汽包锅炉常采用的补给水处理系统的处理流程。

电厂锅炉常采用大气式热力除氧器除去水中溶解的氧气。其工作原理是利用蒸汽将给水加热，其工作压力为0.02MPa，工作温度为104℃，当水达到沸点时，水中溶解的气体含量趋近于零，氧气便从水中释放出来，然后通过排气冷却塔排放。

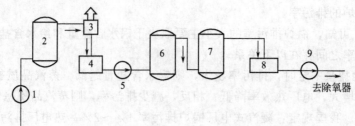

图 3-49　汽包锅炉的补给水处理系统示意

1—生水泵；2—阳离子交换器；3—排气器；4—水箱；5—软化水泵；6—阴离子交换器；

7—混合交换器；8—储水箱；9—补给水泵

3.3.5　锅炉外部过程

3.3.5.1　结渣、高温积灰和高温腐蚀

（1）结渣

结渣主要是由烟气中夹带的熔化或半熔化的灰粒（碱金属盐）接触到受热面凝结下来，并在受热面上不断生长、积聚而成，其表面往往堆积较坚硬的灰渣烧结成，且多发生在炉内辐射受热面上，如燃烧器区域水冷壁、炉膛折焰角、屏式过热器及其后面的对流受热面等处，有时炉膛下部的冷灰斗处也会发生结渣。结渣的危害是相当严重的，根据运行经验，可归纳为下述几个方面。

① 使炉内传热变差。

② 炉膛出口的受热面超温。

③ 炉膛内未结渣的受热面金属表面温度升高，引起高温腐蚀。

④ 排烟温度提高，锅炉效率降低。

⑤ 结渣严重时，大块渣落下，可能扑灭火焰或砸坏炉底水冷壁，造成恶性事故。

影响受热面结渣的主要因素包括以下几方面。

① 灰的特性　灰的特性主要表现在三个方面：一是灰的熔点温度；二是灰的黏性；三是灰的组成成分。一般灰熔点低的燃料容易结渣，同时，低灰熔点的灰分通常黏附性也强，因而增加了结渣的可能性。

② 炉膛温度水平　炉内燃烧器区域的温度越高，燃料的灰分越容易达到软化或熔融状态，结渣的可能性就越大。锅炉负荷越高，送入炉内的热量也越多，结渣的可能性也越大。

③ 运行调节不当　实际运行中，造成火焰贴墙，形成死滞旋涡区并出现还原性气氛，锅炉超负荷运行、炉膛漏风严重、送风量过大、风与料配合不当等，都可能导致结渣。

防止受热面结渣的基本条件：一是炉内应布置足够的受热面来冷却烟气，使烟气贴近受热面时，烟气温度降低到灰的熔点温度以下；二是组织一、二次风形成良好的气流结构，保证火焰不直接冲刷受热面。

（2）高温积灰

高温过热器与再热器布置在高于 $700\sim800℃$ 的烟道内，在高温烟气环境中飞灰沉积在管束外表面的现象称为高温积灰。过热器与再热器管外的积灰属于高温积灰。管子的外表面积灰由两部分组成，内层灰紧密，与管子黏结牢固，不容易清除，外层灰松散，容易清除。积灰使传热热阻增加、烟气流动阻力增大，还会引起受热面金属的腐蚀。因此，将积灰减少

到最低限度，是锅炉设计和运行的重要任务。

根据灰的易熔程度可分为低熔灰、中熔灰和高熔灰。低熔灰的主要成分是金属氯化物和硫化物（KCl，$NaCl$，Na_2SO_4，$CaCl_2$，$MgCl_2$，Al_2SO_4 等），它们的熔点大都在 $700\sim850℃$；中熔灰的主要成分是 FeS、Na_2SiO_3、K_2SO_4 等，熔点 $900\sim1100℃$；高熔灰是由纯氧化物（SiO_2，Al_2O_3，CaO，MgO，Fe_2O_3）组成，其熔点 $1600\sim2800℃$。

高熔灰的熔点超过了炉膛火焰区的温度，当它通过燃烧区时不发生状态变化，颗粒直径细微，是飞灰的主要成分。

低熔灰在炉膛内高温烟气区已成为气态，随烟气流向烟道。由于高温过热器和再热器区域的烟温较高，低熔灰若不接触温度较低的受热面则不会凝固，若接触到温度较低的受热面则会凝固在受热面上，形成黏性灰层。灰层形成后，表面温度随灰层厚度的增加而增加。此后一些中熔、高熔灰粒也被黏附在黏性灰层中。这种积灰在高温烟气中氧化硫气体的长期作用下，形成白色的硫酸盐密实灰层，这个过程称为烧结。随着灰层厚度的增加，其外表面温度继续升高，低熔灰的黏结结束。但是中熔灰和高熔灰在密实灰层表面还进行着动态沉积，形成松散而且多孔的外灰层。

内灰层的坚实程度称为烧结强度。烧结强度越大的灰层越难清除。烧结强度与温度、灰中的 Na_2O、K_2O 的含量及烧结时间等因素有关。炉内过量空气系数、燃烧方式和炉膛结渣程度等都会影响进入对流烟道的烟气温度，从而影响灰层的烧结强度。烧结强度随着时间而增大。时间越长，灰层越结实，所以，积灰必须及时清除。

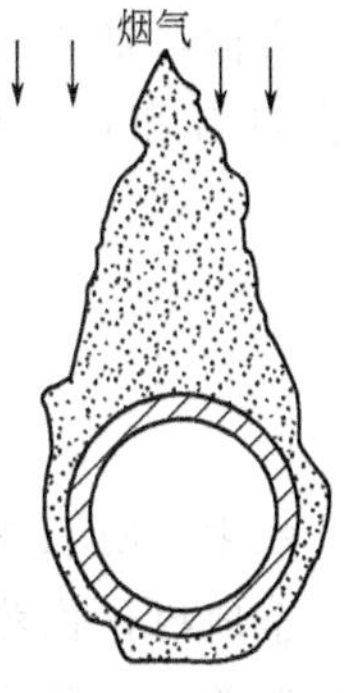

图 3-50 管子表面的积灰烧结

另外，当灰中的氧化钙（CaO）含量大于 40% 时，开始在管壁外积结松散的灰层，但在烟气温度大于 $600\sim700℃$ 的高温环境下，氧化钙与烟气中的三氧化硫也会烧结成坚实的灰层。图 3-50 示出了管子表面积灰烧结状况的一个例子。

为减少受热面的积灰，对灰中含钙量较多的燃料，设计过热器和再热器时应加大管子的横向节距，减小管束深度，采用立式管束，装设高效吹灰器，并保证对每根管子都要进行有效吹灰。

3）高温腐蚀

高温腐蚀是发生在高温受热面（过热器、再热器、水冷壁）烟气侧金属管壁的腐蚀现象。高温腐蚀会使受热面管壁变薄，强度降低，寿命缩短，严重时将造成爆管事故，甚至被迫停炉处理。

高温腐蚀产生的主要原因是由于管壁外存在高温黏结性灰层，这些灰层中有较多的碱金属，它与飞灰中的铁、铝等成分，以及通过松散的外灰层随烟气扩散进来的氧化硫气体，经过较长时间的化学作用，生成碱金属的复合硫酸盐〔$Na_3Fe(SO_4)_3$、$K_3Fe(SO_4)_3$〕的复合物。复合硫酸盐的熔点较低，在 $550\sim710℃$ 的范围内熔化成液态，温度低于 $550℃$ 时为固态，温度高于 $710℃$ 时，它们要分解出 SO_2 成为硫酸盐。烧结性复合硫酸盐在固态时对管子金属没有腐蚀作用，当复合硫酸盐处于熔融状态时，则对过热器、再热器管壁金属具有强烈腐蚀作用，在温度 $650\sim700℃$ 时腐蚀最强，腐蚀反应为：

$$2Na_3Fe(SO_4)_3 + 6Fe \longrightarrow \frac{3}{2}FeS + \frac{3}{2}Fe_3O_4 + Fe_2O_3 + 3Na_2SO_4 + \frac{3}{2}SO_2$$

$$2K_3Fe(SO_4)_3 + 6Fe \longrightarrow \frac{3}{2}FeS + \frac{3}{2}Fe_3O_4 + Fe_2O_3 + 3K_2SO_4 + \frac{3}{2}SO_2$$

气态的硫酸盐对管子的金属也有腐蚀,但腐蚀速度比熔融状态的复合硫酸盐慢得多。

因此,灰中的碱金属 Na、K 以及硫 S 是造成受热面烟气侧高温腐蚀的主要成分。而液态的复合硫酸盐 $Na_3Fe(SO_4)_3$、$K_3Fe(SO_4)_3$ 则是导致受热面烟气侧高温腐蚀的主导因素。

要防止过热器和再热器管壁外部的腐蚀,就应严格控制管壁温度,管壁温度高的管子腐蚀速度也高。现在主要以限制汽温来控制高温腐蚀。因此,国内外对高压、超高压和亚临界压力的机组,锅炉过热蒸汽温度趋向于采用 540℃,在设计和布置过热器时,应注意高温汽出口段不要布置在烟气温度过高的区域。

3.3.5.2 生物质燃烧的氯腐蚀

由生物质的元素分析可知,生物质特别是农作物的秸秆,如稻草,含有较高的氯元素。氯元素在积灰、结渣中起着重要的作用。首先,在生物质燃烧时,氯元素起着传输作用,有助于碱金属元素从燃料颗粒内部迁移到颗粒表面与其他物质发生化学反应;其次氯元素有助于碱金属元素的气化。

生物质燃烧过程中的腐蚀主要与气态的 HCl 和 Cl_2 有关。通常情况下,在氧化环境中,金属表面可形成一层致密的氧化保护膜来阻止内部的金属被腐蚀和氧化,而生物质燃烧中释放的 HCl 和 Cl_2 可穿透该保护膜并与内部金属直接发生反应形成金属氯化物。其反应式如下:

$$M(s) + Cl_2(g) \longrightarrow MCl_2(s)$$
$$M(s) + 2HCl(g) \longrightarrow MCl_2(s) + H_2(g)$$
$$MCl_2(s) \longrightarrow MCl_2(g)$$

式中,M 代表 Fe、Cr、Ni 等金属元素。

金属氯化物蒸发变为气态,并扩散到剥落层表面。在剥落层表面金属氯化物和气体中的氧相遇并发生反应,重新生成金属氧化物和 Cl_2。该过程循环进行,这样,在氯几乎没有消耗状态下,不断地将金属由金属表面传输到氧气分压高的剥落层表面。反应式总体表示为

$$4M(s) + 3O_2(g) \longrightarrow 2M_2O_3(s)$$

生物质锅炉换热面上的腐蚀主要由沉积物中的碱金属氯化物引起。碱金属氯化物的腐蚀可以通过硫酸盐化或者与金属氧化物直接反应的方式进行。硫酸盐化反应中,沉积的碱金属氯化物可与烟气中的 SO_2 或 SO_3 反应生成硫酸盐并释放出 Cl_2,当有水蒸气存在时则释放出 HCl。其反应方程式如下:

$$2KCl(s) + SO_2(g) + O_2(g) \longrightarrow K_2SO_4(s) + Cl_2(g)$$
$$2KCl(s) + SO_2(g) + 1/2O_2(g) + H_2O(g) \longrightarrow K_2SO_4(s) + 2HCl(g)$$

HCl 或 Cl_2 被释放出来重新向金属表面扩散,形成持续的腐蚀。

碱金属氯化物也可能与金属氧化膜直接发生反应,生成 Cl_2 扩散到金属表面,并发生由气态 Cl_2 引起的腐蚀。

$$2KCl(s,l) + 1/2Cr_2O_3(s) + 5/4O_2(g) \longrightarrow K_2CrO_4(s,l) + Cl_2(g)$$
$$2KCl(s,l) + Fe_2O_3(s) + 1/2O_2(g) \longrightarrow K_2Fe_2O_4(s,l) + Cl_2(g)$$

氯在碱金属引起的腐蚀过程中扮演着重要角色,促进了碱金属的流动性,不断地将金属 Fe 由管道表面内层向外层输送,从而加速腐蚀进程。炉内温度、含氯量和沉积量是影响腐蚀的重要因素。炉内温度的升高、沉积量的增加都将明显增加锅炉钢材的氧化速度。

减少生物质锅炉的高温腐蚀和沉积的方法主要有三:a. 通过添加一些添加剂来抑制。通过添加剂的使用,富集燃烧中形成的钠或钾化合物灰分,降低熔融相在混合物中的比例,

可提高生物质燃烧中形成的灰熔点,防止气态 KCl 的释放或者与 KCl 反应形成无腐蚀性的组分,从而减弱高温腐蚀和沉积等问题发生的风险。研究发现,通过添加 Al_2O_3、CaO、MgO、白云石和高岭土等材料,在一定范围内能够提高灰熔点。例如,向燕麦秸秆中添加3%(质量分数)的高岭土将灰分的变形温度从 770℃ 提高到 1200~1280℃。高岭土可以通过化学作用和物理吸附降低烟气中 KCl 和 KOH。同时,白云石、CaO 等添加剂还可以起到增强锅炉燃烧效率并减少一氧化碳、碳氢化合物、颗粒物、氮氧化物和二氧化硫的排放;b. 采用能抗氯腐蚀的新型合金或陶瓷材料。针对秸秆燃烧锅炉高温腐蚀的风险,国外曾进行了大量的研发项目,测试了多种不同材料的抗腐蚀性能和寿命。例如,丹麦在超过 10 年以上的测试和经验表明,TP347 和过热器的特殊设计可以实现较低的腐蚀速度。一种新型的陶瓷复合涂层在防止腐蚀方面非常有效,并已在多个锅炉项目中进行了应用;c. 降低受热面表面温度。通过水冷壁或烟气再循环等方式,控制主燃烧区的温度,一般控制在 900℃以下。同时对锅炉内部构件进行专门的设计,尽量避免热烟气中含有的低熔点颗粒物同高温表面接触,降低颗粒累积的可能性。

3.3.5.3 生物质流化床的聚团问题

流态化燃烧技术具有燃烧效率高、燃料适应性强等优点,生物质电厂锅炉越来越多地采用循环流化床锅炉。颗粒聚团是流化床利用高碱金属含量的生物质原料时普遍存在的一个问题。床料聚团问题的起因主要有两个,一是生物质中的碱金属从有机化合形态转化形成无机盐和非晶体,与床料反应生成低熔点的共晶化合物而引起颗粒聚团;二是由于燃烧过程中产生的灰分熔融而导致床料颗粒间相互粘连并形成聚团。

流化床内聚团的发生,可以从床内温度梯度的出现和床内压力的大幅波动而发现。颗粒聚团发生后,将降低床内流化质量,往往引起床内温度不均,出现局部高温,增加床内处于熔化状态的碱金属化合物出现的机会。随着燃料给料的积蓄,聚团的程度不断增长,可能最终导致烧结和整个床层流化失败。

石英砂是最常采用的床料,其主要由 SiO_2 构成,熔点大约为 1450℃,灰分的熔点一般也都高于 1000℃,而实际运行表明,在 700~800℃ 就会发生聚团、结渣。一般认为,颗粒聚团是因为生物质灰中富含钾和钠,这些元素的化合物与砂中的 SiO_2 反应,生成低熔点的共晶体,熔化的晶体沿砂的缝隙流动,将砂粒黏结,形成结块,破坏流化状态。反应方程式如下:

$$2SiO_2 + Na_2O \longrightarrow Na_2O \cdot 2SiO_2$$
$$4SiO_2 + K_2O \longrightarrow K_2O \cdot 4SiO_2$$

这两个反应可以形成 874℃、764℃ 熔点的混合物,低于流化床通常运行温度,正是这些熔融态的物质充当颗粒之间的黏合剂而引起了聚团。

床层温度、送风量以及床层材料等均会对聚团产生影响。床层温度是影响碱金属析出并造成聚团的最重要因素,随着床层温度升高,床料出现聚团的时间会提前。

为解决流化床燃烧中的床料聚团问题,可以采用添加剂以提高燃烧灰的熔点,还可以采用更换床料的方式。不同的元素对流化床内的聚团烧结的影响是不同的,因此可以选择富含抑制聚团烧结元素的床料,提高烧结发生的温度,以保证正常流化。

3.3.5.4 评价结渣积灰特性的指标

生物质燃料相比煤含有更多的碱金属元素,其灰熔点比煤的灰熔点会更低,因此生物质锅炉中更容易出现结渣和积灰的现象，更要注重防止碱金属的高温腐蚀。为此，有必要对生物质灰的结渣积灰特性进行评价，这里重点介绍碱性指数和碱酸比两个指标。

（1）碱性指数

碱性指数的定义为：燃料单位发热量条件下的碱金属氧化物（$K_2O + Na_2O$）质量含量（kg/GJ）。其表达式为：

$$碱性指数 = \frac{1}{Q^g} Y_{ig}^0 (Y_{K_2O}^0 + Y_{Na_2O}^0) \tag{3-10}$$

式中，Q^g 为燃料在干燥基和定容条件下的高位发热量，GJ/kg；Y_{ig}^0 为燃料干燥基中的灰分百分含量，%；$Y_{K_2O}^0$、$Y_{Na_2O}^0$ 为灰分中碱性氧化物（$K_2O + Na_2O$）的百分含量，%。

判别条件：当碱性指数小于 0.17 时，发生结渣的可能性极小；当碱性指数在 0.17~0.34 之间时，发生结渣的可能性增加；当碱性指数大于 0.34 时，发生结渣。

（2）碱酸比

碱酸比的定义为：碱性氧化物（Fe_2O_3、CaO、MgO、K_2O 和 Na_2O）与酸性氧化物（SiO_2、TiO_2 和 Al_2O_3）的比值。其表达式为：

$$碱酸比 = \frac{Fe_2O_3 + CaO + MgO + K_2O + Na_2O}{SiO_2 + TiO_2 + Al_2O_3} \tag{3-11}$$

式中，每个分子式代表该种氧化物在灰分中的百分含量，%。

碱酸比与灰熔点的关系：随着碱酸比的增加，灰熔点的变化曲线呈抛物线状，对于煤而言，当碱酸比约为 0.75 时，灰熔点为最小值，积灰结渣的可能性最大；而对于生物质而言，对应于最小灰熔点的碱酸比的值要小一些。

3.3.5.5 尾部受热面的积灰、磨损和低温腐蚀

（1）尾部受热面积灰

1）积灰及其危害

尾部受热面积灰包括松散性积灰和低温黏结性积灰两种。松散性积灰是烟气携带飞灰流经受热面时，部分灰粒沉积在受热面上形成的；低温黏结性积灰是烟气中的硫酸蒸汽在低温受热面上凝结，将灰粒黏聚而形成的。低温黏结灰不易清除，而且和低温腐蚀相互促进，危害更大。

受热面积灰时，由于灰的传热系数很小，使受热面的热阻增大，吸热量减少，以致排烟温度升高，排烟热损失增加，锅炉热效率降低。积灰严重而堵塞部分烟气通道时，将使烟气流动阻力增大，导致引风机电耗增大甚至出力不足，造成锅炉出力降低或被迫停炉清灰。由于积灰使烟气温度升高，还会影响以后受热面的安全运行。

以下讨论松散性积灰。

烟气中携带的飞灰颗粒一般均小于 $20\mu m$，其中大部分为 $10~30\mu m$ 的颗粒。当携带飞灰的烟气横向冲刷管束时，在管子背风面产生旋区，小于 $30\mu m$ 的灰粒会被卷入旋涡区，在分子间引力和静电力的主要作用下，一些细灰被吸附在管壁上造成积灰。大灰粒不仅不易积，而且还有冲刷作用，因此，积灰是细灰粒积聚与粗灰粒冲击同时作用的过程。当聚积的灰粒与被粗灰冲刷掉的灰量相等，即处于动态平衡状态时，积灰程度相对稳定在一定厚度，不再增加。只有当条件（如烟气流速）改变时，动态平衡被打破，积灰程度改变，直到建立起新的平衡。应该说明的是，积灰程度与飞灰浓度关系不大，飞灰浓度越大，只能加速达到动态平衡。

2）积灰的影响因素

受热面积灰程度与烟气流速、飞灰颗粒度、管束结构特性等因素有关。

① 烟气流速。烟气流速对积灰程度影响很大。烟气流速越高，灰粒的动能越大，灰粒冲击作用也就越强，积灰程度越轻；反之则积灰越多。

② 飞灰颗粒度。烟气中粗灰多细灰少时，冲刷作用大，积灰减少；反之则积灰增多。

③ 管束结构特性。错列布置管束比顺列布置管束的积灰轻。因为错列布置的管束不仅迎风面受到冲刷，而且背风面也较容易受到冲刷，故积灰较轻。而顺列布置的管束从第二排起，管子不仅背风面受到冲刷少，而且迎风面也不能直接受冲刷，所以积灰较严重。

随着管束的纵向相对节距 s_2/d 的增大，错列管束的灰层厚度也越厚，而顺列管束的积灰则越轻。

管径较小时，管子背面的旋涡区小，飞灰冲击机会增加，积灰减轻。

3）减轻和防止积灰的措施

为减轻受热面积灰，在结构、布置及运行上可采取以下措施。

① 合理选取烟速。在额定负荷时，烟气速度不应低于 $6m/s$，一般可保持在 $8\sim11m/s$，过大则会加剧磨损。

② 采用小管径、小节距、错列布置的管束，可以增强烟气气流的冲刷和扰动，使积灰减轻。对省煤器可采用直径为 $\Phi25\sim32$ 的管子，管束相对节距为 $s_1/d=2\sim2.5$、$s_2/d=1\sim1.5$。

③ 正确设计和布置高效吹灰装置，制定合理的吹灰制度。空气预热器要加装水冲洗装置。

（2）尾部受热面磨损

1）飞灰磨损的现象及机理

锅炉尾部受热面飞灰磨损是一种常发生的现象。当携带大量固态飞灰的烟气以一定速度流过受热面时，灰粒撞击受热面，在冲击力的作用下会削去管壁微小金属屑而造成磨损。磨损使受热面管壁逐渐减薄，强度降低，最终将导致泄漏或爆管事故，直接威胁锅炉安全运行。锅炉的受热面都会发生不同程度的磨损，尤其以省煤器最为严重。

烟气对管子表面的冲击有垂直冲击和斜向冲击两种。垂直冲击引起的磨损叫冲击磨损。垂直冲击时，灰粒对管子作用力的方向是管子表面的法线方向，因此，其现象是在正对气流方向管子表面有明显的麻点。斜向冲击时，灰粒对管子的作用力可分解为切向分力和法向分力。法向分力产生冲击磨损；切向分力对管壁起切削作用，称为切倒磨损。两者的大小取决于烟气对管子的冲击角度。

受热面的磨损是不均匀的，严重的磨损都发生在某些特定的部位。从烟道截面上来看，不同部位的受热面磨损是不均匀的，这主要是由于烟气在转向室转弯时，在离心力的作用下，使得靠近烟道后墙部位的飞灰浓度要大于前墙，所以后墙部位的受热面磨损要严重些。

从管子周界上来看，磨损同样也是不均匀的。管外横向冲刷错列管束位于第一排的管子最大磨损发生在管子迎风面两侧 $30°\sim40°$ 的范围内，第一排以后的各排管子的磨损集中在管子两侧 $25°\sim30°$ 的对称点上。对于顺列管束，第一排以后的各排管子的磨损集中在 $60°$ 的对称点上。

从管排上来看，错列管束中磨损最严重的是第二排，这是由于第一排管子前的烟气流速较低，受灰粒的撞击较轻。第一排管子以后，气流速度增大，第二排管子受到更大的撞击。

固体灰粒撞击到第二排管子以后，动能减小，因此，以后各排管子的磨损又减轻，顺列管束第五排磨损严重，这是因为灰粒有加速过程，到第五排达到全速。

当烟气在管内纵向冲刷时（如管式空气预热器），磨损最严重点发生在管子进口约150～200mm长的不稳定流动区域的一段管子内。这是由于在管子进口段气流尚未稳定，由于气流的收缩和膨胀，灰粒较多的撞击管壁的缘故。在以后的管段中，气流稳定，灰粒运动方向与管壁平行，故管壁磨损减轻。

2）影响磨损的主要因素

影响飞灰磨损的主要因素有烟气流速、飞灰浓度、灰粒特性、管束结构特性等。

① 烟气速度 受热面的磨损与冲击管壁的灰粒动能和冲击次数成正比。研究表明，金属磨损与烟气速度的3～3.5次方成正比。可见烟气速度对受热面磨损的影响很大。在"烟气走廊"区域，因烟气流速大，管子的磨损严重。

② 飞灰浓度 飞灰浓度大，灰粒冲击受热面次数多，磨损加剧。

③ 灰粒特性 灰粒越粗，越硬，冲击与切削作用越强，磨损越严重。另外，灰粒形状对磨损也有影响，具有锐利棱角的灰粒比球形灰粒磨损严重。如沿烟气流向，烟气温度逐渐降低，灰粒变硬，磨损加重。因此，省煤器的磨损一般比过热器、再热器严重。

④ 管束的结构特性 烟气纵向冲刷时，因灰粒运动与管子平行，冲击管子的机会少。故比横向冲刷磨损轻。烟气横向冲刷时，错列管束因烟气扰动强烈，灰粒对管子的冲击机会多，则比顺列管束磨损重。

3）减轻磨损的措施

① 合理地选择烟气流速 降低烟气流速是减轻磨损的最有效方法，但烟气流速的降低，不仅会影响传热，同时还会增大受热面的积灰和堵灰，因此，应合理地选择烟气流速。根据国内外调查资料，省煤器中烟气流速最大不宜超过9m/s，否则会引起较严重的磨损。

② 采用合理的结构和布置 对飞灰磨损严重的受热面，可用顺列代替错列，以减轻烟气中飞灰对管子的冲击。避免受热面与炉墙之间的间隙过大，尽量保证管间节距均匀等。

③ 加装防磨装置 运行中，由于种种原因，烟气的速度和飞灰浓度不可能分布均匀，在局部区域出现烟气流速过高或飞灰浓度过大的现象不可避免，因此，受热面磨损也必然存在，为防止受热面局部磨损严重，在受热面管子易发生磨损的部位加装防磨装置，这样被磨损的不是管子，而是保护部件，检修时只需更换这些部件即可。

④ 搪瓷或涂防磨涂料 在管子外表面搪瓷，厚度为0.15～0.3mm，一般可延长寿命1～2倍。在管子外表面上涂防磨涂料或渗铝，也可有效地防止磨损。

⑤ 采用膜式省煤器 由于管子和扁钢条的绕流作用，使灰粒向气流中心集中，因此减轻了磨损和积灰。

（3）低温腐蚀

1）低温腐蚀及其危害

当受热面壁温低于酸露点时，烟气中的硫酸、盐酸蒸汽在受热面上凝结而发生的腐蚀，称为低温腐蚀。它一般出现在烟温较低的低温级空气预热器的冷端，低温腐蚀带来的危害有以下几方面。

① 导致空气预热器穿孔，大量空气漏入烟气中，一方面因空气不足造成燃烧恶化，另一方面使送、引风机负荷增加，电耗增大。

② 造成低温黏结性积灰，在锅炉运行中难以清除，不仅影响传热，使排烟温度升高而

且严重时堵塞烟气通道，引风阻力增加，锅炉出力下降，严重时被迫停炉清灰。

③ 严重的腐蚀将导致大量受热面更换，造成经济上的巨大损失。

2）低温腐蚀机理

锅炉燃用的燃料中含有一定的硫分，燃烧时将生成二氧化硫，其中一部分又会进一步氧化成三氧化硫，三氧化硫与烟气中的水蒸气结合形成硫酸蒸汽。当受热面的壁温低于硫酸蒸汽露点（烟气中的硫酸蒸气开始凝结的温度，简称酸露点）时，硫酸蒸汽就会在壁面上凝结成为酸液而腐蚀受热面。

烟气中的二氧化硫在两种情况下会发生向三氧化硫转化：一是燃烧反应中火焰里的部分氧分子会离解成原子状态，并与二氧化硫反应生成三氧化硫；二是烟气流经对流受热面时二氧化硫遇到三氧化二铁（Fe_2O_3）或五氧化二钒（V_2O_5）等催化剂作用，会与烟气中的过剩氧反应生成三氧化硫，即 $2SO_2 + O_2 \longrightarrow 2SO_3$。

烟气中的三氧化硫的数量是很少的，但极少量的三氧化硫也会使酸露点提高到很高的程度，如烟气中硫酸蒸汽的含量为 0.005% 时，露点可达 130~150℃。

3）烟气露点（酸露点）的确定

烟气露点与燃料中的硫分和灰分有关，燃料中的折算硫分 $S_{ar,zs}$ 越高，燃烧生成的 SO_2 进一步氧化生成的 SO_3 就越多，烟气的露点也越高；烟气携带的飞灰粒子中所含的钙镁和其他碱金属的氧化物以及磁性氧化铁，有吸收烟气中部分硫酸蒸汽的能力，从而可减小烟气中硫酸蒸汽的浓度。由于硫酸蒸汽分压力减小，烟气露点也就降低。烟气中灰粒子数量愈多，这个影响就愈显著，烟气中飞灰粒子对烟气露点的影响可用折算灰分 $A_{ar,zs}$ 和飞灰份额 α_{fh} 来表示。

考虑上述各影响因素，烟气露点可用下面的经验公式进行计算：

$$t_1 = t_{sl} + \frac{125 \times \sqrt[3]{S_{ar,zs}}}{1.05^{A_{ar,zs} \cdot \alpha_{fh}}} \tag{3-12}$$

式中，t_1 为烟气露点，℃；t_{sl} 为按烟气中水蒸气分压力计算的水蒸气露点，℃；$S_{ar,zs}$ 为燃料收到基折算硫分，%；$A_{ar,zs}$ 为燃料收到基折算灰分，%；α_{fh} 为飞灰系数。

4）腐蚀速度

腐蚀速度与管壁上凝结的酸量、酸浓度以及管壁温度等因素有关。凝结酸量越多，腐蚀速度越快，但当凝结酸量大到一定程度时，对腐蚀的影响减弱。金属壁温对腐蚀的影响见图 3-51。腐蚀处壁温越高，化学反应速度越快，低温腐蚀速度也越快。碳钢腐蚀速度与硫酸浓度的关系见图 3-52，即随着硫酸浓度的增大，腐蚀速度先是增加，当浓度为 56% 时达到最

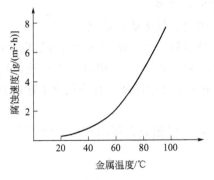

图 3-51 金属壁温对腐蚀的影响

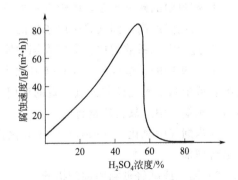

图 3-52 碳钢腐蚀速度与硫酸浓度的关系

大值，随后急剧下降。在浓度为 60% 以上时，腐蚀速度基本不变并保持在一个相当低的数值。

当尾部受热面发生低温腐蚀时，腐蚀速度将同时受到金属壁温、硫酸凝结量及硫酸浓度等因素的共同影响。因此，沿烟气流向，腐蚀速度的变化比较复杂，图 3-53 所示为沿烟气流向受热面腐蚀速度的变化情况。由图 3-53 可知，在受热面壁温达到酸露点 A 时，硫酸蒸汽开始凝结，腐蚀随之发生。但由于此时硫酸浓度极高（80% 以上），且凝结酸量少，因壁温较高，腐蚀速度却并不高。沿着烟气流向，金属壁温逐渐降低，凝结酸量逐渐增多，其影响超过温度降低的影响，因而腐蚀速度很快上升，至 B 点达到最大值。以后壁温继续降低，凝结酸量减少，且硫酸浓度仍处于较弱腐蚀浓度区，因面腐蚀速度随壁温下降而逐渐减小，到 C 点达到最低值。以后虽然壁温已经降到更低的数值，但因酸浓度也在下降并逐渐接近于 56%，因此，腐蚀速度再次上升。D 点壁温达到水蒸气露点（简称水露点），大量水蒸气会凝结在管壁上并与烟气中的 SO_2 结合，生成亚硫酸溶液（H_2SO_3），严重地腐蚀金属管壁，烟气中的也会溶于水并对金属起腐蚀作用，故壁

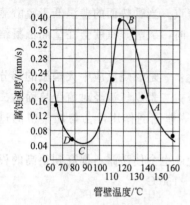

图 3-53 沿烟气流向受热面腐蚀速度的变化情况

温下降到水露点 D 以后，腐蚀速度急剧上升。实际上，在炉本体中受热面壁温不可能低于水露点，但有可能低于酸露点。因此，为了避免尾部受热面的严重腐蚀，金属壁温应避开腐蚀速度高的区域。

对于管式空气预热器，最低壁温可按式(3-13) 进行计算

$$t_{b,min} = \frac{0.8\alpha_y \vartheta_{py} + \alpha_k t_k'}{0.95\alpha_y + \alpha_k} \tag{3-13}$$

式中，$t_{b,min}$ 为最低壁温，℃；ϑ_{py} 为排烟温度，℃；t_k' 为低温级空气预热器空气入口温度，℃；α_k，α_y 为烟气侧和空气侧的对流表面传热系数，kW/(m²·℃)。

式中系数 0.8 和 0.95 为考虑烟气侧管壁污染和烟气温度场分布不均的影响系数。

5）影响低温腐蚀的因素

从低温腐蚀发生的过程来看，发生低温腐蚀的条件是管壁温度低于烟气露点。壁温越低，发生低温腐蚀的可能性越大；烟气露点越高，腐蚀越严重。酸露点的高低主要决定于烟气中三氧化硫的含量。随烟气中三氧化硫含量的增加，硫酸蒸汽的含量也相应增加，酸露点会有明显提高。烟气中三氧化硫的含量与下列因素有关。

① 燃料中的硫分越多，则烟气中的三氧化硫含量也越多。

② 火焰温度高，则火焰中原子氧的含量增加，因而三氧化硫含量也增多。

③ 过量空气系数增加也会使火焰中原子氧的含量增加，从而使三氧化硫含量也增加。

④ 飞灰中的某些成分，如钙镁氧化物和磁性氧化铁（Fe_3O_4），以及未燃尽的焦炭粒等有吸收或中和二氧化硫和三氧化硫的作用。故烟气中飞灰含量增加，且飞灰含上述成分又较多时，则烟气中三氧化硫量将减小。

⑤当烟气中氧化铁（Fe_3O_4）或氧化钒（V_2O_5）等催化剂含量增加时，烟气中三氧化硫量将增加。

6）防止或减轻低温腐蚀的措施

减轻低温腐蚀可从两个方面着手：一是提高金属壁温或使壁温避开严重腐蚀的区域；二

是减少烟气中三氧化硫的含量,降低酸露点。此外还可采用抗腐蚀材料制作低温受热面。

① 提高受热面壁温

a. 采用热风再循环。将空气预热器出口的热空气,一部分引回到送风机入口,称之为热风再循环。如图 3-54 所示,在热风管道和冷风管道之间装有再循环风道,依靠送风机抽吸或专门设置的再循环风机,将部分热空气送入空气预热器进口与冷风混合,热风再循环使管壁温度提高,有利于减轻低温腐蚀和受热面的积灰。但是,这种方法会使排烟温度提高,锅炉效率降低,同时,还会造成送风机电耗加大。再者这种方法只能将空气预热器的进口风温提高到 50~65℃,再高就将使排烟温度提高到更加不合理的程度,风机的电耗也显著增加。

b. 空气预热器进口装设暖风器。如图 3-55 所示,暖风器装在送风机与预热器之间利用汽轮机低压抽汽来加热冷空气,加装暖风器可使预热器进口的空气温度提高到 80℃ 左右,但也会使排烟温度提高。

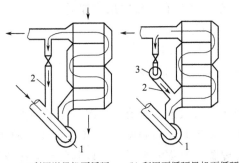

(a) 利用送风机再循环　(b) 利用再循环风机再循环

图 3-54 热风循环系统

1—送风机;2—再循环管;3—再循环风机

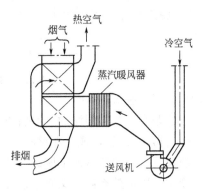

图 3-55 蒸汽暖风系统

② 减少烟气中 SO_3 的含量

a. 燃料脱硫,例如采用洗煤技术可除去煤中 40% 的硫分。

b. 低氧燃烧,即使用较低的过剩空气系数,使燃烧后烟气中剩余氧很少。

c. 加入添加剂,用粉状石灰石或白云石混入燃料中直接吹入炉内燃烧,使烟气中的 SO_3 和石灰石粉 ($MgCO_3$ 或 $CaCO_3$) 发生反应生成 $MgSO_4$ 或 $CaSO_4$,从而减少烟气中 SO_3 的含量。

③ 空气预热器冷端采用耐腐蚀材料

在燃用高硫分燃料的锅炉中,管式空气预热器的低温置换段可用耐腐蚀的玻璃管、搪瓷管、09 铜钢管或其他耐腐蚀的材料制作的管子。采用耐腐蚀材料可以减轻低温腐蚀,但不能防止低温黏结积灰。因此必须加强吹灰。

3.3.6 锅炉燃烧污染物排放与控制

3.3.6.1 脱硫技术

一般而言,锅炉脱硫技术可分为三大类:燃烧前脱硫、燃烧过程中脱硫(炉内脱硫)和燃烧后脱硫(烟气脱硫)。燃烧前脱硫主要是燃料在进入锅炉前进行处理,主要去除无机硫,如洗煤技术。燃烧过程中脱硫主要采取在燃料燃烧的同时,向炉内喷入脱硫剂(如石灰石、白云石等),脱硫剂一般利用炉内高温进行自身煅烧,煅烧产物 CaO、MgO 等与燃料燃烧过程中产生的 SO_2、SO_3 反应,生产硫酸盐和亚硫酸盐,以灰的形式排出炉外。典型的燃烧过程中脱硫主要有煤粉炉直接喷钙脱硫和流化床燃烧脱硫。燃烧后脱硫主要是利用吸收剂或吸附剂除去烟气中的 SO_2，并使其转化为稳定的硫化合物。生物质燃料含硫少，但在排放要求高的地方仍需对生物质锅炉进行烟气脱硫处理。锅炉烟气脱硫技术一般分为干法、半干法和湿法脱硫三类。

(1) 干法烟气脱硫

干法烟气脱硫的吸收和产物处理均在干状态下进行，具有无污水废酸排出、设备腐蚀小、烟气在净化过程中无明显降温、净化后烟温高、利于烟囱排烟扩散等优点。但脱硫效率低、反应速度慢、设备庞大。常见的干法烟气脱硫方法有氧化铜法、电子束照射法、脉冲电晕放电法和活性炭吸附法。这里仅简单介绍活性炭吸附法脱硫。

在烟气中加入氨气，SO_2 被活性炭吸附，被烟气中的 O_2 氧化为 SO_3，再与水蒸气反应生成硫酸。加入的氨气大部分与硫酸反应生成硫铵，未反应的氨还可以与 NO_x 反应生成 N_2。SO_x 脱除率可达 95% 以上，NO_x 脱除率可以达到 80% 左右。相关反应如下：

$$2SO_2 + 2H_2O + O_2 =\!=\!=\!= 2H_2SO_4$$

$$NH_3 + H_2SO_4 =\!=\!=\!= NH_4HSO_4$$

$$4NH_3 + 4NO + O_2 =\!=\!=\!= 4N_2 + 6H_2O$$

(2) 半干法脱硫

半干法兼有干法与湿法的一些特点，是脱硫剂在干燥状态下脱硫、在湿状态下再生（如水洗活性炭再生流程），或者在湿状态下脱硫、在干状态下处理脱硫产物（如喷雾干燥法）的烟气脱硫技术。在湿状态下脱硫、在干状态下处理脱硫产物的半干法，以其既有湿法脱硫反应速度快、脱硫效率高，又有干法无污水废酸排出、脱硫后产物易于处理的优点而受到人们的广泛关注。常见的半干法脱硫技术有循环流化床烟气脱硫法和喷雾干燥法等。

1) 循环流化床烟气脱硫法

半干式循环流化床烟气脱硫技术是以石灰浆作为脱硫剂，锅炉烟气从循环流化床底部进入反应塔，在反应塔内与石灰浆进行脱硫反应，除去烟气中的 SO_2 气体。烟气携带部分脱硫剂颗粒进入旋风分离器，进行气固分离，脱硫剂颗粒由分离器排出后返回反应塔再次参加反应，反应完全的脱硫剂颗粒从反应塔底部排出。

这种工艺以循环流化床原理为基础，通过吸收剂的多次再循环，延长吸收剂与烟气的接触时间，大大提高了吸收剂的利用率，在很低的钙硫比下脱硫效率可达到 95%。

2) 喷雾干燥法

喷雾干燥法是将需要干燥的介质溶液通过喷头高速旋转产生的强大动能在高温气体中雾化，利用高温气体的热量将雾滴水分蒸发形成干燥的粉状固体产品收集下来。其脱硫过程是将石灰浆液雾化成小液滴在吸收塔内与烟气混合接触，发生如下化学反应：

$$SO_2 + H_2O =\!=\!=\!= H_2SO_3$$

$$Ca(OH)_2 + H_2SO_3 =\!=\!=\!= CaSO_3 + 2H_2O$$

$$CaSO_3 + \frac{1}{2}O_2 =\!=\!=\!= CaSO_4$$

该工艺具有技术成熟、工艺简单、系统运行可靠、无废水排放等特点，脱硫效率可达 85% 以上。脱硫渣 $CaSO_3$ 和 $CaSO_4$ 以抛弃为主。

(3) 湿法脱硫

湿法脱硫技术的特点是脱硫过程在溶液中进行，脱硫剂和脱硫生成物均为湿态，脱硫过程的反应温度低于露点温度，脱硫后的烟气需经再加热才能从烟囱排出。湿法烟气脱硫过程是气液反应，脱硫反应速度快，脱硫效率高，钙利用率高，在钙硫比为1时，脱硫效率可达90％以上，适合于大型锅炉。但湿法脱硫普遍存在腐蚀严重、维护费用高、易造成二次污染等问题。

目前应用较多的湿法烟气脱硫技术主要有石灰石（石灰）石膏法、双碱法和氨法等，这里仅介绍石灰石（石灰）石膏法。

石灰石（石灰）石膏湿法烟气脱硫工艺是目前世界上大型锅炉中应用最为广泛的脱硫技术。其工艺技术最为成熟、运行可靠、脱硫效率高（≥95％）。脱硫副产品——石膏可以利用。

湿法烟气脱硫工艺的主要原理：将石灰石（石灰）粉浆液作为吸收剂，在吸收塔内与烟气相混合，生成石膏。脱硫后的烟气依次进入除雾器和加热器后进入烟囱排入大气中，其化学反应原理如下：

$$SO_2 + H_2O \rightarrow H_2SO_3 \Longrightarrow H^+ + HSO_3^-$$
$$H^+ + HSO_3^- + O_2 \Longrightarrow H_2O + SO_4^{2-}$$
$$CaCO_3 + 2H^+ \Longrightarrow Ca^{2+} + H_2O + CO_2 \uparrow$$
$$Ca^{2+} + SO_4^{2-} + 2H_2O \Longrightarrow CaSO_4 \cdot 2H_2O$$

上式中的 $CaSO_4 \cdot 2H_2O$（石膏）根据需要进行综合利用或抛弃处理。抛弃法是将 $CaSO_4 \cdot 2H_2O$ 弃置灰场储存或回填矿坑。综合利用方式主要是用在建材行业，如生产石膏板、砌块、粉刷石膏、水泥缓冲剂等。

该湿法脱硫系统主要由脱硫剂制备、反应塔和脱硫产物处理系统三部分组成。此外还需要在其下游加装烟气再热系统，使洗涤后低于露点的烟气温度升高到 $72 \sim 80℃$，便于从烟囱排放。反应塔设计必须防止浆液中固体沉积或结晶析出，在塔内和管道内造成结垢和堵塞。

该湿法脱硫工艺还兼有除尘的功能，可以将经过静电除尘器的烟气中的飞灰浓度从 $30mg/m^3$ 降低到接近零（$3mg/m^3$）。

石灰石（石灰）-石膏法脱硫工艺简单，但耗水量大，会产生大量的废渣废液，易造成二次污染。该湿法脱硫工艺系统比较复杂，初投资和运行费用都比较高。

3.3.6.2 脱硝技术

降低 NO_x 排放的主要技术措施分有三类，即普遍采用的低 NO_x 燃烧技术、炉膛喷射脱硝技术和烟气脱硝技术。采用何种技术取决于该技术的脱硝效果、所要达到的技术指标和经济性指标。低 NO_x 燃烧技术主要有低氧燃烧技术、分级燃烧技术、烟气再循环燃烧技术等。这里只介绍目前应用最多的烟气干法脱硝技术。

干法烟气脱硝又可分为选择性催化还原脱硝法（SCR）、选择性非催化还原脱硝法（SNCR）、电子束脱硫脱硝法以及活性炭脱硫脱硝法等。

（1）选择性催化还原脱硝法（SCR）

SCR法利用 NH_3 还原 NO_x，其原理是先将氨气稀释于空气或蒸汽中，然后注入烟气中脱硝。在催化剂的作用下，氨与 NO_x 反应生成氮气和水，主要反应如下：

$$4NO + 4NH_3 + O_2 \longrightarrow 4N_2 + 6H_2O$$

基于 V_2O_5 的催化剂在有氧的条件下还对 NO_2 的减少有催化作用，其反应式为：

$$4NH_3 + 2NO_2 + O_2 \longrightarrow 3N_2 + 6H_2O$$

在缺氧条件下，NO还原的反应式变为

$$4NH_3 + 6NO \longrightarrow 5N_2 + 6H_2O$$

在SCR中用的催化剂一般是以TiO_2为载体的V_2O_5/WO_3及MoO_3等金属氧化物。SCR反应器一般布置在锅炉省煤器出口与空气预热器入口之间。氨从SCR反应器的上游烟道中喷入，与热烟气充分均匀混合后进入SCR反应器。脱硝后的净烟气从反应器底部流出。

（2）选择性非催化还原脱硝法（SNCR）

SNCR法是在高温（900～1000℃）和没有催化剂的情况下，向烟气中喷氨气或尿素等含有NH_3基的还原剂，选择性地把烟气中的NO_x还原为N_2和H_2O。SNCR工艺的主要反应如下：

$$4NH_3 + 6NO \longrightarrow 5N_2 + 6H_2O$$

$$4NH_3 + 5O_2 \longrightarrow 4NO + 6H_2O$$

第一个还原反应主要发生在950℃左右，当温度低于900℃时，反应不完全，氨逃逸率高，造成新的污染。当温度高于1100℃时则可能发生后一个氨被氧化的反应，生成一部分NO。因此，SNCR中的温度控制至关重要。目前常用尿素$(NH_2)_2CO$作为还原剂，避免了氨的泄漏，主要反应如下：

$$(NH_2)_2CO \longrightarrow 2NH_2 + CO$$

$$NH_2 + NO \longrightarrow N_2 + H_2O$$

$$CO + NO \longrightarrow 1/2N_2 + CO_2$$

当还原剂为尿素时，部分还原剂将与烟气中的O_2发生氧化反应，生成CO_2和H_2O，因此还原剂消耗量较大。

为了综合利用SCR和SNCR两种方法的优点，通常在一个系统中同时使用，高温段（900～1000℃）使用SNCR方法，低温段（300～400℃）使用SCR方法，可使脱硝率有所提高。

3.3.6.3 锅炉烟气除尘

锅炉烟气中的烟尘除包含灰粒外，还含有有机物和重金属等有毒有害物质或强致癌物质，这些物质会影响人类的呼吸系统，危害人们的身体健康。因此，必须通过除尘装置除去大部分烟尘，使之达到相关排放标准后才能排放。除尘器的种类很多，锅炉上常用的主要有旋风除尘器、湿式除尘器、袋式除尘器和静电除尘器等。这里仅简单介绍后两种。

（1）过滤式除尘器（袋式除尘器）

这种除尘器是使含尘烟气通过用纤维编织物制作的滤料，利用其致密的纤维组织将粉尘颗粒阻挡在滤料表面，而气流得以通过，来实现气固分离的，如图3-56所示。最初过滤在滤料上的粉尘形成的初层也有利于后续粉尘的过滤，甚至可以连续捕集$1\mu m$以下的超细粉尘。

随着粉尘层的厚度增加，除尘器阻力也会升高，通常在阻力达到1200～1500Pa时就必须清灰。常用的清灰方式有机械振打式和压缩空气脉冲式清灰。振打式就是使滤袋振动或摆动，使上面的粉饼靠重力下落。这时必须停止过滤过程。为了连续运行和在线清灰，需要将除尘器分隔成若干个室。一个室清灰时，停止过滤，而其他室可以继续运行。脉冲式清灰如图3-57所示，清灰时利用压缩空气通过喷嘴向滤袋内侧喷射气流，同时大量引射周围的气体，在滤袋内外形成瞬间的高压力差，靠脉冲气流的振动和气流反吹过滤袋，将外侧的粉饼清除。在线清灰时，可以采用分室结构，也可以逐排反吹。清灰后，除尘器的阻力应当基本恢复到起始阻力水平。清灰压力分低压（0.2～0.3MPa）和高压（0.4～0.6MPa）两种。脉冲清灰的效果好坏关键在于脉冲射流的强弱，因此，压缩空气管线和喷嘴结构尺寸以及距滤袋开口的距离都是重要因素。

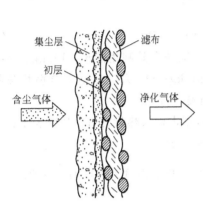

图 3-56　炉料的过滤过程

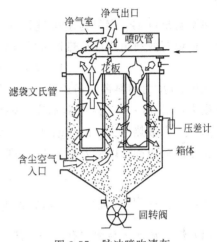

图 3-57　脉冲喷吹清灰

这种除尘器的特点是以下三点。

① 除尘效率高，一般在 99% 以上。

② 可处理大量含尘浓度极高的烟气，例如水泥行业的粉尘浓度高达 700～1500g/m³ 都可用布袋除尘器轻易地加以脱除。

③ 对粉尘特性不敏感。其缺点是体积和占地面积大，阻力损失一般在 1000～2000Pa，不适于湿度较大和黏性粉尘的脱除。

（2）静电除尘器

这种除尘器的工作原理如图 3-58 所示：在放电极（又称电晕极，作阴极使用）和平板状沉降电极（阳极）之间施加高压直流电压，使放电极发生电晕放电；当含尘烟气低速（0.5～2.0m/s）从两极之间流过时，气体分子被电离成电子、阴离子和阳离子，并吸附在粉尘上使之荷电；荷电粉尘在电极库仑力的作用下，就会向电极性相反的沉降电极运动并沉积在其表面上，从而实现与烟气的分离。在电极上的粉尘积累到一定厚度后，可以通过机械振打的方法使之落入灰斗。

静电除尘器的除尘效率高达 99% 以上，甚至可以捕集 0.1μm 以上的微尘，压力损失小（160～300Pa），能耗低，处理烟气量大（10⁶ m³/h），耐高温（＜350℃）。其缺点是对粉尘的特性，特别是导电性很敏感，耗钢量和占地面积大，对制造、安装和运行要求高，因此，投资费用高。

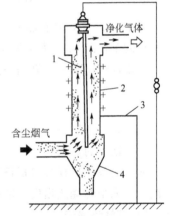

图 3-58　静电除尘器工作原理
1—电晕电极；2—沉降电极；
3—接地线；4—灰斗

3.3.7　锅炉的热平衡计算

锅炉热平衡是指输入锅炉的热量与锅炉输出热量之间的平衡。输出热量包括用于生产蒸汽或热水的有效利用热量和生产过程中的各项热量损失。输入热量主要来源于燃料燃烧放出的热。由于各种原因，进入炉内的燃料不可能完全燃烧，而且燃烧放出的热量也不会全部被有效地利用、不可避免地要产生一部分热量损失。热平衡就表明了燃料的热量有多少被有效利用，有多少变成为热量损失，这些损失又表现在哪些方面。热损失的大小决定了锅炉的热效率。

热平衡是以 1kg 燃料为基础进行计算的。在锅炉稳定的热力状态下，燃料带入炉内的热量、锅炉有效利用热量和热损失间有如下关系：

$$Q_r = Q_1 + Q_2 + Q_3 + Q_4 + Q_5 + Q_6 \tag{3-14}$$

式中，Q_r 为燃料带入锅炉的热量，kJ/kg；Q_1 为锅炉有效利用热量，kJ/kg；Q_2 为排烟热损失，kJ/kg；Q_3 为化学不完全燃烧热损失，kJ/kg；Q_4 为机械不完全燃烧热损失，kJ/kg；Q_5 为散热损失，kJ/kg；Q_6 为灰渣物理热损失，kJ/kg。

将上式两边都除以输入热量 Q_r，则锅炉热平衡可用占输入热量的百分比来表示：

$$q_1 + q_2 + q_3 + q_4 + q_5 + q_6 = 100\% \tag{3-15}$$

式中，$q_i = \dfrac{Q_i}{Q_r} \times 100\%$，分别为有效利用热或各项热损失占输入热量的百分比。

(1) 燃料输入热与锅炉有效利用热

燃料输入热指伴随燃料送入锅炉的热量，包括燃料本身、燃烧所需空气以及锅炉外部其他热源带入炉内的热量，具体计算可参考相关锅炉计算手册，一般情况下采用燃料低位热值进行简化计算。

有效利用热是指被锅炉中工质（水及蒸汽）所吸收的那部分热量，与锅炉形式有关。对于仅生产过热蒸汽的生物质电厂锅炉系统（无再热系统），则有

$$Q_1 = D(h_{gr} - h_{gs}) + \frac{p}{100} D(h_{bh} - h_{gs})(\text{kW}) \tag{3-16}$$

式中，D 为锅炉的蒸发量，kg/s；h_{gr}、h_{gs}、h_{bh} 分别为工作压力下过热蒸汽、给水、饱和水的焓，kJ/kg；p 为锅炉的排污率。

可用锅炉正平衡计算锅炉热效率，即

$$\eta = \frac{Q_1}{BQ_r} \times 100\% \tag{3-17}$$

式中，B 为燃料消耗量，kg/s；Q_r 为燃料输入热，kJ/kg。

(2) 锅炉的热损失

锅炉的各项热损失包括排烟热损失、气体（又称化学）不完全燃烧热损失、固体（又称机械）不完全燃烧热损失、散热损失及灰渣物理热损失等。

1) 排烟热损失 q_2

$$q_2 = \frac{Q_2}{Q_r} \times 100\% = \frac{H_{py} - \alpha_{py} H_{lk}^0}{Q_r}(100 - q_4)/100 \times 100\% \tag{3-18}$$

式中，Q_2 为锅炉排烟热损失量，kJ/kg；H_{py} 为排烟焓，kJ/kg；H_{lk}^0 为进入锅炉的冷空气的焓，kJ/kg；$(100 - q_4)/100$ 为考虑计算燃料量与实际燃料量差别的修正值，q_4 为机械不完全燃烧热损失；α_{py} 为排烟处的过量空气系数。在设计锅炉时 α_{py} 值可根据各部分烟道的漏风系数予以确定，在运行锅炉上则可根据测得的烟气各种成分的容积百分含量计算。排烟热损失的大小主要决定于排烟温度和烟气容积，应尽量减少锅炉烟道的漏风量。通常，排

烟温度每升高 10~20℃，可使 q_2 增加约 1%。

烟气的焓等于其各组成成分焓的总和，即实际烟气的焓等于理论烟气的焓、过量空气焓和飞灰焓三者之和。理论烟气的焓又等于理论烟气各组分的焓与其百分含量乘积之和。

2）化学不完全燃烧热损失 q_3

即由于排烟中含有尚未燃尽的 CO、H_2、CH_4 等可燃气体所造成的热损失。

$$q_3 = \frac{Q_3}{Q_r} \times 100\% = \frac{V_{gy}(126CO + 108H_2 + 358CH_4)(100 - q_4)}{Q_r} \times 100\% \qquad (3-19)$$

式中，Q_3 为化学不完全燃烧热损失量，kJ/kg；V_{gy} 为干烟气体积，Nm^3/kg。考虑到烟气中可燃物主要为 CO，上式可写成

$$q_3 = \frac{236(C + 0.375S)}{Q_r} \times \frac{CO}{RO_2 + CO}(100 - q_4)/100 \times 100\% \qquad (3-20)$$

式中，C、S 分别为燃料应用基碳和硫，%；CO、RO_2 分别为一氧化碳、三原子气体的容积百分比，%。

正常燃烧时 q_3 值很小。在进行锅炉设计时，其值可按燃料种类和燃烧方式参照有关设计手册选取。

影响 q_3 的主要因素有：燃料的挥发分、炉膛过量空气系数、燃烧器结构和布置、炉膛温度及炉内空气动力工况等。

3）机械不完全燃烧热损失 q_4

即未燃尽的固体燃料颗粒造成的热损失，未燃烧的碳包含在灰渣及飞灰之中，对于层燃炉还包括漏料损失。对于运行的锅炉，可通过测量灰渣、飞灰和漏料的质量和含碳量来计算。

$$q_4 = \frac{Q_4}{Q_r} \times 100\% = \frac{32700}{Q_r} \left(\frac{G_{hz}C_{hz} + G_{fh}C_{fh} + G_u C_u}{100B} \right) \times 100\% \qquad (3-21)$$

式中，q_4 为机械不完全燃烧热损失量，kJ/kg；G_{hz}、G_{fh}、G_u 分别为单位时间内的灰渣、飞灰及漏料质量，kg/h；C_{hz}、C_{fh}、C_u 分别为灰渣、飞灰及漏煤中含碳量的百分比，%；B 为实际燃料消耗量，kg/h；32700 为纯碳的发热量，kJ/kg。q_4 的数值与燃料性质、燃烧设备及炉内燃烧工况等因素有关。在设计锅炉时，q_3、q_4 可参考相关手册的推荐值选取。

4）散热损失 q_5

锅炉炉墙、锅筒、集箱以及管道等外表面向外界空气散热的热损失，其大小主要取决于锅炉表面积和温度。

$$q_5 = \frac{Q_5}{Q_r} \times 100\% = \frac{A_s a_s (t_s - t_0)}{BQ_r} \times 100\% \qquad (3-22)$$

式中，q_5 为散热损失量，kJ/kg；A_s 为散热表面积，m^2；a_s 为散热表面放热系数，$kW/(m^2 \cdot ℃)$；t_s、t_0 分别为散热表面温度和环境温度，℃。

q_5 通常可按经验选取。锅炉容量增大，其结构紧凑，平均到单位燃料的锅炉表面积少，散热损失相对值 q_5 也很小。

如果锅炉不在额定负荷下运行，其散热损失根据式（3-23）进行修正，即

$$q_5' = q_5 \frac{D}{D_{yx}} \% \qquad (3-23)$$

式中，D、D_{yx} 分别为锅炉的额定负荷和运行负荷，t/h。

在锅炉热力计算时，需要计算各受热面烟道的散热损失，通常采用保热系数来考虑，保热系数（φ）表示各烟道中烟气放出的热量被受热面接收的份额。

$$\varphi = 1 - \frac{q_5}{\eta + q_5} \tag{3-24}$$

式中，η 为锅炉的热效率。

5）灰渣物理热损失 q_6

排出炉渣所带走的热量损失，其值为燃料的灰渣量和与之对应的焓值的乘积。

$$q_6 = \frac{Q_6}{Q_r} \times 100\% = \frac{A^y \alpha_{hz} (ct)_{hz}}{Q_r} \times 100\% \tag{3-25}$$

式中，q_6 为灰渣物理热损失量，kJ/kg；A^y 为燃料的应用基灰分；α_{hz} 为灰渣中的灰占燃料中总灰的份额；$(ct)_{hz}$ 为灰渣在温度 t 时的焓值，kJ/kg。

这样，锅炉反平衡效率为：

$$\eta = 100 - (q_2 + q_3 + q_4 + q_5 + q_6) \tag{3-26}$$

（3）锅炉热效率及燃料消耗量

锅炉热效率是指锅炉有效利用的热量占输入锅炉热量的百分比，可通过锅炉的热平衡确定。热平衡是指输入锅炉的热量与锅炉有效利用热及各项热损失之间的数量平衡关系。

锅炉的热效率通常用 η 表示，确定锅炉热效率有正、反平衡两种方法，两种方法用于不同场合。考虑到实际消耗的燃料中有一部分（即机械不完全燃烧）未参加燃烧，应予以修正，得出计算燃料消耗量 B_j（kg/s）。

$$B_j = B(1 - q_4) \tag{3-27}$$

锅炉的热工计算（包括各种部件的热力计算）均应以 B_j 为基础进行，而燃料供应和燃料处理系统的计算，则仍以实际燃料消耗量 B 为基础进行。

3.3.8 锅炉运行

锅炉运行的主要任务是要在保证长期安全和经济的前提下满足负荷要求。锅炉的蒸汽负荷是变动的。不论在工业生产或发电厂中，蒸汽负荷不可能固定不变。即使担任基本负荷的机组，它的负荷也会有些变动。

为了适应外界负荷的变动，在锅炉运行中就要采取一定的措施，如改变燃料量、空气量以及给水量等。从锅炉运行角度来看，蒸汽负荷的变动是来自外界的一种干扰，或称为外扰。此外，即使没有蒸汽负荷的变动，锅炉工况也不是一成不变的。例如燃料量、燃料水分、烟道漏风、受热面积灰等的变动也都会影响锅炉的工作。这类变化是由锅炉设备本身所引起的，故称为内扰。锅炉的工况经常因受到外扰和内扰而发生变动，任何工况的变动都将引起某些指标和参数的变化，如汽压、汽温和效率等。因此在工况改变时，运行人员或自动调节机构就要及时进行调整，使各种指标和参数均在一定限度内变动，只有这样才能保证锅炉长期安全和经济地运行。

3.3.8.1 汽包锅炉的静态特性

（1）负荷变动

锅炉运行负荷必须跟随电网负荷要求不断变化，燃料量的变化与负荷成比例，燃料量随负荷的增加而增加，负荷（燃料量）变化对锅炉效率、炉内传热、烟气及工质温度等都会带来很大的影响。

1）负荷对锅炉效率的影响

从较低负荷开始，随着负荷（燃料量）的增大，锅炉效率呈先升高后下降的趋势。锅炉最高效率所对应的负荷称为经济负荷。锅炉经济负荷一般在锅炉额定负荷的 $80\% \sim 90\%$ 左右。

2）负荷对炉内辐射热量的影响

大容量锅炉的炉膛出口在后屏入口处，炉膛出口烟气温度在锅炉负荷变动时，对炉内吸热量的大小影响较大。锅炉负荷增加，燃料量随之增加，炉内燃烧放热增加，由于此时烟气热容量的增大，使炉膛出口烟温升高；由于此时炉内的理论燃烧温度与燃料量变化基本无关，故使单位工质辐射吸热量减少。

3）负荷与对流传热量的关系

负荷增加，烟气流量、流速成比例增大，烟气侧放热系数增加；同时，负荷增加又使工质流量、流速增大，工质侧放热系数也增大，二者使传热系数增加较多。另一方面，由于炉出口温度升高及烟气量增加，各对流受热面进口的烟温升高，依次使传热温差也增加。蒸汽量的增大比对流传热量增加得少，因此，单位对流热量增加，工质的焓增大，汽温升高。

4）负荷与烟温的关系

运行中的锅炉，如燃料量增加，炉膛出口烟温上升，但由于随着烟气流程对流传热量增大，使沿烟气行程的烟气温度增加值逐渐减小，排烟温度的升高值较小。

5）负荷与汽温的关系

如前所述，燃料量增加时，炉膛出口烟温升高，对流总传热量增加。在总对流热量中，因为对流式过热器和对流式再热器离炉膛出口最近，故它们吸热量所占份额比其他对流受热面要大得多，负荷增加时这个比例还要上升。而在炉内换热中，辐射式过热器和辐射式再热器的吸热份额又小于水冷壁。因此，当负荷增加时，由对流总热量增加而引起的对流过热器和再热器的吸热量增加要大于由炉内辐射热量减小而引起的辐射式过热器和再热器吸热量的减小，故过热器和再热器总的及各自的吸热量均增加，因此，过热和再热汽温升高。

（2）过剩空气系数变动

炉膛内的过剩空气系数有一最佳值，这时各种损失的总和最小而锅炉的效率最高。当过剩空气系数偏离最佳值时，锅炉效率降低。锅炉运行中应按最佳过剩空气系数控制炉内送风量。

当送入炉膛的风量增大引起炉膛出口过剩空气系数增大时，炉膛内的燃料理论燃烧温度下降，炉内辐射换热量下降，炉膛出口烟温基本不变。此时单位质量燃料产生的烟气容积增大，烟气对管壁的换热系数增大，对流传热量增加。但炉膛出口过量空气系数上升使对流传热量增大的数值小于烟气热容量的增大数值，故烟气在烟道中的温度相比过剩空气系数没有增大时对应的温度反而高些。

（3）其他变动的影响

1）燃料性质

燃料性质中，影响较大的是发热量、挥发分、灰分和水分。

燃料的发热量降低时，在锅炉负荷不变的情况下，燃料量增加，总烟气量增加，炉膛出口温度升高，单位辐射热量降低，一般理论燃烧温度降低，燃烧区域的温度水平也降低，不完全燃烧热损失增加。

燃料的挥发分会影响燃料的着火和燃烧；灰分含量和性质会影响未燃尽损失、受热面污染、磨损和环保；燃料水分不仅影响着火、燃烧和受热面腐蚀，而且还会使各区的烟温和传热发生显著变化。

燃料的水分对炉内烟温、传热和排烟热损失的影响正如过剩空气的影响一样，燃料水分增加则烟气容积增大，而绝热燃烧温度降低。但是由于水分的比热较空气大得多，影响程度就更为严重。随燃料水分的增加绝热燃烧程度会显著降低，因而炉膛出口烟温也将降低。这时，炉内辐射传热减少和对流传热增大的程度，要比增大炉内过量空气时更为显著。

2）给水温度

汽轮机负荷降低或高压加热器停用，均会使锅炉的给水温度降低。这时单位工质在锅炉中的吸热量就要增多，为了维持一定的高发量 D，就要增大燃料量 B。也就是说，给水温度降低时，比值 B/D 增大。

设 Q_d 代表单位燃料在对流区中的传热量，单位工质在对流区中的吸热量将为 BQ_d/D。当给水温度降低时，比值 B/D 增大，单位工质的对流吸热量也必然增大。自然循环锅炉的运行经验证明，当给水温度降低时，对流式过热器的吸热增多，必须加大蒸汽侧的减温。此外给水温度降低会增大省煤器中的传热温差，又会进一步增加省煤器的吸热量，并降低出口的烟温。至于排烟温度和预热空气温度下降的程度，要看空气预热器受热面的大小而定。

3）漏风

漏风同上述过量空气系数增大的影响是一样的，只是漏入的是冷空气，危害性更为严重。漏风的地点不同，产生的影响也不相同。燃烧器附近或炉膛下部的漏风，可能影响燃料的着火和燃烧，漏入的冷空气会使绝热燃烧温度有较大的降低，而且还会降低炉膛出口烟温。炉膛上部或炉膛出口附近的漏风，对燃烧和辐射传热的影响较小，但会使炉膛出口烟温降低很多。

对流烟道的漏风将降低漏风点的烟气温度，使该段的传热温差和传热量降低，至于离开该段的烟温可能比无漏风时更高些或更低些。如果漏风点在炉膛出口附近，排烟温度往往要比不漏风时更高；如漏风点在排烟口附近，排烟温度可能低于原来温度。但无论如何，有漏风时，都会增大锅炉的排烟热损失。

3.3.8.2 汽包锅炉的动态特性

（1）汽压动态特性

汽包内的汽压是蒸发设备内部能量的集中表现，其值决定于输入与输出热量的平衡，当输入热量大于输出热量时，蒸发设备内部能量增大，汽压上升；反之，汽压下降。

蒸发设备输入热量主要是水冷壁吸热量、汽包进水热量；输出热量主要是离开汽包的蒸汽热量，还有连续排污等。此外，蒸发设备内汽水处于饱和状态，其压力、温度发生变化，汽包等金属温度也随之变化，可见汽压变化过程中工质和金属都参与吸收或释放热量。

图 3-59 所示为锅炉燃料量扰动（内部扰动）和汽轮机调速汽门扰动（外部扰动）影响汽包压力的动态过程。图 3-59(a) 为燃料量减少，使水冷壁吸热量减少，造成输入热量小于输出热量，结果是汽压下降，工质温度也随着下降，汽包等金属向工质释放部分热量，使汽压下降速度有所减小。同时，汽轮机前汽压下降，在调速汽门开度不变下进汽流量减少，它的作用也使汽压下降速度减小。图 3-59(b) 为汽轮机调速汽门关小，使蒸汽流量减小，汽压上升，它使进汽流量有所增加。

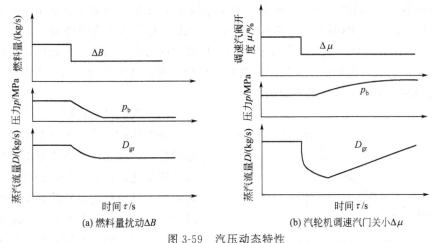

图 3-59 汽压动态特性

D_{gr}—过热器出口蒸汽流量，kg/s

（2）水位动态特性

汽包水位标准线一般在汽包中心线下 100～150mm，水位波动限制在标准水位±50mm以内，此时的水位称为正常水位。例如国产 300MW 亚临界控制循环锅炉的汽包标准线在汽包几何中心线下 228.6mm，上下报警线分别为标准线的+127mm 和-177.8mm，在锅炉运行中应维持水位在正常水位范围内。水位过高，汽包蒸汽空间高度减小，汽水分离效果下降，将会引起蒸汽带水或满水，蒸汽品质恶化，管子过热或管道、汽轮机产生水击；水位过低，将会破坏水循环，甚至烧坏水冷壁。

锅炉运行中，引起水位变化的根本原因是蒸发区内物质平衡的破坏或工质状态发生改变。例如在只增加燃烧率而不进行其他操作（如给水调节和汽轮机调门动作）的情况下，由于物质平衡被破坏，给水量小于产汽量，水位将降低。

在汽包压力变化速度影响下，当汽轮机调门突然开大而增加负荷时，汽压迅速降低，所产生的附加蒸汽量会使水位胀起，造成所谓的"虚假水位"；从调节来看，此时本应加大给水量（由于给水量将小于产汽量），但单纯根据水位判断则为减小给水量。

图 3-60(a) 示意了汽轮机调门扰动（ΔD）时水位变化的情况。此时，先是汽压下降导

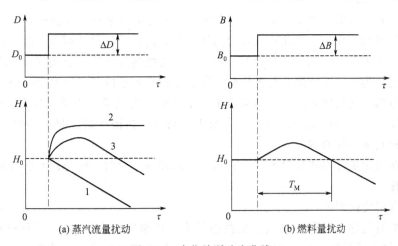

图 3-60 水位阶跃响应曲线

1—只考虑物质不平衡的响应曲线；2—只考虑蒸发面下蒸汽容积 V''_x 的响应曲线；3—实际的水位响应曲线

致水面下蒸汽容积 V_x'' 增加，使水位胀起（图中曲线 2）；之后蒸发量 D_{zf} 增加使蒸发量大于给水量，水位下降（图中曲线 1）。实际汽包水位变化是上述二曲线的叠加，水位先升后降（图中曲线 3）。图 3-60(b) 则是燃料量扰动时水位变化的情况。与图(a)相比，水位上升较少而滞后较大，这一方面是由于蒸发量随燃料量的增加有惯性和时滞，另一方面也是因为汽压的随之增加对水位的上升起到了抑制作用。

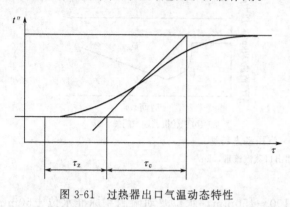

图 3-61　过热器出口气温动态特性

（3）汽温动态特性

锅炉运行表明，无论发生何种影响汽温的扰动，过热器或再热器出口汽温并不是立即变化，而是开始从慢到快，然后再转向慢，最后稳定在新的温度水平。图 3-61 表示的是过热器出口汽温典型动态特性曲线。此汽温由初值到终值的变化曲线称为飞升曲线。曲线的拐点是汽温变化速度最快的点，通过该点作一切线，与汽温初值和终值水平线相交，两交点之间的时间称为时间常数 τ_c；从扰动发生点到时间常数开始点之间的时间称为延滞时间 τ_z。

出口汽温变化的快慢与过热器系统中的储热量有关。当汽温在扰动后下降时，过热器的金属温度也将下降，并放出一部分储热，其结果将使出口汽温延缓下降。

过热汽温的变化时滞还同扰动方式有关。烟气侧和蒸汽流量的扰动通常在几秒钟内，甚至在更短的时间内，就能使整个过热器受到影响，此时的汽温变化时滞较小；进口蒸汽焓或减温水量的变动对出口汽温的影响较慢，出口汽温变化的时滞与进口流量成正比，而与蒸汽流速成反比。

3.3.8.3　汽包锅炉的参数调节

锅炉运行调节的主要任务是：使蒸发量适应外界负荷的需要；保证输出蒸汽的品质（包括蒸汽压力、温度等）；维持正常的汽包水位；维持高效率的燃烧与传热；保证设备长期安全经济运行。调节项目的基本原理和方法分述如下。

（1）蒸汽压力的调节

蒸汽压力的变化实际上是锅炉蒸发量与外界负荷之间的平衡关系被破坏的结果。负荷变化对于锅炉是客观存在的，因此蒸汽压力的调节就是锅炉蒸发量的调节。由于蒸发量的大小主要取决于燃烧工况，所以蒸汽压力调节实际上就是燃料量与风量的调节。无论何种扰动使蒸汽压力变化，都应改变燃煤量及送风量，同时兼顾汽包水位及蒸汽温度的调节。

蒸汽压力调节的具体方法是：当蒸汽压力下降时，先与送、引风机配合，增大送风量，再增大燃料量。当蒸汽压力升高时，应先减少燃料量，再减少送风量，同时相应减少给水量，并兼顾到其他参数的调节。

另外，在汽包及过热器出口的蒸汽联箱上，均设有安全阀，作为调节滞后或调节失灵的安全防范装置。

（2）蒸汽温度的调节

近代锅炉对过热汽温和再热汽温的控制是十分严格的，允许变化范围一般为额定汽温 $\pm5℃$。汽温过高或过低，以及大幅度的波动都将严重影响锅炉、汽轮机的安全和经济性。引起蒸汽温度变化的因素来自蒸汽侧和烟气侧，蒸汽侧如锅炉负荷、给水温度的变化，烟气侧如燃料性质和数量、送风量、受热面清洁程度等。

当汽温升高时，蒸汽侧调节的基本方法一般是喷水减温法，即用低温给水（一般为给水泵出口的水）作为冷却水喷入蒸汽，直接吸收蒸汽热量，使其温度降低。承担蒸汽喷水调节任务的设备称为喷水减温器。喷水减温器采用多孔笛形管结构，设计喷水量一般为锅炉额定蒸发量的3%～5%。大型锅炉采用1～3级喷水减温器不等。

烟气侧调节的原理是，通过改变掠过过热器和再热器的烟气温度和流量来改变过热蒸汽和再热蒸汽的温度。具体方法举例如下所述。

① 改变火焰中心位置。改变炉膛火焰中心位置（即上移或下移），可以减少或增加炉膛内受热面的吸热量，改变炉膛出口烟温，从而可改变掠过过热器和再热器的烟温，达到调节蒸汽温度的目的。

② 改变烟气挡板开度。将锅炉尾部竖井入口段做成并联的两个分隔烟道，一侧烟道布置再热器，另一侧布置过热器（或省煤器）。两侧烟道出口处均装有烟气挡板，改变挡板开度，就可以改变两侧烟道的烟气量比例，以调节再热汽温。

（3）汽包水位调节

对汽包锅炉来说，当水位过高时，汽水分离空间高度减小将造成蒸汽带水，蒸汽品质恶化（蒸汽的机械携带会造成含盐量增加），严重时会出现汽包满水，造成蒸汽大量带水，含盐量过高的蒸汽使过热器严重结垢，导致管壁超温爆管，还会造成主蒸汽管道和汽轮机的水冲击，影响设备的安全和经济运行。汽包水位过低，可能导致下降管带汽，使水循环的流动压头减小，自然水循环的安全性降低。如果给水中断而锅炉连续运行时，则可能在几十秒内就出现"干锅"。即使给水不中断，但给水量与蒸发量不平衡，仍会在几分钟内发生缺水事故。因此，及时调节给水流量，维持汽包的正常水位，是汽包锅炉安全运行非常重要的一项任务。

运行中为了监视汽包水位，便于调节，在锅炉汽包上都装有就地和远传式水位计。

给水调节的任务就是根据负荷的变化及时调节给水流量，使两者相适应。但在调节过程中，必须注意汽包的虚假水位现象。虚假水位的存在，会误导给水量调节朝着相反的方向进行，为克服这一影响，一般采用三冲量给水自动控制系统，如图3-62所示。

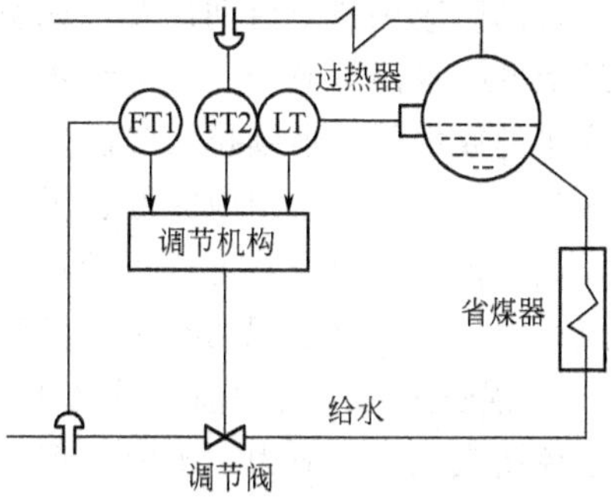

所谓三冲量调节，是指该控制系统以蒸汽流量（即锅炉负荷）、给水流量和汽包水位作为信号参量，这种系统不仅综合考虑了蒸汽流量与给水流量平衡的原则，还考虑了汽包水位偏差的大小，既能纠正虚假水位的影响，又能补偿给水流量的扰动。

图 3-62　三冲量给水自动控制系统

FT1—给水流量表；FT2—蒸汽流量表；

LT—汽包水位表

（4）燃烧调节

锅炉的燃烧调节实质上与上述各调节项目是密切相关的，如蒸汽压力调节也是燃料量的调节，而燃烧工况同样也影响着蒸汽参数和汽包水位。燃烧调节的任务因此归纳为三点：一是使燃烧适应蒸汽负荷和蒸汽参数的要求；二是保证良好的燃烧；以减少不完全燃烧损失；三是对于负压燃烧锅炉，应合理调整送、引风量，以维持炉膛内适当的负压，保证锅炉运行安全。与三项任务相对应，燃烧调节的三个参数分别是燃料量、送风量和引风量。

锅炉燃烧的正常状态具有以下几方面特征：当燃料量、送风量和引风量配合较好时，炉膛内应具有光亮的金黄色火焰，火焰中无明显的星点，火焰中心位于炉膛中部，火焰均匀地充满整个炉膛而不触及四周的水冷壁，烟囱排放出的烟气呈淡灰色。

3.3.8.4 汽包锅炉的启动与停运

（1）锅炉的启动

锅炉启动可分为冷态启动和热态启动。由于检修或备用等原因，锅炉经过较长时间的停用后，在常温常压下的启动，称为冷态启动。锅炉在短时间内停用、仍保持一定温度和压力下的启动称为热态启动。冷态启动和热态启动的差别仅在于锅炉的备用状态不同，因而热态启动与冷态启动相比，其部分工作可以简化和省略。热态启动实质上可视为冷态启动过程的延续。因此，熟悉了冷态启动的过程，自然就掌握了热态启动。

锅炉的启动应严格按照操作规程进行操作，但每台锅炉都有自己的操作规程，下面仅就锅炉启动的若干共性问题作简要介绍。

① 启动前的检查与准备。锅炉启动前，必须按规程规定对主辅设备进行全面检查，当确认设备完好，且具备启动条件时方可启动。检查的主要内容包括：炉膛内应无人工作，无结焦，无杂物，喷燃器完好，油枪位置正确，喷燃器口及油枪头无焦渣堵塞，排管或水冷壁管无变形，炉墙完整无裂缝，脚手架全部拆除；尾部受热面及烟道内，应无堵灰、杂物及工具，无工作人员；检查所有炉门、防爆破门和除灰门，应完整、灵活，并全部关闭；所有膨胀指示器应完整并无卡碰和顶撞现象；平台通道和楼梯应完整，无杂物堆积，照明充足；检查所有风门及挡板，开度指示应与实际相符合，连接销子应完整，传动装置动作灵活，检查后将各挡板调整至启动位置；检查转动机械，应无杂物影响转动，联轴器应有安全罩，转动机械及其电动机地脚螺丝无松动，转动部分能用手盘车并无摩擦和碰撞，轴承内油位正常。油质合格，冷却水畅通，无漏油、漏水现象；检查汽水系统，各阀门应完整，动作灵活，方向正确。远程控制机构应灵活，对电动阀门应进行遥控试验，证实其电气和机械部分完整可靠；各阀门应调整至启动位置，如空气门、向空排汽门、给水总门、省煤器再循环门、蒸汽管道上的疏水门等应开启；主给水和旁路给水的隔绝门、给水管和省煤器的放水门、水冷壁下联箱的放水门、连续排污二次门、事故放水二次门等应关闭；水位计、压力表门均应处于投入状态，所有安全门应完好、无影响动作的障碍物；检查锅炉操作盘，操作盘上各电气仪表、热工仪表、信号装置、指示灯、操作开关等应完整好用；燃料系统、除尘器、燃油系统和点火设备，应符合现场有关设备和规程，可以随时启动投入。

② 锅炉上水。启动前，准备工作就绪并确认具备启动条件时，开始冷态向汽包供水。为了控制汽包的热应力，水温一般不高于90℃，并且在整个上水过程中，上水速度不能过快。上水后的汽包水位高度，对自然循环锅炉只需达到水位计的最低可见水位；对于控制循环锅炉，则应接近水位计的顶部。锅炉上水完毕后，应检查汽包水位有无变化。若汽包水位继续上升，则说明进水阀门未关严；若水位下降，则说明有漏泄的地方（如放水门、排污门泄漏或未关），应查明原因并采取措施及时消除。

③ 锅炉点火。点火前，应投入所有有关自动调节控制系统。并且启动空气预热器。无论什么型式的锅炉，在点火前必须对炉内进行通风，通风时间应不少于5min。目的是清除炉膛和烟道内可能残存的可燃气体，防止点火时发生爆燃而损坏锅炉设备。方法是先启动引风机，维持炉膛负压50～100Pa，再启动送风机并调整好风压，吹扫一次风管3～5min，待吹扫工作结束后，关小送风、引风机调节挡板。并调整有关燃烧器的一、二次风门开度，使

其保持在点火所需要的位置，准备进行点火。

④ 升温升压过程。锅炉点火后，各部件逐渐受热，炉水温度逐渐升高，产生蒸汽，汽压不断上升。从锅炉点火至主蒸汽压力、温度升至额定值的过程，称为启动升温升压过程。

锅炉机组升温升压过程，应根据规程规定的升温升压速度进行。升温升压的速度，在汽轮机冲转前主要决定于锅炉厚壁部件，特别是汽包的温差和热应力的限制。这是因为在汽轮机冲转之前，升温升压过程是锅炉单独进行的，以防炉内温度急剧升高而使受热面温升过快，使金属部件产生较大热应力而损坏。汽轮机冲转之后，蒸汽压力和温度的增长，则主要取决于汽轮机的启动要求。

在整个升温升压过程中，燃烧调节是控制、调节蒸汽压力和温度的最主要手段。旁路系统和减温器作为辅助措施，共同实现对主蒸汽温度和压力的控制，并保护过热器和再热器。启动过程中省煤器的保护措施是开启再循环管。

锅炉的启动过程直至主蒸汽的压力和温度达到额定值，汽轮机带满负荷稳定运行时结束。

（2）锅炉的停运

1）锅炉停运的分类

① 热备用停运和非热备用停运。根据锅炉停运的最终状态，锅炉的停运可分为热备用停运和非热备用停运。热备用停运是指停止向汽轮机供热和锅炉熄火后，关闭锅炉主蒸汽阀和烟气侧的各个门和孔，锅炉进入热备用状态。非热备用停运包括冷备用停运和检修停运。故障停运和计划检修停运包括在检修停运中。冷备用停运的最终状态是彻底冷却后放尽炉水，进行保养，进入冷备用状态。检修停运的最终状态则是冷却后放尽炉水，进行检修。

② 正常停运和故障停运。根据锅炉停运的原因，可分为正常停运和故障停运。锅炉运行的连续性是有一定限度的。当设备运行一定时间后，为恢复或提高锅炉的运行性能、预防事故的发生，必须停止运行，进行有计划的检修。另外，当外界电负荷减少时，为了整个发电厂运行比较安全经济，经过计划调度，也要求一部分锅炉停止运行，转入备用。这两种情况下的停运为正常停运。无论出于锅炉外部或内部原因发生事故，锅炉不停运将会造成设备损坏或危及运行人员安全，必须停止锅炉的运行，称为事故停运。

③ 额定参数停运和滑参数停运。单元机组在正常停运中，根据停运过程中降负荷时汽轮机前的蒸汽参数，可分为额定参数停运和滑参数停运。所谓额定参数停运，是指在机组停运过程中汽轮机前蒸汽的压力和温度不变或基本不变的停运。如果机组是短期停运，进入热备用状态，可用额定参数停运；因为锅炉熄火时蒸汽的温度和压力很高，有利于下一次启动。所谓滑参数停运，即锅炉、汽轮机联合停运，在整个停炉过程中，按照汽轮机的要求，锅炉的负荷及蒸汽参数不断降低直至锅炉停止运行。

2）锅炉停运

停炉前应做好有关准备工作，如停止向料仓上料，做好油枪投入的准备工作等。停炉时，通过减小燃料量、送风量、按计划分阶段停用燃烧器等燃烧调整手段，以及相应减少给水量等，使蒸汽参数有计划地平稳下降。

当负荷降到一定程度，如 70％以后，为防止燃烧不稳而发生突然熄火和爆燃，应投入油枪，并视汽温情况关闭减温水。当负荷降至 10％左右时，则需启动Ⅰ、Ⅱ级旁路系统。

在汽轮机调节汽门关闭后，锅炉便可熄火、停用所有油枪。熄火 2～3min 后，可停止送风机，但引风机仍继续运行 5～10min，以清除炉膛和烟道内的可燃物。

3.4 汽轮机设备

汽轮机设备是火力发电厂的两大热力设备之一。其主要作用有两个：一是将蒸汽的热能转化为机械能；二是回收工质。

3.4.1 汽轮机的工作原理

喷嘴叶栅（静叶栅）和与其相配的动叶栅组成汽轮机中最基本的工作单元"级"，不同的级顺序串联构成多级汽轮机。蒸汽在级中膨胀和流动时，分别在喷嘴（静叶片）和动叶片中进行能量交换。根据蒸汽在动、静叶片中的做功原理不同，汽轮机可分为冲动式和反动式两种。

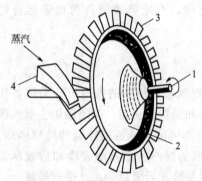

图 3-63　冲动式汽轮机工作原理
1—大轴；2—叶轮；3—动叶片；4—喷嘴

冲动式汽轮机的工作原理（见图 3-63）：具有一定压力和温度的蒸汽在固定不动的喷嘴中膨胀加速，使蒸汽压力和温度降低，部分热能变为动能。从喷嘴喷出的高速气流以一定的方向进入装在叶轮上的动叶片流道，在动叶片流道中改变速度，产生作用力，推动叶轮和轴转动，使蒸汽的动能转变为轴的机械能。

反动式汽轮机工作原理：在反动式汽轮机中，蒸汽流过喷嘴和动叶片时，不仅在喷嘴中膨胀加速，而且在动叶片中也要继续膨胀，使蒸汽在动叶片流道中的流速提高。当由动叶片流道出口喷出时，蒸汽便给动叶片一个反动力。动叶片同时受到喷嘴出口气流的冲动力和自身出口气流的反动力。在这两个力的作用下，带动叶轮和轴高速旋转。

一般地，冲动式汽轮机在结构上比较简单，重量比较轻，运行的灵活性和可靠性相对较高，但叶栅损失比较大；反动式汽轮机随机组容量的增大，叶片高度相应增大，漏气损失减小，因此大机组采用反动式效率比较高，小机组采用冲动式比较有利。

3.4.2 汽轮机的分类

汽轮机的类型很多，为了便于选用，常按热力过程特性、工作原理、新蒸汽压力、蒸汽流动方向及用途等对其进行分类。这里只介绍按热力过程特性及工作蒸汽压力的分类方法。

（1）按热力过程特性分类

汽轮机按热力过程特性主要可以分为下面四种。

① 凝汽式汽轮机。该类汽轮机的特点是在汽轮机中做功后的排气，在低于大气压力的真空状态下进入凝汽器凝结成水。

② 背压式汽轮机。由于生物质电厂机组规模较小，考虑供热设计，目前较多采用高压高温单缸抽凝汽式汽轮机或者背压式汽轮机。该类汽轮机的特点是在排气压力高于大气压力的情况下，将排气供给热用户。

③ 中间再热式汽轮机。该类汽轮机的特点是在汽轮机高压部分做功后蒸汽全部抽出，送到锅炉再热器中加热，然后回到汽轮机中压部分继续做功。

④ 调整抽气式汽轮机。该类汽轮机的特点是从汽轮机的某级抽出部分具有一定压力的

蒸汽供热，排气进入凝汽器。

（2）按主蒸汽参数分类

进入汽轮机的蒸汽参数是指蒸汽压力和温度。按不同压力等级可分为以下几种。

① 低压汽轮机。主蒸汽压力小于 1.47MPa。

② 中压汽轮机。主蒸汽压力为 1.96～3.92MPa。

③ 高压汽轮机。主蒸汽压力为 5.88～9.8MPa。

④ 超高压汽轮机。主蒸汽压力为 11.77～13.93MPa。

⑤ 亚临界压力汽轮机。主蒸汽压力为 15.69～17.65MPa。

⑥ 超临界压力汽轮机。主蒸汽压力大于 22.15MPa。

3.4.3 国产汽轮机型号

汽轮机的型号用来表示汽轮机的热力特点、出力及进汽参数规范等。国产汽轮机的型号表示方法是：

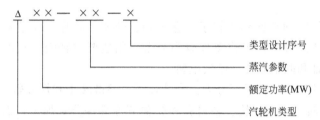

Δ ×× — ×× — ×

类型设计序号

蒸汽参数

额定功率(MW)

汽轮机类型

汽轮机类型按汉语拼音的第一个字母表示，如表 3-2 所示。

表 3-2　国产汽轮机类型代号

代号	型式	代号	型式	代号	型式
N	凝汽式	CC	二次调整抽汽式	Y	移动式
B	背压式	CB	抽汽背压式	HN	核电汽轮机
C	一次调整抽汽式	CY	船用		

蒸汽参数的表示方法如表 3-3，表内示例的功率单位为 MW，蒸汽压力的单位为 MPa，蒸汽温度的单位为℃。

表 3-3　汽轮机型号中蒸汽参数的表示方法

汽轮机类型	蒸汽参数表示方法	示例
凝汽式	主蒸汽压力/主蒸汽温度	N100-8.83/535
中间再热式	主蒸汽压力/主蒸汽温度/再热蒸汽温度	N300-16.7/538/538
一次调整抽汽式	主蒸汽压力/调节抽汽压力	C50-8.83/0.118
二次调整抽汽式	主蒸汽压力/高压抽汽压力/低压抽汽压力	CC25-8.83/0.98/0.118
背压式	主蒸汽压力/背压	B50-8.83/0.98
抽汽背压式	主蒸汽压力/抽汽压力/背压	CB25-8.83/0.98/0.118

3.4.4 汽轮机本体主要结构

汽轮机本体可分为固定和转动两大部分，它们分别为汽轮机的静子和转子。静子主要包括汽缸、喷嘴、隔板、汽封、轴承等；转子主要包括主轴、叶轮、动叶以及联轴器等。

3.4.4.1 汽缸

汽缸是支承转子、容纳并通过蒸汽，保证汽轮机进行正常能量转换的重要部件。在高温蒸汽的作用下，汽缸应有足够的强度、刚度和良好的汽密封性，结构合理，并能保证在运行时，汽轮机的动、静部件中心不发生过大的变化，以免产生摩擦。

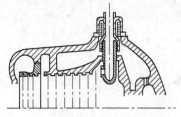

图 3-64 双层汽缸结构示意

汽轮机的汽缸均为水平剖分，即分为上、下汽缸，水平结合面一般用法兰和螺栓连接。中小容量汽轮机一般只有一个汽缸，大容量机组常有高、中、低压三个汽缸，用一个或两个垂直结合面连接，既便于加工也可采用不同的材料；垂直结合面也用法兰和螺栓连接，以保证汽密封。

高温、高压汽缸，为减少壁厚和法兰尺寸，降低热应力，保证汽密性，通常采用双层汽缸结构，如图 3-64 所示。

3.4.4.2 转子

一般将汽轮机的转动组件称为转子，它由轴、叶轮、叶片、联轴器、止推盘等部件组成，是汽轮机最重要的部件，工作条件较为复杂，制造要求精密。蒸汽作用在叶片上的力矩，通过叶轮、主轴和联轴器传递给发电机。

按照制造工艺的不同，转子可分为：套装转子、整锻转子和焊接转子。

① 套装转子。转子上的叶轮、轴封套和联轴节等部件分别加工，然后进行热加工，将它们采用过盈配合进行组装，并采用键连接将其套在轴上。这种工艺加工方便，可以合理利用材料，但容易松动，引起振动。这种工艺只适用于汽轮机中、低压部分的转子。

② 整锻转子。整锻转子是叶轮、轴封套和连轴节等部件与主轴一起锻造而成的，它是一个整体，克服了套装转子的缺点。但这种工艺复杂，加工周期长，其材料不能随工作条件进行相应的选择，相对来说，材料也就得不到合理的利用。整锻转子多用于大型汽轮机。

③ 焊接转子。它是将转子分段锻造，然后进行焊接组装而成。其特点是可以承受较大的离心力，强度好，刚度大，相对质量小，尤其是现代大功率汽轮机的低压部分，因其直径大，离心力大，质量大，特别适合采用焊接转子。

3.4.4.3 叶轮

如图 3-65 所示，叶轮的顶端设有叶根槽，以备安装动叶片用。叶片的底端设有叶根，它镶嵌于叶根槽之中，与叶轮构成一体，承受气流的冲击进行旋转。叶片与叶轮连接的形式很多，除了图 3-65 所示的 T 形（单 T 形和双 T 形）槽之外，还有枞树和叉形连接形式，这里不再一一介绍。当叶片的离心力较大时，应加大叶根的承受能力和加大叶根的受力面积，需采用双 T 形叶根。

由于叶轮要承受高温和蒸汽流的冲击，因此，要有足够的强度，所以，还要在叶片的顶端采用围带将所有的叶片（或分成若干组）连成一体；同时在叶片中部采用拉金加以固定，见图 3-65 叶片中的 7。

3.4.4.4 隔板和喷嘴

隔板是被固定在汽缸体上，并位于两叶轮之间的构件。隔板的作用有两个，一是固定喷嘴的叶片；二是将汽缸分成多个汽室（级），使蒸汽流经各级喷嘴推动叶轮转动。

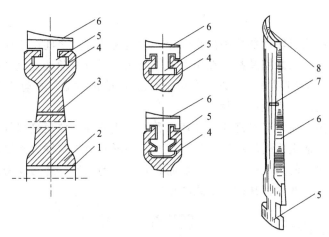

图 3-65　叶轮及叶片装配示意

1—键槽；2—轮毂；3—平衡孔；4—叶根槽；

5—叶根；6—动叶片；7—拉金孔；8—安装围带常用的凸起

汽轮机的隔板常分为上下两半，在外缘上，采用销块或螺栓被固定在汽缸体上；内缘则设有汽封，以防止蒸汽从隔板与轴之间的间隙过多地向下一级漏气。特别是高压段的隔板，在上下两半的结合处，都设有止口销和止口槽，使上下两半隔板正确对准，并减少结合处的漏汽量；同时增加隔板的强度，减少其变形。

喷嘴由装在隔板圆周上的静叶片组成，每两片静叶片构成一个喷嘴，在隔板上沿圆周安装有若干个喷嘴，沿轴向设有若干个隔板，将汽轮机分为若干级。由隔板上喷嘴喷出的汽流冲击两隔板之间的动叶片，从而推动叶轮转动。

喷嘴和隔板的结构示意见图 3-66。

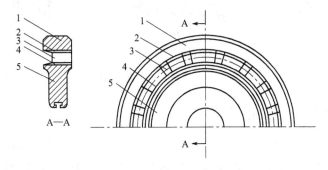

图 3-66　喷嘴和隔板的结构示意

1—隔板外缘；2—固定喷嘴的外环；3—喷嘴叶栅；4—固定喷嘴的内环；5—隔板体

3.4.4.5　盘车装置

由于转子具有相当的质量，在启动和停机时，由于转子上、下部的受热不均匀，可能造成转子的轴向变形。因此，在启动前和停机后都要进行盘车，即靠外力使转子缓慢旋转。盘车不但可以使转子的温度均匀，还可以防止轴的变形。

盘车是靠电动机和减速机构来完成的，它设置于汽轮机和发动机的联轴器处。汽轮机启动时是在盘车状态下进行的，所以当转子的转速高于盘车转速时，盘车装置则自动脱开。

3.4.4.6 汽封

由于汽轮机的结构有转动部分和静止部分，为避免两部分之间产生摩擦，两部分靠近处都留有间隙，同时，各级之间又都存在压力差，因此，不可避免地蒸汽会产生泄漏。为了减少泄漏，以提高蒸汽的利用率，所以，在可能产生泄漏的部位，如动叶片顶部和汽缸壁之间、轴两端与汽缸之间，都设有汽封。

汽封的形式很多，通常有迷宫式、碳环式和水环式三种，使用最多的是迷宫式密封。迷宫式汽封是由若干个依次排列的环形密封齿组成，环形密封齿与轴之间形成一系列的节流间隙和膨胀空腔，对通过的蒸汽产生节流，从而起到密封的效果。迷宫式密封的种类很多，常用的有枞树形和梳齿形两种，其结构示意图见图 3-67。

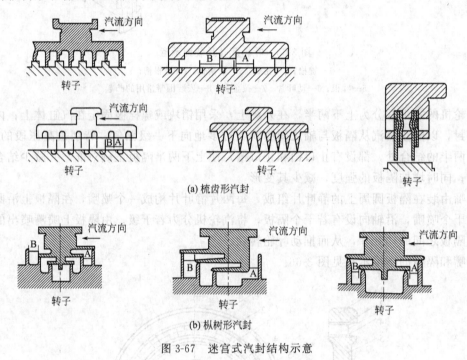

图 3-67　迷宫式汽封结构示意

3.4.5　汽轮机组的辅助设备

汽轮机组辅助设备主要包括凝汽器、抽气器（或水环真空泵）、油系统、汽封、疏水、局部冷却、机组联锁保护系统，以及高压加热器、低压加热器、除氧器、给水泵、凝结水泵、循环水泵等一些相关设备。

3.4.5.1　凝汽器

凝汽器的作用是靠冷却水将汽轮机乏汽的热量带走，并将乏汽凝结成水。凝结水经由凝结水泵送入加热器和除氧器，供锅炉循环使用。蒸汽在低压条件下，由于汽态与液态的比体积相差悬殊，如在 5kPa 下，蒸汽与水的比体积相差约 2800 倍，因此，凝汽器中的蒸汽一旦被冷却成约为 30℃ 的水，在凝汽器的密闭空间中，蒸汽的体积骤然缩小，凝汽器就形成了真空。凝汽器的结构见图 3-68 所示，它实际上是一个列管式热交换器，在一定的真空条件下工作，使汽轮机的排汽达到尽可能低的压力，增加汽轮机的理想焓降，以提高循环热效率。

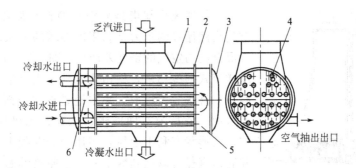

图 3-68　表面式凝汽器结构示意

1—外壳；2—管板；3—封头；4—管子；5—水箱；6—隔板

　　表面式凝汽器是电厂常用的一种凝汽器。它的外壳系由钢板焊制而成，在其两端装有管板，在管板式装有大量的薄壁管（一般为铜管）。水流经管内，乏汽流经管外，管间与外壳构成水箱。通常，汽轮机组容量在 $10\sim25MW$ 的凝汽器冷却水为双程的，即在管束的一端设有隔板，如图 3-68，水由凝汽器的一端进入下半部分管束，达到另一端折返进入上一部分管束，再由进入端排出。

　　表面式凝汽器的优点在于乏汽在管外凝结，循环水在管内流动，两者互不接触，锅炉给水不会被污染，传热系数高，可形成高度真空。其缺点在于使用大量的有色金属管材，制造成本较高。

　　表面式凝汽器的系统布置见图 3-69。

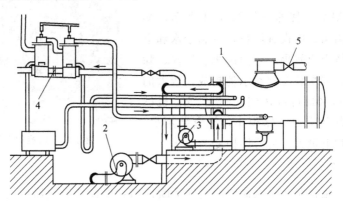

图 3-69　表面式凝汽器的系统布置

1—表面式凝汽器；2—型号水泵；3—凝结水泵；4—抽气器；5—乏汽入口

　　为了要凝结 1kg 蒸汽，在汽轮机装置中大约要消耗 $40\sim80kg$ 的冷却水，冷却水量随冷却水的温度、凝汽器的构造和凝汽器所维持的真空度而定。所以汽轮机发电厂要消耗大的水，对于容量为 25MW 的电厂，当平均汽耗率为 $4.5kg/(kW\cdot h)$ 时，冷却水的消耗量约为 $4000\sim5000m^3/h$。

　　发电厂的冷却水大多采用循环供水系统，只有少部分靠近大河、湖泊、水库等水源丰富的电厂，采用直流供水系统。循环供水系统的主要设备有：循环水泵和冷却塔。冷却水经凝汽器吸热后，经循环水泵送至冷却塔冷却，冷却后的水再送入凝汽器进行换热。

　　电厂的冷却塔可以采用自然通风也可以采用风机通风。不管哪种通风方式的冷却塔，其中均设有一些构件，以便使水分散，增加表面面积，以利于与空气之间的热交换。

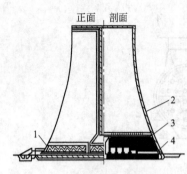

图 3-70 自然通风双曲线型冷却塔
1—人字形支柱；2—风筒；
3—淋水装置；4—储水池

自然通风冷却塔是靠空气的自然循环来冷却循环水。空气自然循环的动力是利用冷却塔的形状以及水蒸气和空气混合物与空气的密度差产生。图 3-70 为双曲线型自然通风逆流式的冷却塔，它由集水池、人字形支柱、塔身（风筒）和淋水装置组成。集水池是设在地面下约 2m 深的圆形水池。塔身为双曲线形、无肋、无梁柱的薄壁空筒结构，其形状有利于通风，多用钢筋混凝土制造，一般高度和底边直径可以达到数十米。按照喷淋面积的大小其底边直径和高度有所不同，如喷淋面积为 500m² 的，其高度约为 40m，底边直径约为 30m；如喷淋面积为 2000m² 的，其高度约为 70m，底边直径约为 56m。塔的上部为风筒，标高 10m 以下为配水槽及淋水装置。淋水装置是使水蒸发散热的主要设备。为了使下落水滴与上升空气充分接触，淋水装置层叠布置，每层总高 6～8m。淋水装置的有效面积根据淋水密度确定，有滴水式和薄膜式两种。水由配水槽飞溅下落，依靠塔的自身通风力，空气从塔底侧面进入，与水充分接触将热量从顶部带出。

双曲线型冷却塔的布置紧凑，水量损失小且冷却效果不受风力影响；与机械通风冷却塔相比维护简便，节约电能，但体形高大，施工复杂，造价较高。

机械通风冷却塔，其外形如图 3-71 所示，多为玻璃钢和型钢结构，内设有填料，以利于水和空气的接触，增强热交换效果。它由风机、风筒、除水器、配水装置、淋水装置和蓄水池构成，较大的组合式塔，其冷却水量可以达到 4000m³/h。机械通风冷却塔的冷却效果好，体积小，投资费用少，占地面积小，但耗电量大，运行维护复杂。

图 3-71 横流混合结构冷却塔

3.4.5.2 抽气器

抽气器的作用是将漏入凝汽器中的空气不断抽出，以保持凝汽器中的真空和传热良好。抽气器可分为射流式抽气器和水环式真空泵两类。射流式抽气器按其工作介质又分为射汽抽气器和射水抽气器。射汽式和射水式抽气器分别在小型机组和 200MW 机组中应用广泛，而水环式真空泵则在 300MW 以上的机组中应用较为广泛。

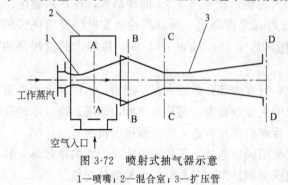

图 3-72 喷射式抽气器示意
1—喷嘴；2—混合室；3—扩压管

射汽式抽气器如图 3-72 所示，它由喷嘴、混合室和扩压管三部分组成。喷嘴一般采用缩放式，以高压蒸汽为工作介质，喷嘴出口的气流速度一般可以达到 100m/s，使混合室形成高度真空。由凝汽器来的空气和蒸汽的混合物不断地被吸进混合室，又陆续被高速气流带进扩压管。在扩压管中，混合气体的动能逐渐转变为压力能，最后在略高于大气压的情况下排入大气。由于混合物中蒸汽的热量和凝结水都不能回收，所以是不经济的。

为了提高抽气器的经济性，故采用两级抽气，图3-73是两级抽气器的工作原理，凝汽器中的蒸汽、空气混合物由第一级抽气器抽出，并经扩压管压缩到低于大气的某一中间压力，然后进入第一级冷却器，使其中大部分蒸汽成为凝结水，其余的蒸汽和空气混合物又被第二级抽气器抽走。混合气在第二级抽气器中被压缩到高于大气压，再经第二级冷却器将大部分蒸汽凝结成水，最后将空气及少量未凝结的蒸汽排入大气。

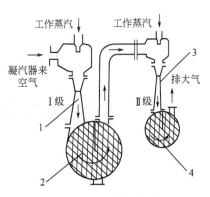

图 3-73　两级抽气器原理
1—第一级抽气器；2—第一级冷却器；
3—第二级抽气器；4—第二级冷却器

射水抽气器的工作原理与射汽抽气器的工作原理一样，其结构也类似，只是工作介质采用压力水而不用蒸汽而已，因此需配置专门的射水泵，以提供一定压力的工作水。

与射流式抽气器相比，水环式真空泵的功耗低、运行维护方便，故在300MW以上机组中得到广泛应用。水环式真空泵的结构原理如图3-74所示，其性质类似离心泵，叶轮偏心地安装在圆筒形泵壳内。叶轮旋转时，离心力作用使工作水形成旋转水环，水环近似与泵壳同心。水环、叶片与叶轮两端的侧板构成若干个小的密闭空腔。侧板上有吸入气体和压出气体的槽，故侧板又称分配器。在前半转，即由图中a处转到b处时，在水活塞的作用下空腔增大，压力降低，此时通过分配器吸入气体，在后半转，即由图中c处转到d处时，空腔减小，压力升高，通过分配器将气体排出。随气体排出的有一小部分水，经过分离后，这些水又送回泵内。另外，为了保持恒定的水环，运行中需向泵内补充少量的水。

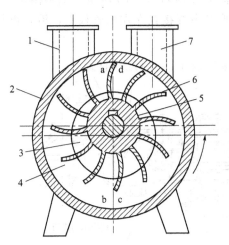

图 3-74　水环式真空泵的结构原理
1—吸气管；2—泵壳；3—空腔；4—水环；
5—叶轮；6—叶片；7—排气管

3.4.5.3　回热加热设备

回热加热设备是指构成回热系统的各级加热器及其汽水管道、阀门等。由工程热力学的知识可知，采用汽轮机中间级的抽汽到加热器中来加热送往锅炉的给水，可减少抽汽在凝汽器中的冷源损失，提高循环的热效率。

回热加热器按其传热方式的不同，可分为混合式和表面式加热器两种。一般电厂的回热系统除了一台兼作除氧器的混合式加热器外，其余的均为表面式加热器。在表面式加热器内，作为加热介质的抽汽与被加热的给水是通过金属管壁进行热交换的，因此表面式加热器可分为汽侧和水侧。按水侧压力的不同，表面式加热器可分为高压加热器和低压加热器（简称高加和低加）。如图3-75所示的给水回热系统所示，低压加热器位于凝结水泵和除氧器之间，其水侧压力为凝结水泵的出口压力，高压加热器位于除氧器的给水泵与锅炉给水操作台之间，其水侧压力为给水泵出口压力。若不计流动阻力，给水泵出口压力应为锅炉汽包压力，远远高于凝结水泵出口压力。300MW以上的机组，其回热系统一般采用八级回热，即

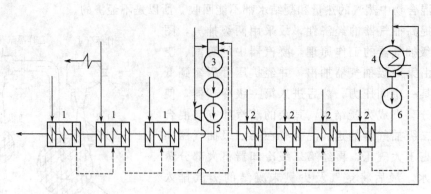

图 3-75　给水回热加热系统示意

1—高压加热器；2—低压加热器；3—除氧器；4—凝汽器；5—给水泵；6—凝结水泵

三台高压加热器、四台低压加热器和一台除氧器，简称"三高、四低、一除氧"。

（1）低压加热器

低压加热器有立式和卧式两种布置，前者是国内中小型机组的传统布置方式，近年来的大型机组绝大多数采用卧式加热器。卧式低压加热器的结构如图 3-76 所示，主要由水室、U 形管束和壳体构成。由铜管或不锈钢管制成的 U 形管束焊接在左端的管板上，沿管束长度有若干块分隔板，以防止管束在运行中振动。

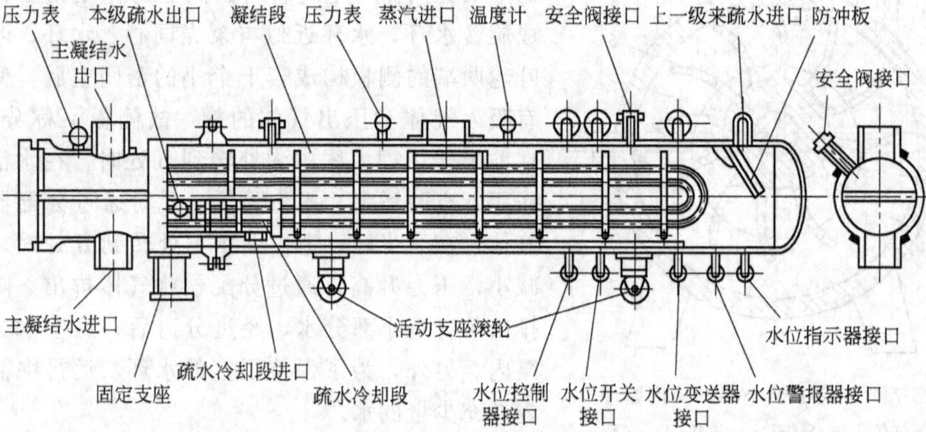

图 3-76　某种型号的低压加热器

由凝汽器或前一级低压加热器来的主凝结水，经左端的下水室进入 U 形管束在管内流动，沿程受到蒸汽的加热后，从上水室流出。汽轮机中间级的抽汽由蒸汽进口进入加热器的汽侧放热，汽侧分为蒸汽凝结段和疏水冷却段。蒸汽在凝结段放热后变成凝结水（称为疏水），疏水与前一级（汽侧压力较高级）加热器的疏水一起进入疏水冷却段继续被冷却。因疏水冷却段处于主凝结水的进口段，凝结水的温度最低，故可使疏水温度低于本级抽汽压力下的饱和温度，这样，当疏水排入下一级汽侧压力较低级的加热器时，可减少对低压抽汽的排挤，使冷源损失减少。疏水在疏水冷却段经中间折流板呈左右蛇形流动，最后经疏水出口引入下一级低压加热器或凝汽器热井。

（2）高压加热器

高压加热器的结构也主要是由水室、不锈钢管制成的 U 形管束、管板、中间分隔板、壳体等构成的，为卧式结构，如图 3-77 所示。与低压加热器所不同的是，由于抽汽的过热度较高，故在汽侧比低压加热器多分出了一块过热蒸汽冷却段，以有效地利用蒸汽的过热，使给水的出口温度提高。这样，蒸汽自其进口先进入过热冷却段放热，然后继续进入蒸汽凝结段及右端主凝结水进口端的疏水冷却段放热，最后和前一级的疏水一起经疏水出口流入下一级高压加热器或除氧器。

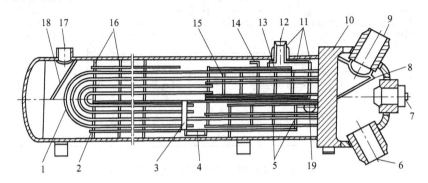

图 3-77　某种型号的高压加热器

1—U 型管；2—拉杆和定距管；3—疏水冷却段端板；4—疏水冷却段进口；5—疏水冷却段隔板；6—给水进口；
7—人孔密封板；8—独立的分流隔板；9—给水进口；10—管板；11—蒸汽冷却段遮热板；12—蒸汽进口；
13—防冲板；14—管束保护板；15—蒸汽冷却段隔板；16—隔板；17—疏水进口；18—防冲板；19—疏水出口

3.4.5.4　除氧器

由于凝汽系统的漏气和化学补充水中含有溶解气体，所以由主凝结水和化学补充水所构成的锅炉给水中含有溶解的氧气及其他气体。这些气体不仅会积累在换热设备的管壁上形成气体层，造成传热热阻增大、传热效率降低，而且会对高温下的设备金属产生腐蚀，造成热力设备不同程度的损坏，降低其使用寿命。为此，送入锅炉的给水必须除去溶解的不凝结气体，尤其是氧气，以保证热力设备的安全经济运行。

给水除氧有化学除氧和热除氧两种方式，但实际电厂普遍采用热除氧方式。热除氧即在回热系统中设置热除氧器，利用抽汽加热给水至沸点来除去给水中的氧气等气体。因此除氧器兼有对给水回热加热和除氧的双重功能。

热除氧原理是建立在亨利定理和道尔顿分压定律基础上的。亨利定理指出：当液体水和其液面上的气体处于平衡状态时，单位体积水中溶有的某种气体量与液面上该气体的分压力成正比。据此，如果保持水面上总压力不变而加热给水，水面上水蒸气的分压力就会接近或等于水面上的总压力，而水面上其他气体的分压力将趋于零。这样，溶解于水中的其他气体就会全部逸出而被除掉。

除氧器大多由除氧塔和给水箱两部分组成。按除氧塔的结构不同，大型机组中采用的除氧器有喷雾淋水盘式和喷雾填料式两种，但后者居多，且一般采用卧式布置。卧式布置的喷雾填料除氧器结构如图 3-78 所示，在除氧塔的圆筒形外壳内，设置有进气管、恒速喷雾喷嘴、淋水盘和填料层等装置，它们均用不锈钢等耐腐蚀材料制成。

除氧器内水的除氧分为上部的初步除氧和下部的深度除氧两个阶段。在初步除氧阶段，由低压加热器来的主凝结水经置于上端的一系列喷嘴喷成雾状。雾化的目的是增大水的表面积，有利于对水的充分加热和气体的逸出；作为加热介质的抽汽由其进口管进入沿塔身全长布置的蒸汽管（又称一次加热蒸汽管），管的上半部有许多小孔，蒸汽沿小孔均匀地流出，

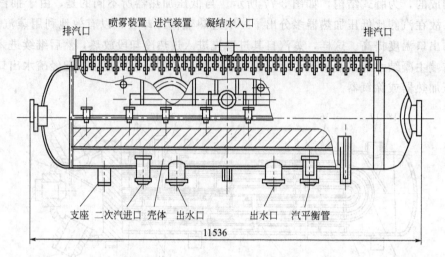

图 3-78 某种型号的卧式喷雾填料除氧器

与向下流动的雾状水接触，形成逆流传热。水被蒸汽混合加热到工作压力下的饱和温度时，水中的绝大部分氧气等不凝结气体析出，并通过排气管排出除氧器。经过初步除氧的主凝结水及蒸汽凝结水与高压加热器来的疏水，一起经过多孔的淋水盘，均匀地淋到下部的填料层。填料层由上、下多孔板及中间 Ω 形元件组成，Ω 形元件可以增大水的表面积，有利于对水的充分加热及氧气的逸出。淋下来的水在 Ω 形填料层中通过与下面进入的二次加热蒸汽充分接触，再次被加热，使水中残余的氧气等不凝结气体逸出并被除去，完成深度除氧过程。除过氧的水下落入给水箱，然后通过给水泵不断抽走。

3.5 垃圾焚烧发电

随着我国城市化率的不断提高，城市生活垃圾产量快速增长。以无害化、资源化和减量化为处理目标的垃圾焚烧发电得到迅速发展。城市生活垃圾属于生物质的范畴，垃圾焚烧发电将环境保护和节约能源有机地结合起来，具有良好的发展前景。

3.5.1 垃圾焚烧发电基本工艺流程

垃圾焚烧发电厂处理垃圾的步骤包括：垃圾分拣及存储系统、垃圾焚烧发电及热能利用系统、烟气净化系统、灰渣利用、自动化控制和在线监测系统等。工艺通常采用热电联供方式，将供热和发电结合在一起，可提高热能的利用效率。一般垃圾焚烧发电工艺流程如图3-79所示。

垃圾焚烧发电厂整个生产工艺流程与普通燃煤电厂极为相似。垃圾经收集分类处理后运送至垃圾焚烧发电厂，存储于垃圾储存库内，并在垃圾储存库中经简单的分选后送入炉膛焚烧。垃圾储存库内的污浊空气可以作为一次风送入焚烧炉参与焚烧过程。进入焚烧炉的垃圾经历干燥、燃烧和燃尽三个阶段，炉渣经过处理（如金属回收、废渣综合利用等）后再运往厂外填埋。垃圾燃烧后产生的热量进入余热锅炉换热，锅炉产生的过热蒸汽进入汽轮发电机组发电或供热，焚烧炉排出的烟气经烟气净化处理后进入烟囱并最终排入大气。

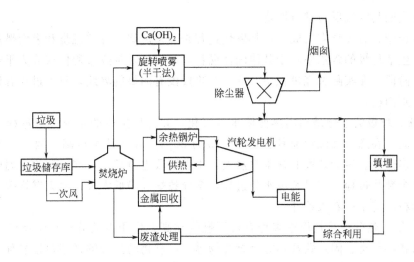

图 3-79 垃圾焚烧发电工艺流程

3.5.2 垃圾焚烧产物和焚烧过程

可燃的生活垃圾基本上是有机物,由大量的碳、氢、氧元素组成,有此还含有氮、硫、磷和卤素等元素。这些元素在燃烧过程中与空气中的氧发生反应,生成各种氧化物或部分元素的氢化物。

生活垃圾的主要可燃成分及其产物包括以下几个方面。

① 有机碳的焚烧产物主要是二氧化碳。

② 有机物中的氢的焚烧产物是水。若有氟或氯存在,也可能有其氢化物生成。

③ 生活垃圾中的有机硫和有机磷,在焚烧过程中生成 SO_2 或 SO_3 以及 P_2O_5。

④ 有机氮化物的焚烧产物主要是气态的氮,也有少量的氮氧化物生成。由于高温时空气中氧和氮也可结合生成一氧化氮,相对空气中氮来说,生活垃圾中的氮元素含量很少,一般可以忽略不计。

⑤ 有机氟化物的焚烧产物是氟化氢。若体系中氢的量不足以与所有的氟结合生成氟化氢,可能出现四氟化碳或二氟氧碳(COF_2)。金属元素存在时,可与氟结合形成金属氟化物。

⑥ 有机氯化物的焚烧产物是氯化氢。由于氧和氯的电负性相近,存在着下列可逆反应:

$$4HCl + O_2 \rightleftharpoons 2Cl_2 + 2H_2O$$

当体系中氢量不足时,有游离的氯气产生。

⑦ 有机溴化物和碘化物焚烧后生成溴化氢及少量溴气以及元素碘。

⑧ 根据焚烧元素的种类和焚烧温度,金属在焚烧以后可生成卤化物、硫酸盐、磷酸盐、碳酸盐、氮氧化物和氧化物等。

由于组成成分的复杂性,垃圾的燃烧过程比较复杂,通常由热分解、熔融、蒸发和化学反应等传热、传质过程所组成。根据不同可燃物质的种类,一般有三种不同的燃烧方式:a. 蒸发燃烧,垃圾受热熔化成液体,继而化成蒸气,与空气扩散混合而燃烧,蜡的燃烧属于这一类;b. 分解燃烧,垃圾受热后首先分解,轻的碳氢化合物挥发,留下固定碳及惰性物,挥发分与空气扩散混合而燃烧,固定碳的表面与空气接触进行表面燃烧,木材和纸的燃烧属于这一类;c. 表面燃烧,如木炭、焦炭等固体受热后不发生熔化、蒸发和分解等过程,而是在固体表面与空气反应进行燃烧。

生活垃圾中含有多种有机成分，其燃烧过程是蒸发燃烧、分解燃烧和表面燃烧的综合过程。同时，生活垃圾的含水率高于其他固体燃料，可将垃圾焚烧过程依次分为干燥、热分解和燃烧三个阶段。在实际焚烧过程中，这三个阶段没有明显的界线，只不过在总体上有时间上的先后差别而已。

① 干燥。垃圾的干燥是利用热能使水分气化，并排出生成的水蒸气的过程。生活垃圾的含水率较高，在送入焚烧炉前其含水率一般为 30%～40%甚至更高，因此，干燥过程中需要消耗较多热能。生活垃圾的含水率愈大，干燥阶段也愈长，可能导致炉内温度降低，影响垃圾的整个焚烧过程。如果垃圾水分过高，会导致炉温降低太大，着火燃烧困难，此时需添加辅助燃料改善干燥着火条件。

② 热分解。热分解是垃圾中多种有机可燃物在高温作用下的分解化学反应过程，反应的产物包括各种烃类、固定碳及不完全燃烧物等。可燃物的热分解过程包括多种反应，这些反应可能是吸热的，也可能是放热的。热分解速度与可燃物活化能、温度以及传热及传质速度有关，在实际操作中应保持良好的传热性能，使热分解能在较短时间内彻底完成，这是保证垃圾燃烧完全的基础。

③ 燃烧。生活垃圾的燃烧是在氧气存在条件下有机物质的快速、高温氧化。生活垃圾干燥和热分解后，产生许多不同种类的气、固态可燃物，这些物质与空气混合，达到着火所需的必要条件时就会形成火焰而燃烧。因此，生活垃圾的焚烧是气相燃烧和非均相燃烧的混合过程，它比气态燃料和液态燃料的燃烧过程更复杂。垃圾完全燃烧，最终产物为 CO_2 和 H_2O，不完全燃烧则还会产生 CO 或其他可燃有机物。

3.5.3 垃圾焚烧主要影响因素

生活垃圾焚烧的影响因素主要包括：生活垃圾的性质、停留时间、温度、湍流度、空气过量系数及其他因素，其中停留时间（Time）、温度（Temperature）及湍流度（Turbulence）称为"3T"要素，是反映焚烧炉性能的主要指标。

（1）生活垃圾的性质

生活垃圾的热值、组成成分、尺寸等是影响燃烧的主要因素。热值高有利于燃烧过程进行。垃圾中易燃组分的比例可能会影响着火温度和燃烧的稳定性。组成成分的尺寸越小，单位质量或体积生活垃圾的比表面积越大，与周围氧气的接触面积也就越大，焚烧过程中的传热及传质效果越好，燃烧越完全。因此，在生活垃圾被送入焚烧炉之前，对其进行破碎预处理，可增加其比表面积，改善焚烧效果。

（2）停留时间

停留时间有两方面的含义，其一是燃料在焚烧炉内的停留时间，它是指垃圾从进炉开始到焚烧结束炉渣从炉中排出所需时间；其二是焚烧烟气在炉中的停留时间。实际操作过程中，生活垃圾在炉中的停留时间必须大于理论上干燥、热分解及燃烧所需的总时间。同时，焚烧烟气在炉中的停留时间应保证烟气中气态可燃物达到完全燃烧。当其他条件保持不变时，停留时间越长，焚烧效果越好，但停留时间过长会使焚烧炉的处理量减少，经济上不合理；停留时间过短会引起大量的不完全燃烧。

（3）温度

由于焚烧炉的体积较大，炉内的温度分布是不均匀的。焚烧温度主要是指生活垃圾焚烧所能达到的最高温度，该值越大，焚烧效果越好。一般来说位于垃圾层上方并靠近燃烧火焰的区域内的温度最高，可达 800～1000℃。生活垃圾的热值越高，可达到的焚烧温度越高。同时，温度与停留时间是一对相关因子，在较高的焚烧温度下适当缩短停留时间，亦可维持较好的焚烧效果。

（4）湍流度

湍流度是表征燃料和空气混合程度的指标。湍流度越大，生活垃圾和空气的混合越好，有机可燃物能及时充分获取燃烧所需氧气，燃烧反应越完全。湍流度受多种因素影响，对于特定焚烧设备，加大空气供给量和改善供给方式，可提高湍流度，改善传质与传热效果。

（5）过剩空气系数

过剩空气系数对垃圾燃烧状况影响很大，供给适当的过量空气是有机物完全燃烧的必要条件，增大过剩空气系数，不但可以提供过量的氧气，而且可以增加炉内的湍流度，有利于焚烧，但过大的过剩空气系数可能使炉内的温度降低，给焚烧带来副作用，导致一些大气污染物排放的增加，而且还会增加输送空气及预热所需的能量。

（6）其他因素

影响焚烧的其他因素包括生活垃圾在炉中的运动方式及生活垃圾层的厚度等，对炉中的生活垃圾进行翻转、搅拌，可以使生活垃圾与空气充分混合，改善燃烧条件。炉中生活垃圾层的厚度必须适当，厚度太大，在同等条件下可能导致不完全燃烧，厚度太小又会减少焚烧炉的处理量。

在生活垃圾的焚烧过程中，应在可能的条件下合理控制各种影响因素，使其综合效应向着有利于完全燃烧的方向发展。但同时也应认识到，这些影响因素不是孤立的，它们之间存在着相互依赖、相互制约的关系，某种因素产生正效应可能会导致另一种因素的负效应，应从综合效应来考虑整个燃烧过程的因素控制。

3.5.4 垃圾焚烧设备

垃圾装烧炉选型至关重要，直接关系到设备投资、运行费用以及垃圾适应性，其基本原则和要求是，能有效焚烧处理现有垃圾、焚烧炉设备的价格低、运行费用省、能源和资源回收利用价值高等。目前焚烧炉的种类较多，其中以机械炉排焚烧炉和流化床焚烧炉应用最多。

（1）机械炉排焚烧炉

机械炉排焚烧炉是目前垃圾焚烧的主导性产品，占全世界垃圾焚烧市场份额的80%以上。这种形式的垃圾焚烧炉使用时间长、品种多、技术成熟，运行可靠性高，而且炉子的结构比较紧凑，热效率较高。目前国内选用炉排炉的垃圾焚烧厂较多。

炉排炉的燃烧可分为三个阶段：第一阶段为加热段，垃圾在这里被预热、气化；第二阶段为燃烧段，垃圾在这里进行焚烧；第三阶段为燃尽段，垃圾在这里被燃尽，并排出焚烧渣。炉排炉的特点是通过活动炉排移动，推动垃圾从上层落向下层，对垃圾起到切割、翻转和搅拌的作用，实现完全燃烧。炉排由特殊合金制成，耐磨、耐高温，炉膛侧壁和天井由水冷或耐火砖炉壁构成，保证垃圾在控制温度条件下燃烧、燃尽。典型的炉排炉结构如图 3-80所示。往复炉排焚烧炉技术成熟，比较适合国内高水分、低热值垃圾的焚烧。

（2）流化床焚烧炉

流化床焚烧炉没有运动的炉体和炉排，炉体通常为竖向布置，炉底设置了多孔布风板，

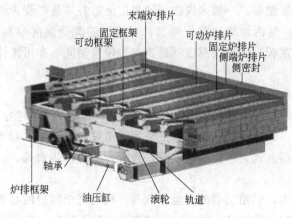

图 3-80　垃圾焚烧炉炉排结构示意

并在炉内投入了大量石英砂作为热载体。焚烧炉在开车前先将炉内石英砂通过喷油预热，加热至适当温度，并由炉底鼓入热空气（200℃以上），使砂沸腾，再投入垃圾。垃圾进炉接触到高温的砂石被加热，同砂石一同沸腾，垃圾很快被干燥、着火、燃烧。未燃尽的垃圾密度较轻，继续沸腾燃烧，燃尽的垃圾灰渣密度开始增加，逐步下降同一些砂石一同落下。炉渣通过排渣装置排出炉体，进行水淬冷后，用分选设备将粗渣、细渣送到厂外，留下少量的中等颗粒的渣

和石英砂，通过提升机送到炉内循环使用。流化床焚烧工艺特点是：焚烧物料与空气接触面积大，反应速度快一次风从床下进入空气分布板，迫使流化床砂子在砂层内形成内循环，增加垃圾在床层内的燃烧时间；热解气体与细颗粒可燃物被吹出密相区，在床层上部空间与补充的二次风进一步氧化燃烧。

由于我国生活垃圾热值普遍较低，目前有部分城市的垃圾焚烧厂采用掺烧煤的流化床垃圾焚烧技术，例如绍兴市垃圾焚烧发电厂，该厂焚烧垃圾量 400t/d，混烧煤量 100t/d，小时发电量 15MW·h。

3.5.5　垃圾焚烧发电污染物防治和灰渣处理

垃圾焚烧发电过程中产生的污染物，主要是垃圾焚烧产生的废气（含粉尘、酸性气体、二噁英、重金属等）、灰渣及废水（垃圾渗滤水、生产废水等）。由于垃圾成分的复杂性和多样性，其焚烧时比煤、石油、天然气等燃料所产生的污染物更多、更复杂、毒性更大。

3.5.5.1　垃圾焚烧烟气污染物

（1）焚烧烟气中污染物的种类及产生机理

由于垃圾成分的复杂性和不均匀性，焚烧过程中发生了许多不同的化学反应。产生的烟气中除包括过量的空气和二氧化碳外，还含有对人体和环境有直接或间接危害的成分。根据污染物性质的不同，可将其分为颗粒物、酸性气体、重金属和有机污染物四大类。

在垃圾焚烧过程中，由于高温热分解、氧化的作用，燃烧物及其产物的体积和粒度减小，其中一小部分质小体轻的物质在气流携带及热涌力作用下，与焚烧产生的高温烟气一起排出，形成含有颗粒物即飞灰的烟气流。飞灰中可能含有各种较高浸出浓度的重金属元素，如 Pb、Cr、Cd 等，属于要控制的危险废物的范畴。研究表明，垃圾焚烧飞灰中还含有二噁英，其含量超过了废弃物排放标准，必须经有效处理，才能进行填埋、资源化利用等最终处理。

酸性气体污染物主要由 SO_x、NO_x、HCl 组成，其中 SO_x、HCl 主要是垃圾中所含的 S 和 Cl 等的化合物在燃烧过程中产生的。据研究，城市垃圾中 S 有 30%～60% 转化为 SO_2，其余则残留于底灰或被飞灰所吸收。NO_x 主要来源于垃圾中含 N 化合物的分解转换和空气中的氮气高温氧化，其主要成分为 NO。

重金属类污染物源于焚烧过程中生活垃圾所含重金属及其化合物的蒸发。该部分物质在

高温下由固态变为气态，一部分以气态形式存在于烟气中，如 Hg。另有相对一部分重金属分子进入烟气后被氧化，并凝聚成很细的颗粒物。还有一部分蒸发后附着在焚烧烟气中的颗粒物上，以固相的形式存在于焚烧烟气中。由于不同种类重金属及其化合物的蒸发温度差异较大，生活垃圾中的含量也各不相同，所有它们在烟气中气相和固相的比例分配上也有很大差别。如金属 Hg 因其蒸发温度低，在烟气中以气相形式存在；而对于蒸发温度较高的重金属，如 Fe，则主要以固相附着的形式存在于烟气中。

有机类污染物主要是指在环境中浓度虽然很低，但毒性很大，直接危害人类健康的二噁英类化合物，其主要成分为多氯二苯并二噁英（PCDD）和多氯二苯并呋喃（PCDF）。通常认为，垃圾的焚烧，特别是含氯化合物的垃圾焚烧，是环境中这类化合物产生的主要来源。垃圾焚烧炉中二噁英产生有两种成因：一是垃圾自身含有微量的二噁英类物质；二是焚烧炉在垃圾焚烧过程中产生的二噁英。二噁英的形成机理概括起来主要有三种：a. 高温合成，在垃圾进入焚烧炉的初期干燥阶段，除水分外，含碳氢成分的低沸点有机物挥发后，与空气中的氧气反应生成水和二氧化碳，形成暂时缺氧状况，使部分有机物同氯化氢反应，生成二噁英；b. 重新合成，即在低温（$250 \sim 350 ℃$）条件下，大分子碳（残碳）与飞灰基质中的有机或无机氯在飞灰表面反应，生成二噁英；c. 前驱物合成，不完全燃烧及飞灰表面的不均匀催化反应，可形成多种有机气相前驱物，如多氯苯酚和聚氯乙烯，前驱物分子在燃烧过程中通过重排、自由基缩合、脱氯及其他化学反应生成二噁英。

（2）垃圾焚烧烟气净化

① 颗粒物净化技术。垃圾焚烧厂的颗粒物净化可以采取静电分离、过滤、离心沉降及湿法洗涤等方法。由于焚烧烟气中的颗粒物粒度很小（$d < 10 \mu m$ 的颗粒物含量相对较高），为了去除小粒度的颗粒，必须采用高效除尘器才能有效控制颗粒物的排放。静电除尘器和袋式除尘器广泛应用于垃圾焚烧厂烟气净化。工程实践表明，静电除尘器可以使颗粒物的浓度控制在 $45 mg/Nm^3$ 以下，而袋式除尘器可使颗粒物的浓度控制在更低水平，同时具有净化其它污染物的能力（如重金属、PCDD 等）。

② 酸性气体的净化技术。对垃圾焚烧尾气中的 SO_2、HCl 等酸性气体的处理方法，有干式、半干式和湿式洗气技术。垃圾焚烧烟气中的 NO_x 以 NO 为主，其含量高达 95% 或更多，常采用 SCR 或 SNCR 等方式脱除。这部分内容在前面生物质锅炉燃烧污染物排放与控制部分有所介绍。

③ 重金属的捕获。垃圾焚烧过程中对重金属的捕获，可采用冷凝、喷入特殊的试剂等方法吸附，还可以通过催化转变及尾气洗涤等方法控制重金属。如向烟气中喷入粉末状或颗粒状的活性炭，在脱除 Hg 方面效率高达 90%。

④ 有机污染物的净化。PCDD、PCDF 和其他痕量级有机污染物的净化越来越受到重视，我国新颁布的《生活拉授焚烧污染控制标准》中也对 PCDD、PCDF 排放浓度有了严格规定。目前国内外在焚烧过程中控制二噁英的技术主要有以下几点。

a. 改善燃烧条件。由于二噁英在 $800 ℃$ 以上的高温下可在 $0.21 s$ 内完全分解，所以为避免产生这类有害物质，要尽可能使垃圾在炉内得到完全燃烧。因此，必须维持炉内高温，延长气体在高温区的停留时间，加强炉内湍动，促进空气扩散、混合，即通常所说的"三 T"技术。

b. 尽量缩短烟气在冷却和排放过程中处于 $300 \sim 500 ℃$ 温度域的停留时间。有研究指出，Cu 或 Fe 的化合物在悬浮微粒的表面催化了二噁英前驱物，并遇到 $300 \sim 500 ℃$ 的温度环境，促成了二噁英物质炉外合成。

c. 垃圾焚烧时加入脱氯物质（如含钙化合物、氨等）。可在烟气中喷入 NH_3 以控制前驱物的产生，或喷入 CaO 以吸收 HCl，这两种方法已被证实对去除二噁英有相当大的效能。

d. 对焚烧炉的烟气用袋式除尘，并结合活性炭吸附。由于活性炭具有较大的比表面积，所以吸附能力较强，能有效地吸附二噁英。目前有两种常用方法，一种是在布袋除尘器之前的管道内喷入活性炭，另一种是在烟囱之前附设活性炭吸附塔。一般控制其处理温度为 $130\sim180℃$，吸附塔处理排放烟气的体积空速一般为 $500\sim1500h^{-1}$。

3.5.5.2 垃圾焚烧灰渣及其处理

（1）垃圾焚烧灰渣

垃圾焚烧灰渣包括焚烧炉的炉排下炉渣和烟气除尘器等收集的飞灰，主要是不可燃的无机物以及部分未燃尽的有机物。焚烧灰渣是城市垃圾焚烧过程中一种必然的副产物。根据垃圾成分的不同，灰渣的数量一般为垃圾焚烧前总重量的 $5\%\sim20\%$。灰渣特别是飞灰中由于含有一定量的有害物质，尤其是重金属，若未经处理直接排放，将会污染土壤和地下水源，对环境造成危害。另一方面，由于灰渣中含有一定数量的铁、铜、锌、铬等金属物质，有些具有回收利用价值，故又可作为资源予以利用。

（2）垃圾焚烧灰渣处理

垃圾焚烧炉底灰基本没有毒性，因此可将直接送垃圾填埋场进行处置，或用作路基和建材（制砖）等，而不会危害环境或产生二次污染。但随着环保标准的提高，垃圾焚烧底灰也将成为危废，需要进一步无害化处理。由于垃圾焚烧底灰量大，无害化处理费用高，因此，提出了生态型焚烧炉的概念，即通过提高焚烧温度，改变焚烧方式，采用先进焚烧系统等措施，使垃圾中的重金属尽可能地蒸发到烟道气中，从而被烟道除尘器捕集成为飞灰，而炉渣中的重金属含量降低到填埋标准以下，这样虽然飞灰中的重金属含量增加，但飞灰的量远比底灰少，综合起来处理费用还是能大大降低。

垃圾焚烧飞灰的处置方法有固化稳定化和酸或其他溶剂提取法。固化稳定化包括水泥固化、沥青固化、熔融固化、化学药剂固化等，如经过处理后的产物能够满足浸出毒性标准或者资源化利用标准，可以进入普通填埋场进行填埋处置或进行资源化利用。

例如飞灰的熔融处理，就是将飞灰加热到熔融温度下，使飞灰中二噁英等有机物在熔融温度（$1000\sim1500℃$）下热解或燃烧，无机物形成熔渣，低沸点的重金属及盐类将蒸发成气相，由排气集尘系统收集，而 Fe、Ni、Cu 等有价金属则还原成金属熔液，可回收再利用，其他重金属则残留于熔渣中。由于飞灰中的 SiO_2 在熔融时会产生—Si—O—的网状构造，能将残留于熔渣晶格中的重金属完全包封，使重金属在形成的熔渣中不易溶出。近年来开发的间接熔融焚烧技术即是这方面的努力，垃圾先在传统的焚烧炉中进行焚烧，然后将垃圾焚烧灰渣置于 $1350\sim1500℃$ 的熔融炉中进行高温熔融处理，以消除垃圾灰渣中的二噁英。

3.5.5.3 垃圾焚烧发电废水处理

（1）废水来源及性质

焚烧垃圾发电过程产生的废水主要为垃圾渗滤液和生产生活污水。

垃圾渗滤液主要产生于垃圾储坑，是垃圾在储坑中发酵腐烂后，垃圾内水分排出造成的。垃圾渗滤液的产生量主要受进厂垃圾的成分、水分和储存天数的影响，其中餐余和果皮类垃圾含量是影响渗滤液质和量的主要因素。由于地域的差异，各地的垃圾的成分和含水率差别较大，垃圾渗滤液产生量一般为垃圾量的 10% 以内。

垃圾渗滤液的特点是臭味强烈、有机污染物浓度高、氨氮含量高。高浓度的垃圾渗滤液主要是在酸性发酵阶段产生的，其水质基本情况如下：pH 为 $4 \sim 8$，BOD_5 为 $10000 \sim 50000mg/L$，COD 为 $20000 \sim 80000mg/L$，此外还含有较多重金属如 Fe、Mn、Zn 等。由于渗滤液中含有较多难降解的有机物，一般在生化处理后 COD 值仍偏高。

生产生活污水包括：垃圾运输车和倾倒平台冲洗时产生的废水，主要污染物质是有机物；垃圾焚烧灰渣的冲渣水，干式除渣时没有这部分废水；洗烟设备中为除去烟气中的有害气体成分而产生的废水，其中含有较多的重金属，如 Cd、Fe、Hg、Zn、Pb 等；为调整锅炉水质，去除锅炉底部结垢而产生的废水以及职工生活形成的污水。

(2) 污水处理技术概述

污水处理程度的决定，一方面要考虑污水性质，更重要的是要考虑污水的出路以及不同出路相应的处理标准。污水经处理后，最后出路有三：一是排入市政下水道；二是排放进入自然水体；三是中水回用。

在建有城市生活污水处理厂的地区，可将渗滤液预处理后达到《污水排入城市下水道水质标准》，然后排入污水管网。其他生产、生活污废水中，除出灰废水、灰槽废水和洗烟废水有可能需要对超标的重金属离子进行预处理外，其余基本可以直接排入城市污水管网。当处理后的污水需要直接排入自然水体时，水质标准应执行我国《污水综合排放标准》的最高允许排放浓度值。当污水处理尾水需要回用于灰渣处理、烟气净化、冲洗和绿化等场合时，需要在前述污水处理流程后增加处理设施，使回用水达到《生活杂用水水质标准》。

垃圾焚烧电厂的废污水处理常采用以下的多种工艺组合方法。

① 混凝沉淀＋生物处理法。先通过混凝沉淀去除废水中对微生物有害的重金属等物质，再与其他污水一道进行生物处理。此流程一般针对灰冷却水和洗烟废水等排放水体时采用。

② 分段混凝沉淀法。重金属用碱性混凝沉淀时，不同的重金属离子在不同的 pH 条件下才能达到最佳处理效果，因此需分几段进行混凝处理。一般采用选择一种条件能同时去除多种重金属离子，可以提高运行效率。此流程一般用于灰冷却水和洗烟废水等排入下水道前的预处理。

③ 膜处理＋生物处理法。可用于排放要求较高的垃圾渗滤液处理，通过膜处理去除悬浮物质和大分子难生物降解的有机物，降低后一级生物处理的负荷，使水质达标排放。

④ 活性污泥法＋接触氧化法。该工艺适合于废水排放要求较高的地区。

⑤ 生物处理法＋活性炭处理法或生物质处理法＋混凝沉淀＋过滤。该工艺适合于必须再利用废水的深度处理。在生物处理段分解有机物，后段通过活性炭吸附或滤料截留去除残留的污染物。

3.6 燃煤耦合生物质发电

燃煤耦合生物质发电就是将生物质燃料应用于燃煤电厂中，使用生物质与煤两种原料进行发电。燃煤耦合生物质发电技术在欧洲和北美地区应用已相当普遍，被认为是可再生电力生产中风险最低、最廉价、最高效和最短期的选择。我国也开展了相关的研究和推广应用。目前，全世界共有大容量燃煤电厂实行生物质耦合混烧发电 150 多套，其中 100 多套在欧盟国家。

3.6.1 燃煤耦合生物质燃烧的方式

通过对现阶段生物质耦合发电运行技术的总结，生物质耦合发电技术主要有 3 种方式：直接混燃耦合发电、分烧耦合发电及生物质气化与煤混燃耦合发电。

（1）直接混燃耦合发电

直接混燃耦合发电为目前最常用的耦合方式，即生物质和燃煤在同一个锅炉中一起燃烧。根据生物质预处理方式的不同，又分为同磨同燃烧器混烧和异磨同燃烧器混烧。前者为生物质和煤在给煤机上游混合，送入磨煤机，然后混合燃料被送至燃烧器；这是成本最低的方案，但生物质和煤在同一磨煤机中研磨会严重影响磨煤机的性能，因此仅限于有限种类的生物质和生物质掺烧比小于 5％；后者为生物质燃料的输送、计量和粉碎设备与煤粉系统分离，粉碎后的生物质燃料被送至燃烧器上游的煤粉管道或煤粉燃烧器，此方案系统较复杂且控制和维护燃烧器较困难。

由于生物质与煤粉直接混燃发电技术可在原有燃煤电厂锅炉的基础上仅对锅炉进料系统进行改造，即可应用混合燃料燃烧发电，大大降低了电厂转型所需的投资改造成本，因此是目前最常见的一种投资成本最低和转换效率最高的生物质耦合发电方式。该技术由于避免了转化损失，相比其他耦合方式，净电效率较高。生物质中的挥发分含量高，与煤粉共燃时可促进煤粉的着火与燃烧，降低 CO_2 和 NO_x 的排放。但由于生物质中含有大量的碱金属和碱土金属，混燃过程中碱金属容易挥发沉积在锅炉受热面而引起锅炉腐蚀，同时煤灰渣中的大量碱金属容易结焦，对锅炉安全运行产生较大影响。另外，这种耦合方式中生物质预处理困难，现有预处理技术普适性较差，对生物质燃料处理系统和燃烧设备要求较高，适用性较低。

（2）分烧耦合发电

生物质与煤分烧耦合发电技术也称并联燃烧发电技术，即在蒸汽侧实现"混烧"，是一种利用蒸汽实现耦合发电的技术方式。纯燃生物质锅炉产生的蒸汽参数和电厂主燃煤锅炉蒸汽参数一样或接近，可将纯燃生物质锅炉产生的蒸汽并入煤粉炉的蒸汽管网，共用汽轮机实现"混烧耦合"发电。

对分烧耦合发电，由于生物质与燃煤是在独立的系统中转化的，因此可以对两种燃料分别采用优化的系统，比如生物质采用流化床燃烧而燃煤采用煤粉炉加压燃烧。而且由于生物质与燃煤的灰是分离的，生物质灰的质量不会对燃煤灰的传统利用方式产生影响。但是，这种方式下，对现有燃煤电站进行改造需要考虑汽轮机等现有下游设施的容量，需事先确认汽轮机有足够的过负载能力以适应生物质燃烧所产生的额外电力。

（3）生物质气化与煤混燃耦合发电

生物质气化与煤混燃耦合发电技术，首先将生物质在气化炉内进行气化，生成以一氧化碳、氢气、甲烷以及小分子烃类为主要组成的低热值燃气，然后将燃气喷入煤粉炉内与煤混燃发电。

生物质气化技术相对比较成熟，气化过程相对温和的反应条件将降低生物质中部分有害成分（碱金属、氯、低熔点灰分等）对于转化过程和设备的影响，扩大混燃过程的生物质原料范围。而且，该方式将生物质灰分同燃煤灰分分离开来，可实现非常高的混燃比。该方式需要安装额外的生物质气化器和生物质处理单元，投资成本相对较高。

3.6.2　燃煤耦合生物质发电的特点

燃煤耦合生物质发电的技术优势主要表现在成本、效率和排放方面，具体表现为：a. 受到生物质原料能量密度低、运输成本高、季节性供应、资源分散性以及原料供应安全等问题的制约，单独的生物质电厂规模受到限制，并且通常都包含较高的投资费用，这在一定程度上制约了生物质发电的经济性和产业化发展。燃煤耦合生物质发电将充分利用燃煤电厂的规模效益，并削弱了因生物质原料质量和供应所造成的影响；b. 燃煤耦合生物质发电可实现燃煤的高碳含量和生物质的高挥发含量互相补偿，在燃烧中产生一个更好的燃烧过程，在大型单元中可产生较高热效率；c. 对于常规火力发电厂而言，生物质是可再生能源，煤与生物质共燃，许多现有设备不需太大改动，因而整个投资费用低，为现有电厂提供了一种快速而低成本的生物质发电技术；d. 生物质资源丰富，且分布广泛，能够部分缓解燃煤资源短缺、资源分布地域性强以及需要长距离运输等问题，为发电产业提供了一种可持续供应的清洁燃料；e. 生物质燃烧低硫低氮，在与燃煤混合时可以降低电厂 SO_2 和 NO_x 排放，也是现有燃煤电厂降低 CO_2 排放的有效措施。

3.6.3　燃煤耦合生物质燃烧对系统运行的影响

（1）混燃系统对锅炉系统运行的影响

耦合燃烧应用中存在的限制因素主要来自于生物质燃料特性方面，包括燃料准备、处理与储存、磨碎和给料问题、与燃煤不同的燃烧行为、总体效率的可能下降、受热面沉积、聚团、腐蚀和磨损、灰渣利用等，见表 3-4。这些限制性因素的影响程度取决于生物质在燃料混合中的比例、燃烧或气化的类型、耦合系统的构成以及化石燃料的性质等。这些因素如果处理不当，生物质的利用将对原有燃煤系统产生设备使用寿命和性能方面的严重影响。

表 3-4　生物质燃料的物理和化学特性对混燃的影响

属性	影响
水分	储存性能、干物质损失、热值、自燃性
灰分	颗粒物排放、灰尘量、灰渣利用
体积密度	储存、运输、处理等成本
颗粒尺寸	给料系统的选择、燃烧技术及设备的选择、燃料输送中的运行安全
重金属	污染物排放、灰渣利用、气溶胶形成
氮	NO_x、N_2O、HCN 排放
硫	SO_x 排放、腐蚀
氯、氟	HCl、HF 排放、腐蚀
钾、钠	腐蚀（换热器、过热器）、降低灰熔点、气溶胶形成
镁、钙、磷	提高灰熔点、灰渣利用（作物养分）

从现有系统运行经验来看，这些问题在较低的混燃比（10%以下）和较高的生物质质量时不明显，而且上述问题大部分都可以通过采用适宜的生物质预处理措施而得以解决。

生物质粉在燃煤燃烧器中燃烧，或者打捆/切碎生物质在炉排上的燃烧，或在生物质与燃煤颗粒在流化床内的共同燃烧，可能会遇到燃烧稳定性、锅炉效率以及锅炉积灰、结渣以及腐蚀等问题。燃烧后的烟气流经对流换热通道，又会因烟气中携带的生物质燃烧产生的碱性物、含氯物等产生腐蚀、积灰等问题，对于尾部烟道中布置的脱硫脱硝也可能产生影响。

对生物质气化与煤混燃耦合方式，生物质燃气在燃煤锅炉中的燃烧，需要解决燃气燃烧对于火焰稳定、燃气再燃以及降低燃煤飞灰燃尽方面的影响。同时，生物质燃气的燃烧仍有可能对于下游对流换热面和烟气净化装置的运行产生影响，例如增大了烟气流量、降低了烟气温度等。

生物质与煤直接混合燃烧，由于生物质的挥发分含量高可能导致气相燃烧的增强和气相燃烧区内气流扰动的增加，提高燃煤颗粒悬浮燃烧区域的温度并延长燃煤颗粒在此区域的停留时间，保证了更为稳定的着火和更为充分的燃尽，一般情况下可降低底灰和飞灰中未燃尽炭的水平。单位能量产生的烟气量生物质将远大于燃煤，这意味着燃烧烟气流经锅炉的情况将改变，对于锅炉的尾部受热面换热情况产生影响。生物质中的水分含量一般较燃煤要高，混燃生物质尤其是湿生物质，将对锅炉的燃烧过程和稳定性产生影响，并最终影响锅炉出力和效率。研究结果表明，3%～5%混燃比例下，锅炉效率不会受到生物质混燃的明显影响。

一些生物质燃料中相对较高的碱性组分含量和非常低的灰熔点等因素，可能会加剧灰分沉积的形成，引起结渣、积灰等问题，并进而引发锅炉材料和换热问题。生物质的燃烧将形成更多的碱金属化合物进入气相，其将冷凝在锅炉受热表面，导致金属-氧化物-灰沉积界面上钾化合物的富集，并对沉积于锅炉受热面的灰分化学性能产生重要影响，从而影响材料腐蚀。生物质灰中低熔点化合物的存在，可能会导致结渣和腐蚀问题的增加。生物质燃烧灰与燃煤灰混合在一起，将使得燃烧炉内的结渣倾向性大为增加，在流化床中导致床层聚团，引起局部温度升高，而这又会进一步加速聚团过程并可能导致床层烧结。同时，增加的烟气量将增大烟气对细小固体颗粒的携带，从而增加受热面的磨损。

混燃系统中遇到的这些挑战可以通过一些上游或下游措施进行解决。上游措施包括向现有燃煤系统中引入专门的生物质基础设施、采用先进的混燃模式、控制混燃比例、采用适宜的生物质预处理等。生物质预处理通过修改生物质的属性，可从源头上解决问题，例如进行水洗淋滤，进行制粒、烘焙以提高能量密度和处理性能等。下游措施比如更换锈蚀或磨损的设备、通过吹灰清洁积灰、更换聚团的床料等。在混燃过程中添加一些化学品可以降低生物质燃烧的影响。例如，有研究结果显示，生物质燃烧中添加硫酸铵能将气态氯化钾转化为硫酸钾，并能把腐蚀速率和沉积形成速度降低 50%；加入白云石或者高岭土，可提高生物质灰熔点以减少碱性化合物的负面影响。

(2) 混合燃烧对燃烧排放的影响

混燃过程中主要的大气污染物排放包括颗粒物、SO_x、NO_x、CO、重金属、二噁英、VOC、PAH 等有机化合物。分析结果表明，生物质用于电力生产相比燃煤系统将会产生明显环境效益，混燃将减少温室气体和传统污染物的排放。

生物质含硫量很低，因此利用低硫生物质替代高硫燃煤时可以减少 SO_x 排放，而且排放减少量通常与生物质在整体热负荷中的比例成线性关系。当与高硫煤混燃时，生物质中碱性灰分还能够捕捉部分燃烧中产生的 SO_2。

生物质中氮含量一般都处于 1% 以下水平，因此燃烧中 NO_x 排放将低于燃煤。据研究，混燃中 NO_x 排放的水平可能会取决于生物质类型、燃烧状态、装置等多种因素。通过实验测试发现，燃煤电站中混燃秸秆或者木料之后，混燃秸秆的比例与 NO_x 降低成直接比例关系。一般情况下，生物质中的燃料氮通常是以 NH_3 的形式随挥发分释放出来，氨有利于将氮氧化物还原，从而实现原位热力脱硝。生物质中较高的挥发分含量，在与燃煤的混燃过程中，还可能起到再燃燃料的作用，从而达到进一步降低燃料氮转化为 NO_x 的概率。

生物质的混燃可能对于采用选择性催化还原系统（SCR）进行 NO_x 脱除的系统产生较大影响，这些系统的性能强烈依赖于催化剂的活性，而生物质燃烧释放出较高浓度的碱金属化合物等，经过烟气侧冷凝，将可能引起催化剂中毒速度的提高，导致催化剂材料寿命的缩短。目前，对于碱金属和磷酸盐的容忍程度更高的催化剂开发方面的研究正在进行。

颗粒物排放方面，除了与燃烧工况有关之外，电站装备的除尘装置的性能也是一个重要方面。生物质与燃煤耦合燃烧，总体来说会因为生物质中灰分含量要远低于燃煤而可以降低总的飞灰量，但是混合飞灰中将出现较大比例的非常细的气溶胶类物质，而这对于现有的燃煤电站除尘装置可能是个挑战。当采用静电除尘器时将影响除尘效率，而当采用袋式除尘器时，这些非常细的颗粒物又容易导致布袋的堵塞和清灰困难，并导致系统阻力增大。例如，丹麦 Midkraft 电站 70MW$_e$ 抛煤机炉和 Vestkraft 电站 150MW$_e$ 煤粉炉中进行了秸秆与燃煤混燃测试，秸秆混燃比例分别为 30% 和 16%，两个电站的测试发现，随着秸秆量的增加，颗粒物排放增加明显，秸秆所产生的灰分都以飞灰的形式离开燃烧器，以致增加了颗粒物排放。

一些草本类生物质中氯含量较高，混燃中增加了对于锅炉的氯输入，所以 HCl 排放有可能增加，同时可能会影响锅炉的积灰、腐蚀等。CO 和有机污染物排放水平的变化主要取决于燃烧质量，在燃烧充分的状态下其排放与单独燃煤状态没有明显差别。

（3）耦合燃烧对灰渣利用的影响

对直接混燃耦合发电，需要考虑生物质灰与煤粉灰混合产生的相互影响。虽然生物质相比燃煤而言属于低灰燃料，但是生物质灰分中富集的特定组分还是会对混合灰的利用产生影响。

生物质与燃煤混合灰的利用可能性，取决于生物质来源、生物质灰特点以及生物质灰在混合灰渣中所占的比例。在较低的混燃比例下，将混合灰进入燃煤灰渣利用领域应该不会有太大问题。北欧国家针对木质生物质材料产生的灰进行了较多研究，实验室测试结果表明，当采用木质材料混燃所产生的飞灰作为原料时，其对于混凝土的特性没有表现出明显的负面效果。在草本生物质情况下，数据显示碱、氯和其他特性可能会影响很多重要的混凝土特性。

3.7 生物质直燃发电工程应用实例

3.7.1 炉排锅炉生物质直燃发电工程实例

位于英国剑桥郡的 Ely 电站是世界上最大的秸秆燃烧电站，该电站装机容量为 38MW，主要燃料为小麦、大麦、燕麦等秸秆，也能够燃烧一些其他的生物燃料和 10% 的天然气，还曾成功地燃烧了速生的芒属能源植物。电站燃料供应由 AnglianStraw 公司专门负责，其建立了满足 76h 运行的秸秆储存场，在电厂周边 43mile（1mile=1.6093km）范围内收购打捆秸秆原料，每个秸秆捆约为 500kg。燃料最大含水量 25%，每年可消耗秸秆 20 万吨。电站采用振动炉排锅炉，蒸汽参数为 540℃/92bar（1bar=0.1MPa），蒸汽产量 149t/h，给水温度 205℃，燃料消耗量 26.3t/h 秸秆，锅炉效率 92%，针对高蒸汽参数，采用了特殊结构设计和材料，以应对受热面的积灰和腐蚀等问题。电厂净效率超过 32%，系统可用性在

93％以上。烟气净化系统包括半干式脱硫器和袋式除尘器。Ely 电站由 FLS Miljo 负责建设，2000 年 12 月交付使用。每年发电量超过 270GW·h，2003 年时该电站生产了超过 10％的英国可再生电力。

3.7.2 流化床锅炉生物质直燃发电工程实例

中节能宿迁生物质直燃发电项目是国内第一个采用自主研发系统的生物质直燃发电示范项目，项目总投资 2.48 亿元，建设规模为 2 台 75t/h 中温中压秸秆燃烧循环流化床生物质锅炉，配置 1 台 12MW 抽凝式供热机组和 1 台 12MW 凝汽式汽轮发电机组及相应的辅助设施。

项目所采用的循环流化床生物质燃烧技术是由中节能（宿迁）生物能发电有限公司联合浙江大学等科研机构研发，设计燃料为稻、麦秸秆，可兼烧其他种类生物质。锅炉主要参数为：锅炉额定蒸发量 75t/h，过热蒸汽参数 450℃/3.82MPa，给水温度 150℃，燃料低位发热量 14351.35kJ/kg，燃料设计含水量 15％，锅炉设计效率 90.2％，秸秆消耗量 15.66t/h。锅炉设计在保证燃烧效率的前提下，利用流态化的低温燃烧特性避免碱金属问题造成的危害。通过运行，炉内床料流化良好，炉内温度分布正常，未出现明显的床料聚团迹象。在连续运行了 3～4 个月之后进行的停炉检查中发现，炉膛受热面、高温区辐射受热面和高温区对流受热面上的结渣和沉积情况都很轻微，未影响到锅炉的正常运行。流态化燃烧的低温特性在很大程度上缓解了碱金属问题。锅炉实现了连续正常运行，锅炉运行的可靠性和可用率都满足指标。

秸秆收储运采用分散收集、集中打捆存储的运行模式。秸秆由农户等分散进行收集、晾晒、储存、保管，达到质量要求后向秸秆收储公司交售。根据维持电厂正常发电所需秸秆原料供应量及安全仓储量需求，设立若干个有仓储设施的秸秆收储公司，秸秆收购点与电厂的平均距离为 80km，其中最远达 150km。按电厂需求平衡秸秆收储量，并有计划地运送符合要求的打捆秸秆至电厂内秸秆库。秸秆经陆路汽车运输，直接运入发电厂秸秆库内，秸秆库的存量可满足 7 天的耗量。电厂仓库内设有桥式吊机及链板输送机卸车、上料，把成捆秸秆送入破碎室切碎到长度小于 50m，用带式输送机把切碎秸秆送入炉前料仓。

该项目于 2007 年 4 月并网发电，2007 年 10 月正式投入商业化运营。2008 年，总共实现发电量 13660 万千瓦时，上网电量 11991 万千瓦时，年利用秸秆等生物质燃料 20 多万吨。该示范工程的运行情况证明了采用循环流化床技术可以实现秸秆的高效、可靠燃烧，利用流化床的低温燃烧特性，在很大程度上可以解决生物质燃烧中的碱金属问题。同时，该项目也在项目选址、建设，秸秆生物质资源收集、运输、储存以及处理，电站运行管理等方面为国内生物质直燃发电项目的建设提供了宝贵的经验。

3.7.3 垃圾焚烧发电工程实例

以广西某垃圾焚烧发电厂为例，采用循环流化床垃圾焚烧炉。该厂工程系统主要由垃圾储存和输送给料系统、焚烧与热能回收系统、烟气处理系统、灰渣收集与处理系统、给排水处理系统、发电系统、仪表及控制系统等子项组成，采用国产技术，配备 2 台 35t 循环流化床焚烧炉，2 台 7.5kW 凝汽式汽轮发电机组，日处理垃圾能力达到 500t，具有"减容、减量、无害、资源化"的优点。

工程选用的循环流化床焚烧炉主要技术参数为：额定蒸发量 38t/h，额定蒸汽参数 450℃/3.82MPa，给水温度 105℃，一次风热风温度为 204℃，二次风热风温度为 178℃，一、二次风比例为 2：1，排烟温度为 160℃，设计热效率＞82%。锅炉设计燃料为城市生活垃圾 80%＋烟煤 20%，设计燃料热值为 8700kJ/kg，额定垃圾处理量为 250t/d，设计燃烧温度 850～950℃，灰渣热灼减＜3.0%，烟气净化采用半干法脱酸、布袋除尘。各项排放指标全部达到我国生活垃圾焚烧污染控制标准，二噁英等主要指标达到欧盟污染控制标准，用灰渣制砖各项检测指标均不超过相关标准限值。

3.7.4　燃煤耦合生物质发电实例

芬兰 OyAlholmensKraft 发电厂位于芬兰的 Pietarsaari 市，2002 年投入商业化运行，是目前世界上最大的混燃生物质的循环流化床电厂。该电厂循环流化床燃料以生物质（木材残渣：树皮为 1：1）与泥煤混合物为主，10%重油和烟煤为辅（在启动时使用）。循环流化床炉膛横截面尺寸为长 24m，宽 8.5m，流化床高 40m。CFB 锅炉容量为 550MW（热功率），蒸发量为 702t/h，蒸汽参数为 16.5MPa/545℃，最大发电量为 240MW·h，蒸汽量为 160MW。采用流化床锅炉技术，能够使用颗粒尺寸不均一、含水量高或品质不稳定的生物质燃料，实现了生物质资源与煤炭资源的混合利用以及稳定的能源供应。

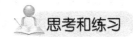

思考和练习

1. 简述生物质电厂的工艺流程。
2. 比较生物质直燃电厂与燃煤电厂的异同。
3. 如何管理好生物质电厂的燃料供应？
4. 生物质燃料收集成本包括哪些？什么是经济收集半径？
5. 生物质电厂如何做好燃料的预处理？
6. 生物质炉排锅炉和生物质流化床锅炉的输送料和给料系统有什么不同？
7. 锅炉的基本构成是怎样的？
8. 生物质电厂锅炉常用的水循环方式是什么？其水循环是如何建立起来的？
9. 电厂锅炉的主要特征指标有哪些？这些指标表征的具体含义是什么？
10. 比较生物质水冷振动炉排锅炉和生物质循环流化床锅炉的特点。
11. 炉排锅炉为什么要采取分段送风？
12. 炉排锅炉的炉拱起什么作用？生物质锅炉如何设置前、后炉拱？
13. 循环流化床锅炉是如何实现返料的？实现顺利返料要注意哪些问题？
14. 锅炉汽水系统中主要受热面有哪些？各受热面的作用如何？其结构及布置有什么不同？
15. 蒸汽过热器很少采用纯逆流式布置形式？为什么？
16. 如何提高过热器和再热器的换热能力？
17. 水冷壁、凝渣管及对流管束的结构、作用和传热方式有何异同？
18. 为什么在锅炉启停过程中要对省煤器进行保护？如何保护？
19. 生物质电厂常用的空气预热器型式是什么？在低温段空气预热器的设计上要注意

什么?

20. 沸腾传热恶化是怎么产生的?如何防止?

21. 蒸汽污染是如何产生的?如何保证电厂锅炉蒸汽的品质?

22. 生物质电厂锅炉为什么需要补水?对补水有什么要求?如何处理?

23. 生物质锅炉的积灰、结渣与高温腐蚀是如何产生的?又如何防范?

24. 如何降低生物质电厂锅炉的低温腐蚀?

25. 生物质直燃电厂烟气是否需要脱硫脱硝?简述电厂目前常用的脱硫脱硝技术。

26. 生物质电厂烟气除尘如何处理?

27. 什么是汽包锅炉的静态特性和动态特性?

28. 如何实现汽包锅炉蒸汽压力、温度以及汽包水位的调节?

29. 如何正确启停电厂锅炉?

30. 如果要提升锅炉负荷增大出力,如何操作?

31. 生物质电厂的锅炉效率通常情况比燃煤电厂的锅炉效率要低些,为什么?

32. 结合生物质电厂的实例,计算生物质电厂锅炉系统及整个电厂的能量转换效率。

33. 简述汽轮机的工作原理。汽轮机是如何分类的?生物质电厂一般采用何种类型的汽轮机?

34. 汽轮机本体主要由哪些零部件组成?各部件的结构特点及作用是什么?

35. 汽轮机有哪些辅助设备?各辅助设备的作用、类型、结构特点及工作原理是什么?

36. 简述垃圾焚烧发电的工艺流程。试比较生物质直燃发电系统与垃圾焚烧发电系统的异同。

37. 什么是燃煤耦合生物质发电?有哪些耦合方式?燃煤耦合生物质发电有何优点,又可能会产生哪些影响?

第4章

生物质压缩成型技术

4.1 生物质压缩成型技术概述

4.1.1 生物质压缩成型的概念

生物质压缩成型是指将各类生物质废弃物,如锯末、稻壳、秸秆等,在一定压力作用下(加热或不加热),使原来松散、细碎、无定形的生物质原料压缩成密度较大的棒状、粒状、块状等各种成型燃料。

生物质的质量能量密度与煤相比并不算低,但是生物质堆积密度低导致其体积能量密度很低,与煤相比这是一个明显的缺点。生物质的分子密度并不低,可以达到 $1.5g/cm^3$,这是生物质成型燃料密度的理论上限。但是,植物体内有大量的运输水分和养分的中空导管存在,使得生物质的密度显著下降,硬木的密度通常为 $0.65g/cm^3$,软木的密度为 $0.45g/cm^3$,农作物秸秆和水生植物的密度更低。生物质在存放过程中,单个的生物质个体与个体之间存在有大量的空隙,使得其应用的堆积密度更低。通过压缩消除颗粒之间的空隙,并将植物体内的导管等生物结构空间填充就可以改变生物质的密度,这正是生物质压缩成型的出发点。

生物质压缩成型不仅解决了制约生物质规模化利用在运输、储存和应用方面面临的体积能量密度过低的瓶颈,同时,对生物质的燃料特性也产生了积极的作用。生物质自身的结构比较疏松,加之其挥发分含量高且易于析出的特点,使得生物质的燃烧过程极其不稳定,前期大量挥发分快速析出极易造成气体不完全燃烧热损失,后期松散的炭骨架又易于被热气流吹散随烟气排出炉外,导致固体不完全燃烧热损失。由于密度和结构的改变,生物质成型燃料燃烧过程中这两个影响燃料燃烧效率的问题都得到了一定程度的解决,从而改善了燃烧性能。尤其是成型燃料经炭化变为机制木炭后,更具有良好的商品价值和市场。生物质成型燃料和同密度的中质煤热值相当,是煤的优质替代燃料,很多性能比煤优越,具有资源丰富、燃烧性能好、可以再生等优点。

4.1.2 生物质压缩成型技术的发展

国际上燃料成型技术最早可以追溯到 19 世纪中后期,英国一家机械工程研究所研制成一种以泥煤为原料制取成型燃料的机器,被认为是现代成型机的最初原形。该成型机可用于加工褐煤、泥煤和细煤粉。美国于 20 世纪 30 年代研制了"圆锥形螺旋式"挤压机。二战期间,由于燃料短缺,将木屑和其他废弃物加工成成型燃料在欧洲和美国非常普遍。而日本则致力于螺旋成型机的改进,与 1945 年设计出了带有加热的模子和渐缩的长杆轴的螺杆挤压成型机,将木屑加工成中空的成型燃料——木屑棒,并于 20 世纪 50 年代初生产了商品化棒状成型机。日本的螺旋挤压成型技术推广到了中国台湾、泰国乃至美国和欧洲。60 年代以前,颗粒成型机主要是用来生产动物颗粒饲料和矿石颗粒等,此后逐步应用于成型颗粒燃料。70 年代和 80 年代初,由于出现世界性的能源危机,石油价格上涨,发达国家在工业上开始大量应用生物质成型燃料。70 年代美国生产颗粒成型燃料能力达 80 万吨以上,1985 年生产成型燃料达 200 万吨以上。日本在 1983 年前后又从美国引进了颗粒成型燃料技术,到 1987 年,在日本已有十几家成型燃料工厂投入运行,1988 年仅家用成型燃料就达 25 万吨。意大利、丹麦、法国、德国、瑞典、瑞士等欧洲国家建有生物质颗粒燃料工厂 30 多家,机械冲压式成型燃料工厂 40 多家。截至 2018 年底,全球生物质成型燃料总产量超过 4000 万吨,欧洲成为世界上最大的生物质成型燃料消费地区。在生物质成型燃料产业发展过程中,欧美国家非常重视生物质成型燃料相关标准的建设,建立起来比较完善的标准体系。

相对而言,中国生物质压缩成型燃料开发研究工作起步较晚。通过对引进的螺旋挤压样机消化和吸收,1990 年中国林业科学院林产化学工业研究所与东海县粮食机械厂合作,完成了国家"七五"攻关项目——木质棒状成型机的开发研究工作,并建立了 1000t/年棒状成型燃料生产线。其后西北农林科技大学对该技术的成型和炭化工艺做了进一步的研究探讨,先后研制出了 JX-7.5、JX-11 和 SZJ-80A 三种型号的植物燃料成型机和 TW-40 型炭化炉。20 世纪 90 年代初,一部分国内企业从国外引进了近 20 条生物质压缩成型生产线,基本上都采用螺旋挤压式,以木屑为原料生产"炭化"块。但因螺旋挤压头磨损严重、螺杆和套筒工作寿命短、成本高、市场不畅等原因,基本上陆续都停产了。"八五"期间,作为国家重点科研攻关项目,中国农机院能源动力研究所、辽宁省能源研究所、中国林业科学院林产化学工业研究所、中国农业工程研究设计院四院所,对生物质冲压式和挤压式压块技术及装置、烧炭技术及装置、多功能燃烧炉技术进行了攻关,解决了生物质压缩成型关键技术,使我国的研究和开发水平上了一个台阶。1999 年中国林业科学院林产化学工业研究所研制了内压环模颗粒成型机,用以生产生物质成型颗粒燃料。2002 年河南农业大学经过四年研究出液压驱动双头活塞式秸秆成型机,技术基本成熟,经鉴定后,向企业转让了技术,正式投入了工业化生产。此后,中国农业大学、东北农业大学和浙江大学等单位也在秸秆压缩成型方面进行了研究。随着这些生物质压缩成型技术和炭化技术研究深入及其成果的出现,中国生物质压缩成型产业有了长足的发展,已初步形成了一定的规模。中国正在推进生物质成型设备制造标准化、系列化和成套化,加强检测认证体系建设,强化对工程和产品质量的监督。

4.2 生物质压缩成型原理

4.2.1 生物质成型燃料的成型过程及黏结机理

生物质压缩成型原理可解释为密实填充、表面变形与破坏、塑性变形三种原因。从结构来看,生物质原料的结构通常都比较疏松,堆积时具有较高的空隙率,密度较小。松散细碎的生物质颗粒之间被大量的间隙隔开,仅在一些点、线或很小的面上有所接触。在外力的作用下,颗粒发生位移及重新排列,使空隙减少、颗粒间的接触状态发生变化,即一个颗粒同更多颗粒接触,其中有一些是线或面的接触,接触面积增加。在完成对模具有限空间的填充之后，颗粒达到了在原始微粒尺度上的重新排列和密实化，物料的堆积密度增大，从而实现密实填充，压缩成型机理如图 4-1(a) 所示。随着进一步施加压力，原始微粒将发生弹性变形和因相对位移而造成表面破坏，此过程即为表面变形与破坏，如图 4-1(b) 所示。在外部压力再增大之后，由应力产生的塑性变形使空隙率进一步降低，密度继续增高，颗粒间接触面积的增加比密度的提高要大几百甚至几千倍，将产生复杂的机械啮合和分子间的结合力（特别是添加胶黏剂时），此过程为塑性变形，如图 4-1(c) 所示。由于发生了塑性变形，当外部压力撤除后，就不能回复到原来的结构形状。

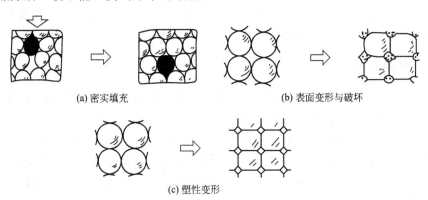

(a) 密实填充　　　　　　　　　　　(b) 表面变形与破坏

(c) 塑性变形

图 4-1　压缩成型机理

1962 年德国的 Rumpf 针对不同材料的压缩成型，将成型物内部的黏结力类型和黏结方式分成五类：a. 固体颗粒桥接或架桥；b. 非自由移动黏结剂作用的黏结力；c. 自由移动液体的表面张力和毛细压力；d. 粒子间的分子吸引力（范德华力）或静电引力；e. 固体粒子间的填充或嵌合。可以说生物质成型是以上多种力综合作用的结果。

4.2.2　生物质成型的内在因素

当制成的颗粒脱模后，由于弹性和内部的压力解除而产生微量的弹性膨胀，膨胀的大小依原料的特性而有所差异，严重的可能导致制品颗粒破裂，从而影响成型颗粒燃料的质量。为了减少压缩后的物料反弹，使其维持一定的形状和强度，压缩后的物料中必须有适量的黏结剂。这种黏结剂可以在压缩成型过程中从外部加入，也可以是原料本身所具有。

从生物质的构成成分来看，木质素被认为是生物质中固有的、最好的内在黏结剂。木质素是不溶于任何有机溶剂，属于非晶体，没有熔点但有软化点。当温度达到 70～110℃ 左右时，木质素会软化，其黏结性开始增加；当温度达到 160℃ 以上时，木质素开始熔融形成胶体物质，呈现出高黏结性。此时施加一定的压力，可使其与纤维素、半纤维素等紧密粘接，同时与邻近的生物质颗粒互相胶接。

生物质中的半纤维素由多聚糖组成，在一定时间的储存和水解作用下可以转化为木质素，也可起到黏结剂的作用。同时，生物质中的纤维素分子连接形成的纤丝，在以黏结剂为主要结合作用的黏聚体内发挥了类似于混凝土中钢筋的"骨架"作用，可提高成型块强度。

此外，生物质中含有的少量的腐殖质、树脂、蜡质等可提取物也是固有的天然黏结剂，而且对温度和压力较敏感，当采用适宜的温度和压力时，也可在压缩成型过程中发挥一定的黏结作用。在较高温度下，生物质的主要组分还会发生热分解反应，产生少量的液态焦油，也能起到黏结剂的作用。

生物质中的水分作为一种必不可少的自由基，流动于生物质颗粒中和颗粒间，在压力作用下，与有机质如果胶或糖类等混合形成胶体，起黏结剂的作用，因此过于干燥的生物质原料通常情况下是很难压缩成型的。此外，生物质中水分的存在还可降低木质素的软化（熔融）温度，使生物质在较低加热温度下成型。

4.3 物质压缩成型的主要影响因素

影响生物质压缩成型过程及其产品性能的主要因素有：生物质种类、粒度和粒度分布、含水率、黏结剂、成型压力及加热温度等。

4.3.1 生物质种类

不同种类的生物质，其压缩成型特性有很大差异。即使同一种生物质，由于生长部位、生长条件、成熟度等不同，其压缩成型特性也有所差异。如木质素含量较高的生物质，冷态压缩时比较困难，而在加热的条件下进行压缩成型时，由于木质素在较高温下能起黏结作用，其成型反而容易，且成型后强度也高。而农作物秸秆、树皮等纤维素含量相对较高的原料，在压力作用下虽然容易压缩，但由于黏结能力弱，反而不易成型，成型后强度也较低，成型燃料的质量较差。生物质的种类不仅直接影响成型机的动力消耗和产量，而且也决定着成型燃料的密度、强度、热值等特性。

4.3.2 粒度和粒度分布

生物质原料的粒度是影响压缩成型的重要因素。一般来说，原料粒度越小，流动性越好，在相同的压力下物料的变形越大，成型物结合越紧密，成型后的密度越大；但原料粒度过小，黏性大，流动性反而下降，会使成型块的强度降低。原料粒度较大时，成型机将不能有效的工作，能耗大，产量低。但对有些成型方式，如冲压成型时，要求原料有较大的尺寸，原料粒度过小反而容易产生脱落。

尽管生物质原料粒度分布的上限决定于成型产品的粒度大小，但较大的原料可能会导致成型过程中不光滑和在模具入口出现堵塞；原料粒度大小不均、形态差异较大，会使成型物表面产生裂纹，密度、强度降低。

所以一般在生物质压缩成型前要进行粉碎或筛分作业，使生物质原料具有合适的粒度和粒度分布。

4.3.3 含水率

生物质原料的含水率是其压缩成型中非常关键的一个因素。在湿压成型中，纤维素需在水中成团和腐化，故含水率较高。在压缩成型过程中，水分为薄膜状黏结剂；同时，水分通过"范德华力"使固体颗粒间实际接触面积增大，有助于有机质间黏结。在热压成型时，含水率太高，会在喂入物料时发生堵塞现象；成型过程中影响热量传递，并增大物料与模具的摩擦；较高温度时，由于水蒸气量大，可能会发生气堵和"放炮"现象。水分含量太低，则影响木质素的软化点，生物质颗粒间的摩擦和抗压强度增大，会造成过高的能量消耗；会使成品表面龟裂。生物质原料合适的含水量可使成型燃料中的水分含量超过平衡水分，否则成型燃料会在储存和运输过程中吸收水分而膨大或碎裂。因此，含水率过高或过低都不能很好地成型。对于颗粒成型燃料，一般要求原料的含水率在 15%～25%（质量）；对于棒状、块状成型燃料，要求原料的含水率不大于 10%（质量）。

4.3.4　成型压力

成型压力是生物质压缩成型最基本的条件和要求。对生物质原料施加压力的作用是：a. 破坏原生物质的物相结构，组成新的物相结构；b. 加强分子间的凝聚力，使生物质变得致密均实，以提高成型体的强度和刚度；c. 为生物质在模具内成型提供必要的动力。只有施加足够的压力，原料才能被压缩成型。

生物质成型压力的大小与物料的性质、状态和模具（成型孔、成型容器）的形状尺寸有密切关系。例如，对于使用较多的挤压成型方式，原料经喂料室进入成型机，连续地从模具的一端压入，另一端挤出，原料经受挤压所需的成型压力与成型孔内壁面的摩擦力相平衡，即仅能产生与摩擦力相等的成型压力。

对不同的原料，压力对成型燃料密度的影响较大。一般来说，在压力较小时，成型燃料的密度随压力的增加而增加的幅度较大，但当压力增加到一定值以后，成型燃料密度的增加就变得缓慢。

4.3.5　加热温度

对于生物质热压成型来讲，加热温度是影响压缩成型的一个重要因素。将生物质加热到一定温度的目的是：a. 使生物质中的部分有机质（如木质素等）软化形成黏结剂；b. 使生物质在成型机内压缩成型体的外表面形成炭化层，使成型体在模具内能滑动，而不会黏滞难于出模；c. 为生物质中的分子结构变化提供能量等。

通常加热器是设在成型套筒的外表面，温度过高，易使成型筒退火，不耐磨，影响使用寿命；对物料而言，温度过高，干馏所形成的炭化层过厚变软，摩擦阻力减小，不易成型或成型物挤压不实，密度变小，容易断裂破损；由于生物质原料中水分的存在，温度过高，生物质在干馏过程中易产生高压蒸汽和挥发分，会发生"放气"或"放炮"现象，中断成型。温度过低，传热慢，生物质中的木质素达不到软化点，不但原料不能成型，而且功耗增加。因此，对于一个生物质燃料成型机，当机器的结构尺寸确定以后，加热温度就应调整到一个合理的范围。例如对于螺旋挤压成型机，一般温度调整在 150～300℃，操作者可根据原料进行调整。有些成型方式，如压辊式颗粒成型机，虽然没有外热源加热，但在成型过程中，原料和机器部件之间的摩擦作用也可将原料加热到 100℃，同样可使原料所含木质素软化，起到黏结剂作用。

4.4　生物质压缩成型工艺及技术

4.4.1　生物质成型燃料的生产技术路线

生物质成型燃料的生产技术路线：原料粉碎预处理→原料喂入与控制→生物质升温预压→成型→堆放与包装→储存。这是从生产实际出发建立的系统技术路线，主要思路是：成型质量与各项指标的实现都不是孤立的，不同的成型燃料产品，有相应的原料要求，不合格的原料和预处理方式，不可能生产出合格成型产品；同时产品的质量好坏，最终检验标准是成型燃料在燃烧设备中的应用效果。与此同时，在生产过程中，还存在如何保证松弛密度（成型燃料从成型腔出口后保留下来的密度，一般是指降到常温时的密度），如何保证生产的成型燃料不吸湿返潮，如何降低成型燃料破碎率等问题。这些问题的避免或解决需要通过制定科学合理的技术路线来实现。

4.4.2　生物质压缩成型的工艺类型

生物质压缩成型工艺类型的划分有多种，例如可根据压缩压力的大小将生物质压缩成型分为：高压压缩（>100MPa）、采用加热的中等压力压缩（5～100MPa）和添加黏结剂的低压压缩（<5MPa）。当然，这种区分方法并不是对每一种生物质都适用。而目前则更多的是根据主要工艺特征的差别，从广义上将生物质压缩成型工艺划分为湿压成型、热压成型、炭化成型等三种主要形式。

（1）湿压成型工艺

纤维类原料常温下浸泡数日后，其纤维变得柔软、湿润、皱裂并部分降解腐化，与一般风干原料相比，会损失一定能量，但是其压缩性能明显改善，易于压缩成型。这种工艺广泛应用于纤维板的生产，但也可以利用简易的杠杆和木模等工具将腐化后的生物质中的水分挤出，即可形成低密度的压缩成型燃料块。这一工艺在泰国、菲律宾等国得到一定程度的发展，成型燃料块被当地称为"绿色炭"，生产率可以达到 1t/h。

（2）热压成型工艺

热压成型是目前普遍采用的生物质压缩成型工艺。由于原料的种类、粒度和粒度分布、含水率、成型压力、成型温度、成型方式、成型模具的形状和尺寸以及生产规模等因素对成型工艺工程和产品的性能都有一定的影响，所以，具体的生产工艺流程以及成型机结构和原理也有一定的差别，但是在各种热压成型方式中，挤压成型作业是关键的作业步骤。

目前，热压成型工艺中采用的挤压成型技术主要有螺旋挤压技术、活塞冲压技术和压辊式成型技术等几种形式。其中螺旋挤压技术采用螺杆连续挤压物料使其体积减小，螺杆有圆柱形和圆锥形螺杆以及双螺杆等形式，可以对模具进行加热或不加热，成型块通常为空心燃料棒，其密度一般是 1000～1400kg/m^3。活塞冲压技术采用飞轮或液压驱动的间断式的冲压方式，通常用于生产实心燃料棒或燃料块，其密度通常为 800～1100kg/m^3。压辊式成型技术是压辊碾压过穿孔的表面，将物料压入模具（小孔）内而成型，大多用于生产颗粒状的成型燃料，一般不需要外部加热，但根据原料情况可适当加入少量黏结剂；根据压模形状的不同，压辊式成型机可分为环模成型机和平模成型机。

（3）炭化成型工艺

炭化成型是将生物质原料首先进行炭化或部分炭化，然后再加入一定量的黏结剂挤压成一定形状和尺寸的木炭块。由于原料纤维结构在炭化过程中受到破坏，高分子组分受热分解转换成碳并释放出挥发分（包括可燃气、木醋液和焦油等），因而其挤压加工性能得到改善，成型部件的机械磨损和挤压加工过程中的功率损耗明显降低。但是，炭化后的炭粉在挤压成型后维持既定形状的能力较差，储存、运输和使用时容易开裂或破碎，所以压缩成型时一般都要加入一定量的黏结剂。

4.4.3　生物质压缩成型技术

生物质压缩成型技术主要有螺旋挤压成型技术、活塞冲压成型技术和压辊式成型技术等几种形式。

4.4.3.1 螺杆挤压成型技术

螺旋挤压成型技术目前常用来生产成型燃料棒，尤其是机制炭。螺杆挤压成型分为三种：双螺杆、锥形螺杆大型纯压缩成型和小型外部加热螺旋成型。

（1）双螺杆挤压成型

双螺杆式成型机采用的是2个相互啮合的变螺距螺杆，成型套为"8"字形结构，在压缩过程中，由于摩擦生热使得生物质在机器内干燥，生成的蒸汽从蒸汽的逸出口逸出，因此这种成型机对原料的预处理要求不严，原料粒度可以在30～80mm之间变化，水分含量可高达30%，可省去干燥装置；根据原料的种类不同，生产率可达2800～3600kg/h。但由于物料干燥需要由机械压缩来完成，所以与压缩干物料相比需要大型的电机，能耗较高。此外，双螺杆挤压机有两套推力轴承和密封装置以及一个复杂的齿轮传动装置需要维护保养，成本增加。

（2）锥形螺杆挤压成型

锥形螺杆如图4-2所示，生物质原料被旋转的锥形螺杆将生物质压入压缩室，然后被螺杆挤压头挤入模具。模具可以是单孔的或多孔的。切刀将成品切成一定长度的成型棒。成型压力60～100MPa，成型棒的密度为1200～1400kg/m³。生产能力为600～1000kg/h。

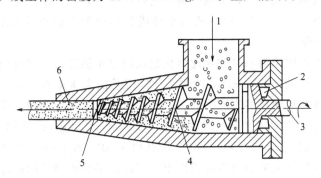

图 4-2 锥形螺杆

1—原料；2—止推轴承；3—驱动轴；4—锥形螺旋；5—挤出口；6—成品

锥形螺杆的最主要的缺点是螺旋头和模具的严重磨损，不得不采用硬质合金，即使如此，如以花生壳为原料时锥形螺杆的寿命期为100h，稻壳为300h，这样导致了高昂的维修费用。

（3）外部加热的螺旋式成型

外部加热的螺旋式成型的特点是：将生物质压入横截面为方形、六边形或八边形的模具内；模具通常采用外部电加热的方式；成品为具有中心孔的燃料棒。

外部加热成型机的基本结构由驱动机、传动部件、进料机构、压缩螺杆、成型套筒和电气控制等部分组成，如图4-3所示。在成型筒外绕有电热丝，使筒温保持在250～300℃，温度由热电偶14测量，在电气柜的控温仪表头上显示，控温仪可自动切断和接通电热丝的供电，使温度维持在设定范围。

外部加热成型机的工作过程是：将粉碎的原料（锯末、稻壳不用粉碎）经干燥后，从料斗6连续加入，经进料口7进入螺杆套筒压缩副，生物质原料在通过机体内壁和转动螺杆（约600r/min）表面的摩擦作用不断向前输送，由于强烈的剪切、混合搅拌和摩擦产生大量热量而使生物质温度逐渐升高。在到达压缩区（套筒前端的锥形区）前，生物质被部分压

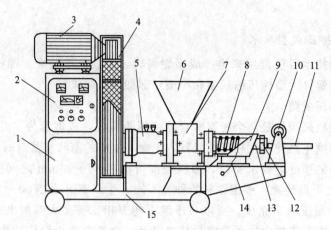

图 4-3　螺旋挤压成型机

1—工具柜；2—电气柜；3—电机；4—传动皮带；5—传动轴；6—料斗；7—进料口；8—电热丝；
9—保温罩；10—切断机；11—导向槽；12—压紧阀；13—成型筒；14—热电偶；15—机座

缩，密度增加，被消耗的能量用于克服微粒的摩擦；在压缩区，生物质在较高温度（200～250℃）变得相对柔软，水分在这时蒸发并有助于生物质的润湿，由于失去弹性，在压力的作用下，颗粒间的接触面积增加，形成架桥和连锁，物料开始黏结。在锥形的模具区，生物质被进一步压缩（280℃）成型。中空的成型棒成品出成型筒后经导向槽 11，由切断机 10 切成 50cm 左右的短棒。

为了避免成型过程中原料水分的快速汽化造成成型块的开裂和"放炮"现象发生，一般要求将原料的含水率控制在 8%～12% 之间，这样成品的含水率在 7% 以下。成型压力的大小随原料和所要求成型块密度的不同而异，一般在 49～127MPa 之间。成型燃料形状通常为直径 50～60mm 的空心燃料棒，其密度通常介于 1000～1400kg/m³ 之间。

由于压缩螺杆和成型套筒在 200～340℃高温和 80MPa 左右高压下处于干摩擦状态，工作环境很差，使压缩螺杆和成型套筒磨损严重。螺旋前部和成型筒的根部，尤其是螺旋前部磨损极快，如用普通碳钢加工的螺旋，一般只能工作 8～12h，就需卸下复修。因此，压缩螺杆和套筒是螺旋挤压成型机工作可靠性的关键部件。

1）压缩螺杆

根据螺杆螺距的变化可分为等螺距螺杆和变螺距螺杆，如图 4-4 所示。使用变螺距螺杆，可以缩短压缩套筒的长度，但是这种螺杆制造工艺复杂，制造成本高。现在使用的螺杆多是等螺距的螺杆，一般外径为 50～65mm、内径为 30～40mm、螺距为 40～48mm 的梯形螺纹，前螺旋面接近垂直于轴线。等螺距螺旋在工作中主要是最前端的一个螺距起压缩作用而磨损严重。一般采用中碳钢、合金钢制造，大多采用表面硬化方法对螺杆成型部位进行处

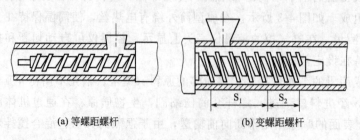

(a) 等螺距螺杆　　　　　　　　　　(b) 变螺距螺杆

图 4-4　加热压缩成型螺杆

理。如采用局部渗硼处理、喷焊钨钴合金、堆焊 618 或碳化钨焊条等方法。磨损后再进行喷涂、堆焊修复，可继续使用。螺杆寿命可达到 200～300h。

为了解决压缩螺杆的磨损问题，有的采用分两段设计制造的办法，顶端一小段承磨螺旋头采用优质耐磨材料制造，后段是螺杆主体，两部分间采用活动连接，磨损后可拆卸更换顶端的磨损螺旋头，其结构如图 4-5 所示。这种设计的优点是顶端耐磨部分用料少，可降低成本，磨损后也便于拆卸修理。

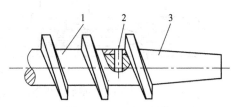

图 4-5　分段设计的压缩螺杆
1—螺杆本体；2—联结销；3—承磨螺旋头

螺杆处在较高的温度和压力下工作，因而压缩区螺纹部分磨损严重，一般采用中碳钢、合金钢制造，局部进行热处理，使用寿命约为 80～100h 左右。

2）成型套筒

螺杆与成型套筒配合，形成压缩副。在套筒内壁的根部设有锥形压缩区段，压缩区需有一定粗糙度，使物料流经套筒时，在轴向和圆周方向具有足够的摩擦力，以保证生物质压缩成型。通常压缩区段沿轴向开有 V 形通槽以防止物料跟随螺旋转动。套筒内孔直径取 $D=d+\delta$（d 为螺杆外径；δ 为间隙，一般取 $\delta=1～1.5\text{mm}$）。套筒长度 L 应保证物料在筒内压缩到设计密度值，它根据压缩副内力的平衡条件来计算。

在螺杆套筒压缩副工作中，随着压缩区段截面的减小，阻力增加，压缩区段的内壁磨损严重，使内壁粗糙度降低，从而阻力减小。当其阻力减小到一定程度时，物料则不能压缩成型。如采用中碳钢制造经淬火处理，一般只能工作十几小时，磨损后因套筒工作面是内孔，采用堆焊、喷焊工艺等不好修复。在国内外都采用两类方法来延长成型套筒的使用寿命。一是成型套筒压缩段安装耐磨衬套，衬套磨损后可更换，套筒本身可长期使用，如图 4-6(a) 所示。二是设立调节装置，有两种方式，一种是垫圈调节，新套筒与给料机连接时，预先加若干薄垫圈，待套筒压缩段磨损后，撤下一个 A 垫圈，增加一个 B 垫圈，相当于将套筒压缩区后移，使其继续保持与螺旋的间隙，从而延长套筒的使用时间，结构如图 4-6(b) 所示；另一种是在套筒前端设计一专门调节装置，如图 4-6(c) 所示，调整图 4-6(c) 中的调节螺母，就能改变套筒出口直径的大小，以达到调节套筒阻力的目的，套筒的材料采用钢和铸铁等耐磨性材料。

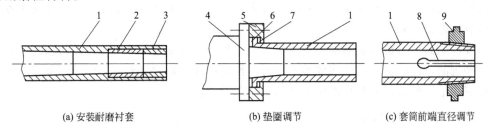

(a) 安装耐磨衬套　　　　(b) 垫圈调节　　　　(c) 套筒前端直径调节

图 4-6　延长成型套筒使用寿命的措施
1—套筒；2—硬质合金衬套；3—装配钢套；4—给料体；5—联结压圈；
6—A 垫圈；7—B 垫圈；8—开口；9—调节螺母

4.4.3.2　活塞冲压成型技术

活塞冲压成型技术中，生物质原料的成型是靠活塞的往复运动实现的。当活塞后退时，

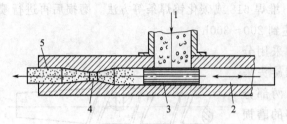

图 4-7 活塞冲压成型的工作原理示意
1—原料；2—液压或机械驱动；3—活塞；
4—挤出口；5—成品

经过粉碎的生物质原料从入料口进入套筒，活塞前进时把原料压紧到减缩的锥形模具内成型，如图 4-7 所示。在压缩过程中由于摩擦作用，生物质会被加热，从而使生物质中的木质素软化起黏结作用，也可以采用外部电加热的方式对模具进行加热增强木质素黏结作用。活塞冲压成型的进料、压缩和出料过程都是间歇进行的，即活塞每工作一次可以形成一个压缩块，在成型管内块与块挤在一起，但有边界。当生物质成型燃料离开模具后，成型管内成型燃料分离成 10～30cm 的棒或块，离开成型机后，在自重的作用下能自行分离。成型燃料的直径与成型机的生产能力密切相关。一个 1t/h 的模具直径为 8～10cm。冲压式成型机通常用于生产实心燃料棒或燃料块，密度介于 800～1100kg/m³ 之间。

与螺旋挤压成型相比，活塞冲压式成型由于改变成型部件与原料的作用方式，不但大幅度提高成型部件的使用寿命，同时也降低了单位产品能耗。表 4-1 给出了螺旋挤压和活塞冲压成型技术比较。

表 4-1 螺旋挤压和活塞冲压技术比较

项目	压缩技术	
	活塞冲压	螺旋挤压
原料最佳含水率	10%～15%	8%～9%
接触部位磨损	在模子部位有低度磨损	在螺旋头有重度磨损
输出形式	间断	连续
动力消耗	50kW·h/t	60kW·h/t
成型块密度	1000～1200kg/m³	1000～1400kg/m³
维修费	高	低
成型块燃烧性能	不太好	很好
炭化	不可以	能制很好的炭
气化适宜性	不适宜	适宜
成型块质量均匀性	不均匀	均匀

活塞冲压式成型由于冲头与生物质之间没有相对滑动，所以磨损小，工作寿命较长，模子一般工作 100～200h 才维修一次，SiO₂ 含量少的生物质原料可达 300h。但活塞冲压式成型是间断冲击，有不平衡现象，产品不适宜炭化，虽允许生物质含水量有一定变化幅度，但质量也有高低的反复。

活塞冲压式成型机按驱动动力不同可分为两类：一类是用发动机或电动机通过机械传动驱动成型机的，即机械驱动活塞成型机；另一类是用液压机构驱动的，即液压驱动活塞成型机。机械式推广较多，近几年液压式（油）也在发展。

4.4.3.3 压辊成型技术

压辊成型不同于前面的螺旋挤压和活塞冲压成型，主要区别在于其成型模具直径较小（通常小于 30mm），并且每一个压模盘片上有很多成型孔，主要用于生产颗粒状成型燃料。压辊式成型机的基本工作部件由压辊和压模组成。其中压辊可以绕自己的轴转动，压辊的外周一般加工成齿状或槽状，使原料压紧而不致打滑。根据压模的形状，压辊式成型机可分为平模成型机和环模成型机。

（1）平模式颗粒成型机

平模颗粒成型机的基本结构和工作原理如图 4-8 所示，压模为一水平固定圆盘，在圆盘上与压辊接触的圆周上开有成型孔。压模上有 4～6 个压辊，压辊可随压辊轴做圆周运动。压辊通过减速机构，在电机驱动下在压模上滚动。原料从料斗加入成型机内，在压辊作用下被粉碎的同时，进入压模成型孔，压成圆柱形或棱柱形，从压模的下边挤出，切割刀将压模成型孔中挤出的压缩条按需要长度切割成粒，颗粒被切断并排出机外。在工作过程中，该机型由于压辊和压模之间存在相对滑动，可起到磨碎原料的作用，所以允许使用粒径大一些的原料。

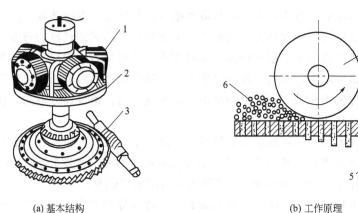

(a) 基本结构 　　　　　　　　　　　　　　(b) 工作原理

图 4-8　平模颗粒成型机的基本结构和工作原理示意

1—压辊；2—平模；3—减速与传动机构；4—切刀；5—成型颗粒；6—原料

（2）环模式颗粒成型机

环模颗粒成型机又可分为卧式和立式两种形式，卧式环模成型机是现有颗粒成型机的主流机型，其工作原理如图 4-9 所示。主轴传动使环模旋转，原料经进料刮板被卷入环模和压辊之间，并带动压辊旋转，环模和压辊相对旋转对原料逐渐挤压，并挤入环模成型孔成型，并不断向孔外挤出，再由切刀按所需长度切断成型颗粒。这种机型具有压模的更换保养方便、样机容易进行放大等特点。立式环模成型机的压模和压辊的轴线都为垂直设置，具有建造简单、结构紧凑、使用方便等特点。除用作生产成型燃料外，该机型还可用于化工原料及药品的加工。环模压辊相对于平模产能更大，适合于规模化生产，能耗相对平模压辊低，产品质量更好。

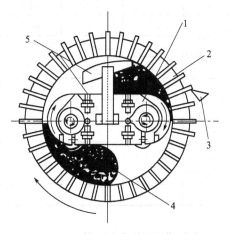

图 4-9　环模颗粒成型机工作原理

1—压辊；2—环模；3—切刀；
4—原料；5—进料刮板

用压辊式成型机生产颗粒成型燃料依靠物料挤压成型时所产生的摩擦热即可使物料软化和黏合，一般不需要外部加热。若原料木质素含量低，黏结力小可添加少量黏剂。与活塞冲压成型相比，其压辊压缩速度显著降低，这就使得原料中所含的空气和水分在成型孔中有足够的时间逸出，并可通过改变压模的厚度使成型颗粒在成型孔的滞留时间发生变化，因此压辊式成型机对原料的含水率要求较宽，一般在 10%～40% 之间均能成型。成型颗粒密度为 1000~1400kg/m³。

4.5 成型燃料的物理特性及燃料性能

生物质压缩成型后，其密度、耐久性和燃烧性能都有了质的改善，大大提高了燃料品位。

4.5.1 密度

生物质成型块在出模后，由于弹性变形和应力松弛，其压缩密度逐渐减小，一定时间后密度趋于稳定，此时成型块的密度称为松弛密度，即通常所说的成型燃料的密度。它是决定成型块物理性能和燃烧性能的一个重要指标，同时对成型燃料的另一指标——耐久性有直接的影响。成型燃料的密度增大，其耐久性也将增大。生物质成型燃料的密度与生物质的种类及压缩成型的工艺条件密切相关。不同生物质由于含水量不同，组成成分不同，在相同压缩条件下所达到的密度存在明显的差异。

按照成型后的密度大小，生物质成型燃料可分为高、中、低 3 种密度。一般地密度大于1100kg/m³ 为高密度成型燃料，更适合于进一步加工成炭化制品；密度低于 700kg/m³ 为低密度成型燃料；密度介于 700~1100kg/m³ 之间为中密度成型燃料。

成型燃料的最显著特点是其密度有了很大提高，一般比原料提高几倍至几十倍。表 4-2中列出了几种螺旋挤压成型燃料的指标。颗粒成型燃料的密度一般为 1000~1400kg/m³。

表 4-2　螺旋挤压成型燃料指标

性能	机型	木屑	稻壳	麦草	玉米秸	糠醛渣	花生壳	锯末
密度 /(kg/m³)	JX-7.5	1300	1300	1100	1100	1200	—	松树 1200；杉树 1210
	SZJ-80A	1400	1300	1100	1100	1300	1200	
	MD	1300	1200		1200	1200		
热值 /(kJ/kg)	JX-7.5	18418	16325	16325	16325	20930	—	松树 20930；杉树 20302
	SZJ-80A	18837	17581	16325	16325		18837	
	MD	20705	19574	18598	19582		19804	
灰分/%	JX-7.5	3~4	8~10	11~13	11~13	8~10	7~9	1~3
	SZJ-80A	—	—	—	—	—		
	MD	1.2	9.2	10.1	8.0		8.7	

4.5.2 耐久性

耐久性作为表示成型燃料品质的一个重要特性，主要体现在成型燃料的不同使用性能和储藏性能方面。耐久性又可细分为抗变形性（强度）、抗破碎性、抗滚碎性和抗吸湿性等几项性能指标，可通过不同的试验方法来检验。

（1）抗变形性

成型燃料具有一定的抗变形性，即具有一定抗外力的强度，是其在运输、使用过程中能保持一定形状、体积不被破坏的必要条件。一般采用强度试验测量其拉伸强度和剪切强度，用失效载荷值表示成型燃料的强度（抗变形性）。例如棒状成型燃料进行轴向压缩时，最大破坏载荷可达几吨至几十吨；横向压缩时，其破坏载荷为 2～10kN 之间。可见其强度是比较大的。另外，也有人测量了成型颗粒的最大拉伸破坏应力在 0.1～0.8MPa 之间。

（2）抗破碎性

成型燃料的抗破碎性，尤其是对于颗粒成型燃料，是标志其运输、储存过程中不至于破损而保持原有形态的一个重要指标。抗破损性又可分为抗跌碎性和抗滚碎性，分别由翻滚试验和跌落试验来检验，并用失重率来反映成型块的抗碎性能。

（3）抗吸湿性

吸湿性是成型燃料的一个重要特征，一般都采用成型燃料在环境湿度和温度条件下的平衡含水率作为评价指标。在湿度较高的环境下，成型燃料吸湿以后会出现松散，以致变成粉末状而丧失原有的密实状态。所以在储存运输时必须注意防潮。

成型燃料的吸湿性因成型原料的种类、含水率及成型方式的不同而异。一般说来，棒状燃料成型时加热温度高，本身含水率较低，所以容易从空气中吸收水分。试验表明，在环境温度25℃、相对湿度89%的环境下，原含水率7%的锯末成型棒经250h储放后，含水率提高到11%；原含水5%的树皮成型棒含水量提高到9%。颗粒成型燃料因本身含水率较高，不易从空气中吸收水分。但无论哪种成型燃料，都不能直接和水接触，否则遇水会很快膨胀软化变成松散粉末失去原有密度和形态。

4.5.3　热值

成型燃料的热值因原料的种类不同有较大差异。就某一种成型燃料而言，尽管其高位热值不会比其原料的高位热值有多少变化，但其低位热值因成型时加热，原料水分散失较多而比原料的低位热值高。另外，在颗粒燃料成型时，有时往原料中添加少量的添加剂，如沥青等，这样既可降低成型机的功率，也可以提高成型燃料的热值。表 4-3 中列出了不同成型燃料的热值，以供参考。

表 4-3　成型燃料的热值和灰分

种类	热值/(kJ/kg)	灰分/%	种类	热值/(kJ/kg)	灰分/%
木屑	16720～18810	0.4～8	稻草	15048～15884	15～16
稻壳	14630～15884	19～20	棉秸	15048～16720	17～19
麦秸	16302～16720	13～14	花生壳	18392～18810	2～3
甘蔗渣	17556～17974	7～8			

4.5.4　燃烧性能

各种形状的生物质成型燃料与生物质散料相比，热值、灰分没有明显变化，含水率会略有降低，但密度却大大增加，一般可达每立方米 1000kg 以上，这一变化导致了其挥发分的逸出速度降低，由表面向内部燃烧速度缓慢，点火温度有所升高，点火性能比原生物质有所降低。成型燃料的燃烧性能优于薪柴和秸秆，具有中质煤的燃料特性。这是因为它的密度增大，燃烧时更近似固体燃料的理想燃烧方式——颗粒燃烧模型。按照这种燃烧方式，燃料利用率高，温度比较恒定，颗粒燃烧模型过程如图 4-10 所示。

对照理想的"颗粒燃烧模型"，秸秆和其他松散生物质燃烧有如下特点。

① 原料松散，且挥发分含量高，热分解产生的可燃挥发分一般在 350℃时就能放出约80%，这段时间较短，一般农村炉灶不能提供大量空气助燃，在自然通风灶内氧气扩散速度

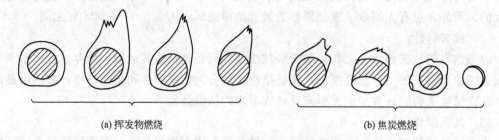

(a) 挥发物燃烧　　　　　　　　　　　　　　(b) 焦炭燃烧

图 4-10　颗粒燃烧模型过程示意

慢，因此，未燃尽的有机挥发物会被气流带走而产生黑烟。

② 待挥发分逐渐烧完，由于燃料的形态决定其失去挥发物后的炭结构为松散骨架，气流的运动可使其解体，又会使一部分未经燃烧的炭粒裹入烟道，产生飞扬的黑絮。

③ 待挥发分和炭逐渐烧完时，空气量又过剩，这些过剩的空气流又会白白带走一部分热量。

以上三个效应的共同作用，使热效率大大降低，现有炉灶，包括各种省柴灶，均不能从根本上解决秸秆和松散生物质燃料的高效燃烧问题，而成型燃料可以使燃烧过程有很大改观。这是因为有如下几个原因。

① 成型燃料密度大，使原来的松散物料"致密无间"，从而限制了挥发物的逸出速度，延长了挥发物的燃烧时间，燃烧反应大部分只在成型燃料的表面进行，并类似"颗粒燃烧模型"。一般炉灶供给的空气基本够用，未燃挥发分损失很少，从而黑烟大大减少。

② 因成型燃料质地密实，挥发物逸出后剩余的炭结构也紧密，运动气流不能将其解体，炭的燃烧可充分利用。在燃烧过程中可清楚地观察到蓝色火焰包裹着明亮的炭块，炉温大大提高，燃烧时间明显延长。

③ 整个燃烧过程的需氧量趋于平衡，燃烧过程比较稳定。

从而可见，成型燃料的燃烧性能较原来的物料有了明显的改善，燃料的利用率（或热效率）可提高 10％左右。

成型燃料的燃烧过程，在 200℃左右挥发分开始析出，550℃左右绝大多数挥发分析出完毕，这时燃烧处于动力区。随着挥发分燃烧完后，剩余的焦炭骨架结构紧密，运动的气流不能使其解体，炭骨架保持层状燃烧，形成层状燃烧核心，这时燃烧所需要的氧与静态渗透扩散的氧相当，燃烧状态稳定，炉温较高，燃烧处于过渡区或扩散区。在燃烧过程中可以清楚地看到炭燃烧时蓝色火焰包裹着明亮的炭块，燃烧时间明显延长。研究实践证明，生物质成型燃料燃烧速度均匀适中，整个燃烧过程中的需氧量稳定，燃烧所需的氧量与外界渗透扩散的氧量能够较好地匹配，燃烧相对平稳，接近于型煤。

4.6　生物质成型燃料生产实例

中国科学院广州能源研究所是我国进行生物质成型燃料主要科研单位之一，近几年与多家公司合作，设计建成并运行了多处生物质成型燃料厂，主要采用环模压辊式成型技术，以颗粒燃料为主。

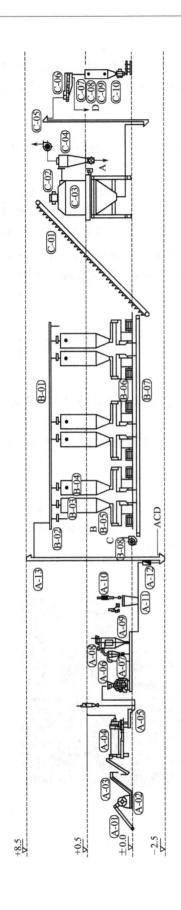

压缩空气系统　　电控系统　　喷水系统

图 4-11　中国科学院广州能源研究所生物质成型燃料生产工艺流程

A-01—皮带喂料机；A-02—削片机；A-03—皮带送料机；A-04—烘干系统；A-05—刮板输送机；
A-06—均匀喂料器；A-07—细粉机；A-08—粉尘收集系统；A-09—刮板输送机；A-10—倒料口；
A-11—布袋除尘器；A-12—永磁筒；A-13—斗式提升机；B-01—刮板输送机；B-02—气动闸门；
B-03—上、下料位器；B-04—待制粒仓；B-05—盘式喂料器；B-06—制粒机；B-07—V形皮带输送；
B-08—吸风系统；C-01—大角度皮带输送；C-02—关风器；C-03—逆流式冷却器；
C-04—离心集尘器；关风器、通风机、风网管道；C-05—上、下料位器；C-06—振动筛；
C-07—回料输送机；C-08—成品仓；C-09—上、下料位器；C-10—自动包装输送机；
D-01—压缩空气系统；D-02—电控系统；D-03—喷水系统

（1）生产规模

该工程位于广东省鹤山市，年产生物质成型燃料1万吨。生产原料主要为各种木屑、枝丫材、桉树皮、竹屑和秸秆等，根据实际情况采用一种或多种混合原料进行生产，主要为直径8mm的颗粒状成型燃料。

（2）工艺流程

该工程的工艺流程如图4-11所示，主要设备包括预处理系统、颗粒成型机、输送系统、冷却系统、除尘系统、筛分系统、成品仓、包装输送机等。

将生物质原料进行粉碎或干燥预处理，先将原料粉碎至工艺所要求粒径和干燥至工艺所需水分，再将预处理的生物质原料由螺旋输送设备或刮板输送设备输送至颗粒成型机；将生物质原料由成型机在一定的压力和温度下制成具有一定形状的生物质成型燃料；再把生物质成型燃料输送至冷却设备进行降温处理，将生物质成型燃料冷却至室温；对冷却后的生物质成型燃料进行筛分，将其中的细小颗粒筛分出去；最后将成品生物质成型燃料进行包装入库。

该工程具有以下特点。

① 系统能耗低。对生产线生产机电设备进行优化组合，能耗在70kW·h/t以下。

② 自动化程度高。对生产线采用自动化控制系统，实现生产过程全部自动化，无需手工劳动。

③ 规模化生产。突破了单条生产线生产能力低的局限，实现万吨级以上规模化生产。

（3）成型设备

系统主要采用的成型设备为自主研发的高效低能耗HYJ系列环模成型设备，如图4-12所示。HYJ系列生物质成型设备具有以下特点。

① 单机产量大。可达2t/h以上，成型率≥95%。

② 运行稳定、连续化生产能力强。设备本身结构合理，实现稳定、连续化生产。

③ 易损件寿命长。对压辊轴承和环模采用特殊结构，使用寿命可达到500h。

④ 原料适应性强。既能加工木质原料又可加工秸秆原料。

⑤ 成型燃料密度＞1000kg/m³。

图4-12 HYJ生物质成型机

（4）产品主要技术性能及指标

该工程所生产生物质成型燃料指标如表4-4所示。

表 4-4　生物质成型燃料指标

种类	木质原料	秸秆原料	种类	木质原料	秸秆原料
热值/(kcal/kg)	4100～4400	3600～3800	固定碳/%	15～18	10～12
挥发分/%	70～75	60～70	硫/%	-	0.30～0.35
水分/%	8～10	8～10	密度/(kg/m³)	1200～1500	1000～1200
灰分/%	1.0～2.0	6.0～10.0	尺寸/mm	$\phi 8 \times (20 \sim 30)$	$\phi 8 \times (20 \sim 30)$

 思考和练习

1. 概述生物质成型的基本概念，将生物质压缩成型有什么好处？
2. 生物质为什么能压缩成型？
3. 生物质压缩成型的主要影响因素有哪些？
4. 比较分析不同类型的生物质压缩成型工艺的特征。
5. 比较分析螺旋挤压成型技术、活塞冲压成型技术和压辊式成型技术的优缺点。
6. 要提高成型设备的使用寿命、降低设备维护成本，主要从哪些方面进行改进？
7. 概述生物质成型颗粒料的燃烧特性，并将其与颗粒煤的燃烧特性进行比较。
8. 表征生物质颗粒燃料品质的指标主要有哪些？
9. 设计一套日产100t的农作物秸秆成型燃料生产系统。

第5章

生物质气化技术

5.1 生物质气化技术概述

5.1.1 生物质气化技术概念

生物质气化是指利用空气中的氧气或含氧物质等作气化剂，将生物质固体燃料通过热转换变为可燃气体的过程。生物质气化通常是靠生物质自身部分燃烧产生的热量将其热解，并将热解后所剩余的半焦或炭与氧、水蒸气或二氧化碳等进行气化反应，从而再产生部分气体的过程。气体燃料易于管道输送，燃烧效率高，燃烧过程易于控制，燃烧器具比较简单，没有颗粒物排放，因此是品位较高的燃料。生物质气化的能源转换效率较高，设备和操作简单，是生物质的主要转换技术之一。

生物质气化基本原理早在18世纪就为人们所知，有记载的商业应用可追溯到18世纪30年代。到了19世纪50年代，英国伦敦大部分城区都用上了以"民用气化炉"产生的"发生气"为燃料的"气灯"，并形成了生产"民用气化炉"的行业，这种"民用气化炉"所用的原料为煤和木炭。1881年，这种"发生气"首次被应用于固定式的内燃机，如排灌机械等，并由此诞生了"动力气化炉"。到19世纪20年代，生物质动力气化系统的应用已由固定式的内燃机拓展到移动式内燃机，如汽车、拖拉机等，应用范围也由英国伦敦扩展到欧洲全境和世界其他一些地区。第一次世界大战末期，以木炭为燃料的气化炉开始用于驱动汽车、船、火车和小型发电机。1939年第二次世界大战爆发后，德国封锁了欧洲大陆，汽油成为紧缺的战略物资，优先供应于军事用途，民用车辆不得不寻求替代动力，生物质气化技术的发展达到了顶峰。战争期间，超过100万部汽车、船只和拖拉机等运输工具装备了生物质气化炉。

抗日战争年代，中国的木炭汽车也得到了发展。1931年，郑州市的汤仲明制成了我国第一辆木炭汽车。1932年湖南省工业试验所由技师向德领导，先后研制出5种木炭气化器，安装在汽车上获得了成功。到1939年湖南省50%以上汽车改装成木炭汽车。

第二次世界大战后，中东地区油田的大规模开发，使石油成为廉价优质能源，世界的能源结构转向以石油为主，生物质气化技术在较长时间内陷于停顿状态。20世纪70年代的石油危机，生物质等可再生能源的开发与研究重新活跃起来，生物质气化技术发展到一个新的高度。近30年来，发展了包括固定床、流化床、气流床在内的各种气化装置，出现了生物质气化集中供气、气化联合循环发电等一批成功的工程实例。近期的研究还在生物质气化制备化学合成气及合成液体燃料、制氢及与燃料电池结合的分布式能源系统等方面取得了进展。

5.1.2 气化技术分类

生物质气化技术有多种形式，不同的分类方式对应不同的气化种类。目前大体上可有两种分类方式：一种是按气化剂分类，另一种是按设备运行方式分类。

5.1.2.1 按气化剂分类

生物质气化通常需使用气化剂，常用的气化剂可以分为空气、氧气、氢气、水蒸气及其复合气化剂。生物质在不使用气化剂进行干馏也可产生燃气，可作为特例称之为干馏气化，但该方式通常归类为下一章的生物质热解技术。生物质气化按气化剂使用情况分类如图 5-1 所示。

空气气化是以空气为气化剂的气化过程。空气中的氧与生物质中的可燃组分发生不完全氧化反应，放出热量为气化反应提供所需的热量。由于空气可以任意取得，空气气化又能够做到自供热而不需要外部热源，所以空气气化是所有气化类型中最简单、最经济、最容易实现的一种气化，但由于空气中含有 79% 的 N_2，它基本不参加气化反应，却稀释了燃气中可燃组分的含量，使生成气中的氮气含量高达 50% 以上，因而气

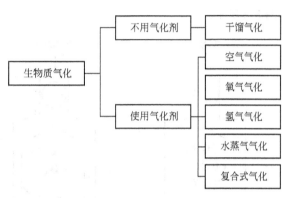

图 5-1 生物质气化按气化剂使用情况分类

体热值较低，大约只有 $5MJ/m^3$，属低热值燃气，限制了其用途。

氧气气化是以氧气为气化剂的气化过程，其过程原理与空气气化相同，但由于没有 N_2 稀释气化剂，在与空气气化相同的氧当量比下，反应温度提高，反应速率加快，反应器容积减小，热效率提高。氧气气化生成气中的主要成分为一氧化碳、氢气和甲烷等，热值与城市煤气相当，约为 $12\sim15MJ/m^3$，属中热值气体，既可用作燃气，又可作化工合成气原料。

水蒸气气化是指水蒸气在高温下与生物质发生反应，它不仅包括水蒸气和炭的还原反应，也包括 CO 与水蒸气的变化反应和甲烷化反应等。由于水蒸气不能提供足够的热量维持水蒸气气化反应，因此水蒸气一般不能单独作为气化剂，而是与空气、氧气等气化剂复合使用。水蒸气作气化剂，生成气中氢气和烷烃含量较高，热值可达到 $11\sim19MJ/m^3$，属中热值气体，既可用作燃气，又可作化工合成气原料。

氢气气化是使氢气和炽热的炭及水蒸气发生反应生成大量甲烷的过程，其生成气的热值可达到 $22\sim26MJ/m^3$，属高热值气体。由于反应条件苛刻，需要在高温高压且有氢气源的条件下才能进行，所以，此项技术尚未在工程中使用。

复合式气化是指同时或交替使用两种或两种以上气化剂对生物质进行气化，如富氧空气-水蒸气气化和氧气-水蒸气气化等。从理论上分析，氧气-水蒸气气化比单用空气或单用水蒸气气化都优越：一方面，它是自供热系统，不需要复杂昂贵的外热源；另一方气化所需的一部分氧气可由水蒸气裂解来提供，减少了外供氧气的消耗量，并生成更多的氢气及碳氢化合物，特别是在有催化剂的条件下一氧化碳可以与氢气反应生成甲烷，降低了气体中的一氧化碳含量，使得该气体燃料更适合用作城乡居民的生活燃气。

5.1.2.2 按设备运行方式分类

生物质气化按设备运行方式可分为固定床气化、流化床气化和气流床气化三种主要形式。

(1) 固定床气化炉

固定床是指以恒定高度保持在两个固定界面之间由颗粒或块状生物质物料组成的床层，固定床气化炉有一个容纳生物质物料的炉膛和一个承托料层的炉排。生物质物料从顶部加入，依靠自身重力向下移动，气化介质穿过颗粒间的空隙，与生物质物料表面接触而发生反应，灰和残炭从下部取出。相对于气体流动速率，燃料层的下移速度很慢，因此称之为固定床气化炉。

根据气流在炉内流动方向，固定床气化炉可分为上吸式、下吸式和横吸式等多种形式，如图 5-2 所示。

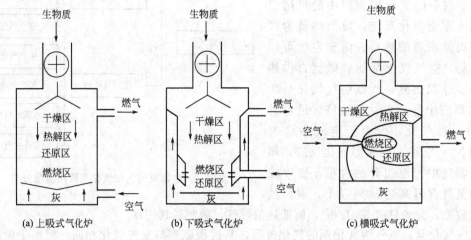

| (a) 上吸式气化炉 | (b) 下吸式气化炉 | (c) 横吸式气化炉 |

图 5-2 固定床气化炉

上吸式气化炉中，空气从气化炉下部进入，物料从顶部加入，物料与炉内气流逆向运动，因此又称之为逆流式气化炉。物料下移过程中与热气流进行换热，温度不断升高，达到燃烧区时消耗殆尽；气流则在上升过程中组分不断变化，最后由床层上部排出。下吸式气化炉中，空气由床层中部引入，向下流动，与物料移动方向相同，气化燃气从床层底部排出。在下吸式气化炉中，热解气相产物穿过高温氧化区时，将发生高温二次裂解，因此燃气中的焦油含量较低，这是它的主要优点。横吸式气化炉中，空气由床层一侧进入，与物料移动方向相交叉，横向穿过床层，由另一侧排出。横吸式气化炉的空气进口和燃气引出管都在炉的中部，用于车载气化炉时便于布置，但近年来发展的多是固定在地面的气化系统，已经很少采用横吸式气化炉。

固定床气化炉具有结构简单、成本低、运动部件少、原料适应性广等优点，颗粒度大到100mm，水分高达30%的生物质物料都可以使用，对原料结渣敏感度较低，但气化过程难于控制，物料在炉内容易搭桥并形成空腔，通常只适合于小规模的气化操作，单炉最大气化能力通常不超过 400kg/h。

(2) 流化床气化炉

流化床气化炉是气化介质以一定的速率通过颗粒物料层，使颗粒物料悬浮起来并保持连续随机运动的状态。流化床气化炉具有很高的传热和传质速率，固体颗粒在床层中的混合接近于理想混合反应器中的状态,可获得均匀的固体组成和温度。流化床气化炉的气化反应和焦油裂解均在床内进行,气化强度约为固定床气化炉的2～3倍,反应温度一般控制在750～900℃,原料粒度一般在0～10mm范围内,原料水分通常在15%以下,非常适合于生物质的大规模气化应用。

根据结构不同流化床气化炉可分为鼓泡流化床气化炉、循环流化床气化炉和双流化床气化炉,如图5-3所示。

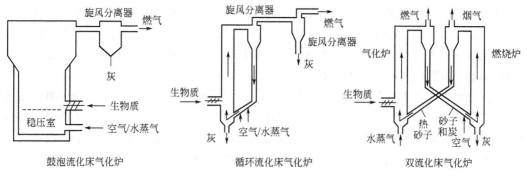

图5-3 流化床气化炉

鼓泡流化床气化炉采用较低的流化速率,床层中有一个明显的密相区,较大颗粒物料在这里呈现沸腾状态,与气化剂之间有很高的相对速率。床层上部是稀相区,为在密相区相互碰撞粉碎了的细颗粒提供继续反应空间,部分细颗粒未反应完而被气流带出。循环流化床气化炉采用较高的流化速率,反应后的气体产物携带着炭颗粒通过旋风分离器,炭颗粒被分离下来返回流化床中继续气化,循环倍率通常达10～20倍。循环流化床气化炉的气化效率高于鼓泡流化床气化炉。由于生物质挥发分很高,热解后的残炭数量少且颗粒度大大降低,经常在鼓泡流化床或循环流化床中加入砂子作床料。双流化床气化炉采用两个流化床,一个作为气化炉,另一个是燃烧炉。生物质原料加入以热砂子为床料的气化炉,被水蒸气流化,进行热解和部分气化反应,气体产物携带残炭和砂子在旋风分离器中分离。分离后的残炭和砂子在燃烧炉中与空气发生燃烧,将砂子加热,烟气携带热砂子再经旋风分离器分离后,热砂子返回气化炉。这种方法在用空气鼓风燃烧的条件下,获得了含氮量低的高品质燃气。

(3) 气流床气化炉

气流床气化炉在煤的气化工程中已有较多应用,但用在生物质气化上还属于发展中的新技术。在德国Choren公司为制备液体燃料合成气的Choren-V气化系统中就采用了气流床气化炉。

在气流床气化炉中,磨成细粉(＜100μm)的生物质燃料被夹带于气化剂中而发生反应。气流床气化炉的工作温度在1100～1650℃的高温下,因此气化反应速率很高,需要的炉膛容积小。燃料进入高温反应区时挥发物迅速析出而被气化,产品气中很少含有或者不含有焦油和甲烷,这有利于用于合成燃料气。气流床反应器结构简单,通常采用液态除渣。

气流床气化炉的主要缺点有:燃料在气化介质中浓度低,而且与反应气体并流,固体颗粒与气流的换热条件较差。气流床气化炉出口燃气温度比固定床和流化床气化炉高很多,因此需要较大的换热表面来回收燃气的显热,否则会造成较大的热损失,而换热器表面容易被高温气流中的熔融灰粒黏结。

5.1.2.3　其他生物质气化技术

等离子体气化技术由等离子体提供高温和高能量环境，可以极大地提高反应速度，彻底消除焦油和碳氢化合物，从而提高了气体质量，所得气体能满足合成气的需要。由于生物质的挥发分高，含氧量高，非常有利于快速热解产生化学合成气（CO 和 H_2）。这样后续的气体净化和重整过程得到简化，整个系统的转化率也大大提高。该技术目前尚不成熟，商业化应用的例子较少。

高温空气气化技术是用 1000℃ 以上的高温预热空气，在低过剩空气系数下进行气化，获得较高热值的燃气。由于空气温度很高，无需使用纯氧气或富氧气体，反应便能迅速进行，气化效率大大提高。该技术可实现"零"排污生产，被称为"环保型"气化技术。该技术目前仍处于实验研究阶段，少有商业应用的报道。

微波热解气化技术就是利用微波作热源为生物质的热解提供热量，生物质在微波加热作用下进行热分解，释放出热值高的可燃性气体。微波加热具有穿透性，加热速度快，加热均匀性好，热效率高，热解过程易于调控，设备热惯性小，但是耗电量较大，生产成本高。

此外，还有加压气化、催化气化等技术，但大都处于实验室研究阶段。

5.2　生物质气化机理与气化过程

5.2.1　生物质气化机理

生物质经过热解析出挥发分后，与气化剂进行氧化和还原反应，产生气化所需的热量，并完成向气体燃料的转变。气化反应是由多个独立反应组成的热化学反应过程，气化机理十分复杂，包括主要化学反应和反应热效应、化学平衡与反应动力学等。

5.2.1.1　主要化学反应

生物质气化反应是一个复杂体系，反应元素主要有固体燃料中的碳、氢和氧元素，以及作为气化介质的氧气和水蒸气，因此气化反应主要指碳与氧气、水蒸气，以及反应产物之间的反应。有两种类型的气化反应，一类是气化剂或气态反应产物与固体燃料或木炭的非均相气固反应，另一类是气态反应产物之间或与气化剂的均相反应。习惯上将气化反应分为三组：碳与氧的反应、碳与水蒸气的反应和甲烷生成反应。

（1）碳与氧的反应

在气化炉中，碳与气化介质中的氧气发生如下反应：

$$C + O_2 \longrightarrow CO_2 \tag{5-1}$$

$$2C + O_2 \longrightarrow 2CO \tag{5-2}$$

$$C + CO_2 \longrightarrow 2CO \tag{5-3}$$

$$2CO + O_2 \longrightarrow 2CO_2 \tag{5-4}$$

这四个反应中，式(5-3)为二氧化碳还原反应，是较强的吸热反应，需要在高温下才能进行，其余三个是放热反应。

（2）碳与水蒸气的反应

在一定温度下，碳与水蒸气之间发生下列反应：

$$C + H_2O \longrightarrow CO + H_2 \tag{5-5}$$

$$C + 2H_2O \longrightarrow CO_2 + 2H_2 \tag{5-6}$$

这两个反应称为水蒸气分解反应，均为吸热反应。水蒸气来自于气化剂以及生物燃料带入的水分和氢元素。反应中生成的一氧化碳可进一步与水蒸气发生如下反应：

$$CO + H_2O \longrightarrow CO_2 + H_2 \tag{5-7}$$

这是一氧化碳的变换反应，是放热反应。在用生物质生成合成气，可以在气化炉以后设专门的变换反应器，利用这个反应将一氧化碳变为氢气，以调整合成气的氢碳比例。

（3）甲烷生成反应

燃气中的甲烷，一部分来自生物燃料的热解，另一部分是气化炉中碳与燃气中氢气反应以及气体产物之间反应的结果。甲烷生成反应主要有：

$$C + 2H_2 \longrightarrow CH_4 \tag{5-8}$$

$$CO + 3H_2 \longrightarrow CH_4 + H_2O \tag{5-9}$$

$$2CO + 2H_2 \longrightarrow CH_4 + CO_2 \tag{5-10}$$

$$CO_2 + 4H_2 \longrightarrow CH_4 + 2H_2O \tag{5-11}$$

这四个反应均为放热反应。

5.2.1.2 气化反应的热效应

气化反应中，生物质燃料与气化介质的分子、原子间化学键重新组合，发生化学能变化，因此产生热效应。化学反应的热效应是指恒温恒压条件下，物质因化学反应放出或吸收热量，此热量称为反应焓。因焓是状态参数，与反应的变化途径无关，所以化学反应热效应可以按照任何方便的途径计算。生物质气化反应过程通常是在等压下进行的，其热效应可以写作：

$$Q_p = -\Delta H \tag{5-12}$$

式中，ΔH 为产物与反应物的焓差，kJ/mol。

规定放热反应的 Q_p 为正值，吸热反应的 Q_p 为负值。由于放热反应的产物焓值必然小于反应物焓值，故 ΔH 为负值；同理吸热反应的 ΔH 为正值。

表 5-1 列举了部分气化反应在不同温度时的热效应数值。

表 5-1 部分气化反应的热效应

温度/K	热效应 ΔH_T/(kJ/mol)							
	$C+O_2$ $\longrightarrow CO_2$	$C+1/2O_2$ $\longrightarrow CO$	$C+CO_2$ $\longrightarrow 2CO$	$C+H_2O$ $\longrightarrow$ $CO+H_2$	$C+2H_2O$ $\longrightarrow$ CO_2+2H_2	$CO+H_2O$ $\longrightarrow$ CO_2+H_2	$C+2H_2$ $\longrightarrow CH_4$	$CO+3H_2$ $\longrightarrow$ CH_4+H_2O
0	−393.5	−113.9	165.7	125.2	84.7	−40.4	−67.0	−192.1
298	−393.8	−110.6	172.6	131.4	90.2	−41.2	−74.9	−206.3
400	−393.9	−110.2	173.5	132.8	92.2	−40.7	−78.0	−210.8
500			173.8	133.9	94.0	−39.9	−80.8	−214.7
600	−394.1	−110.3	173.6	134.7	95.8	−38.9	−83.3	−218.0
700	−394.3	−110.6	173.1	135.2	97.3	−37.9	−85.5	−220.7
800	−394.5	−111.0	172.4	135.6	98.7	−36.9	−87.3	−222.8
900	−394.8	−111.6	171.6	135.8	99.9	−35.8	−88.7	−224.5
1000	−395.0	−112.1	170.7	135.9	101.1	−34.8	−89.8	−225.7

5.2.1.3 气化反应的化学平衡

所有的气化反应都是可逆反应，可逆反应进行到最后必然达到化学平衡，研究气化反应的化学平衡可以指明气化反应的方向和限度。气化反应达到平衡时，正向反应和逆向反应速率相等，反应物与反应产物的量达到一定的比例，并且不随时间变化。这时，存在一个反应平衡常数 K_p，它仅是温度的函数。K_p 值越大，表示达到平衡时正向反应进行得越完全。下面主要讨论生物质气化反应中碳与氧反应的化学平衡、碳与水蒸气反应的化学平衡和甲烷生成反应的化学平衡。

（1）碳与氧反应的化学平衡

以空气或氧气为气化介质时，碳与氧的反应有完全燃烧反应［式(5-1)］、不完全燃烧反应［式(5-2)］、二氧化碳还原反应［式(5-3)］和一氧化碳燃烧反应［式(5-4)］。

实验证明，在 900～1500℃ 的条件下，碳的完全燃烧反应速率非常快，一瞬间就可完成，反应几乎是不可逆地自左向右进行，反应速率主要取决于氧扩散到碳表面上的速率及反应生成物从碳表面扩散离开的速率。在高温下，碳的不完全燃烧反应与完全燃烧反应类似，几乎是不可逆地向右进行，其总的反应速率也受扩散速率的限制。一氧化碳燃烧反应属于燃烧产物的二次反应，随着温度的升高，反应平衡点趋向于左方，但总的反应平衡仍显著偏向右方。例如，1200℃ 时平衡组成中 CO_2 的含量为 99.9%，1500℃ 仍为 99.6%。因此在各种气化工艺可能的温度范围内，这三个反应可以认为是不可逆的，反应平衡组分中几乎都是反应产物。

生物质的气化过程中，碳与氧的反应产生大量的二氧化碳，因此二氧化碳还原反应是气化过程中极其重要的反应，因为它完成了生物质燃料的气化过程，使不可燃组分转变为可燃组分。与碳氧之间直接反应不同，碳与二氧化碳的还原反应速率很小，而且温度低于 800℃ 时，逆向反应速率相当大。因此，通常情况下，二氧化碳不可能完全转变为一氧化碳，其平衡组成取决于温度和压力。

对二氧化碳还原反应的化学平衡问题已经进行了很多研究，图 5-4 给出了二氧化碳还原反应平衡产物与温度的关系。

从图 5-4 可以看出，温度对碳与二氧化碳的还原反应平衡有着重要的影响。随着温度的上升，气体混合物中 CO_2 浓度迅速降低，而 CO 的浓度迅速增加。

根据碳与二氧化碳的反应方程［式(5-3)］，还原反应前后体积有着明显的变化。因此 $(CO+CO_2)$ 混合气体总压力的变化势必影响平衡时两者的含量。图 5-5 为反应温度在 300～1200℃ 范围内、$(CO+CO_2)$ 混合气体总压力在 0.01～100atm（1atm＝101325Pa）之间时，$(CO+CO_2)$ 混合气体中 CO 的平衡含量。

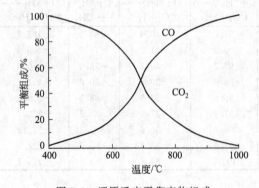

图 5-4　还原反应平衡产物组成

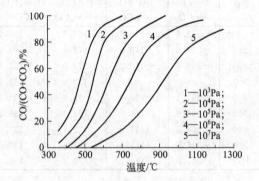

图 5-5　不同压力下还原反应平衡产物的组成

由图 5-5 可以看到，当反应温度为 800℃，混合气体压力在 10^5Pa 时，平衡时 CO 的含量为 90%；混合气体压力在 10^6Pa 时，平衡时 CO 的含量降至 68%；而在 10^7Pa 时进一步降至24%。因此，同样温度条件下，压力越大，CO含量越少，CO_2含量越多。

在以空气为气化介质时，由于空气中有大量的N_2存在，气化产生的混合气体中有50%以上的N_2，而CO和CO_2为N_2所稀释，降低了它们的分压力，这种情况有利于CO_2的还原，使反应平衡向CO的方向移动。

（2）碳与水蒸气反应的化学平衡

碳与水蒸气的反应分为两组，一组是水蒸气分解反应，由式(5-5)和式(5-6)表示，另一组是一氧化碳变换反应，由式(5-7)表示。生物质气化过程中，水蒸气的来源是气化介质和原料本身。因为碳水化合物是生物燃料的主要组分，即使是绝干燃料，亦含有相当量"潜在"的水分，如在生物质燃料的热解过程中氢与氧相结合而产生水蒸气。因此，对生物质气化来说，碳与水蒸气的反应是非常重要的反应，即使在不使用水蒸气为气化介质的时候。

式(5-5)和式(5-6)表示的两个水蒸气分解反应均为可逆的强吸热反应，其反应平衡常数与温度的关系见图5-6。图中两个平衡常数对应着：

$$K_{p_2} = \frac{p_{CO_2}^{1/2} p_{H_2}}{p_{H_2O}}, K_{p_1} = \frac{p_{CO} p_{H_2}}{p_{H_2O}}$$

由图5-6可以看出，反应温度升高时，两个反应的平衡常数均升高，使平衡点偏向右方，当温度超过1000℃时基本可看作不可逆反应。但温度对两个反应的影响程度不同。当温度较低（<700℃）时，$C+2H_2O$的反应平衡常数比$C+H_2O$大，不利于$C+H_2O \longrightarrow CO+H_2$进行；在温度较高时情况相反。随着温度的升高，$K_{p_1}$的上升速率快于$K_{p_2}$。因此提高温度有利于提高CO和$H_2$的含量，同时降低$H_2O$的含量。

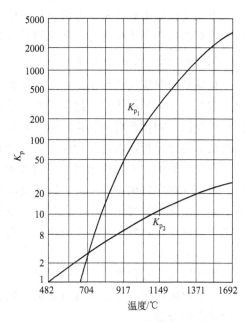

图5-6　水蒸气分解反应平衡常数
与温度的关系

式(5-7)表示的一氧化碳变换反应是一个可逆的放热反应。这个反应对气化过程和气化以后调整燃气中的CO和H_2的含量有重要的意义。随着反应温度的升高，变化反应的放热量是逐渐下降的，该反应的平衡常数也显著地下降。降低反应温度，有利于该变换反应向正方向进行，但温度对反应速率的影响很大，因此为了提高该反应的反应速率，常在较低的反应温度下采用加催化剂和加压的方式。

（3）甲烷生成反应的化学平衡

式(5-8)～式(5-11)是气化过程的四个甲烷生成反应，这些反应都是放热的。其中式(5-8)称为碳的加氢反应，是非均相的气固反应；式(5-9)、式(5-10)和式(5-11)称为甲烷化反应，是均相反应。

对生物质气化来说，反应中的H_2来自于燃料热解过程，单独的$C+2H_2$反应混合物的平衡组成和平衡常数列在表5-2中。

表 5-2 反应混合物的平衡组合和平衡常数

温度/℃	CH_4/%	H_2/%	K_p
300	96.90	3.10	2.38
400	86.16	13.84	1.32
500	62.53	37.47	0.57
550	46.69	53.31	−0.05
600	31.68	68.38	−0.32
650	19.03	80.97	−0.63
700	11.07	88.93	−0.99
800	4.41	95.59	−1.26
1000	0.50	99.50	−1.83

从表 5-2 中可以看出，随着反应温度的提高，$C+2H_2$ 反应平衡产物中的 CH_4 含量呈下降趋势；也是就说，随着温度的升高，碳的加氢反应向逆反应方向移动。而从反应压力来看，式(5-8) 这个反应的气相反应物体积大于气相产物的体积，因此反应压力的变化必然影响平衡时 H_2 和 CH_4 的含量，提高压力有利于反应向右方进行。因此，为了增加燃气中 CH_4 含量以提高燃气热值，宜采用较高的气化压力和较低的温度；而为了降低 CH_4 含量以制取合成原料气，应采用较低的气化压力和较高的反应温度。

甲烷化反应主要应用于加压气化炉中，由于反应中有 4～5 个分子的相互作用，需要在有催化剂的条件下才能进行，在生物质气化中可以忽略其影响。

5.2.1.4 气化反应动力学

化学平衡对应气化反应是一个重要影响因素，但是由于气化炉中气相滞留时间较短，多数反应并未达到平衡状态，这是需要从反应动力学角度，研究气化反应的速率，从而解释气化反应规律。固体燃料的气化反应主要是非均相反应，其中既有化学过程，又有传质、传热和流动等物理过程，因此气化反应速率受到这两方面的影响。

在气化炉中，生物质燃料首先发生热解，然后发生固体炭与气体间的反应，包括与氧气、水蒸气和二氧化碳等反应。这些反应属于气固相反应。根据 2.4.6.1 节的气固异相反应机理，固体碳的气化反应中，包括了由外扩散过程、内扩散过程和表面化学反应过程组成的 7 个反应步骤；各步骤的阻力不同，反应过程总速率取决于阻力最大的步骤，整个反应受到该步骤的控制。

生物质气化过程中，固体炭与氧、水蒸气和二氧化碳发生的反应主要包括：炭的燃烧反应、二氧化碳还原反应、水蒸气分解反应、一氧化碳变换反应和甲烷生成反应。这些反应的反应动力学分述如下。

(1) 炭的燃烧反应

对于炭的燃烧反应机制，目前普遍的观点认为是在固体炭表面首先形成中间络合物 C_3O_4，然后再变化生成 CO 和 CO_2。炭的燃烧反应受温度的影响很大。图 5-7 给出了静止炭颗粒在不同温度下的燃烧过程。

当温度低于 700℃ 时，氧能够充足地扩散到炭球表面，发生氧化反应生成 CO 和 CO_2，向远处扩散。因为温度不高，CO 不能与氧在空间燃烧，CO_2 也不能被碳还原，氧浓度由远而近一路递减，CO 和 CO_2 由近而远递减。这时反应处在化学动力控制区。

温度在 800～1200℃ 范围内，CO_2 还原速率仍然较低，但 CO 由炭球表面扩散途中遇氧燃烧形成火焰锋面，只有燃烧后剩余的氧才能继续扩散到炭球表面。炭表面生成的 CO_2 汇

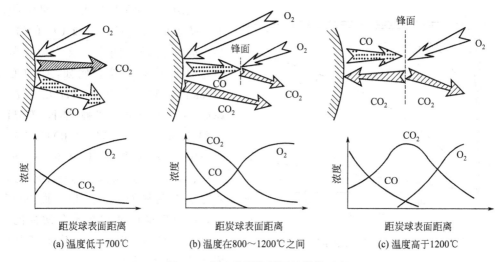

图 5-7 静止炭颗粒周围的燃烧过程

合了 CO 燃烧的 CO_2 一起向远处扩散，火焰锋面外已没有 CO。火焰锋面内 O_2 的质量流率较低，炭球得不到足够的氧气供应，特别是外表面燃烧后，进入颗粒内部的氧气所剩无几。这时反应处于内扩散控制区。

温度高于 1200~1300℃后，炭表面的二氧化碳还原反应速率迅速增大，产生的 CO 向外扩散，在火焰锋面上就将氧气全部耗光。这时炭球表面得不到氧气供应，与火焰锋面之间已没有氧的交换，只能与 CO_2 进行还原反应。此时碳的燃烧反应实际上转变为 CO 的燃烧反应，反应处在外扩散控制区。

（2）二氧化碳的还原反应

二氧化碳还原反应中，CO_2 也要先吸附在固体炭的表面，形成络合物，然后络合物分解，再让 CO 脱附逸走。络合物的分解可以是自动的，也可能是在一个 CO_2 分子撞击下进行的。研究表明，温度略大于 700℃时，还原反应是零级反应，控制环节是碳氧络合物的自行热分解。温度大于 950℃时，控制环节是络合物受 CO_2 高能分子撞击的分解，反应转化为一级反应。温度更高时，控制环节又变成化学吸附，反应仍为一级反应。一般认为反应速率为：

$$K_s^{CO_2} = k_{CO_2} c_{CO_2,s} \tag{5-13}$$

式中，k_{CO_2} 为还原反应速率常数，其活化能为 $(16.7 \sim 30.9) \times 10^4 \text{kJ/mol}$；$c_{CO_2,s}$ 为 CO_2 的表面浓度。

在 1200~1500℃的温度范围内，碳的氧化反应活化能比还原反应要小，其速率常数比还原反应大 10~30 倍。还原反应是强烈的吸热反应，因此其反应的强化程度是自我抑制的，就是说还原反应强烈时，吸热增多，使温度下降而反应变缓。

温度越高，CO_2 还原为 CO 的反应速率越快，达到反应平衡所需的时间越短。在较低的温度下，由于反应速率较慢，达到反应平衡的时间就需要几分钟甚至几个小时。实际生物质气化过程中，气体停留在还原层的时间，不过是几秒钟，远小于该条件下达到平衡所需的时间。因此，一般气化工艺中，该反应并不能达到平衡，研究 CO_2 还原反应速率，比研究反应平衡时的浓度具有更重要的意义。CO_2 还原成 CO 的反应速率取决于反应温度，温度对该反应速率的影响如图 5-8 所示。

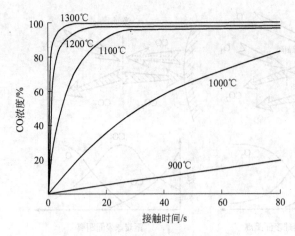

图 5-8 温度对还原反应速率的影响

从图 5-8 中可以看出，一定反应温度下，接触时间越长，生成 CO 的数量越多。同一接触时间下，反应温度越高，CO_2 还原得越完全。例如，1300℃ 时，5～6s 的时间就可以使 CO_2 几乎完全还原成 CO，但在同一接触时间，若温度降低到 1200℃、1100℃、1000℃ 和 900℃ 时，则 CO 的含量各为 90%、60%、11%、2%。因此可以认为在 1000℃ 以上才能发生明显的正向反应，而 900℃ 以下，还原反应的速率是十分缓慢的。研究表明，2000℃ 以下二氧化碳还原反应依然处于化学动力区。

（3）水蒸气分解反应

固体炭与水蒸气的反应与二氧化碳还原反应类似，也是经过吸附、络合和脱附等一系列反应过程，其中控制环节是中间络合物的生成和分解。一般可以认为水蒸气的分解反应是一级反应，反应活化能为 $37.6 \times 10^4 \, \text{kJ/mol}$。这个反应活化能很大，因此要到温度很高时才能以显著的速率进行。水蒸气分解反应的活化能大于二氧化碳还原反应，一般理解其反应速率应该比较缓慢，但事实上其反应速率比还原反应快约 3 倍，这是因为其扩散速率要快得多。由分子物理学可知，相对质量越小的气体分子平均速率越大，因而分子扩散系数越大。水蒸气分子扩散系数大于二氧化碳，氢分子扩散系数更远大于一氧化碳。结果固体炭颗粒与水蒸气反应时消耗的速率比与二氧化碳反应时要大。

反应温度升高时，水蒸气分解反应进行的比较完全。对于不同气化燃料，热解后的固体炭活性不同，其反应速率也有差别。图 5-9 是不同温度下，焦炭和木炭与水蒸气反应时，水蒸气分解率与时间的关系。从图 5-9 可以清楚地看出，温度对水蒸气分解反应速率有着显著的影响。1300℃ 时焦炭与水蒸气反应，只需要 3s 水蒸气就接近完全分解，而同样接触时间，温度降低为 1200℃、1100℃、1000℃ 和 900℃ 时，水蒸气分解率为 51%、30%、14%、8.8%。而对于木炭来说，由于其孔隙率高，反应

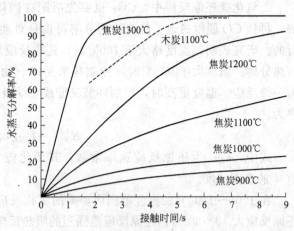

图 5-9 温度对水蒸气分解速率的影响

活性显著高于焦炭，在 1100℃ 和接触时间为 3s 时，水蒸气分解率可以达到 78%。这意味着生物质气化中，热解产生的水蒸气可以在较短的时间内更多地转化为可燃气体，而不至于被燃气带出造成损失。

对于活性高的原料，在 1100℃ 以上，水蒸气分解反应进入扩散区；对于活性低的原料，在 1100℃ 以上，水蒸气分解反应仍处于化学动力区，反应速率主要受温度的影响，炉温稍

有下降，燃气质量和气化强度随之降低。水蒸气分解反应是强烈的吸热反应，因此其反应的强化程度也是自我抑制的，这限制了水蒸气的加入量，过多加入水蒸气，不但不能改善燃气质量，反而使气化工况恶化。对于固体生物燃料来说，由于原料中潜在的水分在热解中析出，气化反应中能加入的水蒸气量是十分有限的，这也是生物质气化不像煤炭气化那样广泛使用水蒸气的原因。

（4）一氧化碳变换反应

气化炉中一氧化碳变换反应是在炭表面上的均相可逆反应，该反应在 400℃ 以上即可进行。温度的提高，可以提高一氧化碳变化反应速率，在 900℃ 与水蒸气分解反应速率相当，但高温不利于正向反应的进行。

（5）甲烷生成反应

气化过程中固体炭与氢作用生成甲烷的速率是非常缓慢的，在较多采用的常压气化炉中一般可以不考虑甲烷生成反应。生物质燃气中的甲烷来自于大分子烃类化合物的裂解，热解气经过气化反应后，燃气中的甲烷含量总是明显下降的。

5.2.2 生物质气化过程

生物质的气化过程很复杂，随着气化装置的类型、工艺流程、反应条件、气化剂种类和原料性质等条件的不同，反应的过程也有所不同，但总的而言，生物质的气化过程主要包括物料干燥、热解反应、氧化反应和还原反应四个过程。现以下吸式固定床气化炉为例，如图5-2 所示，简述生物质的气化过程如下。

（1）物料干燥

生物质物料和气化剂（空气）由顶部进入气化炉，气化炉的最上层为干燥区，含有水分的物料在这里同下面的热源进行交换，使原料中的水分蒸发。干燥过程主要发生在 100～150℃ 之间，大部分水分在低于 105℃ 条件下释放。干燥是一个简单物理过程，燃料化学组成没有发生变化。干燥过程进行比较缓慢，在物料的表面水分完全脱除之前，燃料温度保持基本稳定。干燥吸收大量热量，从而降低反应温度，当燃料水分过高时，会影响燃气品质，甚至难以维持气化反应条件。

（2）热解反应

来自干燥区的干物料、水蒸气和气化剂进入热解区后继续获得氧化区传递过来的热量，当温度达到或超过某一温度（最低约为 160℃）时，生物质将会发生热分解反应而析出挥发分，且随着温度的进一步升高，分解反应进行得越激烈。由于生物质原料中含有较多的氧，当温度升高到一定程度后，氧将参加反应而使温度迅速提高，从而加速热分解。生物质热分解是一个十分复杂的过程，其反应可能包括若干不同路径的一次、二次甚至高次反应，不同的反应路径得到的产物也不同。但总的结果是大分子的碳水化合物的链被打碎，析出生物质中的挥发分，留下木炭构成进一步反应的床层。生物质是高挥发分燃料，热解析出的挥发分可达燃料质量的 70％ 以上。生物质热分解析出的挥发分成分十分复杂，主要包括氢气、一氧化碳、二氧化碳、水蒸气、甲烷、焦油和其他烃类物质等。

（3）氧化反应

生物质热解产物连同水蒸气和气化剂在气化炉内继续下移，温度也会继续升高。当温度达到热解气体的最低着火点（约 250～300℃）时，可燃挥发分气体首先被点燃和燃烧，来自热分解区的焦炭随后发生不完全燃烧，生成一氧化碳、二氧化碳和水蒸气，同时也放出大量的热量。氧化区的最高温度可以达到 1200℃ 以上，反应进行得十分剧烈。正是由于氧化反应放热，为干燥区的干燥过程、热解区的热分解反应和还原区的还原反应提供必要的热量，因此，氧化反应是整个气化过程的驱动力。

（4）还原反应

还原区已没有氧气存在，二氧化碳、高温水蒸气和氢气等在这里与未完全氧化的炽热的炭发生还原反应，生成一氧化碳、氢气和甲烷等，从而完成固体燃料向气体燃料的转变。还原反应是吸热反应，温度越高，反应越强烈。随着还原反应的进行，温度不断下降，反应速率也逐渐降低。当温度低于 800℃ 后，还原反应就进行得相当缓慢了。

应该指出，发生上述四个基本反应的区域只有在固定床气化炉中才有比较明显的特征，而在流化床气化炉中是无法界定其分布区域的。即使在固定床气化炉中，由于热解气相产物的参与，其分界面也是模糊的。通常把氧化反应和还原反应统称为气化反应，而将原料干燥和热解统称为燃料准备过程。

5.3 气化工艺的计算和主要指标

生物质气化过程是一个物质和能量转化过程，参与这个过程的物质和能量都遵循质量守恒和能量守恒，在工程设计时，需要对气化系统中的物质量和能量进行详细衡算，在此基础上选择合理的控制指标，实现气化过程的优化。在生物质气化实际生产过程中，也需要通过测试和平衡计算，对生产系统的主要指标进行评价。

5.3.1 气化系统的物质平衡

物质平衡是生物质气化工艺的基础，对于气化工艺选择、气化工程设计和气化装置运行有着重要意义。生物质气化过程是一个稳态过程，体系内没有物料存积，因此进入体系的物质量等于离开体系的物质量。

气化系统输入的物质包括生物质燃料和气化剂，输出的物质主要是燃气，也有少量液体产物（焦油和水）和残炭。因为产物较为复杂，进行物质平衡计算时通常做一些简化，对生物质燃料只考虑其中碳、氢、氧、灰分、水分五项成分，而忽略成分很低的氮和硫（两项之和通常为 1% 左右），焦油中的含碳量按 70% 计算。这样的简化不会带来很大误差，但可以大大减少物质平衡计算和测试工作量。生物质气化系统的物质平衡体系如图 5-10 所示。

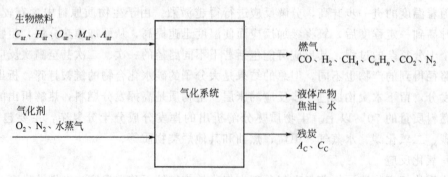

图 5-10　生物质气化的物质平衡体系

物质平衡必须同时满足：a. 进入系统和离开系统的物质质量相等；b. 进入系统和离开

系统的各元素质量相等。

5.3.1.1　物质质量的平衡

取进入系统的生物燃料量为 1kg，对于物质质量平衡，可以写作：

$$1 + M_M = M_G + M_L + M_C \tag{5-14}$$

式中，M_M 为燃料消耗的气化剂质量，kg/kg；M_G 为燃料产生的干燃气质量，kg/kg；M_L 为燃料产生的液体质量，kg/kg；M_C 为燃料产生的残炭质量，kg/kg。

式(5-14) 中各项物质质量分别计算如下。

(1) 单位生物燃料消耗的气化剂质量

$$M_M = M_A + M_O + M_S = 1.293V_A + 1.429V_O + M_S \tag{5-15}$$

式中，M_A 为燃料消耗的空气质量，kg/kg；M_O 为燃料消耗的氧气质量，kg/kg；V_A 为燃料消耗的空气体积，m^3/kg；1.293 为标准状态下空气的密度，kg/m^3；V_O 为燃料消耗的氧气体积，m^3/kg；1.429 为标准状态下氧气的密度，kg/m^3；M_S 为燃料消耗的水蒸气量，kg/kg。

V_A、V_O、M_S 是生物质气化时的气化剂消耗指标，与气化方式有关，对燃气质量有着重要影响。空气气化时后两项为零。

(2) 燃料产生的燃气质量

$$M_G = \rho_G V_G \tag{5-16}$$

式中，V_G 为燃料产生的燃气体积，m^3/kg；ρ_G 为标准状态下燃气的密度，kg/m^3。

V_G 是每千克燃料产生的干燃气量，称作燃料产气率。

(3) 燃料产生的液体质量

气化中产生的液体由焦油和燃气中水分（冷却后凝出）两部分组成，即

$$M_L = M_T + M_W \tag{5-17}$$

式中，M_T 为燃料产生的焦油质量，kg/kg；M_W 为燃料产生的水分质量，kg/kg。

燃气经冷却后，焦油和水分凝结后混合在一起，很难分别测量，而且从燃气中彻底分离焦油和水分也是一个难点。各种气化工艺的焦油产率不同，对上吸式气化炉可取 $M_T = 0.05$kg/kg，对流化床气化炉可取 $M_T = 0.02$kg/kg，对下吸式气化炉和其他低焦油气化工艺可忽略。燃料产生的燃气中水分 M_W，可以由氢的平衡求得。

将这些式子代入式(5-14)，可以得到气化时的物质平衡公式：

$$1 = \rho_G V_G + M_T + M_W + M_C - (1.293V_A + 1.429V_O + M_S) \tag{5-18}$$

5.3.1.2　元素质量的平衡

理论上对于进入和离开气化系统的所有元素都应该平衡，但为工程目的只需要做碳、氢、氮和灰的平衡计算。

(1) 碳平衡

气化过程中碳的来源为燃料中所含有的碳元素，生成物中的碳则包括燃气中的碳、焦油中的碳和残炭中的碳。进行碳平衡计算的目的是评价气化工艺的碳转化率。气化系统的碳平衡式为

$$C_{ar} = \frac{12V_G}{22.4}\sum C_{Ci}n_{Ci} + 70M_T + C_C M_C \tag{5-19}$$

式中，C_{ar} 为燃料收到基碳元素成分，%；C_{Ci} 为燃气中第 i 种含碳气体浓度，%；n_{Ci} 为燃

气中第 i 种含碳气体中碳的原子数；C_C 为残炭中的含碳量，%。

式中右边的三项分别是气化后转移到燃气、焦油和残炭中的碳元素成分，其中第一项中占燃料中碳元素质量的百分比为气化工艺碳转化率 η_C，容易写出

$$\eta_C = \frac{12V_G}{22.4C_{ar}} \sum C_{Ci} n_{Ci} \times 100\% \tag{5-20}$$

碳转化率是生物质气化技术追求的重要指标，从式(5-20)中可以看出，提高碳转化率的方法，一是降低焦油的产生量，二是降低残炭中的含碳量，这样可以尽可能增加燃气中碳元素所占的份额。应该指出碳转换率并不代表气化效率，因为在燃气中还存在着不可燃烧的二氧化碳，它也计算在碳转化率中。

(2) 氢平衡

气化过程中的氢来源有燃料中所含有的氢元素、燃料中含有的水分和作为气化剂加入的水蒸气，生成物中的氢包括燃气中的氢元素，以及燃气中水分，此处忽略焦油中的氢。因为燃气中的水分不容易测准，但对燃气的热平衡有较大影响，因此采用氢平衡的方法进行计算。气化系统的氢平衡式为

$$9H_{ar} + M_{ar} + 100M_s = \frac{9V_g}{22.4} \sum C_{Hi} n_{Hi} + 100M_W \tag{5-21}$$

式中，H_{ar} 为燃料收到基氢元素成分，%；M_{ar} 为燃料收到基水分，%；C_{Hi} 为燃料中第 i 种含氢气体浓度，%；n_{Hi} 为燃料中第 i 种含氢气体中氢的原子数。

等式右边第一项中含氢气体包括 H_2、CH_4 和 $C_m H_n$。利用(5-21)，在已知燃料成分、干燃气成分和加入水蒸气量 M_S 时，可以计算出燃气中水分的质量。

(3) 氮平衡

气化过程中氮元素来源于作为气化剂的空气，生成物中的氮全部存在于燃气中。气化反应中氮气是惰性气体，不参与反应。进行氮平衡计算的目的是在空气流量和燃气流量中已知一项时，计算出另一项，这在生物质气化计算中经常用到。气化系统的氮平衡式为

$$79V_A = V_G C_N \tag{5-22}$$

式中，C_N 为燃气中氮气浓度。

(4) 灰平衡

气化过程中燃料的灰分也是惰性成分，气化后保存在残炭中。气化以后的残炭分为两部分，一部分在气化炉底部排出，另一部分以细小的颗粒被气体携带出，尤其在流化床工艺中携带的细颗粒份额很大。气体携带的颗粒物不容易准确测量，但其中所含的碳会造成能量损失，这时常通过灰平衡的方法求取残炭量。气化系统的灰平衡式为

$$A_{ar} = (100 - C_C)M_C \tag{5-23}$$

式中，A_{ar} 为燃料收到基灰分，%。

5.3.2　气化系统的能量平衡

能量平衡也是生物质气化的基础计算之一，通过能量平衡计算，可以判明气化系统的能量转化率和各项能量损失，找出提高气化效率的方法。

气化过程是一个稳态过程，体系内没有能量的积存，因此进入体系的能量等于离开体系的能量。生物质气化系统的能量平衡体系如图 5-11 所示，图中所有能量均对应于每千克生物燃料。体系输入能量为燃料化学能 Q_{ar} 和气化剂带入能 Q_M，体系输出能量为燃气带出能

Q_G、残炭中碳损失能 Q_C、散热损失 Q_R、热燃气的气体热损失 Q_H，在这里忽略了数值很小的残炭物理热。在将冷燃气用作气体燃料时，Q_G 是有效能量；在直接使用热燃气时，$(Q_G + Q_H)$ 是有效能量。

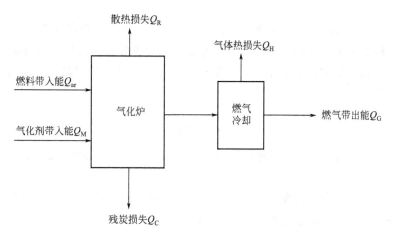

图 5-11　生物质气化的能量平衡体系

生物质气化系统的能量平衡方程为：

$$Q_{ar} + Q_M = Q_G + Q_C + Q_R + Q_H \tag{5-24}$$

式中，Q_{ar} 为燃料的收到基热值；其余各项的计算方法如下。

（1）气化剂带入能 Q_M

气化剂可能是空气、氧气和水蒸气，若空气和氧气未经预热，处于气化炉入口环境温度下，气化剂带入能的计算通式为：

$$Q_M = t_0 c_{P,A} V_A + t_0 c_{P,O} V_O + I_s M_s \tag{5-25}$$

式中，t_0 为环境温度；$c_{P,A}$ 为环境温度下空气的等压平均比热容，kJ/(m³·℃)；$c_{P,O}$ 为环境温度下氧气的等压平均比热容，kJ/(m³·℃)；I_s 为水蒸气的焓，kJ/kg。

水蒸气的焓可根据蒸气参数查图表得到。

（2）燃气带出化学能 Q_G

$$Q_G = V_G Q_{G,net} \tag{5-26}$$

式中，$Q_{G,net}$ 为燃气的低位热值，kJ/m³。

（3）残炭化学能损失 Q_C

$$Q_C = 32866 \frac{C_C M_C}{100} \tag{5-27}$$

式中，32866 为碳的发热值，kJ/kg。

（4）气体热损失 Q_H

若忽略焦油冷凝放出的热量，气化炉出口热燃气带出的气体包括干燃气显热和燃气中水分热量，即

$$Q_H = \frac{V_G}{100} \sum c_{P,i} t C_i + I_w M_w \tag{5-28}$$

式中，$c_{P,i}$ 为燃气中第 i 种气体的等压平均比热容，kJ/(m³·℃)；t 为气化炉出口温度，℃；C_i 为燃气中第 i 种气体的浓度，%；I_w 为气化炉出口的水蒸气焓，kJ/kg。

在查取气化炉出口的水蒸气焓时需要知道热燃气中的水蒸气分压 P_w，P_w 由式(5-29)

计算：

$$P_W = \frac{1}{1+0.804\dfrac{V_G}{M_W}}$$ (5-29)

式中，0.804 为标准状态下水蒸气的密度，kg/m^3。假定气化燃气总压力为常压。

（5）散热损失 Q_R　精准测试和计算气化系统各设备的散热损失是很复杂的，通常采用测量设备外表面温度的方法估算单位面积散热的热流量，然后根据设备外表面积计算散热损失，计算公式为：

$$Q_R = \frac{q_R F}{B}$$ (5-30)

式中，q_R 为单位面积散热热流量，$kJ/(m^2 \cdot h)$；F 为设备外表面积，m^2；B 为燃料消耗量，kg/h。

当设备外表面温度等于或低于 60℃时，取 $q_R = 1650kJ/(m^3 \cdot h)$；当设备外表面温度高于 60℃时，每高 10℃，热流量提高 $550kJ/(m^2 \cdot h)$。

5.3.3　气化过程的主要指标

生物质气化工艺的经济性取决于许多因素，例如气化方式、燃料种类和品质、气化炉容量、气化剂种类和耗用量等。气化工艺的主要指标有燃气质量、气化强度、燃气产率、气化效率、气化剂当量比、碳转化率、飞灰和灰渣含碳量、气化炉生产能力或输出功率、负荷调节比等。这些指标之间有很强的关联性，并不是独立的指标，对气化工艺性能进行评价时，必须综合考虑这些指标。

（1）燃气质量

燃气的质量主要是指燃气的成分和热值。燃气的成分通常用体积百分数来表示。燃气成分中的 CO、H_2、CH_4、C_mH_n 等为可燃组分，N_2 为惰性组分，CO_2、H_2S 等为杂质，另外可能含有少量的 O_2。表 5-3 列举了不同气化方式所得的生物质燃气的成分范围。

表 5-3　各种气化方式的生物质燃气成分

气化方式	燃气成分/%						
	CO	CO_2	H_2	CH_4	C_mH_n	N_2	O_2
上吸式气化炉	25~31	3.6~4.6	6.2~10	4.0~5.2	0.3~0.6	46~60	1.0~2.2
下吸式气化炉	14~23	11~16	11~14	1.0~3.0	0.1~0.4	45~58	0.8~2.0
下吸式气化炉（富氧）	30~40	25~27	10~20	6.0~12	1.0~3.0	8.0~10	0.8~2.0
鼓泡流化床炉	13~16	10~14	4.0~8.0	3.0~7.0	1.5~2.9	45~55	0.8~2.0
循环流化床炉	14~23	7.0~15	4.0~8.0	4.0~10	1.0~2.5	45~60	0.8~2.0
循环流化床炉（富氧）	32~38	22~25	20~28	8.0~12	1.2~2.2	6.0~11	0.8~2.0
双流化床气化炉	44~45	11~12	18~22	15~16	1.0~5.0	0.7~4.0	—
800℃热解	19~25	17~19	34~37	17~19	4.4~6.3	0.7~0.9	0.2~0.3

由表 5-3 可以看出，对反应温度较高的固定床气化炉，燃气中甲烷浓度较低，而反应温度较低的流化床气化炉，燃气中甲烷浓度明显上升；对于没有氧气或者很少有氧气参与的热解制气和双流化床气化过程，燃气中甲烷含量可达到 15%~19% 的水平，同时低碳烃含量也有明显上升。空气气化时燃气中氮气浓度为 45%~60%；使用 90% 的富氧气体为气化剂时，氮气浓度降低到 6%~12%，使燃气质量大为改善；而采用双流化床和热解方式，可以

在不使用氧气的情况下获得很低含氮量的燃气。

燃气的热值是指燃气在标准状态下，单一可燃组分热值的总和。单一可燃气体的热值可见表5-4。燃气的热值可分为高热值和低热值，在实际工程应用中通常采用燃气的低热值。燃气的热值可按式(5-31)计算：

$$Q_{V_m} = \sum Q_{V_i} V_i \tag{5-31}$$

式中，Q_{V_m} 为燃气在标准状态下单位体积的热值，MJ/m^3；Q_{V_i} 为单一可燃气体在标准状态下单位体积的热值，MJ/m^3；V_i 为燃气中各单一组分的体积分数，%。

燃气中携带的焦油虽然数量不大，但对燃气输送和用气设备的正常运转危害很大，因此实际应用中也将燃气中的焦油含量作为表征燃气质量的指标之一。另外，对于生产民用燃气，按国家标准要求必须限制燃气中的 CO 浓度低于 20%，因为 CO 是有毒气体。

表 5-4　单一可燃组分热值

气体	分子式	热值/(MJ/m³)		燃烧反应式	爆炸极限 L20℃（上/下）空气中体积/%	着火温度/℃
		高	低			
氢气	H_2	12.7	10.8	$H_2 + 0.5O_2 = H_2O$	75.9/4	400
一氧化碳	CO	12.6	12.6	$CO + 0.5O_2 = CO_2$	74.2/12.5	605
甲烷	CH_4	39.8	35.9	$CH_4 + 2O_2 = CO_2 + 2H_2O$	15.0/5.0	540
乙炔	C_2H_2	58.5	56.4	$C_2H_2 + 2O_2 = CO_2 + 2H_2O$	80.0/2.5	335
乙烯	C_2H_4	64.3	59.4	$C_2H_4 + 3O_2 = 2CO_2 + 2H_2O$	34.0/2.7	425
乙烷	C_2H_6	70.3	64.3	$C_2H_6 + 3.5O_2 = 2CO_2 + 3H_2O$	13.0/2.9	515
丙烯	C_3H_6	93.6	87.6	$C_3H_6 + 4.5O_2 = 3CO_2 + 3H_2O$	11.7/2.0	460
丙烷	C_3H_8	101.2	93.2	$C_3H_8 + 5O_2 = 3CO_2 + 4H_2O$	9.5/2.1	450
丁烯	C_4H_8	125.7	117.6	$C_4H_8 + 6O_2 = 4CO_2 + 4H_2O$	10.0/1.6	385
丁烷	C_4H_{10}	133.8	123.5	$C_4H_{10} + 6.5O_2 = 4CO_2 + 5H_2O$	8.5/1.5	365

（2）气化强度

气化强度是单位时间、气化炉单位截面积上处理的燃料量或产生的燃气量，用公式表示如下：

$$q_1 = \frac{燃料消耗量(kg \cdot h)}{炉膛截面积(m^2)} \tag{5-32}$$

$$q_2 = \frac{燃气产量(m^3 \cdot h)}{炉膛截面积(m^2)} \tag{5-33}$$

$$q_h = \frac{燃气产量(m^3 \cdot h) \times 燃气热值(MJ \cdot m^3)}{炉膛截面积(m^2)} \tag{5-34}$$

上述三种气化强度的表达是等价的，气化强度越大，气化炉的生产能力越大。气化强度与燃料性质、气化剂供给量、炉型结构等有关，实际生成过程中，要结合这些因素确定合理的气化强度。

值得注意的是，气化强度的比较只有在炉型相同时才有意义。对不同的炉型，由于炉膛形状不同，炉膛截面积的定义可能是不同的。例如下吸式气化炉，炉膛中有一个缩口，其气化强度定义在缩口段的最小截面积上，这个截面积仅相当于炉膛直段截面积的 1/5～1/4，其气化强度要比没有缩口段的上吸式气化炉高得多。

通常气化炉的气化强度具有一定的变动范围，其最大值受到气体质量和灰熔点的限制。气化强度的提高，意味着提高气流速率。由生物质气化动力学分析可知，二氧化碳还原反应在很高温度下还处在化学动力区，提高气流速率会使二氧化碳来不及还原，造成燃气质量下降。提高气化强度也意味着提高反应温度，对低灰熔点的燃料会造成结渣的问题。气化强度最小值受到反应条件限制，气化强度过低会使反应温度降低，上吸式气化炉燃气中水分和下吸式燃气中焦油含量会大大提高，而流化床气化炉可能因流速过低而无法运行。对于某种气化炉型，应对不同燃料进行实验，综合评价各项指标后确定合理的气化强度。

通常上吸式气化炉的 q_1 值为 $100\sim300kg/(m^2 \cdot h)$，下吸式气化炉为 $60\sim350kg/(m^2 \cdot h)$，流化床气化炉可以达到 $1000\sim2000kg/(m^2 \cdot h)$。

（3）燃气产率

气化 1kg 生物质所得到的燃气体积称为燃气产率，其单位多用 Nm^3/kg 表示。燃气产率与气化方式、气化剂种类和当量比以及运行参数等有关。一般来说，燃气产率高时燃气热值较低，而氧气或氧气/水蒸气气化时，燃气品质较好但燃气产率较低，因此只有在燃气品质相同时评价燃气产率才有意义。

燃气产率可分为湿燃气产率和干燃气产率。前者为单位原料所产生的湿燃气体积（包括水分在内的燃气量）；后者为单位原料所产生的不含水蒸气的燃气体积。

按照原料转化成燃气过程的碳平衡，以 1kg 原料为准，转化成为燃气的碳量（G_g）应为：

$$G_g = G_z - G_1 \tag{5-35}$$

式中，G_g 燃料中可以转化为燃气的 C 量，kg/kg；G_z 为原料中含有的 C 量，kg/kg；G_1 为转化过程中所损失的 C 量，kg/kg。

在标准状态下，单位体积燃气中所含有的碳量为：

$$G_g' = \frac{12 \times (CO + CO_2 + CH_4)}{22.4} \tag{5-36}$$

式中，G_g' 为燃气中的 C 量，kg/m^3；CO、CO_2、CH_4 分别为单位燃气中各组分所占的体积，m^3/m^3。

燃气产率应为：将燃料中可以转化为燃气的 C 量除以单位体积燃气中所含有的 C 量，即

$$\nu = \frac{G_g}{G_g'} = \frac{22.4(G_z - G_1)}{12(CO + CO_2 + CH_4)} = \frac{1.867(G_z - G_1)}{(CO + CO_2 + CH_4)} \tag{5-37}$$

式中，ν 为燃气产率，m^3/kg。

当原料种类确定后，燃气产率也可由实验直接获得或根据经验推算获得。

（4）气化效率

生物质气化炉气化效率是指产出燃气的热值与使用原料的热值的百分比，根据燃气使用时状态的不同，有冷燃气气化效率和热燃气气化效率两种，前者更为通用，后者只是直接利用热燃气作为工业炉窑和锅炉气源时使用。

冷燃气气化效率为：

$$\eta = \frac{Q_G}{Q_{ar}} \times 100\% = \frac{V_G Q_{V_m}}{G_y Q_{ar,net}} \times 100\% \tag{5-38}$$

热燃气气化效率为：

$$\eta = \frac{Q_G + Q_H}{Q_{ar}} \times 100\% \tag{5-39}$$

式中，Q_G 为输出气化燃气的化学热，MJ；Q_{ar} 为生物质燃料的化学热，MJ；Q_H 为输

出热燃气的物理显热，MJ；V_G 为燃气产量，m^3；G_y 为生物质的消耗量，kg；Q_{V_m} 为标态下单位体积干燃气的低热值，MJ/m^3；$Q_{ar,net}$ 为单位质量生物质的低热值，MJ/kg。

气化效率是衡量生物质气化过程能量利用合理性的重要指标。气化过程实质是燃料形态的转变过程，这一过程伴随着能量的转移，气化效率则反映了能量的转移程度。国家行业标准中规定，气化炉的气化效率应大于 70%。目前，国内固定床气化炉的气化效率通常为70%～75%，流化床气化炉的气化效率在 78% 左右，先进水平的气化炉气化效率可达到80% 以上。

需要指出的是，气化炉的热效率与气化效率是两个不同的概念。气化炉热效率的定义应是指气化炉输出的有效热与输入气化炉总热量的百分比。气化炉输入的总热量既包括消耗的生物质燃料的化学热，又包括气化剂带入的热量。

（5）气化剂当量比

这一概念仅适用于空气为气化介质的场合。气化剂当量比即指气化所需的空气量与完全燃烧所需的空气量之比，常用 Φ 表示。由于气化过程所需的空气只是使部分原料燃烧，以提供气化过程所需的热量，所以气化剂当量比是小于 1 的。表 5-5 给出了一些研究者的气化实验所采用的气化剂当量比。通常认为生物质气化所需的空气量是它完全燃烧时所需空气量的 30% 左右。

表 5-5　对一些生物质原料所测定的 Φ 值

原料	水分/%	灰分/%	Φ	气化炉类型
木屑	12～48	0.4	0.19～0.39	上吸式
玉米皮	8	1.6	0.20～0.50	下吸式
玉米皮	<10	1.6	0.33	下吸式
玉米皮	9	1.6	0.18～0.24	上吸式
玉米皮	26	1.6	0.21～0.29	上吸式
棉子壳	12	15.4	0.33	流化床
棉子壳	11	14.5	0.26～0.28	流化床
禽粪	19	56.3	0.50	流化床

单位质量原料完全燃烧所需的空气量 V^0 可按照式（2-19）计算。因此气化 1kg 原料所需的空气量为：

$$V_a = \Phi V^0 \tag{5-40}$$

对于实际运行的生物质气化炉，若已检测出气化燃气的成分，则可根据 N 平衡计算出气化 1kg 原料所使用的空气量。气化过程中，空气中的氮全部转入到燃气中。由于生物质中的氮含量不多，可忽略。因此气化 1kg 燃料实际所使用的空气量为：

$$V_a = \nu \frac{N_2}{79} \tag{5-41}$$

式中，V_a 为处理 1kg 燃料所需要的空气量，m^3/kg；ν 为燃气产率，m^3/kg；N_2 为燃气中氮气的体积百分数。

（6）碳转化率

碳转化率指生物质燃料中碳转化为气体燃料中碳的份额，即气体中含碳量与原料中含碳量之比，即

$$\varphi = \frac{12(CO_2 + CO + CH_4 + 2.5C_nH_n)}{22.4(293/273)C} \nu \tag{5-42}$$

式中，φ 为炭转化率，%；ν 为燃气产率，m^3/kg；C 为生物质中 C 的含量，%；CO_2、CO、CH_4、C_nH_m 分别为燃气中的 CO_2、CO、CH_4 和碳氢化合物总体积含量，%。

(7) 飞灰和灰渣含碳量

飞灰就是燃气从气化设备输出时所带出的固体颗粒，灰渣就是气化设备的排渣，两者的含碳量越多，说明能量转换过程的效率越低。飞灰含碳量的多少受操作气速及原料颗粒大小的影响；灰渣含碳量的多少受物料在气化设备内的停留时间、操作温度以及原料中灰分的多少、灰分的性质等因素的影响。

(8) 气化炉生产能力或输出功率

气化炉生产能力是指单位时间内气化炉能生产的燃气量，主要与炉子直径大小、气化强度和燃料产气率有关。对炉膛直径为 D 的气化炉，其生产能力如下：

$$V = \frac{\pi}{4} q_1 D^2 \nu \tag{5-43}$$

式中，V 为气化炉生产能力，m^3/h；q_1 为气化强度，$kg/(m^2 \cdot h)$；D 为气化炉直径，m；ν 为燃气产率，m^3/kg。

气化炉输出功率即气化炉单位时间输出的燃气热值，有两种表示方法，一种以 MJ/h 表示，一种以 MW 表示。如一台气化炉产气量为 $200Nm^3/h$，燃气的热值为 $5000kJ/Nm^3$，则该气化炉的输出功率为 1000MJ/h，转化为按秒计算，则为 0.28MW。表 5-6 列举了国内常用的气化炉输出功率值。

表 5-6　各种气化炉功率范围

名称	下吸式气化炉	上吸式气化炉	鼓泡床气化炉	循环流化床气化炉	加压流化床气化炉
功率/MW	0.1~5	3-12	4~17	17~80	80~500

(9) 负荷调节比

对于特定的气化炉，通过试验确定了合理的气化强度范围以后，其允许的气化强度最大值和最小值之比称为该气化炉的负荷调节比。在实际运行中，气化强度高于最大值或者小于最小值，可能会造成气化炉不能正常工作，或者会使燃气质量和气化效率严重下降。负荷调节比表征了气化炉的操作弹性，与气化方式和燃料质量有关。固定床气化炉的负荷调节比一般在 4~6 之间，若燃用颗粒均匀的木质燃料，负荷调节比可达到 8 左右，燃用木炭时甚至达到 10 以上。流化床气化炉的负荷调节比在 2.5~3.5，操作弹性小一些。

[例题 5-1] 采用秸秆气化，计算气化过程的主要参数。为简化计算，假定焦油全部转化为燃气。已知：

原料成分（收到基，质量百分数）/%

C	H	O	N	S	W	A	总计
42.48	5.04	42.65	0.75	0.01	8.07	1.0	100.00

干燃气成分（标态下的体积百分数）/%

CO	H₂	CH₄	N₂	CO₂	O₂	H₂S	总计
21.20	16.10	2.50	49.40	8.9	1.30	0.60	100.00

气化过程中 C 量损失为 3%。

[**解**] 　1）燃气产率为

$$\nu = \frac{1.867(G_z - G_1)}{(CO + CO_2 + CH_4)} = \frac{1.867 \times (42.48 - 3)}{(21.2 + 8.9 + 2.5)} = 2.26 \ (Nm^3/kg)$$

2）单位燃料所需空气量及气化剂当量比

按式(5-41)，单位燃料气化所使用的空气量为

$$V_a = \nu \frac{N_2}{79} = 2.26 \frac{49.4}{79} = 1.41 \ (m^3/kg)$$

根据式(2-19)，单位燃料完全燃烧所需的理论空气量为

$$V_k^0 = \frac{1}{0.21}\left(1.866 \frac{C}{100} + 0.7 \frac{S}{100} + 5.55 \frac{H}{100} - 0.7 \frac{O}{100}\right) = 3.69 \ (Nm^3/kg)$$

因此，该气化过程的气化剂当量比为

$$\phi = \frac{V_a}{V_k^0} = 0.38$$

3）气化效率

原料的发热量，根据式（2-14）进行计算

$$Q_{ar,net} = [81 \times 42.48 + 246 \times 5.04 - 26 \times (42.65 - 0.01) - 6 \times 8.07] \times 4.186 = 14750 \ (kJ/kg)$$

单位体积燃气的发热量，按式(5-31)和表5-4计算

$$Q_{V_m} = (0.212 \times 12.6 + 0.161 \times 10.8 + 0.025 \times 35.9) \times 1000 = 5307.5 \ (kJ/Nm^3)$$

相应1kg原料获得的气化燃气的热量

$$Q_G = \nu Q_{V_m} = 2.26 \times 5307.5 = 11994.95 \ (kJ/kg)$$

气化效率
$$\eta = \frac{Q_G}{Q_{ar,net}} \times 100\% = 81.32\%$$

4）碳转化率

由于本题已给出了气化过程的C量损失为3%，根据碳转化率的定义有

$$\eta_c = \frac{42.48 - 3}{42.48} \times 100\% = 92.93\%$$

本题的碳转化率也可由式(5-42)求出。

5.4　生物质气化工艺及设备

目前，常用的生物质气化工艺主要分为固定床气化工艺和流化床气化工艺。由于反应器结构和操作方法的不同，固定床气化工艺又主要分为上吸式和下吸式工艺，流化床气化工艺又主要分为鼓泡流化床和循环流化床工艺。

固定床工艺和流化床工艺在流程和设备上可能存在较大的差别，但总的来说，无论是何种气化工艺，均包含以下几个系统。

① 原料处理系统　包括原料储仓、原料的破碎、提升上料设备等。其目的是提供合格的原料，并将原料顺利地送入气化炉内，以保证气化设备的正常运行。

② 制气系统　包括气化设备、除渣设备、鼓风机以及提供蒸汽的管线等。

③ 净化系统　包括除尘设备、冷却设备、除焦油设备、燃气鼓风机、脱硫设备以及水处理设施等。

④ 辅助生成系统　大型燃气生产装置还应设置余热回收设备，如副产蒸汽的回收、燃

气显热的回收，与此相应的还应设置软化水处理设备。开工前为防止燃气系统中残留空气，应设置惰性气体吹扫系统及氮气供应设施。除此之外，还应设有可靠的仪表监测装置和必要的安全设施。

5.4.1　气化设备

5.4.1.1　固定床气化炉

（1）工作原理与气化反应机制

生物质在固定床气化炉中，按照一定的顺序经历干燥、热解、氧化和还原几个阶段，最终转变成可燃气体。无论是上吸式气化炉，还是下吸式气化炉，生物质原料都是通过加料装置从气化炉上部加入炉膛，依靠重力缓慢向下移动，气化后的灰渣穿过炉排后由底部排出。由于气化剂加入和气化可燃气引出的位置不同，上吸式气化炉和下吸式气化炉内气流的流动方向则不同。上吸式气化炉气流方向与物料方向相反，为逆流式，而下吸式气化炉则为顺流式。

上吸式气化炉的工作原理如图 5-12 所示。上吸式气化炉的气化剂从炉排下部加入，将热解后的碳燃烧，产生 1100～1200℃ 以上的高温，氧气被迅速消耗，在氧化层和还原层的界面上，氧气消耗殆尽，气流中几乎完全是燃烧产物。高温烟气向上运动进入还原层，与热解后的碳发生还原反应。吸热的还原反应使得温度降低，当温度降低到 900℃ 以下后，还原反应变得缓慢直至停止。气流继续上行，为热解和干燥过程提供热量。降温后的气化燃气从气化炉上部排出。

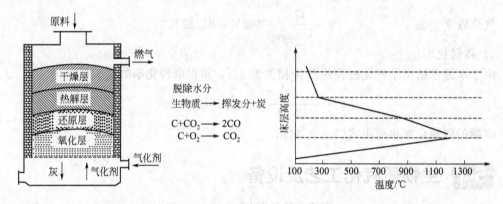

图 5-12　上吸式气化炉的工作原理

下吸式气化炉的工作原理如图 5-13 所示。根据炉膛结构的不同，有两种形式的下吸式气化炉。图 5-13(a) 所示是带有中间缩口段的下吸式气化炉，气化剂在炉膛中部的缩口段或偏上位置供入；图 5-13(b) 所示是没有中间缩口段的层式下吸式气化炉，气化剂由上部供入。与上吸式气化炉不同，下吸式气化炉的气化剂加入后与料层流动方向相同，炉膛内的反应层顺序从上至下依次为干燥层、热解层、氧化层和还原层。

对下吸式气化炉，燃料加入炉膛后，首先完成的仍然是干燥和热解，但这是没有热气流的加热作用，主要依靠下部氧化层传热获得热量，床层温度较低，因此干燥和热解的过程较长。热解气体和固体炭进入下方氧化层，与氧气反应使得气流和床层温度迅速提高，在氧化层和还原层界面上，氧气耗尽，之后气流进入最下方的还原层，完成气化。还原层中，温度逐渐下降，当温度降低到 900℃ 以下后，还原反应变得缓慢，离开床层的气流温度仍然在

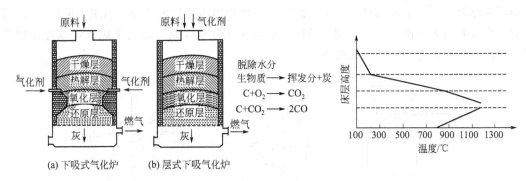

图 5-13 下吸式气化炉的工作原理

700～800℃之间。

由于固定床气化炉内的气化反应是在扩散控制区中进行，下吸式气化炉中间段设置缩口段，其目的是通过缩口提高气流速度，促进气体向固体区扩散，从而加速燃烧反应从而提高温度，强化焦油裂解。空气由侧壁送入，向炉膛中心流动。空气在横向穿过燃料层时，氧气只能穿过 3～4 个燃料颗粒，因此进风口处的截面直径应该在 8 个燃料粒径左右，才能建立基本覆盖该截面的高温氧化层，保证上游热解气中焦油能够得到裂解。当截面直径过大或运行过程中更换了较小粒径的燃料，中心部分温度将下降，不但燃气中焦油含量增加，还会增加灰渣中碳损失。这就是下吸式气化炉不能做得太大，其生产能力一般较小的原因。

固定床气化炉还原层高度是化学反应和热力学条件综合作用的结果。研究认为当温度降至 800℃时还原反应几乎终止，因此认为温度等于 800℃的界面是还原层结束的界面。还原层高度大于氧化层高度。当送风速率增大时，气化强度提高，还原层高度有增加的趋势，这是因为燃烧产物的体积增加，还原层中流速提高，而还原反应速率与流速关系不大，因此需要通过更长路径才能完成反应。目前还原层高度理论计算尚未有公认的计算方法，在一般的设计中取还原层高度为氧化层的 3～5 倍。

固定床气化炉内的气化反应存在着自平衡机制，即在氧化反应剧烈时，释放出较多热量，提高了反应温度，同时产生了较多燃烧产物；而在还原层中，因温度提高加快了还原反应速率，较多燃烧产物还原时也需要吸收更多的热量，这种对偶关系使离开还原层的气体成分和温度基本稳定。自平衡机制使得固定床气化炉的操作变得简单方便。只要保持足够的燃料层高度，无论送风速率如何变化，炉内反应层结构和机制不会发生大的改变，可以方便地通过调整送风量来调整生产能力。调节送风量时，燃料和空气的比例会由于自平衡机制而自动调整，在较宽的范围内不会影响燃气成分。在增大送风量时只是增加了气化强度，对下吸式气化炉还会因为氧化层温度提高使燃气中焦油含量有所降低。

（2）气化炉结构

固定床气化炉结构较为简单，主要包括加料装置、炉膛、炉排和出灰装置等。

加料装置置于炉膛的顶部。对于间歇式工作的气化炉，通常只是在炉膛顶部设置一活动炉盖，设有细沙槽或水槽用于炉盖的密封。对于连续工作的气化炉，必须不断地补充燃料，在加料过程中为保证燃气不泄露，需采用密封加料机构，如图 5-14 所示。双闸阀料仓适用于大颗粒燃料的加料，通过气动装置自动控制闸板的启闭，始终保持其中一个闸板关闭。燃料先通过上闸板落入料仓内，然后关闭上闸板，打开下闸板，进入炉膛。双翻板加料器适用于小颗粒燃料,采用重锤或机械力带动翻板,为防止因压差较大使翻板启闭不灵活,两个翻板前后均装有压力平衡管,一般用电动执行机构实现自动控制。旋转关风器可以连续加料,但密封性差一些,用于压差不大的地方。

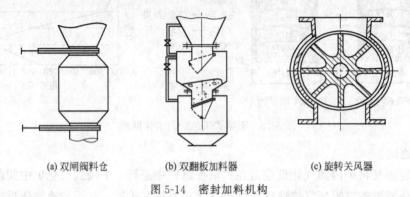

| (a) 双闸阀料仓 | (b) 双翻板加料器 | (c) 旋转关风器 |

图 5-14　密封加料机构

固定床气化炉的炉膛形状一般都为圆柱形。上吸式气化炉的炉膛形状如图 5-12 所示;在大型气化炉中,有时考虑燃料气化后体积的缩小,将中部以下做成逐渐缩小的倒锥形,以减小炉排尺寸。下吸式气化炉相对上吸式气化炉,其结构要稍微复杂一些,主要体现在炉膛中下部需设置缩口段。根据进风口位置和喷嘴方向,下吸式气化炉炉膛有多种形式,如图 5-15 所示。Imbert 型炉膛是 20 世纪 40 年代一种典型的设计,其中分两段做成了缩口段,使气流速率增加而提高反应温度。倒 V 形炉膛是在 Imbert 型基础上的改进,V 形段做成一个耐热铸铁的部件,在两边积累一些灰,形成绝热层以保护部件不受烧蚀。平板缩口型亦是一个耐热铸铁的部件,制作更为简单。为了使进入氧化层的空气分布均匀,喷嘴方向有两侧进风、从上部进风向下喷射、从下部进风向上喷射几种,后来又发展了利用热燃气在夹套中预热空气的 J 形喷嘴。

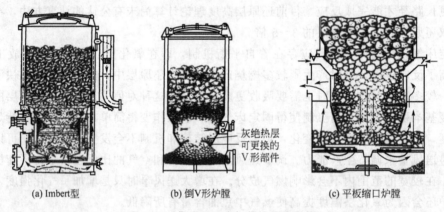

灰绝热层
可更换的
V 形部件

| (a) Imbert型 | (b) 倒V形炉膛 | (c) 平板缩口炉膛 |

图 5-15　典型下吸式气化炉炉膛形状

炉墙结构通常由钢板、保温材料、隔热材料和耐火砖或耐火浇注料组成,如图 5-16 所示。保温材料、隔热材料及耐火砖的厚度是由气化炉内温度决定的,可通过传热计算求出。由于气化炉通常是圆筒形,耐火砖之间相互挤压,因此炉墙不需要固定支架。但是,其高度超过 5m 时,应沿高度分段砌筑,并在分段处加支撑,在支撑下部与耐火砖之间的缝隙中,需要填充蛭石作骨料的耐热浇注料或其他类似的材料,以吸收炉墙的膨胀。炉墙也可以采用耐火浇注料浇筑。

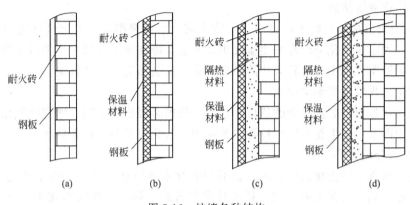

图 5-16 炉墙各种结构

在气化炉的下部装有炉排。炉排的作用是支撑燃料层、松动燃料层、消除结拱和孔洞、排出灰渣，对下进风的气化炉还有均匀布风的作用。常用的炉排形式如图 5-17 所示。

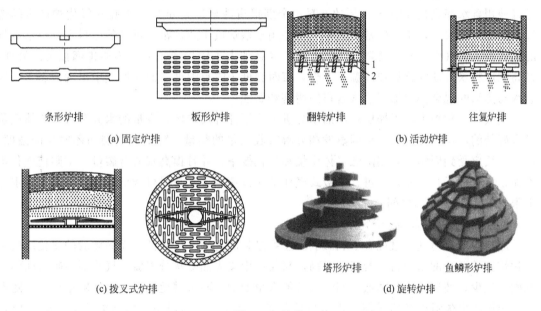

图 5-17 炉排

固定炉排有条状和板状两种，用耐热铸铁浇注而成，根据燃料颗粒度，炉条间隙为10～20mm。这种炉排不能活动，没有松动燃料层的作用，适用于木本燃料、间歇运行的小型气化炉。活动炉排除了用于支撑燃料层和均匀布风之外，还可以通过机械运动清除灰渣和松动料层。翻转炉排和往复炉排都是将活动炉条连接起来，再与炉外摇杆相连，人工摇动或电机带动使炉内炉条动作，多用在规模不大的气化炉上。拨叉式炉排由下部固定炉排和上部转动拨叉组成，在固定炉排上开有均匀分布的长条孔、圆孔或环形槽，通过上部拨叉的转动将灰拨落下来。拨叉式炉排可以应用在连续生产的小规模气化炉上，但是颗粒粒径和密度不宜太大。旋转炉排在电机和减速机构带动下，在炉膛内部旋转，作用不仅限于支撑燃料、均匀布风，还具有搅动料层、消除架桥、帮助燃料缓慢均匀下移、破碎渣块的作用，可以实现机械化除灰，是固定床煤气化炉常用的炉排形式。大型固定床生物质气化炉也使用旋转炉排，常用的有塔形、鱼鳞形等多种形式。为了加强碎渣作用，有时做成偏心形式，利用旋转时与炉壁的距离变化将灰渣挤碎。

图 5-14 的密封加料机构也可以用于干式出灰，但应根据出灰温度选择适当的材质，以免发生事故。固定床气化炉经常采用湿式出灰方法，即在炉下布置一个密封水槽，用水封闭炉体下部，灰渣落入水中，这种方法简单而可靠，但会损失一部分残炭。

（3）气化过程的主要影响因素

生物质气化过程是非常复杂的热化学过程，受很多因素的影响。固定床气化炉内气化过程的主要影响因素包括生物质原料特性、气化剂、气化过程的操作条件等。

1）原料水分的影响

生物质原料含水量变化很大，刚收获的原料含水率可达 50%～60%，经过较长时间自然干燥后才能达到平衡含水率。如秸秆经过半年自然干燥后，含水率在 10%～15%。对上吸式气化炉和下吸式气化炉，燃料水分有不同的影响。

上吸式气化炉中，干燥层位于最上层，属于燃料准备区，水分未参与化学反应就离开了气化炉，干燥层总能从上行气流中获得足够的热量，这种方式称为无限着火。上吸式气化炉可以使用含水率高达 30%～35% 的原料，个别报道甚至达到 60%。上吸式气化炉产生的燃气中焦油含量很高，所以经常以热燃气状态用于锅炉或工业炉窑，过高的原料水分以水蒸气的形式进入燃气中，不仅使燃气热值下降，并且加大了锅炉或工业炉窑的排烟损失。另外，过高的原料水分使气化炉顶部温度下降，有时会低于露点温度，而使燃气中出现液态水，液态水与焦油的混合物将加剧输气管道的堵塞和腐蚀。

下吸式气化炉中，干燥层析出的水分进入了下部各反应区，少量的水分对改善气体质量是有好处的，但水分稍大就会因蒸发和分解吸收大量的热量，降低氧化层和还原层的温度，使气化反应受到影响，轻则降低气体质量和气化效率，并且提高灰渣含碳量，重则使气化炉不能正常着火运行。原则上讲，下吸式气化炉应该使用含水率尽可能低的原料，通常将水分上限定在 15%～20% 之间。

2）原料灰分的影响

原料中灰分对气化过程有不利影响。生物燃料固定碳含量较低，而固体炭的氧化反应是气化炉正常运行的驱动力。若灰分过高，氧化层中碳表面被灰分覆盖，气化剂与碳表面的接触面积减少，使反应强度降低。同时灰分的大量增加，不可避免地增加了残碳排出量，随残碳排出的碳损失量也必然增加。木本生物质原料灰分在 1% 以下，气化效率高，燃气质量好，而秸秆等农业残余物的灰分要高得多，使气化炉燃料消耗量上升，燃气产率下降。

3）燃料颗粒度的影响

燃料颗粒度对气化过程有非常重要的影响，颗粒度会影响气化强度、气化炉生产能力和燃气中焦油含量等指标。

燃料颗粒越小，比表面积越大，燃料床中氧化层高度越小，并因此影响还原层厚度。下吸式气化炉燃用较大粒径燃料时，氧化区充满炉膛截面，且氧化区高度较大，有利于热解焦油的二次裂解。燃料层中气体流动阻力是与颗粒表面摩擦形成的，颗粒度越小，比表面积越大，且气体在颗粒之间折转流动的路径越长，气体流动阻力就越大。当使用像稻壳和锯末一类细颗粒燃料时，必须降低气化强度以减小阻力，导致燃气中焦油含量有较大幅度提高。当然颗粒度过大，会使中心部分反应不完全，提高残炭含碳量。

生物质是不良热导体，颗粒度对传热过程影响显著，进而影响焦油产率。在热解层中，颗粒度大的燃料，内外温差越大，颗粒内部焦油蒸汽扩散和停留的时间增加，焦油热解加剧，因此使用大颗粒燃料能使燃气中焦油含量减少。

除了颗粒度以外，颗粒粒度分布也是一个比较重要的问题。小颗粒会占据大颗粒之间的空隙，使床层内填充率提高，增大气体流动阻力。颗粒度范围大，可能出现偏析现象，即颗粒大的燃料下移时落向炉壁，而较小的颗粒或粉末落在炉子的中间，使同一界面上不同部位流体阻力不均，造成炉内局部气流短路或沟流，细小粉末还容易从炉排漏出或被气流带出，沉积在炉内通道和管路中。

固定床气化炉在使用颗粒度稍大而且均匀的燃料时，可以采用较大的气化强度，且气化炉的负荷调节比也可提高。通过成型技术生产的 30mm 左右块状燃料或 10mm 左右颗粒状燃料，颗粒度均匀且流动性很好，是固定床气化炉的优质燃料。

4）燃料密度的影响

不同生物质燃料的密度差别很大，对生物质气化炉的指标有着重要影响。

首先燃料密度决定了气化炉的体积加料量，草本类生物质燃料的密度通常只有数十千克每立方米，为木本燃料的 1/10～1/5，使体积加料量大大高于木本原料。早期气化炉使用木本燃料时往往采用间歇运行方式，即在炉膛上部留出储料空间，运行一段时间后停炉加料。但对草本燃料，储料空间则大的太多而无法实现，必须采用连续加料的方式，对上吸式气化炉和带中间缩口段的下吸式气化炉来说，加料装置变得复杂。

其次，在固定床中燃料依靠自身重力向下移动，密度很小的草本燃料在炉膛内移动困难，容易结拱和产生空洞。一旦产生空洞，就会破坏炉内反应工况，使气体质量严重下降。因此在使用这类燃料时，需要辅之以拨火操作，增加了人工劳动量或者增加了高温下运行的机械。

最后，燃料密度往往与其机械强度相关联，而机械强度对床层中燃料能否保持形状和粒径关系很大。木材、玉米芯一类所谓"硬柴"，在气化后仍能保持其形状和粒径，构成了均匀一致的床层。而玉米秸、麦秸一类的所谓"软柴"，在反应中很难保持形状，容易变成细小的颗粒，尽管在进炉时是粒径较大的颗粒，氧化层仍然很薄而且不稳定。草本燃料气化时气流携带的细颗粒也明显高于木本燃料。

5）灰熔点的影响

灰熔点是限制固定床气化强度和生产能力的因素之一。生物质燃料灰熔点与其成分和碱金属含量有关，通常在 700～1250℃ 较广的范围内变化。一般来说，木本燃料灰分很低，对固定床气化炉可以不考虑灰熔点的限制；草本燃料的灰含量高得多，而且受碱金属影响使灰熔点降低，结渣倾向比较严重。

氧化层中温度通常超过了灰熔点，可能熔融成黏稠性物质并结渣。结渣以后破坏了气化剂的均匀分布，增加排灰的困难，为防止结渣采用较低操作温度也会影响燃气质量和产量，如果在气化炉内壁结渣会被迫停炉和缩短气化炉寿命。

实际操作表明，灰熔点有时并不能完全反映燃料气化时的结渣情况。对于上吸式气化炉，只要气化强度不是特别高，就不会出现严重结渣现象。这是因为在氧化层中，灰与碳混合在一起，灰粒之间被隔开，黏结成渣的机会比较少，而在上部还原层、热解层和干燥层中，温度下降，细渣之间不会再黏结。

下吸式炉的结渣倾向明显高于上吸式炉，因为离开还原层时温度仍在 800℃ 左右，一些高灰分、低灰熔点的燃料会发生结渣现象。严重结渣往往发生在不能及时清灰的情况，因为下吸式气化炉中氧化层的位置是固定的，灰渣在炉排上累积到一定的高度，就会侵占还原层，使还原反应进行得不够完全而提高了温度。

总起来说，在采用合理炉膛形状和适当气化强度的前提下，固定床气化炉中灰熔点对炉内工况的影响比较温和。

（4）固定床气化炉的主要特点

1）上吸式气化炉

上吸式气化炉的优点主要有以下几个方面。

① 能量利用充分，气化效率较高。首先，氧化层位于气化炉最底部，还原后剩余的炭与新鲜空气充分燃烧，燃烬程度较高，灰渣含碳量较低，排渣温度也较低。其次，充分利用上行气体热量为原料干燥和热解提供能量，出口燃气温度可降低到 300℃ 以下，减少了燃气气体热损失。

② 炉排工作条件温和。炉排受到灰渣层保护和从下部供入的空气冷却，温度较低，不需要使用耐热钢材。

③ 气化炉压力损失小。气体与原料运行方向相反，上行气流对料层有一定松动作用，气体阻力较小，工作时不必消耗很大的动力，启动容易。

④ 燃气带灰少。未反应燃料层对上行燃气起到过滤作用，燃气带出细颗粒少。

⑤ 对原料含水率和尺寸要求不高。可以使用较湿的原料，含水量可达 50%，并对原料尺寸要求也不高。

上吸式气化炉的缺点主要有以下几个方面。

① 燃气中焦油含量高。含有较多焦油的热解气体直接混入可燃气体，因此燃气中焦油含量很高，通常在 $50g/m^3$ 左右。燃气中焦油冷却后，对输气管道和用气设备运行造成危害，因此，上吸式气化炉经常以热燃气形式直接应用，例如将热燃气作为锅炉或工业炉窑的燃料气，当必须使用清洁燃气时，只能用木炭作原料。

② 加料不方便。气化器进料点正好是燃气出口位置，为了防止燃气泄漏，必须采取专门的密封加料装置。

下吸式气化炉的主要优点有以下几个方面。

① 燃气中焦油含量低。由于紧靠热解层的是炽热氧化层，热解气体得到较为充分的裂解，大部分焦油裂解为可燃气体。大部分小型下吸式气化炉采用了在炉膛中布置缩口段的方法，进一步提高氧化层反应强度和温度，来提高焦油裂解程度。下吸式气化炉的燃气中焦油含量通常在 $0.5\sim1g/m^3$，净化后可以用在需要洁净燃气的场合，如燃气发电系统、集中供气系统等。也正因为这个原因，下吸式气化炉获得的燃气的热值要高于上吸式气化炉。

② 加料端不需要严格的密封。下吸式气化炉炉膛内通常呈微负压运行，顶部加料端不需要严格地密封。对于使用秸秆类原料，为了使运行稳定，通常采用气化炉上部敞口运行方式，并进行拨火，搅动料层，以消除炉膛内架桥和空洞现象。

下吸式气化炉的主要缺点有以下几个方面。

① 气化效率较低。燃气从还原层离开气化炉，气体温度高，热损失多；燃料的最后反应床层是还原层，不可能像氧化层那样将碳燃烬，因此灰渣含碳量高。

② 炉排工作条件恶劣。炉排工作在还原层下方，温度较高，对材质要求高。

③ 床层阻力较大。受下行气流作用，炉排上会形成一层相对致密的灰层，有些渣块还会卡在炉排空隙中或堆积在燃气通道中，减少流通面积，增加气体流动阻力。

④ 气体带灰较多。气流与原料运行同为下行，燃气离开时经过气化后的细颗粒床层，

因此带灰量较多。

5.4.1.2 流化床气化炉

（1）工作原理与气化反应机制

流化床气化炉主要有鼓泡流化床气化炉、循环流化床气化炉和双流化床气化炉三种。流化床中发生的主要气化反应与固定床气化炉是一样的，但因流体特性和强烈传热传质作用，其床层中的反应机制与固定床有较大差别。

生物质燃料在流化床气化炉内的气化过程包括水分蒸发、热解、固体炭与气相进行非均相反应和气相产物间进行均相反应。

由于床层流化质量与颗粒性质相关，因此流化床对燃料结渣性敏感，必须控制炉内温度在灰软化温度以下。流化床的气化温度一般控制在 650～850℃ 之间，低于固定床气化炉中氧化层的温度。从燃烧反应动力学角度看，炉内碳与氧的燃烧反应处于动力控制区或过渡区内，因为有大量固体颗粒混合产生的强烈传质，其燃烧速率主要取决于化学反应速率，即决定于温度水平，而扩散不再是控制燃烧速率的主导因素。

流化床是床料和气体组成的混合体，形成一个积累了大量高温床料、热容量很大的热源，每秒钟加入床内的冷燃料还不到高温床料的 1%。热床料中 95% 以上是惰性灰渣，可燃物含量很低，并不与新加入的燃料争夺氧气，却提供了巨大载热体，将新燃料迅速加热，析出挥发分并稳定地着火燃烧。燃料进入床层后很快与大量床料混合，床层温度没有明显降低。挥发分和固定炭燃烧后所释放热量的一部分又用来加热床料，使炉内温度始终保持在一个稳定的水平。

这种机制提供了生物质燃料快速或闪速热解的良好条件。双流化床气化系统正是利用这一特点，在较高温度下通过闪速热解获得热值较高的燃气。对气化系统来说，进入床层后燃料水分蒸发和热解几乎在瞬间就完成了，且二者几乎同时析出，而床层的组成也没有明显变化，提高了气化炉的燃料适应性。

在鼓泡床气化炉中，炉料上下翻腾，有一部分细粒子被气流夹带和气泡飞溅作用扬析到悬浮段空间，由于悬浮段扩张后气速较低，一部分较粗粒子回到床层，另一部分细粒子随烟气带出炉膛。在循环流化床气化炉中，大量燃料颗粒被带出床层，然后通过气固分离和返料机构回到炉膛。颗粒在流化床内的平均停留时间 τ_a 可用式（5-44）表示。

$$\tau_a = \frac{H_b F \rho}{B} \tag{5-44}$$

式中，H_b 为静止料层高度，m；F 为布风板面积，m^2；ρ 为料层堆积密度，kg/m^3；B 为燃料加入量，kg/h。

在布风板面积和静止料层高度一定时，平均停留时间与燃料加入量成反比，通过调节燃料加入量可以控制固相滞留时间。生物燃料的挥发分很高，而固体炭占燃料质量通常在 30% 以下，因此在床层中的停留时间较长，例如，在鼓泡床气化炉中，颗粒平均停留时间在 25～100min，为固体炭气化提供了足够的反应时间。

在流化床气化炉中，强烈的传质使每个燃料颗粒都有机会接触氧气，控制反应为气化过程，就必须人为控制燃料与空气（氧气）比例，使进入气化炉的空气（氧气）不足以完成燃料的燃烧。因此对流化床气化炉来说，气化剂当量比就变成控制气化反应和燃气质量的重要指标。气化剂当量比的变动直接改变了反应温度；适当提高气化剂当量比，可以提高反应温度促进气化反应，不仅气体产率提高，而且气体中可燃成分也增加。实验结果表明流化床气化炉的气化剂当量比在 0.25~0.28 时，气体中的能量达到最大值，若继续提高气化剂当量比，将使燃烧份额上升而使气体含有的能量快速下降。在实际的气化工程中，气化剂当量比通常在 0.2~0.35 之间。

流化床气化炉的气化强度大大超过了固定床气化炉，通常认为鼓泡流化床气化炉的气化强度是固定床气化炉的 3~5 倍，而循环流化床气化炉采用高的气流速率，其气化强度为鼓泡床气化炉的 2~3 倍。

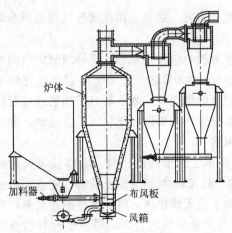

图 5-18　鼓泡流化床气化炉

（2）气化炉的结构

流化床气化炉的结构与流化床锅炉相似。鼓泡流化床气化炉结构如图 5-18 所示。生物燃料由螺旋加料器加入气化炉密相段，气化剂通过底部的风箱和布风板进入气化炉，燃气及灰粒由上部引出并经旋风分离器分离，在使用高灰分燃料时常在下部设置冷渣管，将较大颗粒的灰渣排出。

气流速率通常设定为物料初始流化速率 U_{mf} 的 3~5 倍，并小于大部分粒径的颗粒带出速率 U_t，气化炉上部为扩大段，以利于颗粒与气相介质分离。气化炉高度的确定应考虑气相停留时间，通常气相停留时间为 4~8s。气化温度在 650~850℃ 之间，气化剂当量比 0.25 左右。鼓泡流化床气化炉的稀相段较短，炉体总高度不高，气化强度一般在 1000kg/（m² · h）左右。

循环流化床气化炉的结构如图 5-19 所示，主要由快速流化床（上升管）、气固分离装置和固体物料回送装置组成。生物燃料由螺旋加料器加入上升管，气化剂通过底部均风箱和布风板进入气化炉，燃气及炭粒由上部引出气化炉并经气固分离器分离，由回送装置送回上升管。

循环流化床气流速率通常为 5~8m/s。为保证一定反应时间，上升管是一个长径比通常大于 10 的细长圆柱体，气流停留时间为 2~6s。气化反应温度在 650~850℃ 之间，气化强度一般在 2000kg/（m² · h）左右。

（3）气化过程的主要影响因素

流化床中生物质气化是一个复杂的热化学反应过程，影响气化炉运行质量的因素包括燃料性质、运行操作参数等。

1）燃料性质

生物质燃料的水分、灰分和物理性质变化较大，这不但影响了流化特性，也对气化炉内工况产生较大影响。

水分含量直接影响生物质燃料热值，而且在炉内干燥消耗大量热量，降低床层温度。由于流化床气化炉可以通过调节气化剂当量比来调节床层温度，因此可以接受水分较高的燃料，有些报

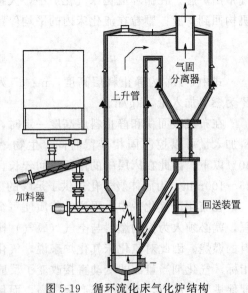

图 5-19　循环流化床气化炉结构

告的气化炉可以燃用水分高达 60％的燃料，但提高当量比会明显降低燃气热值。因此，通常要求燃料含水量小于 20％。

生物质燃料灰分中的钾、钠等碱金属含量较高，灰熔点通常较低，这就限制了流化床气化炉的运行温度，一般应控制在 650～850℃。

生物质燃料的物理性质也影响床层流化质量和加料顺畅。一般来说，自然堆积角较小的燃料流动性好，流化特性也好，较少出现加料斗中的架桥、堵塞等情况，气化过程稳定。自然堆积角较大的燃料，如麦秸、稻草等，流化特性很差，加料不通畅，会导致气化过程波动。

2）气化炉压力和温度

近代大型生物质气化工程采用了加压流化床的形式，压力在 0.5～1.5MPa，这类工程通常采用氧气和水蒸气作为气化剂。提高气化炉压力等于提高了气化剂密度，增加了炉内反应气体浓度，因此大大提高了气化强度和生产能力，气化炉体积和后续工段的设备可以减小尺寸，加压流化床的气化强度比常压流化床提高 4～6 倍。同时流量相同时，气体流速减小，气固接触时间增大，使碳的转化率提高。气体密度提高后增加了对固体颗粒的浮力和曳力，因此可以选择较小的操作速率，以减少带出物损失，对鼓泡床来说减少扬析损失的效果尤为明显。加压流化床内气泡直径减小，固体颗粒的分散较常压流态化时均匀，气固接触更好。但加压流化床存在设备复杂、建造成本高的不足。

对于气化反应来说，温度升高促进了 CO_2 还原、固体炭与 H_2O 反应和焦油的二次裂解反应，增加燃气中 CO 和 H_2 的含量，从而提高燃气热值和碳转化率。但是，流化床气化炉的运行温度受灰熔点的限制，可以选择的范围是很窄的。

3）辅助流化介质

用合适粒径的石英砂等作为辅助流化介质，可以改善生物质燃料的流化特性，降低原料处理要求，使气化炉能够使用经过简单破碎或铡切的燃料。荷兰能源研究中心研发的循环流化床气化炉，使用未经处理的葵花籽壳，气化介质为空气，以石英砂作为辅助流化介质，炉内表观速率可以达到 6～8m/s，截面气化强度达到 8～10MW/m^2。

（4）流化床气化炉的主要特点

流化床气化炉的主要特点有以下几个方面。

① 炉体结构简单。炉体本身没有转动部件，要保证流化床的正常运转，其至关重要的部件就是气体分布板。

② 气化强度大。由于原料的颗粒小，增加了原料比表面积，加之固体颗粒强烈的扰动，增强了传热、传质，因而提高了气化强度，就常压流化床气化炉来说，其生产能力约为相同直径的固定床气化炉的 3 倍。

③ 床层温度均匀。由于原料和载热体的强烈扰动，床层内的温差非常小。生物质颗粒的干燥、热解和气化在床层中同时完成，故所产粗燃气中的焦油含量较少。

④ 飞灰较大。由于床层处于流化状态，故粗燃气中夹带的灰尘较多，因此要提高除尘设备的效率。同时，粗燃气逸出床外时的温度与床层基本相同，带来一定的显热损失，因此，要提高系统的热效率，就要采取余热回收，但要防止焦油的析出。

⑤ 适应性强。对生物质原料种类的适应广泛。

⑥ 灰渣含碳量大。由于床层的均匀性，灰渣由床底排出时，其中含碳量较多。

⑦ 操作范围大。具有中等的调节能力，但调节能力受到流化速度的限制，要防止流化

速度过高，产生过多的扬析。

5.4.2　生物质燃气净化处理

生物质气化燃气中含有焦油、水蒸气和粉尘等杂质。如果将热的粗燃气直接用作锅炉或工业炉窑的燃料，可不必清除这些杂质。但大多数场合需要使用清洁的冷燃气，如内燃机或燃气轮机燃料气、合成原料气或通过管道输送燃气，这就必须将燃气冷却，并且清除燃气中的焦油和粉尘，否则会给下游管道和用气设备带来危害。一般来说，管道输送的燃气总杂质含量应低于 $20mg/m^3$；内燃机用燃气应低于 $50mg/m^3$；而合成气或燃料电池则对燃气杂质含量提出了每立方米几毫克的更高要求。

5.4.2.1　焦油的形成和裂解

焦油是生物质气化技术关注的焦点问题之一。一方面，燃气中焦油是黏稠液体物质，易附着于管道和设备壁面上，形成堵塞和腐蚀，影响下游用气设备的稳定运行；另一方面，焦油中大分子有机化合物含有能量，如果舍弃会降低气化效率，通过热裂解或催化裂解将焦油转化为永久性气体，可以在消除焦油危害的同时有效利用焦油能量。

（1）焦油的形成

目前，常采用的焦油的定义为：任何有机材料在热或部分氧化作用下所产生的可冷凝有机物，统称为焦油，通常认为是较大分子的芳香类物质。

生物质被加热时，分子键发生断裂，在温度较低时形成较大分子化合物称为初级焦油。初级焦油是生物质原始结构中的一些片段，性质很不稳定，随着温度升高会发生反应生成二级焦油。如果温度进一步升高，有一部分焦油还会向三级焦油转化。Elliott 提出了如下的焦油形成及变化路径：

混合的含氧物（400℃）→酚乙醚（500℃）→烷基酚类（600℃）
　　　　　　　　　　→异环醚（700℃）→PAH（800℃）→更大的 PAH（900℃）

焦油中含有数百种不同类型、不同性质的化合物，其产量和组成与原料类型、性质、反应温度、压力、升温速率、反应器类型等许多因素有关。研究表明，初级焦油以左旋葡萄糖、羟基乙醛、糠醛等纤维素、半纤维素裂解物和甲氧基酚等木质素裂解物为代表，二级焦油主要是酚类和烯烃类，三级焦油主要为芳香类物质的甲基衍生物，如甲基萘、甲苯和茚等，浓缩三级焦油主要为无取代基的 PAH（多环芳烃）物质，如苯、萘、蒽、芘等。

生物质气化产生的焦油，成分十分复杂，可以分析出的成分有 200 多种，主要成分不少于 20 种，其中含量大于 5% 的一般有 7 种，它们是苯、萘、甲苯、二甲苯、苯乙烯、酚和茚。

影响气化过程焦油生成量的因素有很多，如反应温度、加热速率和气化过程的滞留期长短等，其中以反应温度对焦油产量影响最为显著。研究表明，当反应温度为 500～600℃ 时焦油产量最高，此后增加气化温度，焦油将发生热裂解；在 550～1000℃ 范围内，气化燃气中焦油含量下降幅度在 50%～90% 之间，但温度升高到一定程度后，焦油热裂解作用就会慢慢减弱。

在生物质气化炉中，气化燃气流经路线的温度高低决定了燃气中的焦油含量。上吸式气化炉中，热解气析出后随即向上流出气化炉，未经过高温氧化层，焦油裂解作用很弱，因此上吸式气化炉燃气中焦油含量在 $100g/m^3$ 的数量级上，但以易于裂解的初级焦油为主。流化床气化炉操作温度受到灰熔点的限制，一般在 650～850℃ 之间，焦油不能得到充分裂解，

燃气中焦油含量在 $10g/m^3$ 的数量级上。下吸式气化炉中热解气向下流经了高温氧化层，氧化层温度水平达到了 1200℃ 以上，因此下吸式气化炉燃气中的焦油含量最低，在用块状木材时约为 $1g/m^3$，在用秸秆等软柴时焦油含量要略高一些。

(2) 焦油的裂解

焦油不仅是燃气中的杂质，而且是含有较高热值的有机化合物，消除焦油的同时利用其能量，即在气化炉内或对刚离开气化炉的粗燃气进行焦油裂解重整应该是首选方法。将含有焦油的燃气加热到较高温度，使大分子化合物通过断键脱氢、脱烷基以及其它一些自由基反应而转变为较小分子的气态化合物，既减少了燃气中的焦油含量，又利用了焦油所含能量，对减少燃气净化设备投资和防止二次污染有很大的意义。

1) 焦油热裂解

热裂解是对粗燃气的加热过程，常用的方法是在热燃气中加入少量空气，使其部分燃烧而提升温度。在热力作用下，焦油的反应路线有两个方向，一部分焦油被裂解成轻质气体，另一部分转变为难以裂解的多环芳烃。在焦油转化的同时产生水蒸气。

单纯热裂解方法简单，但要达到足够高的裂解率，需要很高的温度。研究表明，要将上吸式气化炉所产燃气中的焦油充分裂解，在停留时间为 0.5s 时，需要 1250℃ 以上的高温。而要达到这样的高温，需要耗用较多的空气，使燃气热值有所下降，并且在裂解中产生粒径小于 $0.1\mu m$ 的炭黑，燃气净化时较难清除。芳香类焦油特别是多环芳烃的裂解则需要更高的温度和更长的停留时间。因此，这种方法的应用受到了限制。

2) 焦油催化裂解

催化裂解是粗燃气在一定温度下流过催化剂表面，焦油分子分裂成轻质气体，伴随着产生一定量炭黑的过程。由于催化剂的作用，焦油裂解所需的活化能大为降低，从而可以在较低温度下实现焦油转化，并达到较高焦油转化效率。作为一种高效的焦油转化方法，催化裂解已成为生物质气化技术的研究方向之一。优化的焦油裂解应该在转化焦油的同时尽可能地不降低燃气热值。

焦油催化裂解又称为焦油重整，主要反应可分为两类：

① 蒸汽重整

$$C_n H_m + n H_2O \longrightarrow nCO + \left(n + \frac{m}{2}\right) H_2 \tag{5-45}$$

② 干式重整

$$C_n H_m + n CO_2 \longrightarrow 2nCO + \frac{m}{2} H_2 \tag{5-46}$$

蒸汽重整的水蒸气可以来自粗燃气本身，也可以在重整过程中加入少量过热蒸汽。上述反应在通常气化温度范围内进行得很慢，而催化剂可以大大提高反应速率。催化剂应用方式有两种，一是将催化剂直接加入炉内，在气化过程中抑制焦油产生，对粗燃气中烃类的转化作用不大，而且催化剂不能再生，只能使用便宜可丢弃的材料。二是将催化剂放置于气化炉下游的重整反应器内，可以方便地调整运行工况，需要时还可以同时进行燃气调质，催化剂可以再生。

很多材料特别是一些稀有金属的氧化物，对焦油裂解都有催化作用。目前使用最多的典型材料有镍基催化剂、白云石和木炭。镍基催化剂对焦油蒸汽重整和干式重整反应都有催化作用，在 750℃ 时即有很高的裂解率，同时有调整燃气成分的作用。镍基催化剂对燃气成分比较敏感，例如燃气中含有少量硫可能会造成催化剂中毒，焦油转化所产生的积碳也会使催化剂快速失活。为了克服这一点，可以在裂解反应气中加入氧气以使积碳氧化，或在催化剂制备时添加助剂来减缓其失活。镍基催化剂比较昂贵，成本高，一般仅在气体需要精制时使用。白云石在煅烧后具有较高的催化活性，成本低，有良好的使用价值。用白云石作催化剂时，一般很难达到90%～95%的焦油转化率。白云石的作用更容易破坏初级和二级焦油（如酚类及其衍生物），而对多环芳烃，如萘、苊等则较困难。木炭具有较大的孔隙率和比表面积，而且灰中含有一定量碱金属，因此对焦油裂解有很好的催化作用。木炭在裂解过程中会同时参加反应，因此耗量大。

焦油催化裂解的效率除了受裂解温度影响外，还与催化剂粒径和裂解滞留时间有关。催化剂粒径越小，滞留时间越长，裂解效果就越好。在800℃的反应温度条件下，当催化剂粒径 $d=5mm$，裂解滞留时间 $t=0.5s$ 或 $d=1.5mm$，$t=0.1～0.25s$ 时，即可获得较高的裂解效率。进一步降低催化剂的粒径，对固定床来说，会导致气流阻力增大；对流化床来说，会导致飞灰损失严重。常用催化剂粒径为 $d=2～7mm$，催化剂滞留时间为 $t=0.2～0.5s$。

下面介绍两种焦油催化裂解脱除的工业应用工艺。

① 大型循环流化床生物质气化系统可采用如图5-20所示的焦油脱除工艺。焦油催化裂解也采用循环流化床工艺，在工作过程中白云石磨损严重，需要不断地补充。该工艺的优点是生产效率高，焦油裂解效率高；缺点是设备结构复杂，整套装置初始投资大，而且操作管理需要较高的技术水平。

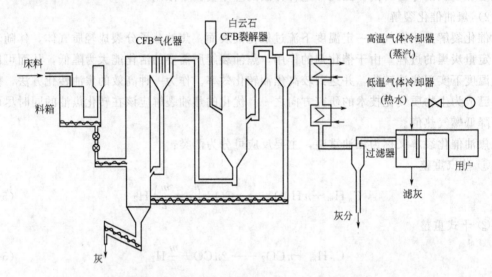

图 5-20 典型的循环流化床气化和焦油裂解系统

② 中小型固定床生物质气化装置可采用图5-21所示的焦油脱除工艺。焦油裂解反应器采用绝热的填充床，填充床中间为煅烧的白云石，上、下两端充满惰性铝土矿。首先，将反应床预热到理想温度，然后将从气化炉出来的含焦油的燃气通入反应器。每隔一段时间将燃气流向切换一次。由于反应器内发生的吸热反应，消耗部分热量，所以应通入少量空气与部分燃气燃烧放热。通过控制空气流量，保证床温。该工艺的优点是装置结构简单，裂解温度可达1000℃，燃气出口温度较低，因而可以减少热损失；缺点是生产效率偏低，换向阀（必须具有耐热、耐磨损的性能）容易损坏。

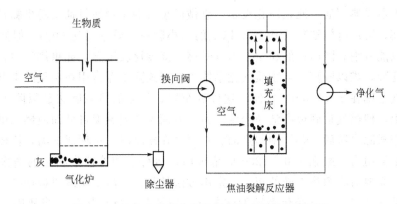

图 5-21　具有双向操作焦油裂解反应器的气化系统

5.4.2.2　燃气净化设备

在使用洁净冷燃气的生物质气化系统中，燃气净化设备是不可缺少的部分。离开气化炉的热燃气温度为 $300 \sim 400 ℃$ 或更高，燃气净化的同时还要将其冷却到常温以便于输送。热燃气中水蒸气和焦油会随着温度下降凝结成液体，水的流动性很好，清除并不困难，而冷凝后焦油是黏稠液体，如果与灰尘混合，将形成难以清除的灰垢。因此，在燃气降温过程中合理组织燃气净化工艺是很重要的，通常采用不同设备组成一个净化系统，分别清除焦油和不同颗粒直径的粉尘杂质。合理的流程是在较高温度下先脱除粉尘，然后逐步脱除焦油。

燃气净化设备种类很多，按其作用原理，可分为机械式、过滤式、洗涤式和静电式几种。其中机械式和过滤式设备属于干式净化，用于从燃气中分离清除粉尘；洗涤式设备是湿式净化，起到燃气冷却、清除灰尘和焦油的联合作用；静电式设备能够捕集燃气中少量或微量焦油，用在对燃气洁净度要求较高的场合。表 5-7 给出了各组净化设备性能的简单比较。

表 5-7　净化设备性能比较

净化设备	可捕集杂质粒径/μm	捕集效率/%	压力损失/Pa	气流速度/(m/s)	设备费用
机械式	>10	40~80	500~2000	10~25	小
过滤式	>0.1	>99	1200~2500	0.01~0.3	大
洗涤式	>1	60~85	500~5000	0.5~100	中
静电式	>0.1	>99	200~500	1~1.5	大

（1）机械式净化设备

机械式净化设备利用重力、惯性力或离心力，使粉尘从气流中分离出来。在生物质气化系统中，旋风除尘器得到了最广泛的应用，其价格较低，不要求苛刻操作条件，运行维护简单可靠。旋风除尘器结构已在 3.3.2 节中介绍，可捕集 $5 \mu m$ 以上颗粒直径粉尘，允许最高进口含尘质量浓度为 $1000 g/m^3$，进口气流速率 $15 \sim 25 m/s$，阻力损失 $500 \sim 2000 Pa$，除尘效率 $50\% \sim 90\%$。旋风除尘器经常用作燃气净化的第一级设备，首先脱除燃气中大部分固体杂质，减轻后续设备的负荷。为提高除尘效率，可以将旋风除尘器串联使用。

（2）过滤式净化设备

过滤分离是一种有效去除细颗粒粉尘的方法，其工作机制包括：a. 筛分作用，气体通过滤材空隙而把大于空隙的粉尘过滤下来；b. 惯性作用，气体在过滤层中曲折流动，尘粒靠惯性撞击滤材而被捕集；c. 黏附作用，杂质被滤材黏附；d. 扩散作用，极细小的颗粒在气流中作布朗运动，与滤材接触而被捕集。

袋式除尘器是典型的过滤式净化设备，靠做成袋形的织物滤材捕集粉尘颗粒。袋式除尘器的效率很高，可以有效地除去 $0.1\mu m$ 以上的细小颗粒，效率可达 99%。但滤袋表面积和容积有限，只能容纳有限质量的粉尘，而且对燃气湿度比较敏感，如果燃气中含有液体，容易堵塞织物孔隙，难以脱离。生物质气化系统中，袋式除尘器常用在旋风除尘器之后和冷却器之间，温度范围在 $200\sim350℃$ 之间。这样的布置，一方面可以除去旋风除尘器无法清除的细颗粒粉尘，使燃气达到很高洁净程度，另一方面不致因温度过低而使燃气中焦油和水分凝结。经过袋式除尘器后，燃气中的焦油和水蒸气在冷凝时不再形成灰垢，比较容易清除。

袋式除尘器阻力一般在 $300\sim1200Pa$ 范围内，运行中随着捕集粉尘的增多，阻力上升到一定值时，需要清除织物表面的灰尘，常用方法是脉冲气流反吹或机械振打。脉冲袋式除尘器的结构见图 3-57。燃气净化系统的吹灰气体应该是氮气或燃气，当使用氮气时应采用 $0.6\sim0.7MPa$ 的高压喷吹，用较小气量达到较好清灰效果，避免氮气对燃气的稀释；当使用燃气时，最好采用低于 $0.3MPa$ 的低压喷吹，以降低燃气压力。

由于生物质气化工程中的特殊要求，应该选择耐高温、耐腐蚀、尺寸稳定、除尘效率高的滤袋材料，如玻璃纤维、玻璃纤维针刺毡、氟美斯针刺毡等，在温度特别高时选择金属纤维毡为滤袋材料。

(3) 洗涤式净化设备

洗涤式净化设备是使含杂质燃气与水接触，利用粉尘颗粒和水滴的惯性碰撞及其他作用把杂质从气流中分离出来。当气体与水滴相遇时，水在尘粒上凝集，增大了尘粒质量，使之降落；或者含悬浮颗粒的气体冲击到湿润器壁时，被器壁黏附。洗涤式净化可以同时脱除焦油和粉尘，还可以对燃气起到冷却作用，温度降低更有利于焦油凝结和脱除。洗涤器可以有效地脱除 $1\mu m$ 以上固体尘粒和液体杂质，设备简单，运行效率高而可靠，因此不少生物质气化系统采用了这种装置。但是洗涤器有一个重要缺点，就是洗涤水与焦油混合以后，大部分焦油溶解在水中，若不经处理会造成二次污染，而对于小型燃气系统，现有的废水处理技术都过于复杂而昂贵。

常用的洗涤式净化设备有喷淋洗涤塔、文氏管洗涤器、引射洗涤器、冲激洗涤器等。

1) 喷淋洗涤塔

喷淋洗涤塔是最常用的气体洗涤装置，根据燃气净化要求，通常由多个洗涤塔串联以达到足够净化要求。设计完善的洗涤系统，杂质脱除效率可以达到 95%～99%。常见的喷淋洗涤塔形式有中空塔、填料塔和孔板塔几种，如图 5-22 所示。

中空塔是塔内无任何构件设置的洗涤塔，下部设一块气体分布板，采用喷嘴直接喷淋水或其它溶液的方式，达到增湿、洗涤、除尘、降温的目的。中空塔结构简单，应用方便，成本低，工程应用较多。填料塔是中空塔的改进形式，在洗涤塔内安装填料，借以增加气体与水的接触机会，提升净化效果，但用于高浓度粉尘燃气时，可能因粉尘黏结造成堵塞。填料塔的填料有木板、塑料板、陶瓷环、塑料环和金属环等。

洗涤塔的液体喷嘴有多种形式，近年来多使用如图 5-23 所示的碗形喷嘴，其具有喷水量大、耐腐蚀、抗磨损和防堵塞的特点。碗形喷嘴外壳内有一带螺旋沟槽的芯子，水通过沟槽时产生旋转力，接近缩口时，旋转力逐渐增加，水离开喷口时，形成中空的锥状水伞，再与燃气冲撞分散成水滴。碗形喷嘴的特点是水幕屏蔽力强，喷射角较大，喷出的水滴直径比较细，大部分在 $0.5mm$ 以下，喷出的水流对周围气体影响剧烈，容易与气体混合，水压为 $0.20\sim0.25MPa$。

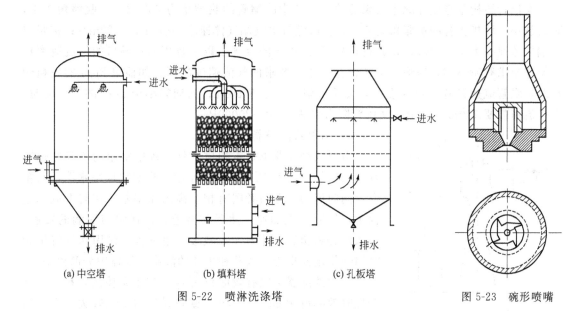

(a)中空塔	(b)填料塔	(c)孔板塔

图 5-22　喷淋洗涤塔　　　　　　　　　　图 5-23　碗形喷嘴

孔板塔也是中空塔的一种派生结构，在简体内增设多层水气均布板，气体和液体逆流而行。工作时孔板上会积存一定高度的液体，气体穿过液体上行，将洗涤和冲击强度提高 2～3 倍。孔板塔气体流速为 1.0～2.5m/s，一般设置 2～3 层塔板，板间距 750～1000mm，孔板开孔率 35%～50%，开孔直径 10～25mm。

2）文氏管洗涤器

洗涤式净化设备要得到较高的杂质脱除效率，必须造成较高气液相对速率和细小液滴，文氏管洗涤器就是为了适应这个要求而发展起来的。

文氏管是一种高耗能、高效率的洗涤净化器，其结构如图 5-24 所示。含尘气体被收缩管加速，以高速通过喉口，在喉口前方设置的喷嘴喷出水液，高速气体把水冲击粉碎成细滴（粒径在几百微米以下），喉口处气液两相之间的相对速度达到最大值。在这里气体和水充分接触，达到饱和，尘粒表面附着的气膜被冲破，使尘粒被水润湿，发生激烈凝聚。在扩张管中，气流速率减小，压力回升。粒径较大的含尘水滴进入脱水器后，在重力、离心力等作用下，与气体分离。文氏管除尘器结构简单，对 0.5～5μm 的尘粒脱除效率可达 99%，常用于高温烟气降温和除尘，也可用于吸收焦油类气体污染物。

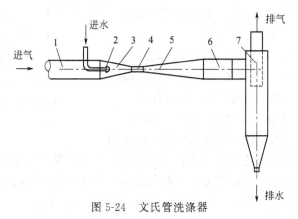

图 5-24　文氏管洗涤器

1—进气管；2—喷嘴；3—收缩管；4—喉管；5—扩张管；6—连接管；7—脱水器

文氏管结构是雾化和除尘效果的关键。通常收缩管的收缩角为 23°~30°，收缩角越小，阻力越小；而扩张管的扩张角为 6°~7°。收缩管进气端气体速率一般为 15~22m/s；扩张出气端气流速率为 18~22m/s，并且设置了 1~2m 的直管段以恢复压力；喉口的气流速率根据操作要求有所不同，捕集的尘粒粒径越小，要求的气流速度越高。如捕集 5μm 的较粗颗粒时，喉管流速只需 70m/s 左右，文氏管阻力小于 5000Pa；而捕集小于 1μm 的细尘粒时，喉管流速需要 100m/s 以上，文氏管阻力可达 5000~20000Pa。

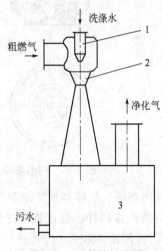

图 5-25　引射式洗涤器
1—喷嘴；2—引射器；3—水分离箱

3）引射式洗涤器

引射式洗涤器也是生物质气化系统中常用的燃气净化装置，结构如图 5-25 所示。洗涤水由喷嘴雾化成细水滴，与粗燃气同向流动，但两者间有相当高的速率差。在向下流动过程中，气流首先加速，然后又减速，以增强与液滴的接触。进入水分离箱后，速率大大减缓，通过重力作用和气流折转时惯性作用使携带了灰粒和焦油的液滴从气体中分离出来。

引射洗涤器可以有效地脱除 1μm 以上杂质的颗粒，设计合理时效率可达 95%~99%。缺点是压力损失较大，需要消耗较多动力，因为引射器喉部气体流速在 30m/s 以上时，才能获得良好的洗涤效果。引射洗涤器的阻力一般在 1600~3000Pa，有时可高达 5000Pa。为提高分离效率，在水分离箱中应设置必要的气水分离部件，如挡板、筛网或专门设计的分离器。

4）冲激式洗涤器

冲激式洗涤器的结构如图 5-26 所示，它是利用高速气流在狭窄通道内呈 S 形轨迹运动的冲击力，强化粉尘在水洗涤时的润湿、凝聚和沉降作用。

含尘气体进入洗涤器后，转弯向下冲击水面，部分较大尘粒落入水中。当气体以 25~35m/s 速率通过上下叶片间的 S 形通道时，激起大量水花，使粉尘与水充分接触，绝大部分微细尘粒沉入水中，气体得以净化，净化后气体由挡水板除掉水滴后在顶部流出。飞溅起的水在 S 形通道中，由于离心力的作用，返回下部水室，粉尘沉降下来，形成的泥浆由排浆阀连续或定期排出。

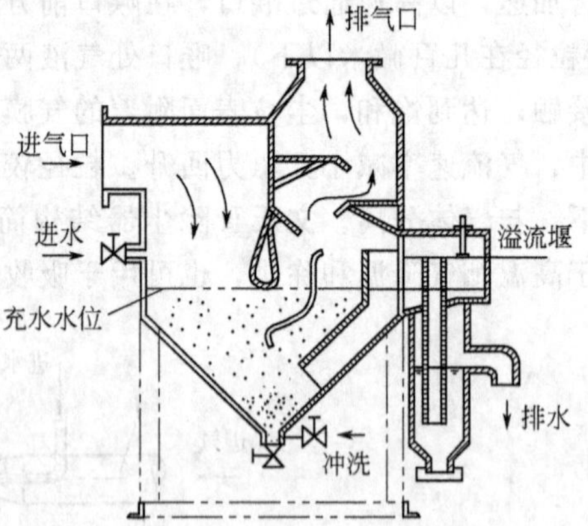

洗涤器的水位由溢流箱控制，当水位高出溢流堰时，水便流进水封并由溢流管排出。设在溢流箱上的水位自动控制装置能保证水面在 3~10mm 范围内波动，从而保证稳定的除尘效率，溢流箱上部与除雾室连通，两者具有相同高度的水面。

图 5-26　冲激式洗涤器

影响冲激式洗涤器效率的主要因素有气体流速和水位，提高气体流速和水位有利于提高净化效率，但压力损失也明显地增加。一般气体流速范围为 5~14m/s，水位与进气室下端齐平或略高，相应分离效率为 93%~98%，阻力为 600~1200Pa。

冲激式洗涤器的突出优点是耗水少，一般为 0.1~0.3L/m³，远低于其他洗涤式净化器，因此降低了污水处理的负担。

（4）电捕焦油器

在大型的生物质气化工程中，燃气经过水洗塔后，部分焦油已被清洗出去，但还会有部分焦油雾滴存在于燃气中，其中的焦油含量还会有 $1.0\sim2.5g/m^3$，这时可采用电捕焦油器进行捕集。

图 5-27 为管式电捕焦油器的结构示意图。电捕焦油器的主体工作部分由电晕极（金属导线）与沉淀极（金属管）组成。电晕极悬挂于沉淀极中并拉紧，且与沉淀极和外壳绝缘。电晕极直径约 $3\sim4mm$，沉淀极的管径约 250mm，长约 3500mm。在两极之间施加额定直流高电压（电流为 $0.1\sim0.8A$，电压为 $60\sim70kV$），当燃气从设备底部进入，通过气体分布器流入电场空间时，气体分子在电场作用下产生电离，带有负电荷的焦油微粒被吸附于沉淀极的表面。油雾粒子在管壁表面不断凝聚，颗粒增大，最后成为油滴，靠重力沿沉淀极表面流至设备底部，经排污口排出。为了保证焦油沿管壁下流通畅，不在绝缘子上沉积，应保持绝缘箱为 $90\sim110℃$，通常采用电阻丝或蒸汽加热。

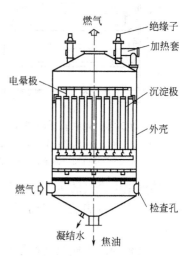

图 5-27　管式电捕焦油器结构

对于电捕焦油器来说，安全运行是非常重要的，因为在其壳体内，已经具备了爆炸三要素中的两个要素，即可燃物和火源（电晕放电）。保证安全的最重要措施是禁止氧气存在，运行中要经常检查燃气含氧量，确保含氧量在 1.0% 以下。对于微负压下运行的生物质气化系统，保证这一含氧量是十分困难的。

5.4.3 生物质燃气的储存与输送

生物质气化燃气经净化处理后变为洁净燃气，为了实现连续稳定地使用，常常需要设置储气柜来储存燃气；在大型生物质燃气集中供气系统，还需要设计燃气管网来输送燃气。

5.4.3.1 生物质燃气的储存

储气柜（或储气罐）是燃气输送系统中的一个重要设备。它的作用如下：a. 储存燃气，用以补偿用气负荷的变化，保证燃气发生系统的平稳运行。b. 为燃气管网提供一个恒定的输配压力，保证燃气输配均衡。

生物质气化燃气输配系统中常用的储气柜有两类，即低压湿式储气柜和低压干式储气柜。对于低压储气柜的容积，应考虑柜顶和柜底不能利用的部分，这部分空间占总体积的 $15\%\sim20\%$。因此低压柜的体积应按式(5-47) 计算：

$$V=\frac{V_1}{\phi} \tag{5-47}$$

式中，V 为储气柜的容积，m^3；V_1 为需要储存的气量，m^3；ϕ 为体积利用系数，取 $\phi=0.8\sim0.85$。

低压湿式储气柜又称水槽式储气柜，主要由水槽、塔节、钟罩和导轨组成。塔节可以是一节或数节，它随储存的气量而升降。按升降方式的不同，低压湿式储气柜又分为直立式和螺旋式两种，如图 5-28、图 5-29 所示。直立式和螺旋式的区别主要在于，导轨立柱和导轨的结构不同，因此导致螺旋式储气柜的塔节以螺旋方式升降，而直立式的塔节以垂直方式升降。

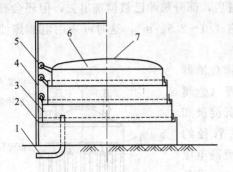 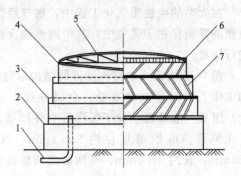

图 5-28　自立式低压湿式储气罐
1—进气管；2—水槽；3—塔节；4—导轨；
5—导轮；6—钟罩；7—顶板

图 5-29　螺旋式低压湿式储气罐
1—进气管；2—水槽；3—塔节；4—顶架；
5—顶板；6—平台；7—导轨

储气柜中燃气的压力是由各活动节的质量作用在储存的气体上而形成的。当上述质量产生的压力不足以满足燃气输配所需的压力数值时，可在钟罩上附加配重块，以增加钟罩的质量。

储气柜的压力应根据燃气输送管网的水力计算设置，如民用集中供气工程，储气柜的压力既要克服燃气在输送过程中的管路沿程阻力和局部阻力，还要为燃气留出稳定燃烧所需的约 800Pa 的灶前压力。

低压湿式储气柜具有结构简单、施工容易、运行密封可靠等特点，在生物质气化集中供气系统中得到了广泛的应用。但也存在以下缺点：a. 在北方地区的冬季，水槽要采取防冻措施，如保温、加热等；b. 水槽、钟罩、塔节和导轨等部件长期与水接触，必须定期进行防腐处理；c. 水槽在储存气体时为无效容积，因此湿式储气柜耗用金属较多。

在生物质气化集中供气技术的推广中，为适应农村的施工条件和冬季防冻的要求，发展了一种混凝土水槽半地下式储气柜。半地下储气柜的水槽由混凝土浇制而成，设置在地面以下，水槽施工质量要求高，不能出现渗漏，但节约了钢材，减少了防腐工作量，并且在冬季具有较好的保温性能。

低压干式储气柜是在低压湿式储气柜的基础上发展起来的，克服了湿式储气柜冬季水槽防冻的问题。低压干式储气柜主要由外筒、沿外筒上下活动的活塞和密封装置组成，如图5-30 所示。燃气储存在活塞以下部分，随活塞上下移动而增减其储气量。

油密封干式储气柜在上下运动的活塞外周设有油密封环，底板外周设有底板油环。气柜正常工作时，密封油循环流动。它要求使用高黏度密封油，其黏度不因温度升高而剧烈下降，并且凝固点低，在冬季寒冷地区也能使用。

密封帘干式储气柜的主要部件有外筒、柜顶、活塞、套筒式护板、平衡物和特制的密封帘。燃气储存在密封帘内，靠活塞上下升降带动密封帘进行充气和出气。密封帘采用聚氯丁合成橡胶，并加入特殊的尼龙布，具有耐腐蚀、密封良好和较好的力学性能。

低压干式储气罐无效容积小，可以降低钢材耗量，也可以减少气罐的基础荷载，但其最大的问题是密封问题，即防止在固定的外筒与上下活动的活塞之间产生漏气。正是由于密封比较困难，使得干式储气罐结构复杂，施工精度要求高，造价较高，维护工作量也较大。

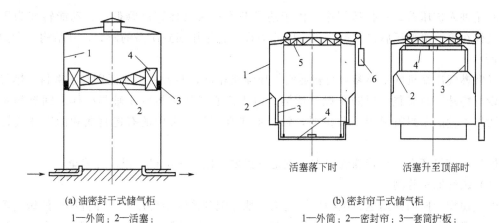

(a) 油密封干式储气柜

1—外筒；2—活塞；
3—密封环；4—配重

(b) 密封帘干式储气柜

1—外筒；2—密封帘；3—套筒护板；
4—活塞；5—柜顶；6—平衡物

图 5-30 低压干式储气柜

5.4.3.2 生物质燃气输配系统

（1）燃气的压送装置

不仅将燃气通过管网输送到各使用区域需要具备一定的压力，而且将燃气输送给燃烧设备也需要一定的压力，因此，需要采用压缩机对燃气进行加压。常用的燃气压缩机有容积式和离心式两种。压缩机的选择，首先要确定其类型，然后根据所需要的压力和流量等参数选择具体的规格型号。

罗茨压缩机是燃气工程中最常用的容积式燃气加压设备，有两叶形和三叶形两种，图 5-31 是它们的结构简图。在壳体中有一对转子，运行时一个转子顺时针旋转，另一个转子逆时针旋转。这种旋转运动使转子与壁面之间包围的空间体积周期性变化，从而压缩其间气体，提高燃气压力。罗茨压缩机可以产生最大 20000Pa 的压力，气体流量从每小时数十立方米到上万立方米，它的效率高，电力消耗少，很适合于各种规模的燃气发生系统。在选择罗茨压缩机时，应选择煤气型罗茨压缩机，这种机型的密封结构经过专门设计，能可靠地防止燃气泄漏。

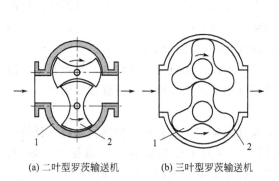

(a) 二叶型罗茨输送机　　(b) 三叶型罗茨输送机

图 5-31 罗茨输送机

1—壳体；2—转子

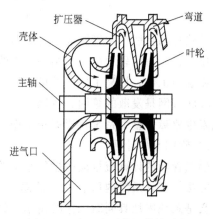

图 5-32 离心式压缩机结构示意

在输送大流量燃气时可采用离心式压缩机。离心式压缩机是由主轴、叶轮（一级或多级）、壳体、扩压器和轴封等部件构成。主轴带动叶轮高速旋转，燃气沿轴向进入叶轮，并通过叶轮进入扩压器。在扩压器中，由于通道截面加大气体速度降低，将动能转变为压力能。气体在第一级增压后进入第二级，以此类推，直至压缩到所需的压力，其结构示意如图5-32所示。

通常燃气压缩机的主要参数与普通空气压缩机相同，两者的主要区别在于密封，燃气压缩机设有特殊密封装置，以防止燃气泄漏。由于离心式压缩机的主轴与壳体之间有相对运动，所以主轴的密封就显得十分重要，轴封形式有多种，常用的有迷宫式和固定环式轴封结构。

燃气压缩机还有一个特殊的要求，就是电机要采用防爆电机，以确保安全。

（2）燃气输配管网

燃气输配管网的作用是将生物质燃气均匀地分配到系统中各用户，并且尽可能做到等压力分配，保证燃气稳定燃烧所需的灶前压力。生物质燃气输配管网通常属于压力低于0.01MPa的低压燃气管网，一般敷设在地下，包括主、干、支管等，管路上还要设置阀门、集水器等附属设备。

1）管网形式

燃气输配管网有两种形式：环状管网和枝状管网（图5-33）。

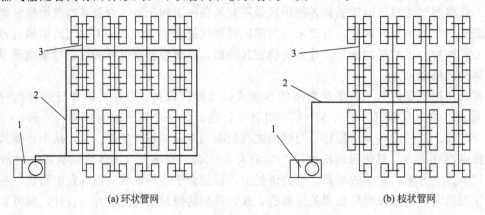

(a) 环状管网   (b) 枝状管网

图 5-33 环装管网和枝装管网
1—气化站；2—燃气主管；3—燃气支管

环状管网将燃气主管连成闭合回路，所有的支管都与主管连接，每一路支管都由两侧的主管供气，压力比较均衡。当某一段管线发生故障需要检修时，可关断这部分管线而不致影响全系统的工作，提高了供气的可靠性。缺点是管线较长，耗材和投资较大。

枝状管网是发散的管网，各燃气支管都从主管上引出。优点是投资较少，缺点是某一段管线发生故障，整个系统就要停止工作。小规模燃气集中供气系统一般选择枝状管网。

2）管网水力计算

燃气管网的计算流量应按燃气系统的最高负荷计算确定。如农村小型燃气系统，计算流量的方法是统计系统内所有灶具的总负荷，然后乘以同时工作系数 K。K 遵循统计规律，其含义是系统内灶具同时工作的概率。管网内燃气计算流量按式(5-48) 计算。

$$Q = K \sum Q_n N \tag{5-48}$$

式中，Q 为燃气管道的计算流量，Nm^3/h；K 为相同燃具或相同组合燃具的同时工作系数，K 按总灶具选择；N 为相同燃具或相同组合燃具数；Q_n 为相同燃具或相同组合燃具的额定流量，Nm^3/h。

按照式(5-48)就可以得到整个燃气管网、一部分管网或某一条管路的计算流量，据此可以进行管道的水力计算，确定管网中各管道直径和压力损失。燃气自储气柜出发，输送到用户，与管道摩擦会产生沿程压力损失，通过阀门、弯头等会产生局部压力损失。而燃气输配管网既要保证燃气输送到用户时仍有足够的压力维持灶具稳定燃烧，又要使离气化站近和远的用户同样得到均衡燃气供应，因此管网水力计算是燃气输配系统设计的重要环节。燃气管网单位长度摩擦阻力损失的计算式为：

$$\frac{\Delta p}{l} = 6.26 \times 10^7 \lambda \frac{Q^2}{d^5} \rho \frac{T}{T_0} \tag{5-49}$$

式中，Δp 为管道摩擦阻力损失，Pa；λ 为管道摩擦阻力系数；l 为管道计算长度，m；d 为管道内径，mm；ρ 为燃气的密度，kg/m^3；T 为设计中所采用的燃气温度，K；T_0 为 273.16K。

式(5-49) 中的管道摩擦阻力系数 λ 与流动状态有关，可按下列各式计算。

① 层流状态：$Re < 2100$，$\lambda = \dfrac{64}{Re}$。

② 过渡状态：$Re = 2100 \sim 3500$，$\lambda = 0.03 + \dfrac{Re - 2100}{65Re - 100000}$。

③ 湍流状态：$Re > 3500$。

塑料管

$$\lambda = \frac{0.25}{Re^{0.226}}$$

钢管

$$\lambda = 0.11 \left(\frac{K}{d} + \frac{68}{Re} \right)^{0.25}$$

钢管阻力系数式中 K 为钢管内表面的当量绝对粗糙度，输送人工燃气时取为 0.15mm。室外燃气管道的局部阻力损失可按燃气管道摩擦阻力损失的 5%～10% 计算。

为使管网远端的用户同样得到均衡燃气供应，从储气柜到最远燃具的管道允许阻力损失为

$$\Delta p_d = 0.75 p_n + 150 \tag{5-50}$$

式中，Δp_d 为从气柜到最远燃具的管道允许阻力损失，Pa；p_n 为低压燃具的额定压力，Pa。

式中的 Δp_d 包含了室内燃气管道的允许阻力损失，室内燃气管道允许的阻力损失应不大于 150Pa。

(3) 管路材料和敷设

用于燃气输送的管材种类很多，根据生物质燃气性质、管网压力和施工条件，在满足机械强度、抗腐蚀和气密性条件下，可以选用钢管、焊接钢管（即水煤气钢管）、铸铁管和塑料管材等。塑料管密度小、弹性好、耐腐蚀、流动阻力小，造价只有钢管的 1/3～1/2，非常适合于农村燃气系统。燃气输送时必须采用中、高密度聚乙烯管，其最大工作压力为 0.3MPa，最高工作温度为 38℃。

塑料管的软化温度很低，加热后容易改变形状，冷却时又恢复原有形状。利用这个特性可以进行简单的承插连接。等直径塑料管直接承插时（图 5-34），将管子一端在烧开的蓖麻油或棉籽油中均匀加热，然后用一根外径等于管外径的尖头圆木插入管中使其扩大成承口，承口长度为管道外径的 1.5～2.5 倍，再迅速将另一根端部涂有黏结剂的管子插入承口内，当温度降至环境温度时，承口收缩即连接牢固。当采用钢制管接件代替塑料管接件时，将钢

制管接件作为插口,其表面应除锈并打磨平滑,涂好黏结剂,再按上述方法将塑料管一端扩为承口,将管接件插入承口,待冷却固化后对钢制管件进行防腐。

由于塑料管的机械强度低,所以敷设时需对管沟进行处理以保证管道的平直和坡度,在道路下敷设和穿过建筑、河流时应采取专门防护措施。暴露在阳光下的塑料管,受紫外线照射容易老化,因此不能架空敷设,一般选用浅层直埋的地下管道敷设方式,如图 5-35 所示。敷设前先挖出管沟,将沟底夯实,管道就位后周围和上部填入密实砂层,再用土覆盖后夯实,这样地面的震动和压力就会均匀地施加到整个管道表面。

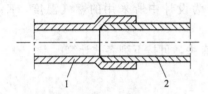

图 5-34 塑料管的承插连接
1—承管;2—插管

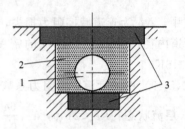

图 5-35 塑料管在管沟内的敷设
1—管;2—砂层;3—夯实层

燃气管网的主管路应尽量沿着负荷中心延伸,干、支管线由主管上引出,应考虑干管的负荷均匀。燃气管道在碰到一些特殊地形或障碍物需采用架空管道时,架空管道必须使用钢管。燃气管道的平面布置、纵断面布置以及施工与安装等应符合国家有关标准和规定。

(4) 燃气管网附属装置

为保证燃气管网的稳定安全运行和检修时的操作,在管路的适当地点应设置一些必要的管路附件,包括调节或切断阀门、集水器、放散管等。为了在地下管网中放置和操作这些附件,在相应位置要修建一些井。此外,架空敷设的钢管,还要加设管道补偿器以补偿温度变化时管道的伸缩。

阀门是用来启闭管道通路或调节管道流量设备的,集中供气系统的压力不大,但对阀门的密封性要求较高。常用的阀门有闸阀、旋塞阀、球阀等。

闸阀中流体沿直线通过阀门,阀杆旋转 90°就可达到启闭的要求。集中供气管道上常用的旋塞阀是无填料旋塞阀,它是利用阀芯后部螺母的作用,使阀芯与阀体紧密接触不致漏气,它只允许使用在低压管道上。球阀体积小,流通断面与管径相等,这种阀门动作灵活、阻力损失小,杂质沉积造成的影响比闸阀小,所以在集中供气工程上应用最多,但大口径球阀较少见。

生物质燃气是一种含有水分的湿燃气,在输送过程中随着温度的降低,所含的水分会冷凝下来。为及时排出管道中的冷凝水,管道敷设时应有一定的坡度,在管道的最低处设集水器,将汇集的水集中排放。集水器通常安装在燃气主管上,其间距一般不大于 300m。集水器有自动集水器和手动集水器两种形式,见图 5-36。

自动集水器内部储有一定的水量来保持一定的水位,将燃气封住,排水管插入集水器中,当集水器内的冷凝水聚集到一定程度后,由溢流口自动逸出。自动集水器适宜安装在北方少雨地区,首次使用时,加水至溢流口位置。集水器溢流口应高于地下水位,集水井要防渗良好,井口高出地面,否则在大雨时,井内灌满水,就会由溢流口倒灌进燃气管道。

手动集水器为圆筒形容器,集水器下部设有排水阀,或设有从上部插入的抽水管。当集

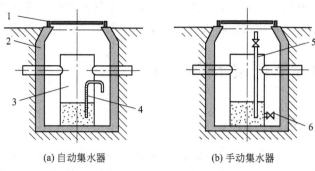

图 5-36 集水器和集水井

1—井盖；2—井筒；3—集水器；4—自动排水管；

5—排水管；6—排水阀

水器内的冷凝水积聚到一定程度时，人工打开排水阀门排水。手动集水器不受外部水位的影响，但人工排水时要特别注意安全，防止燃气泄漏造成中毒。

储气柜是整个集中供气系统中造价最大的设备，运行时充满可燃气体，必须加装必要的附属装置来保证它的安全运行。在储气柜的入口应设置截断阀门和隔离水封器，防止气化机组停止产气时，气柜中燃气出现倒流。储气柜的出口应设置截断阀门和水封器或阻火器，其作用分别是在管网检修时停止送气和在管网发生事故时阻断回火传至气柜。

隔离水封器是燃气发生系统和燃气输配系统之间非常重要的安全装置，通常有普通水封器和吊钟式水封器两种，其结构示意分别如图 5-37 和图 5-38 所示。

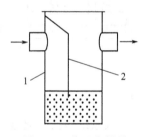

图 5-37 普通水封器

1—外壳；2—挡板

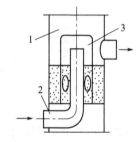

图 5-38 吊钟式水封器

1—外壳；2—进气管；3—吊钟

普通水封器中有一块挡板将圆柱体外壳分成容积不同的两部分，进气时依靠燃气输送机的压力使进气侧水位下降到挡板以下，燃气通过。燃气输送机停运时，出气侧压力使进气侧水位升高很多，封闭了燃气倒流的通路。为保证可靠的隔离，静止时水位应高于挡板下端 200mm 以上，此时水封器的压力损失约为 2500～3500Pa，对于只有一台燃气输送机的生物质气化集中供气系统，克服这一阻力是比较困难的。

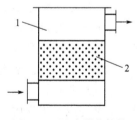

图 5-39 阻火器的结构

1—外壳；2—填料

吊钟式水封器的进气管伸出水面，外面放置一个下部有孔的吊钟。进气时依靠燃气输送机的压力使吊钟升起，孔露出水面后燃气通过。燃气输送机停运时，出气侧压力使吊钟落下，吊钟内的水位升高封闭燃气倒流的通路。由于吊钟的质量较轻，这种水封器的压力损失在 500Pa 左右。

阻火器的结构如图 5-39 所示。阻火器外壳中填充小的鹅卵石或金属丝网，填充物将燃气分隔成很多细小的容积，当外界有火源传入时，细小气团的燃烧迅速将热量传给包围它的壁面，使温度不可能上升，从而阻断火焰的传播，即所谓"猝息"作用。

5.5 生物质气化技术的应用

5.5.1 生物质气化集中供气

生物质气化集中供气是我国于 20 世纪 90 年代发展起来的一项生物质气化应用技术，它是以自然村为单位的小型燃气发生和供应系统，该系统将以各种秸秆为主的生物质原料气化转化成可燃气，然后通过管网输送到农村居民家中用作炊事燃料。整个系统由燃气发生、燃气输配和燃气使用三个系统组成，如图 5-40 所示。

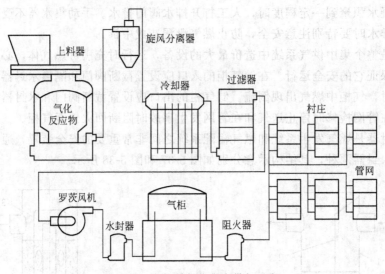

图 5-40　生物质气化集中供气示意

燃气发生系统的作用是将固体生物质原料转变成可燃气。该系统包括气化器、燃气净化器和燃气输送设备以及必要的原料预处理设备（如铡草机等），其中气化器、燃气净化器和燃气输送设备组成了生物质气化机组，是整个系统的核心部分。

燃气输配系统包括了储气柜、输气管网和必要的管路附属设备（如阻火器和集水器等）。储气柜的作用是以恒定压力储存一定量的燃气，当外界燃气负荷发生变化时仍能保持稳定供气，从而使得用户燃气灶具能够稳定燃烧。

用户燃气系统包括室内燃气管道、阀门、燃气计量表和燃气灶。用户打开阀门，将燃气引入燃气灶并点燃，就可以方便地获得炊事能源。燃气灶的燃烧将燃气的化学能转化成热能，最终完成对生物质能的转换和利用。

气化器的选用根据生物质原料和用气规模来确定。通常对秸秆类生物质原料，比较适合采用固定床气化炉，而对谷壳等细小粒状物料，可选用流化床气化炉；如果供气户数较少，选用固定床气化炉，而供气户数较多（一般多于 1000 户），则使用流化床气化炉更好。

在确定供气系统的燃气供应量时，先需确定日均负荷，再在此基础上适当地留有余地即可。由于影响居民用气量的因素很多，如居民的生活水平和生活习惯、居民每户平均人口、地区的气象条件等，因此在确定户均用气量时需要对各种典型用户进行调查和测定，并通过综合分析得到平均用气量。一般情况下，农村居民每天用气量在 $4 \sim 6 \mathrm{Nm^3}$。在设计燃气输送管网时应将炊事高峰时间的燃气流量作为管网的计算流量。在选择储气柜容积时，通常采用气化机组承担高峰燃气负荷的 1/2 或略高，剩余负荷由储气柜承担。

在选择燃气灶具时，必须要与燃气的华白指数相适应，否则可能燃烧不好或不能正常燃烧。华白指数是一个热负荷指标，它从燃气性质的角度全面地反映了燃气向燃烧器提供热量的能力，是保证已有燃烧器在燃气性质发生变化时仍能正常使用（燃气的互换性）的重要指标。华白指数的计算公式为：

$$W_S = \frac{Q_{gG}}{\sqrt{S}} \tag{5-51}$$

式中，W_S 为华白指数；Q_{gG} 为燃气在标准状态下的干燥基高位发热值，$\mathrm{kJ/m^3}$；S 为燃气的相对密度。

燃气的相对密度 S 是指一定体积干燃气的质量与同温、同压下等体积干空气的质量的比值。

5.5.2　生物质气化发电

生物质气化发电的基本原理是把生物质转化为可燃气，然后再利用可燃气来推动燃气发电设备进行发电。生物质气化发电过程包括三个方面：一是生物质气化，把固体生物质转化为气体燃料；二是气体净化，气化出来的燃气都带有一定的杂质，包括灰分、焦炭和焦油等，需经过净化系统把杂质除去，以保证燃气发电设备的正常运行；三是燃气发电，利用燃气轮机或燃气内燃机进行发电，有的工艺为了提高发电效率，可以增加余热锅炉和蒸汽轮机。

根据采用气化技术和燃气发电技术的不同，生物质气化发电系统的构成和工艺过程有很大差别。从气化过程来看，生物质气化发电可分为固定床气化发电和流化床气化发电两大类。从燃气发电过程来看，生物质气化发电又可分为内燃机发电、燃气轮机发电和蒸汽轮机发电等多种形式，如图 5-41 所示。

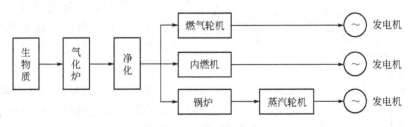

图 5-41　生物质气化发电

生物质气化发电按照发电规模又可分为小型、中型和大型三种。小型发电系统的发电功率不大于 $200\mathrm{kW}$，简单灵活，特别适宜缺电地区作为分布式电站使用，或作为中小企业的自备发电机组；中型发电系统的发电功率一般在 $500 \sim 3000\mathrm{kW}$，实用性强，是当前生物质气化发电的主要方式，可作为大中型企业的自备电站或小型上网电站；大型发电系统的发电功率一般在 $5000\mathrm{kW}$ 以上，虽然与常规能源相比仍显得非常小，但在能源与环保双重压力作用下，将是今后替代化石燃料发电的主要方式之一。

各种类型生物质气化发电的技术特点，见表 5-8。总而言之，生物质气化发电是所有可再生能源技术中最经济的一种发电技术，综合发电成本已接近小型常规能源的发电水平，是一种很有前途的现代生物质能利用技术。

表 5-8　生物质气化发电技术特点及应用

规模	气化设备	发电设备	主要应用
小型系统	固定床气化	内燃机	分布式用电
功率≤200kW	流化床气化		中小企业用电
中型系统	常压流化床气化	内燃机组	大中企业自备用电
功率 500～3000kW	循环流化床气化	微型燃气轮机	小型上网电站
大型系统	循环流化床气化	燃气轮机	大型企业自备电站
	高压流化床气化	蒸汽轮机	上网电站
功率≥5000kW	双流化床气化	燃气轮机+蒸汽轮机	独立能源系统

　　国际上，目前有很多国家在开展生物质整体气化联合循环发电技术（B/IGCC）的研究。B/IGCC 作为先进的生物质气化发电技术，通过采用燃气-蒸汽联合循环发电方式实现，具有较高的发电效率和较大的发电规模。系统在内燃机、燃气轮机发电的基础上增加余热蒸汽的联合循环，该种系统可以有效地提高发电效率，其发电系统效率可以达到 40％以上。

　　瑞典 Varnamo B/IGCC 电厂，是世界上首家以生物质为原料的整体气化联合循环发电厂，它采用加压循环流化床气化炉，装备了一台 4.2MW 的燃气轮机和一台 1.8MW 的蒸汽轮机，供热容量为 9MW，扣除自用电后的整体发电效率为 32％。意大利 TEF B/IGCC 示范电厂生物质消耗量为 8t/h，发电容量为 16MW，采用常压循环流化床气化炉，燃气净化工艺为湿法净化，装备一台 11MW 的燃气轮机和一台 5MW 的蒸汽轮机，其发电效率除去自用电外可达到 31.7％。开发经济上可行、系统效率又有较大提高的 B/IGCC 系统，是今后生物质气化发电的重要研究方向。

5.5.3　生物质气化制氢

　　氢是一种理想的洁净能源，也是优良的能源载体，具有可存储的特性，氢能的开发利用对于社会发展有着深远的意义。目前氢大部分都来自于化石燃料，因此开发生物质制氢技术对于未来氢能源的生产有着非常重要的意义。

　　生物质气化制氢工艺流程如图 5-42 所示。为了获得富氢燃气，生物质气化可以采用空气或富氧空气与水蒸气一起作为气化剂，生成气主要是 H_2、CO 和少量 CO_2。气化剂不同，生成气的组成及焦油含量也不同，当使用空气为气化剂时，由于空气中含有大量的 N_2，会大大增加 H_2 分离的难度。

　　现阶段，氢能还被认为是一种相对昂贵的能源，然而作为一种优质的燃料，氢能的

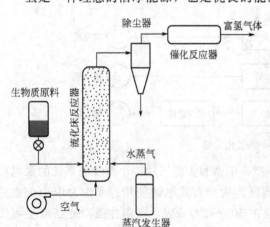

图 5-42　生物质气化制氢工艺流程

需求将会越来越大。各种经济分析表明，在各种制氢工艺中，生物质气化制氢的成本相对较低，在价格上可与其他液体燃料制氢相竞争。

5.5.4 生物质气化合成液体燃料

中低热值的生物质气化燃气并不具备如天然气那样的管道输送质量，如果不开发专门的应用技术，它们的潜在市场将只限于当地工业和农业用途。仿照煤气化制备合成气再经过费托合成制备甲醇、柴油和二甲醚等液体燃料的间接液化工艺路线，生物质气化如果能够获得合适的以 CO 和 H_2 为主的合成气体，就可以采用成熟的费托合成工艺合成各种液体燃料，其一般工艺流程如图 5-43 所示。因此生物质气化合成液体燃料的关键技术在于合成气的制备。现有的生物质气化技术获得的气化气体不能直接用于合成液体燃料，必须对气体进行净化并对其组分进行调整，提高气体中的 H_2/CO 的比例。

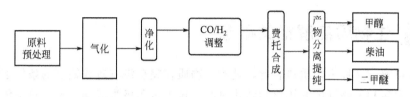

图 5-43　生物质气化合成液体燃料的一般工艺流程

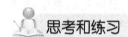

思考和练习

1. 概述生物质气化的基本概念，并与生物质燃烧进行比较分析。

2. 从气化反应基本原理出发，如何提高生物质气化燃气的品质？

3. 从气化反应动力学出发，如何提高生物质气化反应强度？

4. 表征生物质气化工艺指标主要有哪些？如何提高生物质气化效率？

5. 比较气化剂当量比与燃烧的空气过剩系数，如何确定气化剂当量比？

6. 对比分析生物质上吸式气化炉和下吸式气化炉，如何选择固定床气化炉类型？

7. 下吸式气化炉为什么在中下部设置缩口段？

8. 对比分析固定床气化炉和流化床气化炉，并说明其适用性。

9. 比较分析上吸式气化炉、流化床气化炉和下吸式气化炉所产燃气中的焦油含量。

10. 简述生物质循环流化床气化炉的工作原理、结构、气化过程的主要影响因素及特点。

11. 生物质气化燃气中的焦油是如何产生的？如何处理燃气中的焦油？

12. 生物质燃气净化设备有哪些？其工作原理是怎样的？

13. 生物质气化集中供气系统中为什么要设置储气柜？又如何设置？

14. 生物质燃气输气管网有哪些形式？如何进行管网的水力计算？

15. 简述建设生物质气化集中供气站的基本思路。

16. 生物质气化技术的应用主要有哪些方面？

17. 如何理解生物质气化发电技术具有很好的发展前景？

18. 利用生物质气化技术，为一个日产 1000t 稻米的小型碾米厂设计一套废弃谷壳处理系统，要求给出处理工艺流程，对主要设备进行选型或设计，并进行初步的经济性分析。

第6章

生物质热解技术

6.1 生物质热解相关概念

生物质热解，又称生物质热裂解，是指生物质在完全没有氧或缺氧的条件下受热降解形成生物油、木炭和可燃气体的热化学转化过程。这个过程极为复杂，包括热量传递、物质扩散等物理过程，以及生物质大分子化学键断裂、分子内（间）脱水、官能团重排等化学过程，两个过程以热量为主要媒介相互作用。生物质热解在合适的反应条件下，可获得原生物质80%～85%的能量。生物质快速热解液化制取生物油，易于储存和运输，通过进一步分离和提取可制成燃料油和化工原料，具有很好的应用前景，受到国内外的广泛关注。从寻求石油的替代原料角度考虑，生物质快速热解制取生物油的研究，已成为生物质能转换的前沿技术。

6.1.1 生物质热解过程

生物质热解是由热量传递所驱动的热化学反应过程，热量从外部传递给生物燃料颗粒，温度的升高导致自由水分蒸发和不稳定成分发生裂解，分解成炭和挥发分，挥发分逸出进入气相。随着热量传递，热解过程由外至内逐层进行。一次裂解反应生成了炭、一次热解油和不可冷凝气体。在多孔燃料颗粒内部，挥发分进一步裂解，形成不可冷凝气体和热稳定的二次热解油；从燃料颗粒中逸出的挥发分气体，还将穿越周围的气相组分，在这里进一步裂解。挥发分在颗粒内部和气相进行的裂解均被称为二次裂解反应，二次反应的热效应又改变了颗粒温度，从而影响热解过程的进行，温度越高且气态产物的停留时间越长，二次裂解反应的影响越显著。生物质热解过程最终形成热解生物油、不可冷凝气体和炭三种产物，整个过程如图6-1所示。

生物质热解过程大致分为以下几个阶段。

① 预热和干燥阶段。100℃以下生物质燃料被加热，在100～130℃的范围，燃料的内在水分全部蒸发。

② 预热解阶段。干燥阶段结束后，生物质燃料温度继续上升至150～300℃时，化学组成开始发生变化，不稳定成分分解成CO_2、CO及少量乙酸等，标志着热解反应的开始。

③ 固体分解阶段。温度升至300～600℃范围时，生物质燃料发生复杂的化学反应，大量挥发分析出，是热解的主要阶段。生成的液体产物有构成热解油的有机液体和水，气体产物主要有CO、CO_2、CH_4、H_2等，气体产物产率随着温度的升高不断增加。

④ 残炭分解阶段。温度继续升高，C—O键、C—H键进一步断裂，深层的挥发分物质

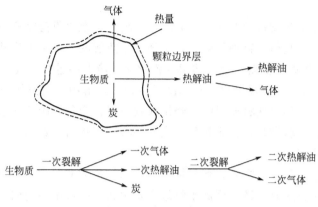

图 6-1 生物质热解过程

继续向外层扩散，残炭重量下降并逐渐趋于稳定，同时一次热解油也进行着多种多样的二次裂解反应。

6.1.2 生物质组分热解机理

生物质燃料主要由纤维素、半纤维素和木质素三种成分组成，它们常常被假设独立地进行热解。纤维素热解主要发生在 300～375℃较窄温度范围内，半纤维素热解的温度范围为 225～325℃，而木质素虽然在 200～500℃的宽范围内均能发生热解，但分解速率最快的区段为 310～420℃。纤维素和半纤维素的热解产物主要是挥发性物质，热解过程中生成的大部分炭来自于木质素。

（1）纤维素热解

纤维素是固体生物质燃料的主要组成部分之一，结构相对简单且容易获得，因此被广泛用作生物质热解基础研究的实验原料。

纤维素是具有饱和多糖结构的典型碳水化合物，热稳定性很低，在较低温度下就会开始裂解，分子链断裂，聚合度下降。为众多学者广泛接受的纤维素热解模型是：在热解中存在半焦和挥发分生成的平行竞争反应过程。热解反应初期，纤维素有一个从高活化能的"非活化态"向"活化态"转变的过程，然后沿着有两条互相竞争的途径进行一次热解反应（图6-2）。途径一是纤维素脱水生成炭（半焦）和不凝性轻质气体；途径二是纤维素破碎和解聚生成挥发性的中间产物即裂解油，其中主要是左旋葡萄糖。产生半焦的反应在低温下占主导地位。纤维素在 200～250℃时开始热解，300～375℃的温度范围是纤维素热解的主要阶段。

图 6-2 纤维素热解途径

左旋葡萄糖和其他中间产物在气相环境中发生二次热解从而形成最终产物，在通常反应条件下，发生二次热解是不可避免的。二次热解包括聚合、分裂和重组等反应，中间产物的再次聚合生成炭或焦油，焦油中含有的芳香族物质如甲苯和苯酚等，再次裂解产生了稳定的气体如 CH_4、H_2、CO 和 CO_2 以及一些小分子的产物如蚁酸、乙酸、乙醛、乙二醛、丙烯醛和甲醇等。二次热解反应与气相滞留时间、压力、加热速率、温度以及反应环境等许多因素有关。

纤维素热解的化学产物包括 CO、CO_2、H_2、炭、左旋葡萄糖以及一些醛类、酮类和有机酸等。醛类化合物及其衍生物种类较多，是纤维素热解的一种主要产物。表 6-1 给出了纤维素在 500℃快速热解时的热解产物，热解在流化床反应器中进行，气相滞留时间 0.5s，氮气气氛，颗粒粒径 $90\mu m$。应该指出的是，由于生物质热解中反应路线非常复杂，影响反应的因素很多，这些因素的改变将使最终产物组成发生很大变化，因此文献中给出的热解产物都是针对特定工况的实验结果，很难找到代表性的典型产物组成数据。

(2) 半纤维素热解

半纤维素是由木聚糖、甘露糖、葡萄糖、半乳糖等构成的一类多糖化合物，由不同的糖单元构成，分子链短且带有支链，因此半纤维素是生物质中最不稳定的一种成分，反应活性最高。在慢速热解中，150℃甚至更低的温度就开始热解，200～300℃范围内热解进行得很迅速。代表半纤维素的木聚糖降解机制与纤维素类似，只是中间产物由左旋葡萄糖变为呋喃衍生物，但呋喃衍生物活性较高，很快发生了二次热解，转变为气体。表 6-1 是半纤维素在500℃时的热解产物，由于反应路线复杂和影响反应的因素很多，所列数据多是半定量的参考数据。

表 6-1　纤维素、半纤维素在 500℃ 时的热解产物

纤维素在 500℃时的热解产物		半纤维素在 500℃时的热解产物	
产物	产率(质量分数)/%	产物	产率(质量分数)/%
有机液体	72.5	有机液体	64
水	10.8	水	7
炭	5.4	炭	10
气体	7.8	气体	8
液体的主要组成成分	质量分数/%	液体的主要组成成分	质量分数/%
羟基乙醛	15.3	甲醇	1.3
左旋葡萄糖	7.0	乙醛	2.4
纤维二塘	4.0	乙酸	1.5
葡萄糖	1.0	呋喃	
果糖	2.0	1-羟基-2-丙酮	0.4
乙二醛	3.5	2-糖醛	4.5
甲基乙二醛	0.8	丙酮丙酸乙醛	0.3
蚁酸	5.5	2,3-丁二酮	
乙酸	4.9	3-羟基丁酮	0.6
乙烯乙二醇	1.7		
甲醛	1.2		
丙酮醇	2.2		

(3) 木质素热解

木质素在三种组分中的热稳定性最好，单体主要为邻甲氧基苯丙烷，单体之间以—O—醚键和 C—C 键相连，结构比纤维素和半纤维素复杂得多，很难用具体的分子式表示木质素的结构，对木质素的热解机理尚缺乏充分的了解。

一般认为，木质素热解过程遵循的是自由基反应机理，在常规热解条件下，键断裂导致了自由基的生成。普通的 C—C 键能大约为 380kJ/mol，较难断裂，也有一些弱键（如 O—O 键）能够在低温下断裂，带有这些弱键能的化合物能够在相对较低的温度（低于 200℃）发生自由基产生过程，因此木质素热解过程覆盖 200～500℃的宽广范围。

　　木质素的一次热解一般发生在热软化温度200℃，由其氢键断裂和芳香基失稳所引起。随着温度的升高，木质素中大分子化合物通过自由基反应首先断裂成低分子碎片，这些碎片进一步通过侧链C—O、C—C键断裂形成低分子化合物，主要是轻芳香族物质如邻甲氧基苯酚。

　　热解过程生成的大部分炭都来自于木质素，这是由于木质素中的芳香环很难断裂。在较低反应温度（≤400℃）和较慢加热速率（≤100℃/min）下，木质素热解可以得到超过50％的炭。木质素热解的液体产物中有芳香族物质，如苯酚、二甲氧基苯酚、甲酚等。温度高于600℃时，这些产物会二次反应，如分裂、脱氢、缩合、聚合和环化。分裂反应产生一些小分子物质如CO、CH₄和其他烃、乙酸、羧基乙酸和甲醇等，聚合和缩合反应则形成其他一些芳烃聚合物，稳定的可冷凝物如苯、苯基苯酚、香豆酮和萘等。

6.1.3　影响生物质热解过程的因素

　　从宏观上说所有生物质热解工艺都得到炭、热解油和不凝性气体三种产品，对于工程应用来说，重要的是掌握热解过程的影响因素，以控制工艺条件而得到尽可能多而且品质较好的目标产物。影响热解过程的因素包括反应温度、升温速率、反应滞留时间、物料特性和压力等。

　　（1）反应温度的影响

　　反应温度是影响生物质热解的重要因素，对热解产物的分布、热解油和不凝性气体的成分都有很大的影响。一般以反应器内的最高温度作为代表。

　　根据阿累尼乌斯定律，反应温度提高大大加快了热解过程中各个反应的速率。温度较低时，反应速率控制了热解过程；而温度很高时，热解过程受到向燃料颗粒表面和内部传递热量的传热速率和挥发分离开颗粒的传质速率控制，当传热传质速率阻碍反应速率提高以后，高温促进了二次裂解反应的进行。因此反应温度可以同时影响生物质燃料的一次热解和二次热解，从而改变热解产物的分布和成分。

　　许多学者的研究表明，热解油产率随温度变化有一个明显的极值点，且不同原料获得最大热解油产率的温度均在450～550℃之间，这个现象与所用原料种类和反应器类型无关。图 6-3 是滑铁卢大学1988 年在流化床反应器上进行快速热解时得到的气、液、固三项产物得率与温度之间的关系。其他学者的试验结果也证明了这一现象，因此之后的学者都把 500℃作为生物质热解液化的设计温度。从反应速率和传热传质速率平衡的角度，容易理解反应温度对热解产物分布的影响，因为二次热解使部分热解油降解为气体。

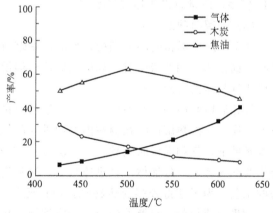

图 6-3　快速热解中温度与产物之间的关系

　　尽管图 6-3 是由快速热解试验得到的，但从中可以看出反应温度对气、液、固三相产物分布的影响趋势，即随着反应温度的升高，炭产率下降而气体产率上升。一般说来，慢速热解采用较低的热解温度（300～400℃），目的是尽可能增加炭产量；快速（闪速）热解采用中等反应温度（450～550℃），加上极高的加热速率和极短的气相滞留时间，用来增加热解油的产量；同样是极高加热速率的快速热解，若温度高于 700℃，则以气体产物为主。

反应温度同样会影响三相产物各自的化学组成。提高反应温度，会降低炭中残留挥发分的比例，从而提高炭的热值。对液体产物来说，其中的 H/C 和 O/C 比例都会发生变化。温度较低时得到的液体中一次热解油较多，而一次热解油的氧含量很高，热值较低，只能作为低品位的燃料油。当反应温度高于 650℃ 后，热解油中 H/C 和 O/C 比例都会下降，因为二次热解中的缩合反应和聚合反应等，将含氧有机蒸气转变为含氧量少且热稳定性较好的有机物如苯和萘等，在一定程度上提高了热解油的品质。对气体产物来说，较高的反应温度使 H_2 含量上升而 CO_2 含量明显下降。

（2）升温速率的影响

加热升温速率对热解过程有显著的影响，使三相产物的分布发生很大的改变。

加热速率很低（0.01～2℃/s）的慢速热解（干馏）有利于增加炭的产率，传统的木炭生产就是生物质慢速热解工艺，炭的质量产率和能量产率可分别达到 30% 和 50%。采用中等升温速率（<10℃/s）的常速热解，同时得到产率相差不多的热解油、可燃气体和炭，随着反应温度的不同，产物分布在一定范围内变动。快速热解的升温速率在 100℃/s 以上，其中大于 1000℃/s 的又常被称为闪速热解。升温速率极快时，纤维素和半纤维素几乎不生成炭，因此热解产物中炭的产率会减少，而气相和液相产物的产率显著增加，成为主要的热解产物。如果控制热解温度在 550℃ 左右，且采取快速冷却的措施，热解油产率可达到 70% 甚至更多；若温度高于 700℃，则主要产生气体产物。

升温速率增加，物料颗粒达到热解温度的时间变短，但传热滞后效应使颗粒内外的温差变大，会影响内部热解的进行。慢速热解的反应进行得比较充分，所得木炭含挥发分少，而快速热解的木炭价值不如慢速热解。慢速热解产生的热解油含氧量较低、极性低、含芳香量高。快速热解的裂解油中有机质含量为 75%～85%，含氧有机物较多且含水量较大。慢速热解的气体中主要含 CO、CO_2 及少量 H_2 和 CH_4；快速热解的气体收率高，含 H_2、CO 和 CH_4 较多，质量较慢速热解气要好。

（3）滞留时间的影响

热解反应的滞留时间分别指在反应器中燃料颗粒的固相滞留时间和挥发物质的气相滞留时间，固相和气相的滞留时间都由反应器结构设计决定。在讨论快速热解过程时，滞留时间一般指气相滞留时间。

气相滞留时间一般并不影响一次热解反应过程，只影响到液态产物中热解油发生的二次热解反应。一次热解产物在颗粒内部和进入围绕颗粒的气相中时，都会发生二次热解反应。高温条件下，气相滞留时间越长，二次反应的影响越显著。二次热解放出 H_2、CO 和 CH_4 等不凝性气体，导致液体产物迅速减少，炭和气体产物增加，这是以燃气为目标产物时所希望的工艺。为了获得较多的热解气，应该延长气相滞留时间，使挥发分留在反应器内。相反，如果要获得最大热解油产量，则应缩短气相滞留期，使挥发产物迅速离开反应器，并且迅速降低温度以阻止二次反应进程。对于快速热解工艺，气相滞留时间是一个关键的参数。所谓快速热解或是闪速热解，不但意味着高的加热升温速率，而且意味着极短的反应时间。

气相滞留时间也会影响热解油中氧含量和 H/C 比例，滞留时间越短，二次热解发生的越少，热解油中氧含量和 H/C 比都较高。

（4）压力的影响

热解过程中，大分子的生物质燃料裂解成较小分子产物，分子数目和体积都大大增加，根据质量作用定律，较小的压力有利于反应进程。因此许多热解工艺都采用了常压反应系统，也出现了一些真空反应系统。

采用较低的压力在以下几个方面对生物质热解过程产生正面的影响。

① 对体积增大的反应，低压有利于热解反应进行，并且使反应平衡向分子数目增加的方向移动。

② 体系内压力低，将使热解蒸汽迅速离开燃料颗粒。对同样体积的反应器，减少了气相滞留时间，使二次反应概率降低，热解油产率增加。以纤维素热解为例，在一个大气压下，炭和热解油的产率分别为 34.2% 和 19.1%，而在 200Pa 的真空环境下分别为 17.8% 和 55.8%。

③ 较低的压力降低了热解温度。热值分析表明，在常压条件下，甘蔗渣中半纤维素 305℃ 达到最大裂解速率，纤维素 350℃ 达到最大裂解速率；而在真空条件下，半纤维素主要分解在 200~250℃，纤维素主要分解在 280~320℃。

④ 体系压力的降低相应地降低了液体产物沸点，有利于液体产物的蒸发。

(5) 燃料特性的影响

生物质燃料的种类、颗粒度、粒度分布和形状等物理特性对热解过程有着重要的影响。这种影响相对复杂，通常与热解温度、压力、升温速率等外部条件共同作用，在不同水平和程度上影响着热解过程。由于生物质材料是各向异性的，形状与纹理将影响水分的渗透率，从而影响挥发性物质的扩散过程。粒径是影响热解过程的主要参数之一，粒径小于 1mm 时，热解过程主要受反应动力学速率控制，而粒径增大后，过程还同时受传热传质现象控制，此时粒径成为热传递的限制因素。大颗粒被加热时，颗粒表面的加热速率远远大于颗粒中心的加热速率，这样在颗粒中心发生低温热解，产生过多的炭。升温速率一定时，热解速率随燃料颗粒度的增大趋于减小。

生物质燃料成分也对热解产物分布有较大影响，通常含木质素多者炭产率较大，半纤维素多者炭产率较小。木质素热解所得到的液态产物热值最高，半纤维素热解得到的气体产物热值最高。

6.1.4 生物质热解的主要工艺类型

生物质燃料总质量的 60%~80% 是挥发分，热解反应在包括燃烧和气化在内的所有热化学过程中起着重要的作用。但是独立发展的生物质热解工艺是隔绝氧气的单纯加热工艺，采用不同工艺条件，生产木炭、热解气或热解油。

根据工艺条件，生物质热解工艺可分为慢速热解或称为干馏炭化（carbonization）、常速热解（conventional pyrolysis）和快速热解（fast pyrolysis）三种。快速热解中升温速率特别高的工艺又称为闪速热解（flash pyrolysis）。文献报道的真空热解（vacuum pyrolysis）按升温速率应属常速热解，但产品以热解油为主。表 6-2 列举了生物质热解的主要工艺类型和工艺条件。

表 6-2 生物质热解的主要工艺类型

工艺类型	滞留时间	升温速率/(℃/s)	反应温度/℃	主要产物
慢速热解	数小时~数天(固相)	0.01~2	<400	炭
常速热解	5~30min(固相)	<10	400~800	气、油、炭
快速热解	0.5~5s(气相)	100~1000	450~600	油

续表

工艺类型	滞留时间	升温速率/(℃/s)	反应温度/℃	主要产物
闪速热解(液体)	<1s(气相)	>1000	450~550	油
闪速热解(气体)	<10s(气相)	>1000	>650	气
真空热解	2~20min(固相)	<10	450~500	油

6.2 生物质炭化技术

生物质炭化就是将固体生物质燃料长时间置于高温下，使其充分析出挥发分，以生成木炭为主要目的的工艺。从堆积烧炭法算起，生物质炭化已有数千年的历史，但是对其反应过程进行较为充分研究还是近代的事情。木炭具有含碳量高、孔隙结构发达、反应活性高等优点，既是一种优良的固体燃料，又是重要的工业原料。目前，木炭除了用作取暖和生活能源外，还广泛应用于冶金、化工、食品、环保等行业。

6.2.1 炭化技术的主要特征

生物质炭化，通常在干馏釜或炭化窑中进行，在一台装置内完成包括脱除水分、预热分解、全面炭化的过程，有时还包括木炭的冷却过程。生物质炭化的主要目的是产炭。为了提高产炭率，并提高生物质炭的品质，需要严格控制炭化温度，通常控制窑内最高炭化温度在500℃左右；采用十分缓慢的加热速率，完成全部炭化的时间长达数十小时甚至数天；隔绝空气或尽可能少用空气，避免炭的氧化损失。

6.2.2 生物质炭化过程的产物

生物质炭化过程中，不同原料在不同炭化装置和工艺条件下，固体、液体和气体产物的得率和其中的成分有较大的差异。

(1) 固体产物

与原料相比，析出挥发分后的木炭中含有较多固定碳，而氧和氢元素含量大大下降。松木炭化得到的木炭中的碳、氧、氢元素成分和木炭产率变化如图6-4所示。

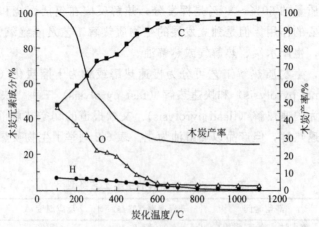

图6-4 炭化过程中木炭成分和产率的变化

从图6-4中可以看出，炭化温度在500℃以下时，木炭元素成分发生很大变化，碳元素含量迅速增加，氧元素含量迅速减少。而炭化温度达到 600℃ 以后，变化就很小了。即使炭化温度达到 1100℃，木炭中仍含有少量的氧和氢元素。对于木炭产率而言，在 500℃ 以前产率迅速下降，500℃ 以后则下降不明显。碳元素含量反映了木材炭化的深度，也是木炭质量的重要指标。尽管在较低的炭化温度下木炭产率很高，但由于木炭中挥发分尚未充分析出，碳元素含量不高，而氧和氢元素含量较高，这时炭化程度较低，达不到商业木炭的标准。因此生物质炭化温度通常宜控制在 500℃ 左右。

（2）液体产物

生物质炭化过程中，从蒸馏釜导出的蒸汽和气体混合物，经冷凝分离后可以得到木醋液和不可冷凝的可燃气体。木醋液是棕黑色液体，其成分是十分复杂的，除了含大量水分外，还含有 200 种以上的各种有机物，包括酸类、醇类、酮类、酯类、醛类、酚类、胺类以及芳香族化合物。这些化合物有些溶于水，有些不溶于水。阔叶材干馏得到的木醋液澄清时分为两层，上层是澄清木醋液，下层为沉积木焦油。澄清木醋液进一步加工可以得到乙酸、丙酸、丁酸、甲醇和有机溶剂等产品。沉积木焦油经过加工后可以得到杂酚油、木榴油和木沥青等产品。

目前小规模的生物质炭化产炭企业，大都对木醋液没有回收，而是与气体一起排放，形成一定的污染。

（3）气体产物

木煤气的主要成分是 CO_2、CO、CH_4、C_2H_4、H_2 等。生物质炭化隔绝了空气，避免了氮气稀释，产生的木煤气是热值较高的燃气。木炭生产中一般将木煤气回收供给炭化装置自用，在有剩余时也可用作其他用途的燃料气。

生物质炭化产生的木煤气的产量和成分随炭化温度升高发生变化。在很低的炭化温度下，气体产出量少，气体的主要组分是 CO_2 和 CO；随着炭化温度的升高，不但气体产量上升，而且气体中的 CO_2 含量不断减少，从 300℃ 开始，CO 也逐渐减少，H_2、CH_4、C_2H_4 等组分却随着炭化终温的升高而逐渐增加。

6.2.3 生物质炭化装置

在漫长的木炭生产历史中，发展了种类众多的炭化装置。基于炭化原理的不同，炭化装置可分为闷烧式炭化装置和干馏式炭化装置。闷烧式炭化装置是在有少量氧气存在的条件下，将生物质经氧化还原反应转化为木炭。干馏式炭化装置是在隔绝空气的条件下，依靠外热将生物质干馏而得到木炭。基本工作过程的不同，炭化装置可分为间歇式炭化装置和连续运行炭化装置。这里仅简单介绍一些代表性的炭化装置，如炭窑、可移动炭化炉、果壳炭化炉、干馏釜和连续式炭化装置等。

（1）炭窑

炭窑是一种闷烧式产炭装置，炭窑的种类很多，生产能力相差很大，但主要结构和工作原理相似。这里以我国南方地区常用的猪头形炭窑为例，对其结构构造和工作过程加以说明。

图 6-5 为猪头形炭窑结构示意图。窑体一般用黏土构筑，由燃烧室、炭化室和烟道组成。炭化室是边长为 2～2.5m 的正三角形，燃烧室位于炭化室的顶角，通过进火口与炭化室贯通。炭化室靠近进火口的部位较高，向烟道方向倾斜，烟道通过排烟口与炭化室相通。炭化室上部为拱形窑盖，窑盖上有四个烟孔，两个前烟孔和两个后烟孔。

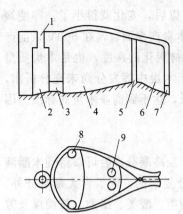

图 6-5 猪头形炭窑

1—烟囱；2—烟道；3—排烟口；
4—炭化室；5—进火口；6—燃烧室；
7—通气口；8—后烟孔；9—前烟孔

新筑成的炭窑第一次烧炭时，应缓慢而均匀地加热升温，使窑体水分蒸发干燥并烧结，否则会降低窑体强度甚至造成窑体开裂。

烧炭时，在燃烧室中点燃木材，火焰逐渐进入炭化室对其加热，应控制火力不要太猛，打开烟孔让烟气冒出并观察烟气状态。当前后烟孔中烟气先由灰白转变成青烟后，依次用泥土盖实烟孔，使烟气由烟道口排出。

炭化室中木材炭化，由靠近燃烧室一侧逐步移至靠近烟道一侧。炭化过程中观察烟道口排出烟气的状态，烟气会由最初的灰白色转变成黄色，最后变成青烟。此时标志着靠近烟道口的区域内也已经炭化完毕，应将点火通风口、烟道口等所有与外界相通的孔口用泥土封死，防止空气进入窑内。让窑体自然冷却 2d 左右，在窑体侧面开挖出炭门出炭。正常烧制一窑木炭的周期为 3～5d，木炭得率为绝干原料薪柴重量的 18%～22%。

炭窑烧炭作为一种古老的炭化技术，具有前期投入少，技术成熟等优点，但是产炭率相对较低，而且浪费资源，对环境有严重的污染，目前已逐步被淘汰。

（2）可移动式炭化炉

为了克服建造炭窑时劳动强度大，建造后无法搬迁的缺点，出现了钢制外壳的可移动式炭化炉。图 6-6 为一种常见的圆台形可移动炭化炉的结构示意图。

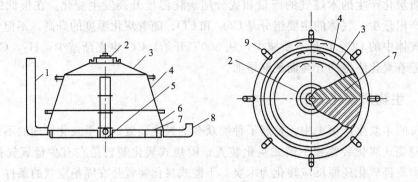

图 6-6 圆台形可移动炭化炉

1—烟囱；2—点火口；3—炉顶盖；4—炉上体；5—点火通风架；
6—炉下体；7—炉栅；8—通风管；9—通风口

圆台形可移动式炭化炉由炉体、炉顶盖、炉栅、点火通风架及烟囱等部分构成。炉体为下口直径略大于上口的圆形台，用 1～2mm 厚不锈钢板卷制而成。为便于搬运及卸载，常分成上、下两段或上、中、下三段，相互间采用承插结构，承插部分用细沙土密封。下口沿圆周方向均匀地设有通风口和烟道口各 4 个，蝶形炉顶盖中央设置带盖的点火口，靠近底部设置 4 块扇形炉栅，炉栅上放置有点火通风架。

锯截成一定长度的点火材水平地放置在点火通风架上，烧炭用木材直立地排列在炉内，大直径及含水率较大的木材装填在炉体中央以利于完全炭化。装满后，在炉体上部木材顶端横铺一层燃料材并盖上炉顶盖，承插部分也用细沙土密封。

点火烧炭时，打开点火口盖，把点燃的引火物从点火口投入炉内，引燃炉内燃料材及点火材。以后不断地从点火口向炉内添加燃料材以保证正常燃烧，直至烟囱温度升高到60℃左右时，盖上点火口盖并用细沙土密封。此后观察烟气颜色，经过4~5h后，烟气由灰白色变成黄色，表示进入炭化阶段，应逐渐关闭通风口以减少吸入空气的数量。当通风口出现火焰，烟囱冒青烟时，炭化已经完成，应立即用泥土封闭通风口。30min后除去烟囱并封闭烟道口，让炉体自然冷却至室温后出炭。移动式炭化炉生产一炉炭的操作周期约24h，木炭得率约为15%~20%。

（3）果壳炭化炉

果壳炭化炉是专门设计用来连续炭化颗粒状原料的自热型炭化炉，非常适合于炭化椰子壳、杏核壳、核桃壳、橄榄核等质地坚硬的果壳（核），用以生产颗粒活性炭。果壳炭化炉的结构如图6-7所示。

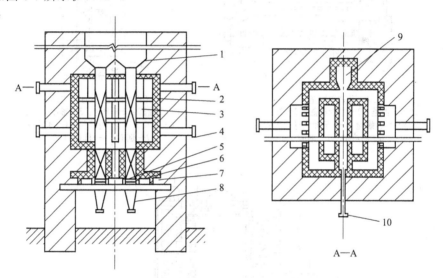

图6-7　果壳炭化炉

1—预热段；2—炭化段；3—耐热混凝土板；4—进风口；5—冷却段；

6—出料器；7—支架；8—卸料斗；9—烟道；10—测温孔

果壳炭化炉采用耐火材料砌筑，为立式炭化炉，横断面呈长方形，炉体内由两个狭长的立式炭化槽及环绕其四周的烟道组成。炭化槽由上而下形成高度不等的三部分，约1.2m的预热段、1.35~1.8m的炭化段和约0.8m的冷却段。

颗粒状原料由炉顶加入炭化槽的预热段，利用炉体的热量预热干燥，而后进入炭化段。炭化段用具有横向条状倾斜栅孔的耐热混凝土预制件砌成，横断面呈长条状。其外侧的烟道用隔板分隔成多层，控制烟气的流向以利于传热，烟道外侧炉墙上设进风口以吸入空气助燃。炭化段的温度为450~500℃，原料炭化后生成的蒸汽气体混合物通过炭化槽上的栅孔进入烟道，与吸入的空气接触燃烧。生成高温烟道气在烟道内曲折流动加热炭化槽后，被烟囱抽吸排出。炭化后的果壳炭落入冷却段自然冷却后，定期由底部的出料装置卸出。

通常每8h加料一次，每小时出料一次，物料在炉内停留4~5h，炭化连续进行。通过调节进风口吸入量，来控制炉内炭化区域温度。果壳炭得率为25%~30%。

（4）外热式干馏装置

外热式干馏装置的热量是通过干馏釜壁面传入釜内，属于外加热型炭化装置，但由于该装置传热热阻大，加热效果差，能量利用效率较低，因此燃料消耗较大。该装置适用于棒状燃料或颗粒燃料，炭化生产过程间歇进行，通过设置冷凝装置，可很好地回收木醋液和木煤气，是林产化工业获得高附加值产品的重要方式。图 6-8 是外热式干馏装置的几种形式，其中图 6-8(a) 是钢制卧式干馏釜；图 6-8(b) 是钢制立式干馏釜；图 6-8(c) 是一种用耐火砖砌成的干馏窑。砖砌干馏窑体积相对较大，但可以降低钢材消耗，节约建造成本。干馏釜容积一般 $2\sim10m^3$，有效容积系数为 0.8，每个干馏釜设一套冷凝装置。

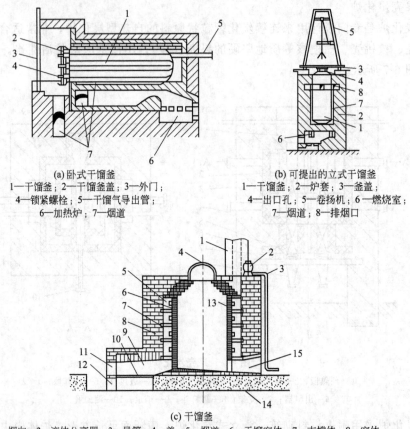

(a) 卧式干馏釜
1—干馏釜；2—干馏釜盖；3—外门；
4—锁紧螺栓；5—干馏气导出管；
6—加热炉；7—烟道

(b) 可提出的立式干馏釜
1—干馏釜；2—炉套；3—釜盖；
4—出口孔；5—卷扬机；6—燃烧室；
7—烟道；8—排烟口

(c) 干馏釜
1—烟囱；2—液体分离器；3—导管；4—盖；5—烟道；6—干馏窑体；7—支撑体；8—窑体；
9—燃烧室；10—炉栅；11—点火门；12—出灰口；13—干馏窑壁；14—基础；15—出炭门

图 6-8　外热式干馏设备

将原料装入干馏釜并且封闭以后，在燃烧室点火燃烧，高温烟气加热釜壁，然后由烟道排出。在原料干燥阶段，可以加大火力，1.5～2h 后，蒸馏液流出，意味着炭化阶段开始，要减小火力。到炭化阶段后期，再加强火力，使燃料充分炭化并煅烧木炭，提高木炭质量。当蒸馏液停止流出时，表示干馏过程结束，应停止燃烧，使干馏釜冷却一段时间后卸出木炭。通常卧式干馏釜的一个生产周期需要 20～24h。

为了提高生产能力，降低人工劳动强度，发展了许多型号的外热式干馏装置，除了加大干馏釜尺寸、多个干馏釜并列以外，还发展了隧道式车辆干馏釜。

（5）连续式炭化装置

连续式炭化装置设计的基本思路就是结合生物质原料的热解原理和物料连续输送原理，

采用进料口和出料口密封，保证热解装置内的密闭环境，再利用内源或外源对生物质原料进行加热，最终实现生物质的连续热解过程。

图 6-9 给出了一种卧式螺旋生物质连续炭化装置。该设备热解反应器采用双层套筒结构，内层为炭化室，内外层之间通高温气体；采用内置螺旋输送机和调速电机，保证物料连续输送，混合均匀；反应器的外层为高温烟气套筒，利用高温烟气给生物质加热；外筒设有导流板和翅片，增加了传热系数，实现了充分换热。该设备既保证了炭-油-气的连续热解与分离，而且采用热解气燃烧回用原理，避免使用外部热源，降低了热解炭化成本。

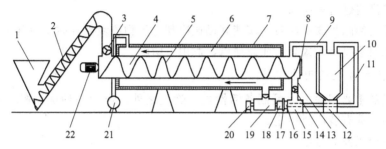

图 6-9　卧式螺旋生物质热解炭化装置

1—进料斗；2—进料螺旋输送机；3—进料口关风器；4—炭化室；5—炭化室螺旋输送机；6—高温烟气套筒；

7—保温层；8—观测口；9—燃气排出管；10—燃气冷凝净化装置；11—净化燃气输送管；

12—焦油木醋液收集箱；13—锥形出炭口；14—出炭口关风器；15—集炭箱；16—罗茨风机；

17—阻火器；18—气体燃烧器；19—燃烧室；20—柴油燃烧器；21—排烟风机；22—调速电机

6.2.4　生物质炭的性质与用途

6.2.4.1　生物质炭的性质

（1）生物质炭的组成

生物质炭具有高度芳香化的化学结构，主要包括 C═C、C═H 等芳香化官能团，以及一定量的脂肪族和氧化态碳结构物质。生物质炭的元素组成与其原料以及热解反应条件密切相关。随着热解终温的不断升高，热解气体产物与液体产率不断增加，炭的产率不断下降，而炭中的碳含量则呈上升趋势，氧、氢、硫含量呈下降趋势，当热解温度达到 1000℃ 时，炭中的氢与硫含量几乎为零。

（2）生物质炭的物理性质

生物质炭的物理性质包括机械强度、密度、孔隙度等。

生物质炭机械强度表示它对压碎和磨损的抵抗能力。在储存、运输过程中，强度高的生物质炭压溃损失小。生物质炭的机械强度随原料品种而异，并且受炭化最终温度和时间的影响。由木本原料烧制的木炭强度较高，而由秸秆成型燃料烧制的秸秆炭强度较低。

大多数生物质炭的颗粒表观密度在 $0.36\sim0.4\text{g/cm}^3$ 之间，真密度在 $1.35\sim1.4\text{g/cm}^3$ 之间，其孔隙率通常在 74%～77%。由于挥发分析出形成的孔隙占据了生物质炭的大部分体积，使每克生物质炭的比表面积达到了数百平方米数量级，因此生物质炭具有很高的反应活性和吸附能力。

（3）生物质炭的热值

生物质炭的热值与炭化最终温度有关。炭化最终温度越高，所得木炭的碳元素含量越高，热值也越高。一般来说，生物质炭的热值在 $26\sim35\text{MJ/kg}$。

（4）生物质炭的自燃性

生物质炭吸附空气中的氧放出反应热，如不能及时散出则使其温度升高，温度升高到一定程度将发生快速的氧化反应，即自燃。刚离开炭化设备的生物质炭遇到空气时易于发生自燃现象。

促使生物质炭自燃的因素很多，例如腐朽木的木炭比一般的木炭更容易自燃，因为腐朽木木炭孔隙度较大，为更多的氧气在单位时间内进入木炭表面创造了条件。当生物质炭机械强度较低时，容易生成许多碎块和炭粉，储存时容易堆实，不易散热而自燃。含有较高灰分的木炭具有较高自燃着火倾向。

从炭化设备卸除生物质炭时，应使其迅速冷却。生物质炭储存时不应含水太高，应筛去粉末炭，堆放时不要堆垛太高，注意通风、遮雨、防晒。

6.2.4.2　生物质炭的用途

生物质炭的重要用途之一是制备活性炭，除此之外，作为一种优良燃料和冶金化工原料，也在许多行业有着广泛用途。

（1）在冶金工业的应用

木炭用于炼铁已有很长的历史，其冶炼的生铁具有晶粒细小、铸件紧密、缺陷少的优点，这是因为木炭对氧化铁的还原过程可以在较低温度下进行。用木炭生产的铁含氢、氧气体少，铸件紧密均匀，杂质少，适于生产优质钢。在有色金属生产中，木炭常用作表面助熔剂，在熔融金属表面形成保护层，使金属与气体介质分开，既可减少熔融金属的飞溅损失，又可降低熔融物中气体饱和度。木炭在铜及铜合金、锡合金、铝合金、锰合金、硅合金和铍青铜合金等生产中广泛用作表面助熔剂。低灰分的木炭还可用于结晶硅的生产，工业结晶硅的杂质含量应不超过 $1\%\sim4.5\%$，因此为了保证产品的纯度，对还原剂具有较高的要求。木炭在纯度、孔隙度、反应能力和介电性等方面，都比其他碳素材料更为优越。

（2）在农业领域中的应用

生物质炭可以作为一种土壤改良剂施加入土壤中，改善土壤的性质，提高土壤的肥力，增加营养物质的植物可利用性，进而提高农作物的产量。

阳离子交换能力（CEC）是衡量土壤质量的一个重要指标，高 CEC 的土壤淋溶性低，对养分的固定能力强，对植物生长有利。生物质炭表面存在的大量含氧有机官能团以及负电荷，使其具有较高的 CEC。因此，向土壤中施加生物质炭可以提高土壤的 CEC 值，而且生物质炭在土壤中的保存过程中，其表面某些官能团会发生氧化导致含氧官能团数量的增加，CEC 值也随之增加。

生物质炭一般呈碱性，世界约 30% 的土地为酸性，不利于植物生长，因此向土壤中施加生物质炭，可以提高土壤的 pH 值。

生物质炭含有大量大小不一的孔隙，其中的大孔隙可以增加土壤的透气性和持水率，同时也为微生物提供生存和繁殖的场所；小孔隙则可以起到对一些分子的吸附和转移作用。当将生物质炭施加入土壤后，其丰富的孔隙结构会改变土壤中水分渗滤路径和速度，显著提高土壤的田间持水率，从而改善土壤对养分的固定能力。

生物质炭还可以吸附土壤中的农药，其对杀虫剂的吸附能力约是土壤本身的 2000 倍，而且生物质炭还可增强土壤中微生物的活性，进一步增加对污染物的降解能力。因此，在土壤中施入少量的生物质炭，可有效降低有机污染物对植物的毒害作用，减少在植物中的累积；而且，选择合适的生物质炭施入受污染的土壤中，吸附有毒的物质，也可以进行土壤修复。例如，在土壤中施入生物质炭，可以使土壤中的多环芳香烃（PAH）浓度降低约50%。

（3）在环境领域中的应用

① 对有毒有害物质的吸附作用。生物质炭具有非常复杂的微孔结构，比表面积较大，稳定性高，且表面含有很多活性基团，非常适合作为一种低成本的高效吸附剂，用于吸收多种污染物质。虽然生物质炭的吸附容量不如活性炭，但是生物质炭的生产成本低，而且其表面含有较多活性基团，除了吸附作用，还可以利用静电作用和化学沉淀作用将多种污染物同时去除。例如，生物质炭对 Pb 的吸附去除效果优于活性炭，这是由于生物质炭表面含有大量的含氧基团，可通过结合沉淀将 Pb 以 $Pb_5(PO_4)_3(OH)$ 的形式去除。

② 对温室气体的减排作用。生物质炭中的碳以苯环等较复杂形式存在，非常稳定，这就使得环境中的碳循环被分离出来一部分，称为"碳负"的过程。生物质炭这种固碳方式，比其他固碳方式（如植树造林），能更长时间地对碳进行固定。

众所周知，耕地和牧场是温室气体的重要产生源，如何减少其温室气体的排放是人们所迫切关注的。研究表明，将生物质炭施加于土壤中，可以减少 CO_2、CH_4 等温室气体的排放，也可以大幅减少 N_2O 等的排放。例如，在稻田里施加生物质炭可以使 N_2O 溢出量减少 40%～50%。关于生物质炭施入土壤中降低温室气体排放的机理，目前还不清晰，其原因可能是施入生物质炭之后土壤的孔隙率增大，透气性增强，CH_4 被氧化的量增多，而 CH_4 的排放量是产生量和氧含量的共同结果，所以净排放减少。同样，由于 N_2O 的产生是与土壤环境密切相关的，加入生物质炭后可以提高土壤 pH 值，同时因为透气性增强，使得反硝化菌的活性受到抑制，所以 N_2O 的溢出量大量减少。由于 N_2O 和 CH_4 的温室效应分别是 CO_2 的 290 倍和 25 倍，因此，在耕地和牧场中施入生物质炭，降低温升效应的成果是较为显著的。

（4）在复合材料方面的应用

生物质炭可以作为载体制备多种催化剂，例如利用生物质炭制备的固体酸催化剂，具有价格低廉、稳定性好、活性高、易回收、重复性好等优点，可用于催化废油脂中高级脂肪酸与甲醇的反应。竹炭可用作电磁波屏蔽材料、食品除臭剂、保鲜材料、建筑物和家居的保温、调湿和空气清新剂等的原材料。

（5）用作燃料

生物质炭具有低挥发分、高热值、燃烧完全、燃烧过程清洁的突出优点，是一种优良固体生物燃料。用木炭烧烤的食品风味独特，在世界的各个角落都十分流行。随着生活水平提高和旅游业发展，木炭消费量持续增长。出于对森林资源保护和利用农业残余物的考虑，近年来各种用木屑、秸秆、稻壳生成的机制木炭逐渐占领了市场，成为燃料生物质炭的主要品种。

6.3 生物质常速热解技术

常速热解是一种将固体生物原料置于高温下，使其析出挥发分的工艺，目的是利用挥发物质或者木炭。相对于慢速热解，其生产效率高得多；而相对于快速热解，其工艺条件宽松得多。工艺简单、原料适应性广和气体产物热值高是常速热解的突出优点。在活性炭生产中，常速热解工艺已经得到了一定程度的应用。近年来在生物质液体燃料、生物质气化、农业废弃物和垃圾处理等方面正在开发着一些常速解热新技术。

6.3.1 常速热解工艺条件

（1）常速热解工艺

常速热解的升温速率一般在 $1\sim10℃/s$ 之间，通常并不刻意控制升温速率，而是控制反应温度和燃料在反应器中的固相停留时间。对于不同工艺目的，反应温度为 $400\sim900℃$，比慢速热解宽一些，固相滞留时间为 $5\sim30min$，比慢速热解快得多。

多数常速热解装置是对固体生物原料间接加热的设备，热解过程中隔绝空气，以避免燃料损失和得到较高品质的燃气，通过机械推动使原料移动，在移动同时完成热解过程，多数工艺采用常压操作。在制取木炭和活性炭时，有时也采用直接接触加热和自加热型装置，这时关注的主要是固体产物。

常速热解得到固体、气体和液体三种产物，控制反应温度能够改变产物分布。随着反应温度的升高，气体产物比例明显增加而固体和液体产物减少。中低温（$400\sim550℃$）的热解，可以作为一种炭化工艺；当热解温度达到 $600\sim800℃$ 后，得到低位热值为 $12\sim18MJ/m^3$ 的燃气，可以作为制取高品质燃气的气化方法。常速热解与气化相结合，构成组合型气化工艺，能够获得焦油含量极低的燃气。

（2）常速热解中的主要反应

常速热解可以将生物燃料中大多数物质转化为气体产物，这是一个复杂的反应体系，存在着许多的反应路线，举例如下：

基本反应： 生物质 $\longrightarrow$ 碳+焦油+气体

焦油的二次裂解反应： 焦油 $\longrightarrow$ 碳+气体+轻质焦油

焦油+H_2O $\longrightarrow$ H_2+CO+CH_4+C_2H_4+C_2H_6+$\cdots$

焦油+CO_2 $\longrightarrow$ H_2+CO+CH_4+C_2H_4+C_2H_6+$\cdots$

轻烃的裂解反应： C_2H_6 $\longrightarrow$ C_2H_4+H_2

C_2H_4 $\longrightarrow$ CH_4+C

CH_4 $\longrightarrow$ C+$2H_2$

水蒸气与气体的反应： H_2O+CO $\longrightarrow$ CO_2+H_2

H_2O+CH_4 $\longrightarrow$ CO+$3H_2$

$2H_2O$+CH_4 $\longrightarrow$ CO_2+$4H_2$

炭与气体的反应： C+$2H_2$ $\longrightarrow$ CH_4

C+CO_2 $\rightleftharpoons$ $2CO$

炭与水蒸气的反应： C+H_2O $\rightleftharpoons$ CO+H_2

这里列举了可能反应中的小部分，实际过程复杂得多，难以精确地描述整个反应过程和反应经过的路径。但观察这些反应可以发现，热解反应总趋势是朝向简单物质的方向，如果温度足够高，生物燃料中的大部分物质可以通过一连串的反应，逐步转化为 H_2、CO、CO_2、CH_4 等气体。

6.3.2 常速热解产物

（1）固体产物

热解是燃料析出挥发分的过程，当热解进行得比较彻底时，残留的固态产物是残炭，主要由固定碳和灰组成。在较低温度水平上，常有部分挥发分即分子较大的烃类化合物保留在残炭中，通常将含有部分挥发分的残炭称为半焦。对于常速热解来说，残炭占原料质量的比例可以定性地反映热解过程的深度，残炭的比例越低，或者说半焦中残留挥发分越少，表明热解过程进行得越彻底。

热解温度对残炭产率影响很大，残炭产率随热解温度的升高而下降。温度升高意味着有更多的有机物质被裂解，提高了反应深度。残炭产率还与固相滞留时间密切相关。在同一热解温度下，延长固相滞留时间使残炭产率有所减少，但远没有提高热解温度那样明显。实验研究表明，反应温度超过 400℃的热解过程，发生大量热解失重的时间段仅为 1～3min，然后是剩余挥发物的缓慢析出。这一结论对于常速反应器的设计是有意义的，因为固相滞留时间决定了反应器的尺寸。

（2）液体产物

通常将常速热解得到的液体统称为焦油，其中包括水、液态酸和大分子有机化合物等。常速热解的焦油产率主要受反应温度的影响，而固相滞留时间对其影响十分有限。实验结果表明，提高热解温度有利于降低焦油产率；以玉米秸秆为原料，400℃时，占原料质量接近一半的物质裂解为焦油；而 800℃时，焦油产率下降为 16％左右。

（3）气体产物

常速热解得到的不可冷凝气体中含有如 H_2、CO、CH_4 和少量碳原子数不超过 4 的轻烃 （C_mH_n）等可燃气体，也包括 CO_2 和少量 O_2、N_2 等不可燃气体。由于隔绝氧气的反应避免了氮气的稀释，热解气中氮气成分比空气气化时低得多，因此燃气热值有了较大幅度提高。

随着热解温度的升高，热解气产量明显增加，而固相滞留时间对热解气体产量的影响不显著。实验结果表明，反应时间为 18min，温度为 400℃时，玉米秸秆的热解气产量仅为 0.058m³/kg，而温度提高至 800℃时，产气量增加到 0.671m³/kg，相当于 400℃时的 10 倍左右。

热解气的成分随热解温度的变化而改变。图 6-10 是以玉米秸和稻壳为原料的热解气成分随热解温度变化的实验结果。

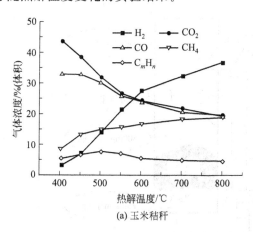
(a) 玉米秸秆

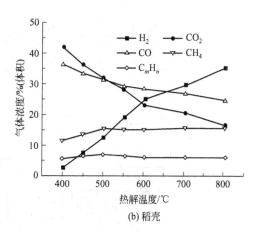
(b) 稻壳

图 6-10　热解气成分随温度的变化（$\tau=18$min）

从图 6-10 可以总结出热解气成分随热解温度变化的趋势分别为：a. H_2 浓度随温度上升显著增加，当温度为 400℃时，玉米秸和稻壳热解气中的 H_2 浓度分别为 3.12％和 2.87％，而当温度升高到 800℃时，分别上升为 36.73％和 34.32％，成为浓度最高的组分；

b. CO 浓度随温度上升而下降，当温度为 400℃时，玉米秸秆和稻壳热解气中的 CO 浓度分别为 32.88% 和 36.45%，而当温度升高到 800℃时，分别下降到 19.45% 和 25.09%；c. CO_2浓度随温度上升而明显下降，当温度为 400℃时，玉米秸秆和稻壳热解气中的 CO_2浓度分别为 43.96% 和 41.78%，是浓度最高的成分，而当温度升高到 800℃时，分别下降到 19.04% 和 16.65%；d. CH_4浓度随温度的上升而增加，但 500℃前上升比较明显，之后就比较平缓，总起来说变化范围有限；e. 低碳烃的体积含量一般在 5%～7%，随热解温度变化不大，大约在 500℃时为高值。

低温热解气中含氧气体 CO_2 和 CO 的浓度较高，是因为生物质中含有大量含氧官能团（羰基、羧基和羟基），在较低温度下，各官能团裂解成小分子气体，如羧基生成 CO_2，羰基生成 CO 以及羟基形成 H_2O。热解气中的 CH_4 主要来自于低温时的脱甲基反应、较高温度时的醚键断裂和挥发物二次裂解反应。高的热解温度一方面导致 C_2H_4 和 C_2H_6 的裂解，使 CH_4 和 H_2 的浓度上升，另一方面导致 CH_4 的分解，生成炭黑和氢气，降低了 CH_4 的浓度，CH_4 浓度变化是这些反应的平衡结果。低碳烃变化存在着同样的平衡机制，一方面较大分子的焦油裂解为低碳烃，另一方面低碳烃裂解为 CH_4 和 H_2。

6.3.3 常速热解工艺和设备

基于生物质常速热解的特点，各国都发展了一些工艺和设备，应用目的和场合各不相同，其中一部分得到了小规模应用，更多的处于研究和示范阶段。按加热方式有外热型、内热型、自热型等；按原料运动方式有管式反应器、回转炉和流化床炉等。

(1) 管式热解反应器和应用实例

图 6-11 是丹麦技术大学（DTU）从 20 世纪 90 年代开始研究的二步法气化发电系统。系统中由管式反应器和固定床气化炉组合成为二步法气化装置，以含水分 35%～45% 的木片为燃料，产生的低热值燃气用作内燃发电机组的燃料气。

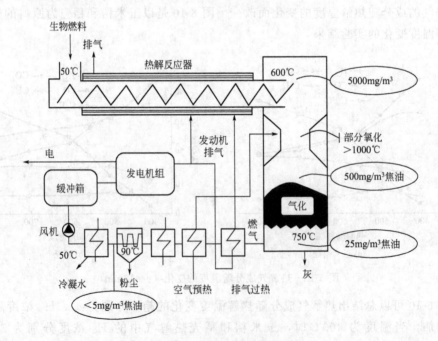

图 6-11 DTU 的二步法气化发电系统

气化发电系统的流程为：生物质燃料进入热解反应器，在 $500\sim600℃$ 下发生热解，固相滞留时间 $15\sim30min$。包括热解气体和木炭在内的热解产物进入固定床气化炉，木炭落下，而气体在上部空间与空气发生部分氧化。部分氧化区温度达到 $1100\sim1300℃$，使热解气中的焦油彻底裂解。部分氧化后的气体穿过炭层发生还原反应，生成低热值燃气。离开气化炉的燃气温度为 $750℃$，先后加热发动机尾气和空气，并冷却降至 $90℃$ 后通过袋式除尘器除去粉尘，在冷却到 $50℃$ 后送入发电机组。发电机组的尾气温度为 $500℃$ 左右，一部分直接进入热解反应器，另一部分被离开气化炉的燃气再热，然后进入热解反应器，两部分尾气提供热解需要的热量。

燃气中含焦油一直是生物质气化技术的难点问题。为减少焦油而发展的下吸式固定床气化炉中，用氧化区的高温来裂解焦油。但由于气化炉中氧化区很薄，而且是气固两相反应，焦油往往来不及裂解。下吸式气化炉产生的燃气中的焦油含量在 $5g/m^3$ 的量级上，影响发动机的运行。因此车载气化炉不得不使用木炭作燃料。二步法气化系统很好地解决了这个问题，它首先在管式热解器中将大部分焦油裂解出来，然后在气化炉上部组织气相燃烧，使其彻底裂解，剩余的少量焦油再与炭层反应，进一步被裂解。

DTU 二步法气化发电系统的试验数据见表 6-3。

表 6-3 DTU 二步法气化发电系统的试验数据

系统数据		气体成分	
热输入/kW	68	N_2(体积分数)/%	33.3
燃料	木片	H_2(体积分数)/%	30.5
燃料水分/%	$35\sim45$	CO(体积分数)/%	19.6
气化器效率/%	93	CO_2(体积分数)/%	15.4
发动机效率/%	32	CH_4(体积分数)/%	1.2
发电效率/%	27	O_2(体积分数)/%	0.1
总电效率/%	25	低位热值/(MJ/m³)	5.6
燃气焦油含量/(mg/m³)	<1	高位热值/(MJ/m³)	6.2
燃气粉尘含量/(mg/m³)	<5	燃气产率(干)/(m³/h)	37.1

（2）回转炉热解装置和应用实例

回转炉是一种通用型的大型装置，主体是一个钢制滚筒，倾斜布置，缓慢旋转，滚筒内可以敷设耐火砖衬里，还可以布置抄板、刮板等辅助部件。工作时固体物料从高端进入，在低端排出，在移动过程中完成反应。筒体的回转使得固体物料易于实现均匀输送和充分混合，对物料尺寸和形状的要求很低，处理量大，因此用途广泛。国内外都开发了一些常速热解回转炉反应装置。

图 6-12 是日本 Takuna 公司开发的一种内部间接加热的回转炉热解装置，用来对城市垃圾进行热解处理，具有低污染、安全性和经济性等优点。

垃圾由转筒高端送入回转炉中，随着转筒的旋转向低端移动。转筒内侧环壁上布置着许多加热管，温度为 $530℃$ 的热空气（或烟气）分布到加热管中，与垃圾逆向流动，加热垃圾使其热解。热解气体由低端炉头排出，一部分加热空气，另一部分作为燃料气使用。大大减量而且无害化了的热解残炭亦由低端炉头排出。

图 6-13 为澳大利亚 BEST 能源公司开发的热解气发电和生物炭联产系统。系统中使用了一台外热式回转炉反应装置和一台气化器，将包括木质废弃物、秸秆、果壳、畜禽粪便其

至污泥一类的生物燃料转变为燃气和生物炭，燃气用来发电而生物炭返回到土壤。已经开发了处理量为 40～400kg/h 干基生物质的热解装置，并在新南威尔士州等地建设了多个示范系统。

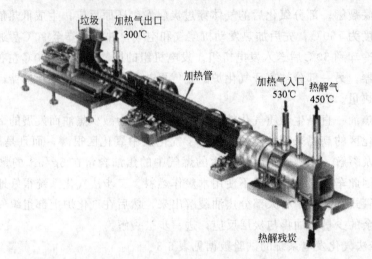

图 6-12　Takuna 公司的垃圾回转炉热解反应器

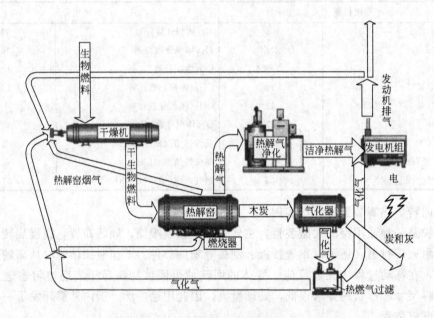

图 6-13　BEST 公司的热解系统

系统的流程为：生物燃料首先在滚筒干燥机中干燥，然后送入外热式回转窑。热解气净化后送至发电机组发电。热解后的木炭进入气化器，一部分转变成低热值燃气，剩余的残炭即所谓的"生物炭"，用作农业用途。过滤后的气化气分成两路，一路与热解气混合作为发电机组的燃料气，另一路分别用作回转热解窑和干燥机的燃料气。热解窑的烟气和发电机的排气用作干燥机的载热体。

（3）流化床热解装置和应用实例

图 6-14 是一种自热型流化床热解装置，通常用来炭化木屑一类细颗粒原料，其工艺热

来自于木屑的部分燃烧。

　　木屑由螺旋加料器从炭化炉下部连续送入流化床中，从底部吹入空气作为流化介质。为了防止因燃烧而使原料消耗过多，应该尽可能减少空气量，因此采用锥形炉膛以减少下部截面积，少量空气就可以达到原料流化速率。开炉前，先用重油将炉膛加热到 500～600℃，然后停用重油，炭化过程中用原料热解得到的部分气体燃烧维持炭化温度。

　　流化床炭化炉温度均匀，炭化时间对于不同原料粒度，可由几秒到几分钟，得到质量均一的炭化物，而且处理量大。炭化温度为 600℃ 时，得炭率为 20％ 左右。

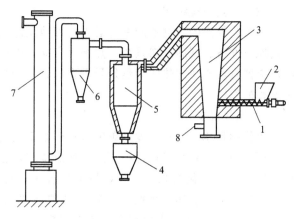

图 6-14　流化床热解炉
1—螺旋进料器；2—料仓；3—流化床热解炉；4—木炭收集器；
5，6—旋风分离器；7—气体洗涤；8—空气入口

6.4 生物质快速热解液化技术

　　生物质快速热解是生物质原料在隔绝氧气条件下迅速受热裂解，并且快速冷凝的热化学过程。在快速热解中，生物质中大部分物质转换为生物油。生物油有望替代石油产品，因此引起了国内外研究机构的广泛重视，并在快速热解机理和热解工艺方面开展了大量研究，开发了许多精妙的快速热解装置，生物油产率达到了占原料质量 70％～80％ 的水平。

6.4.1　快速热解工艺

　　热解工艺本身是一个简单的加热过程，但为了达到尽可能高的生物油产率，快速热解必须在较为极端的工况下进行，这不仅对热解反应器，而且对组成快速热解系统的每个工艺环节都提出了很高的要求。

　　（1）工艺条件

　　快速热解的工艺目的是生产生物油而不是木炭或燃气。由生物质热解机理可知，液体产物是生物质热解过程中不稳定的中间产物。要想提高生物油产率，不但要快速提升温度，提高生物质转化为液体的比例，而且要阻断二次反应，使液体蒸汽尽可能保留在气相中。总体来说，生物质热解液化的工艺条件是：a. 非常高的加热和热传递速率；b. 仔细地控制热解温度在 500℃ 左右；c. 热解蒸汽的快速冷却。

　　上述三个条件是热解液化工艺必须具备的。研究表明，要在极短的时间内完成一次反应，使原料迅速降解，向原料颗粒的传热要达到 $600～1000W/cm^2$。热解蒸汽快速冷却是为了阻断生物油继续裂解的二次反应，气相产物迅速淬冷可以使热解反应在得到初始产物后遂行终止，最大限度地增加生物油的产量。适当的热解温度则是一次反应和二次反应平衡的结果。在更高反应温度时，二次反应十分剧烈，在极短时间内冷却气相产物变得困难，而热解温度太低又会严重影响一次反应速率。通常快速热解的气相滞留时间在 2s 以下，试验结果表明，对于这样的气相滞留时间，温度在 500℃ 左右时可获得最大的生物油产率。

（2）工艺系统组成

为了获得高的生物油产率，必须仔细地设计快速热解系统的各个工艺环节。热解液化工艺由原料准备、螺旋进料系统、热解反应器、固体颗粒分离和生物油冷却收集系统组成。热解反应器对实现快速热解固然是最重要的，其余几个环节对保证生物油产率和品质也起着不可忽视的作用。

1）原料准备

生物燃料水分和颗粒度是影响快速热解工艺的重要指标。

原料中水分在热解过程中蒸发，然后凝结在生物油中，导致生物油质量下降。即使使用绝干原料，碳水化合物在500℃热解环境下，也会发生脱水反应，生物油中仍然会含有12%～15%的水。实验表明，原料中的原始水分会全部加入产品之中。水的气化潜热为2.3MJ/kg，原料中的水分成为反应中的热阱，与热解反应争夺热量，使加热速率下降。理想的快速热解原料应该没有水分，但考虑到干燥费用和在干燥器内的着火危险，应该寻求一定平衡点，一般认为5%～10%的水分含量是可以接受的。

为了提高生物油产率，必须有很高的加热速率，因此要求原料有足够小的颗粒度。粉碎成粉状的原料颗粒具有很高的比表面积，提高了对流和辐射传热强度，而且粒径越小，热量从颗粒表面传递到中心的距离就越短。理论上颗粒度越小越有利于快速热解的进行，但原料粉碎需要耗费能量和费用，应该在满足反应器要求的同时考虑加工成本。各种反应器的传热机制有所不同，对生物燃料颗粒度的要求也不相同。例如旋转锥反应器需要使用粒径小于200μm的粉状物料，鼓泡流化床反应器要求颗粒度小于2mm，传输床或循环流化床反应器要求小于6mm，有些烧蚀床可以使用木片。

2）螺旋进料系统

螺旋进料系统用于将生物质颗粒物料连续稳定并定量地输送到热解反应器。

如图6-15所示，螺旋进料系统由料桶和螺旋进料器组成。料桶是储料装置，兼具料层密封功能。螺旋进料器是进料系统的核心部分，由螺旋管、螺旋轴、螺旋叶片、轴承和传动机构构成。传动机构由变速电机和减速箱构成，用于提供动力并在一定范围内调节进料量。

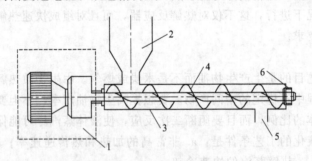

图6-15　螺旋进料器

1—电机；2—进料口；3—螺旋管；4—螺旋叶片；5—出料口；6—轴承

生物质快速热解反应的温度在500℃左右，在热传导的作用下，螺旋进料器与热解反应器连接端的温度也会在200～300℃。由于木质纤维素属于非晶体，它虽没有熔点但有软化点，当温度为100℃左右时将会软化并具有黏性，当温度达到200～300℃时将成熔融状，其黏性也有所增强。因此，设计螺旋进料器时必须要考虑高温对顺畅进料的影响。采用单级螺旋进料器时，由于生物质密度小、流动摩擦力大而决定了螺旋进料器中的轴向进料速度不能太大，故而生物质颗粒物料在螺旋管内移动时有充分的时间受热升温而软化，甚至熔融而黏附于螺旋管的内壁和螺旋叶片上，导致进料不畅甚至完全堵塞。鉴于此，可采用两级螺旋进料器匹配使用来解决进料堵塞问题。

如图 6-16 所示，两级螺旋进料器呈串联状，第一级螺旋进料器的入口和出口分别与料筒的出口和第二级螺旋进料器的入口相连，而第二级螺旋进料器的出口与高温热解反应器的进料口相连。两级螺旋进料器的结构可以一样，但运行参数有所差别：第一级螺旋进料器的工作转速较低，而第二级螺旋进料器的工作转速则较高。故前者又可称为低速级螺旋进料器，其功能主要是定量输送生物质颗粒物料；后者可称为高速级螺旋进料器，其功能主要是将第一级螺旋进料器送来的生物质颗粒物料在尚未显著升温的情况

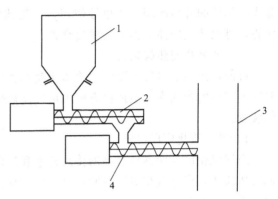

图 6-16　两级螺旋进料系统
1—料桶；2—低速螺旋；3—反应器；4—高速螺旋

下快速送入高温热解反应器，从而避免物料输送不畅问题的出现。

3）热解反应器

热解反应器是快速热解系统的核心装置，要求有很高的加热速率和热传递速率，并且严格控制反应温度和气相滞留时间。经过多年的研究，已经开发了各种类型的反应器，将在后文详细介绍。

4）固体颗粒分离

快速热解产生的固体颗粒主要由未反应碳和灰分组成。由于相对低的反应温度，原料中几乎所有灰都留在了固体颗粒里。这种现象有一些益处，能够有效地控制灰中矿物质，避免热解反应中因它们的催化作用影响生物油稳定。但热解后从气体和生物油中完全除去固体颗粒是相当困难的。固体颗粒在冷凝后的生物油老化过程中起到催化作用，使其性质发生变化而不能稳定。

从液体生物油中彻底清除悬浊粉尘是十分困难的，因此理想情况下，应该在气体产物冷凝前除去固体颗粒。美国国家可再生能源实验室（NREL）进行了这样的尝试，在旋风分离器后加装了高温过滤器。这种方法可以除去几乎所有的颗粒杂质，得到较高质量的生物油，但在过滤时，气体温度降到了 390℃，少数化合物凝结在滤芯上，形成难以清除的炭饼。

通常的做法还是用旋风分离器捕集气体中固体颗粒，通过改进旋风分离器入口速率和筒体长度、直径、锥角等方法，来获得最佳的分离效率。无论如何，旋风分离器不能有效地捕集 2～3μm 以下粒径颗粒，因此所有生物油中都含有细粉炭粒。是否要在冷凝后的生物油中除去颗粒物，应该根据生物油用途及其对质量的要求加以权衡，因为工艺比较复杂而且会造成产品油的损失。

5）生物油冷却收集

将生物质热解产生的挥发物快速冷却，称为淬冷。许多技术已经被用于热解产物的淬冷，其中最有效的是液体喷雾洗涤。通常使用冷却后低温生物油来洗涤离开反应器的气体，简单的列管洗涤器和文丘里洗涤器都有成功应用案例。热解蒸汽冷却后，会形成亚微米的气溶胶液滴，因此喷雾洗涤设备的设计关键是产生非常小的雾滴，使它们能够充分地与气溶胶

液滴碰撞。静电捕集器也成功地用于捕集热解气溶胶，但是比洗涤器的操作要复杂，也比较昂贵。如果系统中使用大量载气，淬冷时会形成飞沫，用除雾器和过滤器等设备从气流中去除雾状液体和气溶胶是非常有效的，但微小固体颗粒会随着飞沫堵塞在设备上。带有多个壳管式换热器的分步冷凝方法也被使用，虽然捕集气溶胶的效率只有 90％，但有着热分馏的优势，可以从生物油中提取某些化合物。

（3）典型快速热解装置

目前，出现了多种类型的生物质快速热解反应器，大部分工艺对木本生物原料能够达到 65％～75％的产油率，但还没有哪种反应器被公认为是最好的。下面介绍几种典型的快速热解装置。

1）鼓泡流化床反应器

鼓泡流化床反应器具有高的传热速率和均匀的床层温度，选择适当粒度床料，就可以控制气体流速，满足气相滞留时间在 0.5～2.0s 之间的要求。图 6-17 给出了鼓泡流化床快速热解系统示意图。

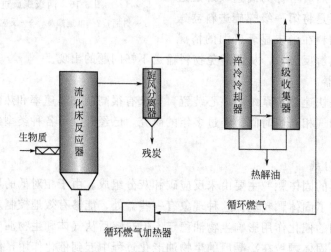

图 6-17　鼓泡流化床快速热解系统

经干燥的原料颗粒通过螺旋进料器送入反应器，喂料点在反应床中间。用砂子作反应器床料，用热解后的不凝结气体作流化气体。流化床的设计要点是从反应器中吹走反应生成的固体颗粒而保留床料砂子，因此需要仔细地选择砂子及原料粒径、流化速率和反应器参数。气体产物通过旋风分离器去除残炭，然后依次进入两个串联的冷凝器。第一级冷凝器用冷却后的生物油喷雾冷却，第二级冷凝器用低温冷水冷凝，生物油在冷凝器下部收集。离开冷凝器的不凝结气体，一部分经循环燃气加热器加热后送入反应器中，另一部分排出。

鼓泡流化床反应器对原料颗粒度分布有较严格的要求。如果颗粒太大，残炭颗粒不能被流化气体和热解气携带，因其密度较小会漂浮在流化床的上部，不再与床料强烈摩擦而变小，当热解气通过累积在床上部的炭层时，受到催化裂解作用，降低生物油产率，影响其化学性质。而如果颗粒太小，将在完成热解前被迅速携带出床层。

加拿大 Waterloo 大学开展了鼓泡流化床快速热解试验，使用含水率 5％～7％、粒度 1mm 以下的木质颗粒，在 500℃温度和滞留时间 1s 以下进行热解，获得的生物油含水率 18％～22.4％，生物油中无水有机物产率达到了原料质量的 62.9％～67.9％，生物油高位热值 22.4～23.2MJ/kg，pH 值为 2.1～2.4。

2）循环传输床反应器

加拿大 Ensyn 公司开发了采用循环传输床反应器的生物质快热热解系统，其工艺流程如图 6-18 所示。

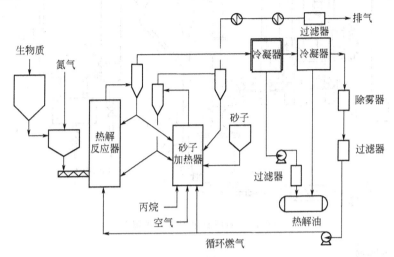

图 6-18　循环传输床快速热解系统

这个系统包括两个流化床反应器，第一个是热解反应器，第二个是燃烧加热器。燃烧加热器中，与砂子混合的残炭燃烧后加热砂子，并将热砂子传输回热解反应器，供给热解需要的热量。水分不大于 10％的生物质燃料被送入热解反应器，被热砂子快速加热，进行热解反应。热解气携带着残炭和砂子一同进入旋风分离器，将固体颗粒分离后，热解气进入多级冷凝器，快速冷凝以回收生物油。热解气中的不凝结燃气经简单净化后，一部分回到热解反应器作为流化气体，另一部分进入砂子加热器。在砂子加热器中，残炭与燃气共同燃烧使砂子加热（冷态启动时燃烧丙烷气加热），热砂子被烟气携带到旋风分离器中，分离出来并输送回到热解反应器，烟气排放。

循环传输床快速热解系统利用了残炭燃烧的热量，优点是明确的，但应该仔细控制砂子的传输和加热器温度，防止在燃烧时砂子过热而结渣。砂子流量为生物质原料的 10～20 倍，在流化床和返料器之间来回运动，使风机能耗增加不少。

Ensyn 公司的循环传输床快速热解系统，在使用木本生物质原料时，液体产率最高达到原料干基的 83％。

3）循环流化床反应器

图 6-19 是希腊可再生能源中心 20 世纪 90 年代初发展的循环流化床快速热解系统，其特点是将鼓泡流化床和高速流化床串在一起，利用热解炭提供反应所需的热量。试验系统以干燥了木材为原料，处理能力为 10kg/h。

在高速流化床热解反应器的底部，布置了一个鼓泡流化床燃烧器，燃烧器由热解炭燃烧来加热砂子。热砂子随着高温烟气向上进入高速流化床反应器，与木质原料混合，将热量传递给原料。原料发生热解反应后，气流携带热解炭和砂子在旋风分离器内分离。热解气导出到淬冷系统，冷凝后回收生物油。热解炭和砂子回到燃烧器。

循环流化床快速热解系统将提供热量的燃烧器和发生热解的反应器合为一个整体，使结构紧凑，降低了系统制造成本和热量损失，但操作和控制比较复杂。从试验结果看，液体产率可达干原料的 61％（质量分数），比其他快速热解工艺的液体产率低。

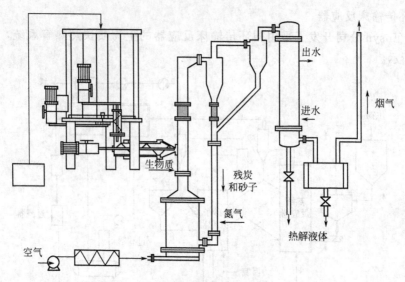

图 6-19　循环流化床快速热解系统

4）烧蚀反应器

烧蚀反应器的特征是生物质原料与高温金属壁面接触，受到灼烧而发生热解反应。

图 6-20 是美国可再生能源国家实验室于 20 世纪 90 年代开发的一种烧蚀型快速热解系统，这种反应器可以使用颗粒度大一些的生物质原料。该反应器以 700℃ 氮气或水蒸气为载气，生物质颗粒（一般为 2～5mm 粒径）被载气加速到 400m/s 的速率，然后切向进入涡旋反应器，在离心力的作用下紧贴反应器内壁面做螺旋运动。一个筒形加热器保持反应器壁面温度在 625℃，使颗粒快速热解。热解产物迅速被载气带出，在反应器内的停留时间只有50～100ms。实际的实验装置中有一个返料器，使被旋风分离器分离的未完全热解颗粒返回反应器。旋风分离器后是一个高温气体过滤器，将热解气中的细颗粒清除掉，然后进入冷却系统，回收液体产物。

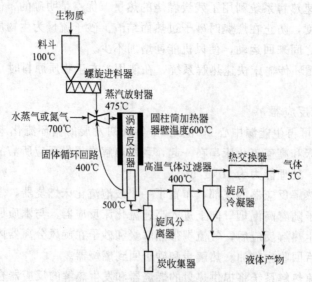

图 6-20　涡旋烧蚀反应器热解系统

在该实验装置上，含水的液体产物得率为原料质量的 67%，无水生物油的产率为 55%，残炭得率为 13%。

该系统中的涡流反应器存在着高速运动颗粒对反应器内壁的磨损问题，在放大设计时如何维持颗粒速度也是个难题。

5）真空移动床反应器

真空移动床热解反应器由加拿大 Pyrovac 公司和 Laval 大学开发，其工艺流程如图 6-21 所示。

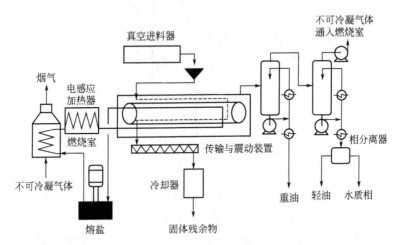

图 6-21 真空移动床反应器工艺流程

反应在总压力为 15kPa 的真空条件下进行，温度为 450℃。干燥和粉碎后的原料在真空下导入反应系统。物料由两个加热的水平金属传送带输送，用熔盐混合物加热传送带，使其温度维持在 530℃。热解生成的不可冷凝气体供燃烧室燃烧，并加热熔盐。电感应加热器用于调节反应器的温度。在真空状态下，热解产生的气相产物迅速离开反应器，导入两个冷凝器，重质油和轻质油一同凝结为液态。这个工艺可以获得生物油和具有表面活性的含碳固体产物。

真空移动床热解反应器的主要优点是生物质在低压环境下进行热解，气相滞留时间很短，减少了热解气的二次裂解。实际上，真空移动床反应器中的热解过程并不是快速热解，因为其热量传输速率很低，生物油产率较低（35%～50%）。真空移动床反应器可以使用粒度为 20～50mm 的原料，但真空下操作使得进料、出料和输送机械复杂。

6）旋转锥反应器

图 6-22 是旋转锥反应器的示意，它是由荷兰 Twente 大学和 BTG 公司联合研制而成，其基本原理是借助旋转锥的离心力使生物燃料颗粒滑过高温表面，同时发生烧蚀热解反应。该反应器主要由内外两个同心锥组成，内锥固定不动，外锥绕轴旋转。生物质颗粒和经外部加热的惰性热载体（如砂子）经由内锥中部的孔道喂入到两锥的底部后，由于旋转离心力的作用，它们均会沿着锥壁做螺旋上升运动。同时，由于生物质和砂子的质量密度差很大，所以它们做离心运动时的速度也会相差很大，二者之间的动量交换和热量交换由此得以强烈进行，从而使得生物质颗粒在沿着锥壁做离心运动的同时也在不断地发生热解反应，当到达锥顶时刚好反应结束而成为炭粒，砂子和炭粒旋离锥壁后落入反应器底部，热解气由导管引入旋风分离器，炭粉被分离后，混合气经淬冷而获得生物油。

旋转锥反应器结构紧凑，不使用载气，避免了载气对热解气体的稀释，从而有效地降低

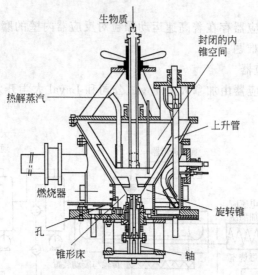

图 6-22 旋转锥反应器

了工艺能耗和液化成本。同时，操作也方便，通过调节燃料量和配风比，可以控制床温；通过调节旋转锥的旋转速度，可以控制传热速率；通过调节内外锥体之间的空隙，可以控制热解气的停留时间。但是，由于旋转锥必须通过一悬壁的外伸轴支撑做旋转运动，而支持外伸轴的轴承又在高温和高粉尘工况下工作，且砂子等惰性热载体不停地在两锥壁面之间做螺旋运动，故存在轴承和外锥壁面等器件容易磨损的缺点。

在气相滞留期为 1s 和 600℃热解温度下，含水生物油的质量产率为 60％左右。

6.4.2　生物油的性质及应用

生物质快速热解技术的发展目标是将生物质转换为可以替代石油产品的液体燃料，但能否真正替代石油产品，取决于生物油的品质。目前的生物油还只能作为一种初级产品，尽管已有少量用于锅炉燃料的成功案例，但经济性不高。若要使生物质快速热解技术真正走向产业化，需要深入了解生物油的各种理化性质，建立完备的生物油生产和精制提炼的规范体系，并实现生物油高效利用。

（1）生物油的性质

生物油是由数百种有机物组成的复杂物质，为深棕色酸性液体，带刺激性气味，含水量、含氧量都高，热值为燃料油的 40％左右，而且稳定性不好。总体来说，与石油及其制品相比，热解油在品质上还有较大差距，目前还不能说是优良的液体燃料，甚至很难被称为是一种"油"。

1）生物油的组成

生物油中的有机组分复杂，而且随原料、热解条件和淬冷回收方式等因素而变化。已经辨认出的有机化合物有 300 种以上，从属的化学类别有醛类、酸类、醇类、酮类、脂类、酚类等，其中含量较多的有醛类和酸类，分别达到 10％以上，其余类别有机物的含量只有几个百分点而已。表 6-4 中列举了含量较高的有机物及其在生物油中的质量含量。这么多化学类别的有机物混合在一起，通过控制冷凝温度将其中的特定化合物分离出来几乎是不可能的。

表 6-4 生物油中含量较多的有机物

有机物名称	含量(质量分数)/%	有机物名称	含量(质量分数)/%
酸类		乙二醛	0.9~4.6
甲酸	0.3~9.1		
乙酸	0.5~12	酮类	
丙酸	0.1~1.8	丙酮	2.8
羟基乙酸	0.1~0.9	2-丁酮	0.3~0.9
丁酸	0.1~0.5	2,3-戊二酮	0.2~0.4
戊酸	0.1~0.8	3-甲基-2-环戊烯-2-醇-1-酮	0.1~0.6
4-氧代戊酸	0.1~0.4	2-乙基环戊酮	0.2~0.3
正己酸	0.1~0.3	二甲基环戊酮	0.3
苯甲酸	0.2~0.3	三甲基环戊烯酮	0.1~0.5
正庚酸	0.3	三甲基环戊酮	0.2~0.4
脂类		酚类	
甲酸甲酯	0.1~0.9	苯酚	0.1~3.8
丁内酯	0.1~0.9	2-甲基苯酚	0.1~0.6
戊内酯	0.2	3-甲基苯酚	0.1~0.4
当归内酯	0.1~0.2	4-甲基苯酚	0.1~0.5
		2,3-二甲基苯酚	0.1~0.5
醇类		2,4-二甲基苯酚	0.1~0.3
甲醇	0.4~2.4	2,5-二甲基苯酚	0.2~0.4
乙醇	0.6~1.4	2,6-二甲基苯酚	0.1~0.4
乙二醇	0.7~2.0	2-乙基苯酚	0.1~1.3
		2,4,6-三甲基苯酚	0.3
醛类		1,2-苯二酚	0.1~0.7
甲醛	0.1~3.3	1,3-苯二酚	0.1~0.3
乙醛	0.1~8.5	1,4-苯二酚	0.1~1.9
丙烯醛	0.6~0.9	4-甲氧基邻苯二酚	0.6
2-甲基-2-丁烯醛	0.1~0.5	1,2,3-苯三酚	0.6
正戊醛	0.5		

典型快速热解工艺得到的生物油元素成分如表 6-5 所示,作为比较,表中同时给出了重油和柴油两种商品油的数据。从表中可以看出,生物油和商品油之间的最大差别是其具有很高含氧量,而商品油却是由烃类化合物组成的油品,几乎不含氧,因此碳和氢元素含量比生物油高得多。

表 6-5 生物油元素分析及与商品油的比较

项目	生物油				商品油	
	鼓泡流化床	循环传输床	烧蚀反应器	旋转锥反应器	重油	柴油
C/%(质量分数)	54.70	56.4	46.5	40.4	86.0	84.0
H/%(质量分数)	6.90	6.2	7.2	7.9	11.0	14.0
O/%(质量分数)	38.40	37.1	46.1	51.5	1.0	1.0
N/%(质量分数)		0.2	0.15	0.3		
H/C摩尔比	1.51	1.32	1.86	2.34	1.53	2.0
O/C摩尔比	0.53	0.50	0.74	0.95	0.009	0.009

通常可以用 $CH_{1.4}O_{0.6}$ 表示生物质的分子式,意味着干燥无灰基生物质含有近 42% 的氧元素。快速热解时,大分子聚合物被裂解,但大部分氧保留在较小分子的有机化合物中,共同组成了生物油。从表 6-4 中可以看出,生物油中的有机物质全部是含氧化合物。根据生物油元素分析的平均值,许多研究报告以 $CH_{1.9}O_{0.7}$ 作为生物油的分子式,意味着无水生物油的含氧量约为 46%。

高含氧量直接导致生物油热值的降低，同时也是生物油稳定性差的主要原因，当温度超过 80℃后，含氧组分发生聚合、缩合等反应，改变生物油的性质。

2）生物油的燃料特性

表 6-6 中列举了生物油燃料特性的数值范围，同时列举了我国标准中对燃料油和重柴油的最低要求，燃料油一般用于炉内燃烧，重柴油可以作为低速柴油机的燃料，是内燃机用油的最低要求。可以看出生物油品质与石油基燃料有较大差别。

表 6-6　生物油与商品油的燃料特性比较

项目	生物油	燃料油	商品油
含水率（质量分数）/%	15～30	≤3	≤1.5
pH 值	2.0～3.7	—	—
密度/(kg/m³)	1200～1300	950	850
黏度/(％m²/s)	13～80(50℃)	≤185(100℃)	36.2(50℃)
固体颗粒/%（质量）	0.01～1	≤0.15	≤0.5
残炭量（康氏）/%（质量）	14～23	—	<3
低位热值/(MJ/kg)	13～18	41	42.6
闪点/℃	50～100	≥60	≥65
倾点/℃	−36～−9	—	≥33

根据表 6-6 的数据，可以对生物油品质进行以下分析和评价。

① 水分。生物油水分来自于原料和热解反应生成的水分。与石油基燃料不同的是，生物油含有大量水溶性有机物，因此水分是分散在生物油中的，而石油基燃料油可以将水沉淀后去除。生物油含水率范围为 15％～30％（质量分数），而燃料油和重柴油的含水率分别小于 3％和 1.5％。较高水分降低了生物油热值，在燃烧时水分蒸发不仅需要大量热量，而且降低了雾化后可燃物浓度，造成点火困难并且降低了火焰温度。过高水分会使生物油变得不稳定，发生分层现象。另一方面水分的存在降低了生物油的黏度，增强了流动性，有助于雾化。从含水率上看，生物油作为炉用燃料油是可行的，但作为内燃机燃料会使着火延迟期明显长于柴油，对气缸内的工况有显著影响。

② pH 值。生物油的有机酸导致了其 pH 值为 2.0～3.7，酸度一般为 50～100mgKOH/g，而炉用燃料油的酸度要求在 2.0mgKOH/g 以下。溶于水中的有机酸使生物油呈现较强腐蚀性，高温下腐蚀性更强。在运输和储存中，酸性生物油对于容器的抗腐蚀性提出了要求。生物油对铝的腐蚀性最强，铜次之，对奥氏体不锈钢几乎没有腐蚀，对低碳钢的腐蚀随温度升高而增强。

③ 黏度。根据原料与热解过程的不同，50℃时生物油黏度在 13～80mm²/s 范围内变化，比重质燃料油低。黏度是决定燃烧时雾化质量的重要指标，一般来说温度越高黏度越低，雾化质量越好。生物油在雾化之前也需要通过加热降低黏度，但由于其稳定性差，加热到 80℃以上性质会发生变化，黏度随温度升高反而增大。

④ 固体颗粒。生物油中固体颗粒是热解系统中没有完全除去的炭粉，包括原料灰分。固体颗粒沉积在生物油的底部，并吸附一些木质素热解物形成沉淀，同时有加速老化的催化作用，使黏度增加。在锅炉燃烧时，固体颗粒会磨损烧嘴，同时增加了烟气中颗粒排放物，其中含有的碱金属和碱土金属可能引起高温腐蚀。表 6-6 中固体颗粒较低值的数据是采用了高温过滤器在冷凝前过滤气体产物获得的。

⑤ 康氏残炭量。康氏残炭量（CCR）是油品在规定条件下蒸发和热解后的残炭含量，

常用来表征在发动机燃烧室中积碳的倾向。研究发现在生物油冷凝过程中产生了大量不可蒸馏物质，使生物油的 CCR 值达到了 14%～23%。商品炉用燃料油对于 CCR 值未作要求，而对用于低速内燃机的重柴油要求 CCR 值低于 3%。因此未精制的生物油可以用作炉用燃料，而作为内燃机燃料则有较高的积碳倾向。

⑥ 热值。不同原料和工艺制取的生物油水分差别很大，因此热值差别也很大。用木本原料制取的生物油，热值为 15～18MJ/kg，仅为商品燃料油的 40% 左右。

⑦ 闪点。闪点是液体燃料加热后，燃料蒸气与空气混合接触火源而闪光的最低温度，是燃油使用中防止火灾的安全指标。生物油闪点与其水分含量密切相关，在 50～100℃ 之间，能够满足燃料油的要求。

⑧ 倾点。倾点是液体能够流动的最低温度，表征燃料低温性能。生物油的倾点很低，在 −36～−9℃ 之间，是一个优点。

3）生物油的稳定性

将固体生物质转化为液体燃料的主要着眼点之一是生物油便于储存和运输，但长时间的储存要求生物油有较好的稳定性。生物油中的大量含氧化合物和残炭颗粒使其稳定性远低于石油制品，在一两个星期的短期储存后发生老化，黏度显著增加，同时分离出一些重质焦油、油泥、蜡质和水。这对于燃烧器和喷油嘴来说是不可接受的，因为这些设备只能使用均质的液体燃料。

从热力学上说，快速热解是一个非平衡过程，热解气在高温下的气相滞留时间很短，然后经过同样是不平衡过程的快速淬冷。生物油中大量含氧化合物，只能在储存中通过额外的化学反应实现平衡，这些反应导致化合物平均分子量增加，从而提高油的黏度。在环境温度较高时，老化速率加快。受到这些反应的影响，一些化合物的共溶性降低，出现相分离。

固体颗粒特别是其中的碱金属和碱土金属对生物油老化起到了明显的催化作用。Agblevor 等人在新鲜的生物油中掺入 5%（质量分数）的炭颗粒，几天时间就观察到油样黏度急剧增加，并在一个月内凝固。而 NREL 采用高温过滤器，使每千克生物油中碱金属含量降低到只有几毫克，油样在环境温度的密闭容器中储存了 7 年，仍能流动。因此除去生物油中固体颗粒是提高生物油稳定性的有效方法。

另一种提高生物油稳定性的方法是加入溶剂。已经考察了甲醇、乙醇、乙酸乙酯、甲基异丁基酮、丙酮等溶剂在不同添加水平的影响，其中甲醇表现出优异的作用和经济性，添加10% 甲醇时，老化率为原来的 1/18。

4）不可再汽化的特性

液体烃类燃料被加热可以蒸发成蒸气，而生物油特性则完全不同，复杂的化学成分使其不能从液体状态重新变为蒸气。生物油被加热到较高温度后，首先析出挥发分，然后水蒸气析出，剩余的化合物很快发生聚合，结果是占生物油质量 40%～60% 的有机物不能蒸发而结成固体。因此无法通过加热蒸馏的方法提取生物油中的某些物质，对于需要预先加热燃料的工艺，操作也十分困难。

（2）生物油的应用

从燃烧发电供热、提供车载燃料到提取化学品，生物油在许多方面有着应用潜力。初级生物油用于直接燃烧产生蒸汽和发电已有一些成功的示范工程，但是与煤炭和渣油等较廉价的燃料相比，其生产规模小，成本较高。如果能够替代内燃机、燃气轮机使用的高档燃油，生物油是有经济竞争力的，已经进行了一些研究，尚无商业化工程应用案例。从生物油中提取化学品已经有商业化运转的实例。总起来说，生物油的大规模商业应用还有待于精制技术的突破。

1）用作锅炉燃料

在锅炉的炉膛中，燃烧产物与工质不直接接触，因此对燃料的要求比较粗放。生物油诞生后不久，就开始了在锅炉中燃烧的应用试验，表明生物油能够很好地在炉膛中燃烧，与煤炭和石油基燃料没有根本的差别。

在燃烧生物油时，燃烧工艺需要进行一定的改进。首先生物油不能预热到 80℃ 以上再进行雾化，因此雾滴偏大。其次生物油的燃尽时间比燃料油要长，桑迪亚国家实验室（SNL）进行的研究表明，因为在火焰中形成了空心微珠的炭颗粒，而这些炭颗粒的燃尽时间要长得多，并且增加了颗粒排放物。另外生物油含有大量水分导致点火困难，需要辅助热源将炉膛预热到可以稳定燃烧的温度。最后生物油的残炭明显大于燃料油，可能造成雾化器堵塞、磨损等问题。

在欧洲和北美进行了许多生物油用于锅炉燃烧的试验。美国 RedArrow 公司将 Ensyn 公司快速热解系统生产的生物油用于工业锅炉，CO 和 NO_x 排放量分别达到排放上限的 17% 和 1.2%，中国科技大学也成功地进行了新鲜生物油在工业炉的燃烧试验。

作为一种辅助燃料，生物油与煤、天然气和重油在锅炉中混合燃烧是一种很好的方式，克服了生物油品质上的一些缺陷，能够保证锅炉的正常运行。美国 MPU 公司的 20MW 电站将生物油直接喷入燃煤锅炉，与煤粉混燃，生物油提供 5% 的能量，仅增加了输油管路而未对锅炉进行任何改动，尾气检测表明没有增加污染物排放。荷兰 BTG 公司依托其旋转锥快速热解技术，在一个 350MW 天然气电站中成功实现了生物油与天然气的混燃，生物油加入量 1.9t/h，相当于 8MW 电量。目前一个处理木质原料为 50t/d，生产生物油与天然气混燃的 4MW 热电站正在建设中。2012 年 2 月，该公司又在政府的资助下开始建设一座生物油与天然气混燃的热电站，为 Twente 大学提供电力和热力。

2）用作内燃机和燃气轮机的燃料

如果将生物油用于内燃机和燃气轮机，对于广泛地替代石油制品有非常重要的意义，因此很多单位进行了大量的研究。这些研究表明了生物油具有替代柴油的潜力，但是因为在内燃机和燃气轮机中，燃烧产物又是驱动动力机械的工质，品质较低的初级生物油直接使用尚有一些问题。

低速和中速柴油发动机有使用低质量燃油甚至水煤浆的能力，20 世纪 90 年代初，研究人员就开始考察它们使用生物油的可能性。早期的试验表明生物油点燃困难，喷油嘴堵塞，积炭和腐蚀严重。一些研究单位采用各种措施加以改进。堪萨斯大学和麻省理工学院使用 NREL 涡旋反应器经高温过滤的生物油，并加入甲醇和十六烷值增强剂，发动机运行良好。芬兰国家测试中心与加拿大 Ensyn 公司合作进行了试验，采用柴油引燃的双喷射系统，克服了生物油点火的困难，柴油机运转良好。这些研究结果表明，生物油有可能替代传统的柴油，作为低、中速固定柴油发动机的燃料，至于磨损、腐蚀等问题，可以通过关键零部件和材料的改进来解决。

燃气轮机在联合循环发电方面有很高的效率，理论上可以使用包括生物油在内的燃料。至关重要的是燃料中碱金属含量和微粒，它们会造成叶片腐蚀和磨损。用生物油作为燃料，关键问题是如何有效地去除油中固体颗粒，至于酸度高、热值低和黏度等问题，可以通过适当的设计和选材来解决。

加拿大 Orenda 航空航天公司自 1995 年以来，一直在进行燃气轮机使用生物油的试验，他们选择由乌克兰 Mashproekt 设计的，可以使用低质量燃料的燃气轮机，采用了先进涂层技术，以防止碱金属的沉积。这台 2.5MW 的发电机组，实现了满功率运行，尾气中颗粒物含量稍高，但 NO_x、SO_2、烃类化合物均低于柴油。Orenda 公司已开始向市场推出生物油燃气轮机发电机组。

德国罗斯托克大学，测试了使用生物油的 75kW 燃气轮机发电机组，对燃烧室进行了修改，使其能够使用生物油和柴油的混合燃料。将 40% 的生物油和 60% 的柴油混合，达到了柴油运行满功率的 73%，烃类化合物和 CO 排放均比柴油略高，而 NO_x 较低。

3）提取和制备化学品

从生物油中鉴别出的有机物质多达 300 余种，其中有许多是附加值较高的化学品，例如羟基乙醛、醋酸、蚁酸、左旋葡萄糖等，以生物油为化工原料，提取和制备化学品可能具有潜在的市场价值。

由于生物油不可再汽化的特性，不能用传统的蒸馏工艺从中分离出化学品，可以采用的方法有溶剂萃取和加水相分离等。在生物油中加水可以获得亲水有机物和疏水有机物，然后将它们分离，分别加以利用。美国 RedArrow 公司从亲水有机物中提取了多种食品调味剂，是唯一商业化的快速热解技术。疏水有机物大部分来自木质素，含有酚类物质，经过处理可以制备酚醛树脂。

思考和练习

1. 概述生物质热解的基本概念，并与生物质气化进行比较分析。
2. 生物质热解的基本过程及其主要影响因素？
3. 生物质热解的工艺类型主要有哪些？其主要特征分别是什么？
4. 比较不同生物质热解工艺的产物特征。
5. 以炭窑为例，如何提高炭窑的产炭率？
6. 比较分析不同生物质炭化装置的技术特征和优缺点。
7. 主要从哪些方面来表征生物质炭的性质？生物质炭可有哪些用途？
8. 生物质常速热解的产物及其产物分布状况如何？
9. 生物质常速热解需要什么条件？实现生物质常速热解的方法有哪些？
10. 生物质快速热解技术的主要目的是什么？其主要工艺条件是什么？
11. 简述生物质快速热解工艺系统组成。
12. 典型的生物质快速热解装置有哪些？比较分析其优缺点。
13. 生物油与石化油相比，主要有哪些方面的差别？
14. 生物油的主要用途有哪些？

参 考 文 献

[1] 刘荣厚. 生物质能工程 [M]. 北京：化学工业出版社，2009.

[2] 孙立，张晓东. 生物质热解气化原理与技术 [M]. 北京：化学工业出版社，2013.

[3] 吴占松，马润田，赵满成. 生物质能利用技术 [M]. 北京：化学工业出版社，2009.

[4] 朱锡锋，陆强. 生物质热解原理与技术 [M]. 北京：科学出版社，2014.

[5] 李海滨，袁振宏，马晓茜. 现代生物质能利用技术 [M]. 北京：化学工业出版社，2011.

[6] 孙立，张晓东. 生物质发电产业化技术 [M]. 北京：化学工业出版社，2011.

[7] 杨勇平，董长青，张俊姣. 生物质发电技术 [M]. 北京：中国水利水电出版社，2007.

[8] 刘荣厚，牛卫生，张大雷. 生物质热化学转换技术 [M]. 北京：化学工业出版社，2005.

[9] 周建斌. 生物质能源工程与技术 [M]. 北京：中国林业出版社，2011.

[10] 崔宗均. 生物质能源与废弃物资源利用 [M]. 北京：中国农业大学出版社，2011.

[11] 王雅鹏，孙风莲，丁文斌，等. 中国生物质能源开发利用探索性研究. 北京：科学出版社，2010.

[12] 孙风平. 生物质锅炉燃烧技术及案例 [M]. 北京：中国电力出版社，2014.

[13] 丁立新. 电厂锅炉原理 [M]. 北京：中国电力出版社，2006.

[14] 文锋，李长云. 现代发电厂概论 [M]. 北京：中国电力出版社，2014.

[15] 同济大学. 锅炉与锅炉房工艺 [M]. 北京：中国建筑工业出版社，2011.

[16] 中国电力科学研究院生物质能研究室. 生物质能及其发电技术 [M]. 北京：中国电力出版社，2008.

[17] 宋景慧，湛志钢，马晓茜. 生物质燃烧发电技术 [M]. 北京：中国电力出版社，2013.

[18] 徐通模. 燃烧学 [M]. 北京：机械工业出版社，2010.

[19] 韩昭沧. 燃料及燃烧 [M]. 北京：冶金工业出版社，1994.